土木工程材料

TUMU GONGCHENG CAILIAO

林建好　林锦眉　赵志广◎主　编

天津大学出版社
TIANJIN UNIVERSITY PRESS

图书在版编目（CIP）数据

土木工程材料 / 林建好，林锦眉，赵志广主编. 天津：天津大学出版社，2025. 9. --（土建类“十四五”新形态规划教材）. --ISBN 978-7-5618-8096-8

Ⅰ. TU5

中国国家版本馆CIP数据核字第2025MJ1204号

出版发行	天津大学出版社
地　　址	天津市卫津路 92 号天津大学内（邮编：300072）
电　　话	发行部：022-27403647
网　　址	www.tjupress.com.cn
印　　刷	河北鑫彩博图印刷有限公司
经　　销	全国各地新华书店
开　　本	787 mm×1092 mm　1/16
印　　张	22
字　　数	678 千
版　　次	2025 年 9 月第 1 版
印　　次	2025 年 9 月第 1 次
定　　价	89.00 元

本书编委会

主　编　林建好　林锦眉　赵志广

副主编　高登辉

Publisher's Note

出版说明

新工科建设是当前我国为了应对新经济、新业态挑战，服务中华民族伟大复兴的国家发展战略，适应产业发展及需求提出的一项深化工程教育改革的重大行动计划。新工科建设也对高校工科人才培养提出了更高的要求，土建类专业需要在新工科建设背景下，基于土建类行业需求进行专业建设，结合新技术、新工艺、新业态、新模式的特点，促使土建类领域向新型工业化、信息化、环保化方向转变。

高等教育承担着培养高级专门人才、发展科学技术文化、促进现代化建设的重大任务，在建筑业人才培养工作中占据重要的位置。为了更好地贯彻落实《中共中央关于进一步全面深化改革 推进中国式现代化的决定》及建筑业发展规划，进一步深化高等教育教学改革，提高土木与建筑专业人才培养质量，满足建筑业对人才的需求，我们在充分调研的基础上，联合高校及企业，共同策划了高等院校土木与建筑专业精品教材。

本系列教材的编写原则及特点如下。

1.融入课程素养元素，发挥课程育人功能。教材把马克思主义立场观点方法的教育与科学精神的培养结合起来，提高学生正确认识问题、分析问题和解决问题的能力。注重强化学生工程伦理教育，培养学生精益求精的大国工匠精神，激发学生科技报国的家国情怀和使命担当。

2.坚持质量为先。教材质量直接影响教学质量和教学秩序，最终影响学校人才培养的质量。教材准确阐述土建类学科专业的基本概念、基础知识、基本方法，且结构设计合理，选材恰当准确，融思想性、科学性、创新性、启发性、先进性于一体，反映了土建类学科专业发展的新成就。

3.遵循产教融合、科教融汇原则。教材从学生学习思维模式的实际出发，主动对接行业产业发展、技术进步，将新技术、新工艺、新规范和典型案例及时纳入教学内容；有机衔接岗位要求，推动人才培养与市场需求相适应，破解人才培养供给侧与产业需求侧匹配度不高等问题，为发展新质生产力蓄势赋能。

4.打造新形态立体化数字资源。教材配备微课、课件、教学大纲、教案、课后习题及答案等多种形式的数字资源，实现纸质教材与数字媒体资源立体化设计，发挥数字资源在教学中的优势，提高教学质量与效率。

希望本系列教材的出版，能适应高等学校多样化人才培养需求，能促进土木与建筑专业的发展，能为建筑业的人才培养作出贡献。

编委会

Preface

前言

土木工程材料是高等学校土木建筑类专业的一门专业基础课。本教材的编写，积极响应党的二十大号召，深入贯彻党的教育方针，不仅承载着传授专业知识的重任，更肩负着立德树人的崇高使命。在编写过程中，力求将学科知识与国家政策导向相融合，在教学内容、方法与实践上实现创新与突破，以更好地服务于国家发展战略和行业需求。全书在内容组织上注重理论联系实际，突出应用性，符合对事物循序渐进的认知规律，便于读者更好地理解和掌握有关的学习内容。

本书具有如下特色。

一、立德树人，培养时代新人

本教材将“立德树人”作为根本任务，融入每一章节的内容设计中。通过介绍土木工程材料的发展历程、在工程建设中发挥的重大作用以及材料科学在促进社会进步、环境保护中的重要作用，激发学生的爱国情怀和社会责任感。同时，注重培养学生的职业道德和工匠精神，鼓励学生在专业技能提升的同时，树立良好的职业操守和团队合作精神，成为既有深厚专业知识，又有高尚品德的新时代土木工程人才。

二、紧扣规范，突出应用性

本教材在每个章节中设置了“学习提示”和“学习目标”栏目，有助于学习前理清思路，明确学习目标，提高学习的针对性和有效性。教材编写遵循“概念为先，机理为本，明确规范要求，引入具体案例分析”的思路，由浅及深、由易到难。确保学生能够循序渐进地掌握知识，并能在实际工程中有效应用。不仅了解行业标准和规范，还能深入理解背后的机理，为未来的职业发展奠定坚实的基础。

三、需求导向，紧贴行业前沿

本教材紧密结合国家重大战略需求和土木工程行业发展趋势，精选当前及未来最具代表性的土木工程材料，如高性能混凝土、绿色建材、智能材料等，不仅涵盖传统材料的基本理论与应用，还积极响应国家绿色发展战略要求，特别突出对新材料、新技术的介绍。以帮助学生在学习过程中把握行业前沿动态。

四、理论与实际相结合，提升综合素质

本教材在每个章节均设有“工程案例分析”环节，通过引入大量针对性的工程事故案

Preface

前 言

例，旨在增强学生对土木工程材料应用的安全意识；通过对工程事故的分析，明确章节知识在实际工程问题中的具体应用，深化学生对理论知识的掌握，并引导学生学会运用理论知识分析、解决实际问题，培养他们的综合素质和实践能力。

本书还配有试验内容，可扫描书中二维码查阅使用。

本书在编写过程中参考了有关文献，在此向文献作者表示衷心的感谢!

本书由黄淮学院林建好、广州华立学院林锦眉、韶关学院赵志广担任主编，黄淮学院高登辉担任副主编。全书由林建好统稿和定稿。由于土木工程材料发展很快，新材料、新工艺层出不穷，各行业的技术标准不统一，加之我们的水平有限，编写时间仓促，书中存在的不妥之处，敬请读者批评指正。

编 者

目 录 Contents

绪论 …… 1

0.1 土木工程材料的定义和分类 …… 1

0.2 土木工程材料在土木工程中的作用 …… 2

0.3 我国土木工程材料的发展 …… 3

0.4 土木工程材料的检验与标准 …… 4

0.5 本课程的学习目的和任务 …… 5

第 1 章 土木工程材料的基本性质 …… 6

1.1 材料的基本物理性质 …… 7

1.2 材料的力学性质 …… 16

1.3 材料的耐久性 …… 20

1.4 材料的组成、结构与内部孔隙对性质的影响 …… 20

第 2 章 气硬性胶凝材料 …… 26

2.1 石膏 …… 27

2.2 石灰 …… 31

2.3 水玻璃 …… 36

第 3 章 水泥 …… 41

3.1 硅酸盐水泥与普通硅酸盐水泥 …… 42

3.2 掺混合材料的硅酸盐系水泥 …… 52

3.3 其他品种水泥 …… 59

第 4 章 混凝土 …… 70

4.1 普通混凝土的组成材料 …… 72

4.2 混凝土拌合物的性能 …… 92

4.3 硬化后混凝土的性能 …… 98

4.4 混凝土质量控制与强度评定 …… 114

4.5 普通混凝土配合比设计 …… 118

4.6 其他品种混凝土 …… 129

第 5 章 建筑砂浆 …… 153

5.1 砂浆的组成材料 …… 154

5.2 砂浆的技术性质 …… 156

5.3 砌筑砂浆 …… 158

5.4 抹面砂浆 …… 161

5.5 其他建筑砂浆 …… 163

第 6 章 建筑钢材 …… 168

6.1 钢材的晶体结构及化学成分 …… 169

6.2 钢材的主要力学性能 …… 172

6.3 钢材的冷加工强化、时效及热强度 …… 177

6.4 建筑钢材的锈蚀与防护 …… 180

6.5 建筑钢材的品种与选用 …… 182

6.6 铝合金及制品 …… 203

第 7 章　墙体材料 …… 207

7.1　砌墙砖 …… 208

7.2　蒸压蒸养砖 …… 212

7.3　砌块 …… 214

第 8 章　沥青及沥青混合料 …… 220

8.1　沥青 …… 221

8.2　沥青混合料 …… 232

第 9 章　防水材料 …… 257

9.1　防水材料的分类 …… 258

9.2　防水卷材 …… 258

9.3　防水涂料 …… 267

9.4　防水密封材料 …… 271

第 10 章　木材 …… 276

10.1　木材的分类与构造 …… 277

10.2　木材的性质 …… 279

10.3　土木工程中常用木材及木质材料制品 …… 282

10.4　木材的防腐与防火 …… 285

第 11 章　高分子建筑材料 …… 290

11.1　高分子材料基本知识 …… 291

11.2　建筑塑料 …… 294

11.3　建筑胶粘剂 …… 298

11.4 建筑涂料 …… 301

第 12 章 建筑功能材料 …… 306

12.1 绝热材料 …… 307

12.2 吸声和隔声材料 …… 311

12.3 建筑装饰材料 …… 316

第 13 章 新型建筑材料及其发展趋势 …… 333

13.1 建筑纳米材料 …… 334

13.2 建筑智能材料 …… 337

13.3 新型建筑材料的发展趋势 …… 339

参考文献 …… 342

绪 论

学习提示

土木工程材料是土木工程专业的一门专业基础课。本课程的任务是使学生掌握常用土木工程材料的基本知识，在工程实践中具有合理选择与使用土木工程材料的能力，并为学习有关后续专业课程打下基础。学习时，应注意本课程的特点和学习方法，一般应从材料的基本成分、原料及生产工艺、技术性质和应用等几个方面来进行学习，重点是材料的基本性质与应用。

学习目标

知识目标

通过本章的学习，理解土木工程材料在专业学习中的重要性；了解我国在土木工程材料方面的创造、贡献；理解土木工程材料的定义、发展及其在土木工程中的作用；掌握土木工程材料的分类及其技术标准等知识。

素养目标

通过引导学生深入理解土木工程材料在工程实践中的关键作用，激发其学习主动性和创新意识。

0.1 土木工程材料的定义和分类

0.1.1 土木工程材料的定义

土木工程材料是指在土木工程建设中用于构成建筑物或构筑物的各种材料的总称，如水泥、钢材、木材、混凝土、石材、砖、石灰、石膏、建筑塑料、沥青、玻璃及建筑陶瓷等，其品种达数千种。

0.1.2 土木工程材料的分类

土木工程材料种类繁多、性能各异且用途不同。在工程中，常从不同角度对土木工程材料加以分类。

1. 按材料的化学成分分类

按化学成分来分，土木工程材料可分为无机材料、有机材料和复合材料三大类，见表 0-1。

2. 按材料的使用功能分类

按使用功能来分，土木工程材料可分为结构材料、墙体材料和功能材料三大类。

(1)结构材料：主要是指构成结构物受力构件，用于承受荷载的材料，如梁、板、柱、基础、框架及其他受力构件和结构等所用的材料，具体包括水泥、混凝土、石材、钢材及砖混结构用于砌筑承重墙的砖。在现阶段，钢材、水泥及钢筋混凝土和预应力钢筋混凝土仍是我国土木工程中所采用的主要结构材料。

(2)墙体材料：是指建筑物内、外及分隔墙体所采用的材料，分为承重材料和非承重材料两类。目前，我国大量采用的墙体材料为砌墙砖、混凝土砌块及加气混凝土砌块等。此外，还有混凝土墙板、石膏板、金属板材和复合墙体等，其中轻质、多功能的复合墙板发展较快。

(3)功能材料：是指具有某些特殊功能的材料，用于满足建筑物或构筑物的适用性，如防水材料、保温材料、隔声和吸声材料、装饰材料、耐火材料、耐腐蚀材料及防辐射材料等。这类材料品种繁多，形式多样，功能各异，正越来越多地应用于各种建筑物或构筑物上。

一般来说，建筑物或构筑物的安全可靠程度主要取决于由结构材料组成的构件和结构体系，而结构物的使用功能则主要取决于功能材料。有时，单一的材料可能会具有多种功能。

表 0-1　土木工程材料按化学成分分类

土木工程材料	无机材料	金属材料		钢、铁及其合金，铝及铝合金
		非金属材料	天然石材	砂、石及石材制品
			烧土制品	砖、瓦、玻璃及陶瓷制品
			胶凝材料及制品	石灰、石膏、水泥、砂浆、混凝土及硅酸盐制品
	有机材料	植物材料		木材、竹材
		沥青材料		石油沥青、煤沥青及其制品
		合成高分子材料		塑料、涂料、胶粘剂、合成橡胶、部分混凝土外加剂、土工合成材料
	复合材料	有机材料与无机非金属材料复合		聚合物混凝土、玻璃纤维增强塑料等
		金属材料与无机非金属材料复合		钢筋混凝土、钢纤维混凝土等
		金属材料与有机材料复合		有机涂层铝合金板、塑钢门窗等

0.2　土木工程材料在土木工程中的作用

随着历史的发展、社会的进步，特别是科学技术的不断创新，土木工程材料的内涵也在不断丰富。从人类文明发展早期的木材、石材等天然材料到近代以水泥、混凝土、钢材为代表的主体土木工程材料，进而发展到现代由金属材料、高分子材料、无机硅酸盐材料互相结合而产生的众多复合材料，形成了土木工程材料丰富多彩持续发展的大家族。纵观土木工程发展历程，土木工程材料的不断创新与进步，确实在很大程度上得益于土木工程科学的发展和突破。

(1)土木工程材料是土木工程的物质基础，无论是高达 492 m 的上海环球金融中心，还是普通的一幢临时建筑，都是由各种散体材料经过缜密的设计和复杂的施工最终构建而成的。土木工程材料的物质性还体现在其使用的巨量性，一幢单体建筑一般重达几百至数千吨，甚至可达数万、几十万吨，这形成了土木工程材料在生产、运输、使用等方面与其他门类材料的不同。

(2)土木工程材料的发展赋予建筑物(构筑物)以时代的特性和风格。西方古典建筑的石材廊柱，中国古代以木结构为代表的宫廷建筑，当代以钢筋混凝土和型钢为主体材料的超高层建筑以及大型公共建筑，都呈现出鲜明的时代感。

(3)工程设计理论的不断进步和施工技术的革新，不仅受到材料发展的制约，同时也受到材料发展的推动。大跨度预应力结构、薄壳结构、悬索结构、空间网架结构、节能型特色环保建筑、绿色建筑、生态建筑的出现，无疑都是与新材料的产生密切相关。

(4)土木工程材料正确、节约、合理的运用，直接影响建设工程的造价和投资。目前，我国土木工程的总造价中，土木工程材料的费用占总费用的50%～60%，而土木工程施工的全过程实质上是按设计要求把土木工程材料逐步变成建筑物(构筑物)的过程。对于某些特殊工程，这一比例甚至可能进一步提高。

对于中国这样一个发展中国家，对工程材料特性的深入了解和认识，最大限度地发挥其效能，进而达到最大的经济效益，具有重要的意义。

0.3　我国土木工程材料的发展

材料科学和材料(含土木工程材料)本身都是随着社会生产力和科技水平的提高而逐渐发展的。

在上古时期，人类居于天然山洞或树巢中，“垒石为穴，构木为巢”，之后逐步采用黏土、石、木等天然材料建造房屋。我国劳动人民在3 000年前已能烧制石灰、砖瓦等人造建筑材料，冶铜技术也相当高超。到战国时期，筒瓦、板瓦已广泛使用，并出现了大块空心砖和墙壁装修用砖。在公元前850—前221年，已有铁器应用。

我国劳动者在土木工程材料的生产和使用方面曾经取得了许多重大成就，如始建于公元前7世纪的万里长城，所使用的砖石材料就达1亿立方米；福建泉州的洛阳桥是900多年前用石材建造的，其中一块石材达200余吨；山西五台山木结构的佛光寺大殿已有千余年历史仍完好无损等。这些都有力地证明中国人在土木工程材料生产、施工和使用方面的智慧和技巧。

中华人民共和国成立以来，特别是改革开放以后，我国土木工程材料生产得到了迅速的发展。我国已跻身世界生产大国之列：水泥工业已由年产量不足百万吨的单一品种，发展为品种齐全、年产量突破数十亿吨的水平；陶瓷材料也由过去的单一白色瓷器发展到有上千种花色品种的陶瓷产品，而且生产的高档配套建筑卫生陶瓷已可满足高标准建筑的需要；我国的玻璃工业也发展很快，普通玻璃已由中华人民共和国成立初期年产仅108万标箱发展到数亿标箱，且能生产功能各异的新品种。随着生活水平的提高和住房条件的改善，装饰材料更是丰富多彩，产业蓬勃兴旺。

我国道路沥青的生产从无到有，目前有以下三个方面的生产力量。

一是中国石化总公司系统所属的炼油厂是主要的沥青供应渠道，生产的沥青约占全国的3/4，其中道路沥青占2/3。

二是中国石油天然气总公司系统的沥青厂，分属于各个油田，主要是几个稠油处理厂。近十年来，沥青总产量增长了10倍，道路沥青增长了20倍，占全国的1/3。

三是地方化工部门及其他沥青厂(包括辽宁交通厅所属盘锦市沥青厂)。

随着我国社会经济建设的快速发展和人民生活水平的稳步提高，城镇住房、基础设施及新农村建设需求日益增长。发展节能省地、节水省材、绿色环保的建筑技术，是我国土木建筑工程实现可持续发展的必经之路；与此同时，各种高性能建筑材料、节能利废的新型材料及安全环保材料也应运而生。未来，我国土木工程材料的发展将主要体现在以下几个方面。

(1)绿色环保：绿色建筑材料的研发和应用将成为土木工程材料发展的重要方向。未来，建筑材料将更加环保、节能和可持续，以满足社会对低碳发展的需求。

(2)高性能：土木工程材料将向高强度、高耐久性和高韧性方向发展，以满足大型建筑、特殊结构及极端环境的应用需求。

(3)数字化和智能化：随着信息技术的广泛应用，土木工程材料正朝着数字化和智能化方向发展，以实现材料的智能监测、管理和维护。

(4)多功能化：未来土木工程材料将向多功能化方向发展，如开发具有阻燃、隔热等特性的复合材料，以满足各类建筑的特殊需求。

(5)自修复材料：在未来，土木工程材料将朝着自修复功能方向发展，通过受损后自动修复的特性，显著延长建筑物使用寿命并降低维护成本。

我国土木工程材料经历了漫长的历史演变，目前已进入多元化、高性能与绿色可持续发展的新阶段。未来，土木工程材料的发展将更加注重环保性、高性能化、数字化和智能化，并能针对不同建筑物的功能需求进行定制化设计。在科技的持续推动下，这类材料不仅会在建筑领域发挥越来越重要的作用，还将为人类社会的可持续发展提供更为强大的支撑。

0.4 土木工程材料的检验与标准

“标准”一词广义上讲是指对重复事物和概念所做的统一规定，它以科学、技术和实践的综合成果为基础，经有关方面协商一致，由主管部门批准发布，作为共同遵守的准则和依据。

与土木工程材料的生产和选用有关的标准主要有产品标准和工程建设标准两类。产品标准是为保证工程材料产品的适用性，对产品必须达到的某些或全部要求所制定的标准，其中包括品种、规格、技术性能、试验方法、检验规则、包装、储藏、运输等内容。工程建设标准是对工程建设中的勘察、规划、设计、施工、安装、验收等需要协调统一的事项所制定的标准，其中结构设计规范、施工及验收规范中有与工程材料的选用相关的内容。

实行标准化对经济、技术、科学及管理等社会实践有着重要的意义，能对重复性事物和概念达到统一认识。以工程材料性能试验方法为例，如果不实行标准化，不同的部门或单位采用不同的试验方法，则所得的试验结果就无可比性，其获得的试验数据将毫无意义。所以，如果没有标准化，则工程设计、产品的生产及质量的检验就失去了共同的依据和准则。由此可见，标准化为生产技术和科学发展建立了最佳秩序，并带来了社会效益。

目前，我国常用的标准主要有国家级、行业或部级、地方级和企业级四类。它们分别由相应的标准化管理部门批准颁布。国家质量技术监督局是国家标准化管理的最高机构。国家标准和行业标准是国家指令性技术文件，全国通用，各级有关部门必须执行。地方标准是由地方主管部门制定和发布的地方性技术文件，适用于特定地区。对于没有相应国家标准、行业标准和地方标准的产品，企业应按照企业标准执行，且企业标准的技术要求应高于类似或相关产品的国家标准。各级标准的相应代号如下。

(1)国家标准。GB为国家强制性标准，全国范围内必须执行，产品的技术指标不得低于标准规定的要求。GB/T为国家推荐性标准。

(2)行业或部级标准。例如，建筑行业标准(代号JG)、建材行业标准(代号JC)、水利行业标准(代号SL)、交通行业标准(代号JT)、黑色冶金行业标准(代号YB)、铁路行业标准(代号TB)等。

(3)地方标准(代号DB)和企业标准(代号QB)。标准一般由标准名称、部门代号(以汉语拼音字母表示)、标准编号和颁布年份四部分组成，如《砌体结构通用规范》(GB 55007—2021)、《混凝土强度检验评定标准》(GB/T 50107—2010)、《混凝土用水标准》(JGJ 63—2006)等(有关工程建设方面的技术标准代号，应在部门代号后加 J)。

0.5　本课程的学习目的和任务

0.5.1　本课程学习的目的与主要任务

土木工程材料是土木工程或其他有关专业的一门基础技术课，并兼有专业课的性质。课程的任务是学生通过学习，获得土木工程材料的基础知识，掌握土木工程材料的技术性能和应用方法及其试验检测技能，同时对土木工程材料的储运和保护也有所了解，为后续专业课程的学习及今后的工作实践中能正确选择与合理使用土木工程材料打下良好的基础。

本书各章主要讲述各类土建结构的品种、基本组成、组成设计、技术性能和技术指标。为了教学方便，将按下述顺序对各种常用的土木工程材料进行讲解：土木工程材料的基本性质、气硬性胶凝材料、水泥、混凝土、建筑砂浆、建筑钢材、墙体材料、沥青及沥青混合料、防水材料、木材、高分子建筑材料、建筑功能材料、新型建筑材料及其发展趋势。

0.5.2　本课程的理论学习任务

学习时，可把相关内容分成以下三个层次。

第一层次是土木工程材料基础理论知识。所谓基础理论知识，是指每类材料的生产工艺、材料的组成、结构、构造。该部分要重点领会其对材料性能的影响。

第二层次是土木工程材料的基本性质。这一层次要求学生能运用已有的理论知识对基本性质的改善进行分析，并能结合工程实际，正确选用材料。对于现场制作的材料，要能根据材料性能要求设计计算材料配合比。

第三层次是土木工程材料质量检验的内容。要结合试验理解基本技术性质要求的意义。

0.5.3　本课程的试验学习方法

土木工程材料种类繁多，且每种材料的研究内容十分广泛，涉及原料、工艺、组成、结构与构造、性质、应用、检验、运输、验收及储存等各个方面。在学习过程中，需要注意：第一，要着重掌握核心内容——材料的技术性质和合理应用，其他内容均围绕这一中心展开。第二，土木工程材料是一门实践性很强的课程，因此学习时应注重理论联系实际。第三，采用对比的方法学习，对于同一类材料的不同品种，既要了解它们的共性，更要重点掌握各自的特性。例如，六种通用水泥虽有许多共性，但工程应用时往往是根据它们的特性来选择合适的环境。

课程学习方法

土木工程材料的定义与分类

土木工程材料的发展

灰土挤密桩处理湿陷性黄土地基工程实例

第 1 章　土木工程材料的基本性质

学习提示

材料的基本性质是材料最基本的、共同的性质。材料的基本性质包括材料的基本物理性质、材料的力学性质、材料的耐久性等。材料的基本组成、结构和构造决定了材料的性质。

学习目标

知识目标

通过本章的学习，掌握材料物理性质的基本概念、表示方法及与工程的关系；掌握材料力学性质的基本概念及与工程的关系；掌握材料的耐久性所包含的内容，了解其影响因素；了解材料的组成、结构及对材料性质的影响。

素养目标

通过课程引导，增强学生对专业学习的兴趣与投入度，初步培育其遵循规范的责任意识。

思维导图

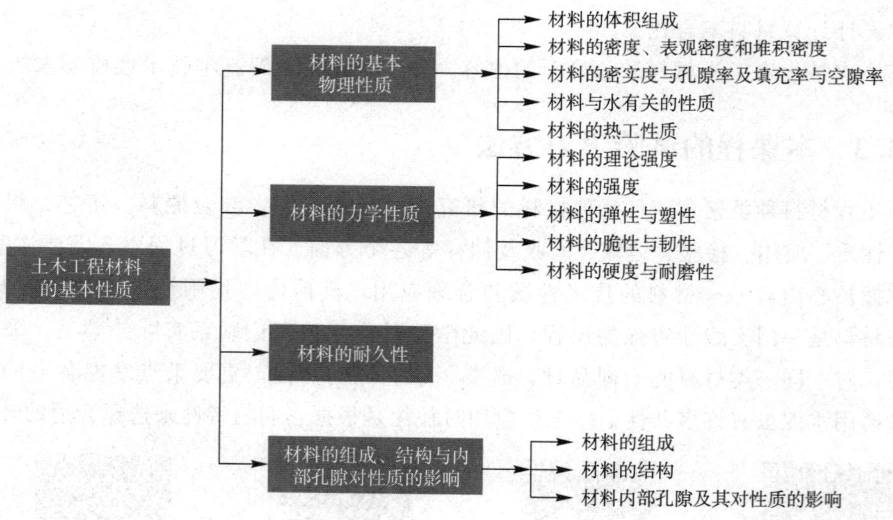

案例导入

国家游泳中心又称“水立方”，是 2008 年北京奥运会的主要比赛场馆之一，更是该届奥运会的标志性建筑。这座占地约 8 万 m^2 的宏伟建筑，以其优雅而复杂的设计闻名。其最显著的特征是外部覆盖的 1 437 块 ETFE 膜(乙烯-四氟乙烯共聚物)——这种新型环保材料构成了独特的水泡状外观。ETFE 膜凭借卓越的热学性能和透光性，能高效调节室内环境，实现冬保温、夏散热的功能。在节能方面，该材料及相关技术使场馆日均自然光利用时长可达 9.9 h，大幅降低了电力消耗。ETFE 膜不仅质地轻盈，而且具有优异的力学性能：其极限抗拉强度超过 40 MPa，在 20 MPa 应力范围内仍保持弹性，同时表现出良好的抗撕裂性。另外，ETFE 膜还拥有自洁功能，其抗黏着表面仅需雨水冲刷即可清除大部分污垢；独特的自愈性使局部损伤无需整体更换，只需简单修补即可恢复。此外，ETFE 膜具有良好的防火性能，遇火即熄的特性有效保障了建筑安全。

1.1　材料的基本物理性质

1.1.1　材料的体积组成

大多数材料的内部含有孔隙，孔隙的多少和孔隙的特征对材料的性能均产生影响，掌握含孔材料的体积组成是正确理解和掌握材料物理性质的起点。

孔隙特征主要包括孔隙尺寸大小和孔隙与外界的连通性两个内容。与外界相连通的孔隙称为开口孔；与外界不相连通的孔隙称为闭口孔。

含孔材料的体积组成如图 1-1 所示。从图 1-1 可知，含孔材料的体积包括材料的绝对密实体积、材料的孔体积和材料在自然状态下的体积三种。

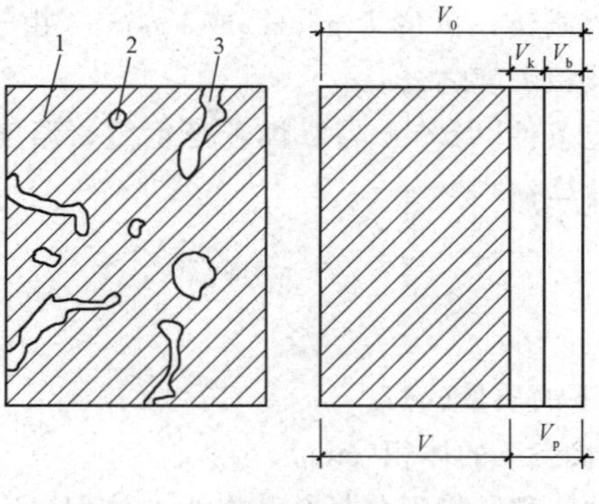

图 1-1　含孔材料体积组成示意

1—固体物质；2—闭口孔；3—开口孔

(1)材料绝对密实体积：用 V 表示，是指不包括材料内部孔隙的固体物质本身的体积。

(2)材料的孔体积：用 V_p 表示，是指材料所含孔隙的体积，分为开口孔体积(记为 V_k)和闭口孔体积(记为 V_b)。

(3)材料在自然状态下的体积：用 V_0 表示，是指材料的实体与材料所含全部孔隙体积之和。

上述几种体积存在以下的关系：

$$V_0=V+V_p \tag{1-1}$$

$$V_p=V_k+V_b \tag{1-2}$$

散粒状材料堆积体积组成如图 1-2 所示。其中，V'_0 表示材料堆积体积，是指在堆积状态下的材料颗粒体积和颗粒之间的间隙体积之和；V_j 表示颗粒与颗粒之间的间隙体积。散粒状材料体积关系如下：

$$V'_0=V_0+V_j=V+V_p+V_j \tag{1-3}$$

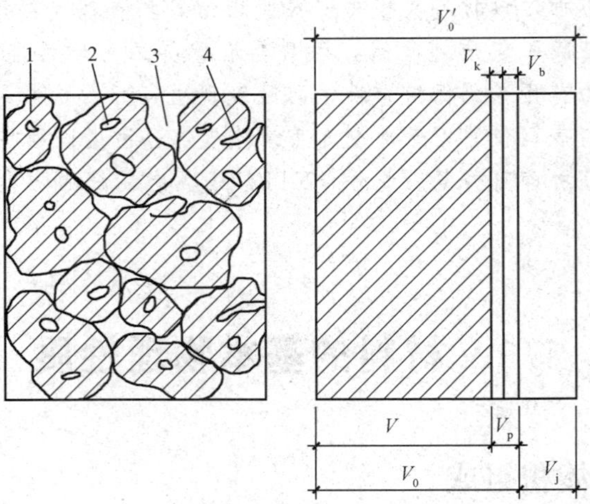

图 1-2　散粒材料堆积体积组成示意

1—颗粒的固体物质；2—颗粒的闭口孔隙；
3—颗粒间的间隙；4—颗粒的开口孔隙

1.1.2　材料的密度、表观密度和堆积密度

1. 密度

密度是指物质单位体积的质量，单位为 g/cm^3 或 kg/m^3。由于材料所处的体积状况不同，故有真实密度、表观密度和堆积密度之分。

真实密度是指材料在规定条件[(105±5)℃烘干至恒重，温度 20℃]绝对密实状态下单位体积所具有的质量。按下式计算：

$$\rho=\frac{m}{V} \tag{1-4}$$

式中　ρ——真实密度(g/cm^3)；

m——材料在干燥状态下的质量(g)；

V——材料在绝对密实状态下的体积(cm^3)。

材料在绝对密实状态下的体积是指不包括孔隙在内的体积。通常认为除钢材、玻璃等少数接近于真实密度的材料外，绝大多数材料都有一些孔隙。在测定有孔隙的材料密度时，应把材料磨成细粉(粒径小于 0.20 mm)，经干燥后，用密度瓶(李氏瓶)测定其实体体积。用李氏瓶测得的体积可视为材料在绝对密实状态下的体积。材料磨得越细，测定的密度值越精确。

2. 表观密度

表观密度是指材料在自然状态(包含内部孔隙)下单位体积的质量。按下式计算：

$$\rho_0=\frac{m}{V_0} \tag{1-5}$$

式中　ρ_0——表观密度(g/cm³ 或 kg/m³)；

m——材料在干燥状态下的质量(g)；

V_0——材料在自然状态下的体积(cm³)。

材料的表观体积是指包含内部全部孔隙的体积。当材料内部孔隙含水时，其质量和体积均会发生变化，因此测定表观密度时需注明含水状态。一般情况下，表观密度默认为气干状态下的测定值；而在烘干状态下测得的表观密度，称为干表观密度。

【例 1-1】 实验室采用简易法测定砂的表观密度。称取烘干试样 50 g，将其加入盛有冷开水的李氏瓶中。静置 24 h 后，李氏瓶的水面由原来的 150 mL 上升至 187 mL。若不考虑水温对砂表观密度的影响，试求该砂的表观密度。

解： $\rho_0=\frac{m}{V_2-V_1}\times 1\ 000=\frac{50}{187-150}\times 1\ 000=1\ 351(\mathrm{kg/m^3})$

答： 该砂的表观密度为 1 351 kg/m³。

3. 堆积密度

堆积密度是指散状材料或粉状材料、粒状材料或纤维材料在堆积状态下单位体积所具有的质量。按下式计算：

$$\rho_0'=\frac{m}{V_0'} \tag{1-6}$$

式中　ρ_0'——堆积密度(g/m³)；

m——材料的堆积质量(g)；

V_0'——材料的堆积体积(cm³)。

材料的堆积体积包含颗粒内部的孔隙和颗粒之间的空隙。测定材料的堆积密度时，按规定的方法将散粒材料装入一定容积的容器中，材料质量是指填充在容器内的材料质量，材料的堆积体积则为容器的容积。

【例 1-2】 1 L 容量筒重 0.35 kg，容量筒装干砂刮平后重 1.8 kg，求此干砂堆积密度。

解： $\rho_0'=\frac{m}{V_0'}=\frac{1.8-0.35}{0.001}=1\ 450(\mathrm{kg/m^3})$

答： 此干砂堆积密度为 1 450 kg/m³。

在土木工程中，计算材料用量、构件自重、配料计算及确定堆放空间时经常要用到材料的密度、表观密度和堆积密度等数据。常用土木工程材料的有关数据见表 1-1。

表 1-1　常用土木工程材料的密度、表观密度、堆积密度

材料	密度 ρ/(g·cm⁻³)	表观密度 ρ_0/(kg·m⁻³)	堆积密度 ρ_0'/(kg·m⁻³)
石灰岩	2.60	1 800～2 600	—
花岗石	2.80	2 500～2 900	—
碎石(石灰岩)	2.60	—	1 400～1 700
砂	2.60	—	1 450～1 650
实心黏土砖	2.60	1 600～1 800	—
空心黏土砖	2.50	1 000～1 400	—
水泥	3.20	—	1 200～1 300
普通混凝土	—	2 100～2 600	—

续表

材料	密度 $\rho/(g\cdot cm^{-3})$	表观密度 $\rho_0/(kg\cdot m^{-3})$	堆积密度 $\rho_0'/(kg\cdot m^{-3})$
轻骨料混凝土	—	800～1 900	—
木材	1.55	400～800	—
钢材	7.85	7 850	—
泡沫塑料	—	20～50	—

1.1.3 材料的密实度与孔隙率及填充率与空隙率

1. 密实度

密实度(D)是指材料体积内被固体物质所充实的程度。按下式计算：

$$D=\frac{V}{V_0}=\frac{\rho_0}{\rho}\times 100\% \tag{1-7}$$

式中 V——材料的绝对密实体积(cm^3 或 m^3)；

V_0——材料在自然状态下的体积(cm^3 或 m^3)；

ρ——材料的密度(g/cm^3)；

ρ_0——表观密度(g/cm^3)。

含有孔隙的固体材料的密实度均小于1。材料的很多性能如强度、吸水性、耐久性、导热性等均与其密实度有关。

2. 孔隙率

孔隙率是指材料内部孔隙的总体积占材料表观体积(包含孔隙)的比例。按下式计算：

$$P=\frac{V_0-V}{V_0}=1-\frac{V}{V_0}=(1-\frac{\rho_0}{\rho})\times 100\% \tag{1-8}$$

孔隙率与密实度的关系为

$$D+P=1 \text{ 或密实度}+\text{孔隙率}=1 \tag{1-9}$$

密实度或孔隙率的大小均反映了材料的致密程度。

3. 孔结构

孔结构是指材料中孔隙的大小、形态、分布和连通性等空间构造特征。孔隙率仅反映了孔隙的总体积占比，而孔结构进一步反映了孔隙的几何形态和相互关系。

材料内部的孔隙结构可分为连通孔和封闭孔两种类型。连通孔不仅内部相互贯通，还与外界环境相通；而封闭孔既彼此隔离，又与外界隔绝。根据孔径尺寸，孔隙可进一步分为极微细孔、细小孔和粗大孔。在孔隙率相同的情况下，材料的性能显著受孔隙结构、孔径尺寸及其分布特征的影响。

材料的吸水性、导热性能、强度等都与材料的孔隙率及孔结构有关。

4. 填充率

填充率是指在某一堆积体积中，散粒材料颗粒实际占据体积的比例，反映了颗粒对空间的填充程度。按下式计算：

$$D'=\frac{V_0}{V_0'}\times 100\% \text{ 或 } D'=\frac{\rho_0'}{\rho_0}\times 100\% \tag{1-10}$$

5. 空隙率

空隙率是指在散粒材料的堆积体积中，颗粒之间的空隙体积所占的比例。按下式计算：

$$P'=\frac{V'_0-V_0}{V'_0}=1-\frac{V_0}{V'_0}=(1-\frac{\rho'_0}{\rho_0})\times 100\% \tag{1-11}$$

填充率与空隙率的关系为

$$D'+P'=1 \text{ 或填充率}+\text{空隙率}=1 \tag{1-12}$$

空隙率的大小反映了散粒材料颗粒之间相互填充的密实程度。空隙率可作为控制混凝土骨料级配及计算砂率的依据。

1.1.4　材料与水有关的性质

1. 亲水性与憎水性

当水与材料表面相接触时，不同的材料被水所润湿的情况各不相同，这种现象是由于材料与水和空气三相接触时的表面能不同而产生的(图 1-3)。

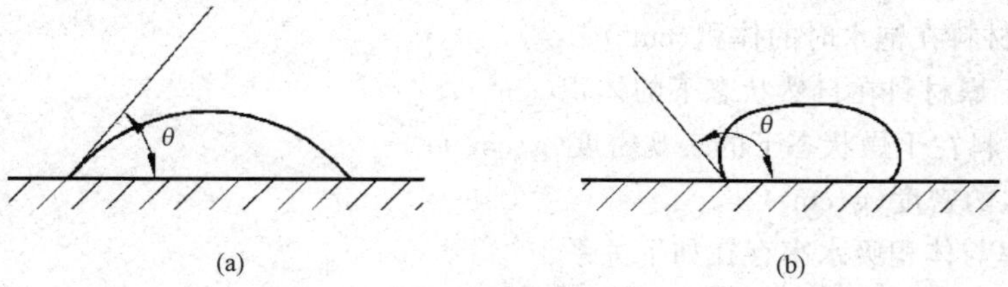

图 1-3　亲水性材料与憎水性材料

(a)亲水性材料；(b)憎水性材料

材料、水和空气三相接触的交点处，沿水表面的切线与水和固体接触面所成的夹角 θ 称为润湿角。当水分子间的内聚力小于材料与水分子间的分子亲和力时，$\theta\leqslant 90°$，这种材料能被水润湿，表现为亲水性。当水分子间的内聚力大于材料与水分子间的分子亲和力时，$\theta>90°$，这种材料不能被水润湿，表现为憎水性。在土木工程材料中，石材、金属、水泥制品、陶瓷等无机材料和部分木材为亲水性材料；沥青、塑料、橡胶和油漆等为憎水性材料。工程上常利用材料的憎水性来制造防水材料。

2. 吸湿性

材料在潮湿的空气中吸收空气中水分的性质称为吸湿性。吸湿性的大小用含水率表示。材料所含水的质量占材料干燥质量的百分率，称为材料的含水率。按下式计算：

$$W_{含}=\frac{m_{含}-m_{干}}{m_{干}}\times 100\% \tag{1-13}$$

式中　$W_{含}$——材料的含水率(%)；

$m_{含}$——材料含水时的质量(g)；

$m_{干}$——材料干燥至恒重时的质量(g)。

材料的含水率大小除与材料本身的特性有关外，还与周围环境的温度、湿度有关。气温越低、相对湿度越大，材料的含水率也就越大。

材料随着空气湿度的变化，既能在空气中吸收水分，又可向外界扩散水分，最终将使材料中的水分与周围空气的湿度达到平衡，这时材料的含水率称为平衡含水率。平衡含水率并不是固定不变的，它随环境中的温度和湿度的变化而改变。

3. 吸水性

材料在浸水状态下吸入水分的能力称为吸水性。吸水性的大小以吸水率表示。吸水率分为质量吸水率和体积吸水率。

(1)质量吸水率。质量吸水率是指材料所吸收水分的质量占材料干燥质量的百分率。按下式计算：

$$W_{质}=\frac{m_{湿}-m_{干}}{m_{干}}\times 100\% \tag{1-14}$$

式中 $W_{质}$——材料的质量吸水率(%)；

$m_{湿}$——材料饱水后的质量(g)；

$m_{干}$——材料烘干到恒重的质量(g)。

(2)体积吸水率。体积吸水率是指材料吸收水分的体积占干燥自然体积的百分数，是材料体积内被水充实的程度。按下式计算：

$$W_{体}=\frac{V_{水}}{V_0}=\frac{m_{湿}-m_{干}}{m_{干}}\times\frac{\rho_0}{\rho_w}\times 100\% \tag{1-15}$$

式中 $W_{体}$——材料的体积吸水率(%)；

$V_{水}$——材料在饱水时的体积(cm^3)；

V_0——干燥材料在自然状态下的体积(cm^3)；

ρ_0——材料在干燥状态下的表观密度(g/cm^3)；

ρ_w——水的密度(g/cm^3)。

质量吸水率与体积吸水率存在如下关系：

$$W_{体}=W_{质}\cdot\rho_0 \tag{1-16}$$

材料的吸水性不仅与材料的亲水性或憎水性有关，而且与孔隙率的大小及孔隙特征有关。一般来说，孔隙率越大，吸水性也越强。封闭的孔隙，水分不易进入；粗的开口的孔隙，水分又不易存留，故材料的体积吸水率常小于孔隙率。

对于某些轻质材料，如加气混凝土、软木等，由于具有很多开口而微小的孔隙，所以它的质量吸水率往往超过100%，即湿质量为干质量的几倍，在这种情况下，最好用体积吸水率表示其吸水性。

水在材料中对材料性质将产生不良的影响，它使材料的表观密度和导热性增大，强度降低，体积膨胀。因此，吸水率大对材料性能是不利的。

【例 1-3】 实验室称取一定质量的卵石试样，用水浸泡 24 h后，取出试样并放入浅盘中，称得饱和面干试样与浅盘的总质量为 2 570 g。随后，将饱和面干试样连同浅盘置于(105±5)℃的烘箱中烘干至恒重，冷却后称得烘干试样与浅盘的总质量为 2 545 g。已知浅盘质量为 450 g，试计算该卵石的质量吸水率。

解： $W_m=\frac{m_1-m_0}{m_0}\times 100\%=\frac{2\ 570-2\ 545}{2\ 545-450}\times 100\%\approx 1.19\%$

答： 该卵石的质量吸水率为 1.19%。

4. 耐水性

材料长期在饱和水作用下不破坏，其强度也不显著降低的性质称为耐水性。材料的耐水性用软化系数表示，可按下式计算：

$$K_{软}=\frac{f_{饱}}{f_{干}} \tag{1-17}$$

式中 $K_{软}$——材料的软化系数；

$f_{饱}$——材料在饱水状态下的抗压强度(MPa)；

$f_{干}$——材料在干燥状态下的抗压强度(MPa)。

软化系数的大小表明材料浸水后强度降低的程度，一般波动在 0 和 1 之间。软化系数越小，说明材料饱水后的强度降低越多，其耐水性越差。对于经常位于水中或受潮严重的重要结构物的材料，其软化系数不宜小于 0.85；受潮较轻或次要结构物的材料，其软化系数不宜小于 0.70。软化系数大于 0.80 的材料，通常可以认为是耐水的材料。

材料的耐水性主要取决于其组成成分在水中的溶解度和材料内部开口孔隙率的大小。软化系数一般随溶解度增大而升高，随开口孔隙率增加而降低。

【例 1-4】 某灰砂砖在绝干状态下的抗压强度为 21.9 MPa，此砖吸水饱和后抗压强度为 17.1 MPa，问此砖能否用于潮湿环境下的基础砌筑？

解： 该砖软化系数为

$$K_{软}=\frac{f_{饱}}{f_{干}}=\frac{17.1}{21.9}\approx 0.78<0.85$$

答：此砖不能用于潮湿环境下的基础砌筑。

5. 抗渗性

(1)渗透系数。材料抵抗压力水渗透的性质称为抗渗性(或不透水性)，可用渗透系数 K 表示。

达西定律表明，在一定时间内，透过材料试件的水量与试件的断面面积及水头差(液压)成正比，与试件的厚度成反比，即

$$K=\frac{Qd}{AtH} \tag{1-18}$$

式中　K——材料的渗透系数(cm/h)；

Q——渗水时间 t 内的渗水总量(cm^3)；

t——渗水时间(h)；

A——材料垂直于渗水方向的渗水面积(cm^2)；

H——材料两侧的水头高度(cm)；

d——材料试件的厚度(cm)。

渗透系数反映了材料抵抗压力水渗透的性质，渗透系数越大，材料的抗渗性越差。

(2)抗渗等级。对于混凝土和砂浆材料，抗渗性常用抗渗等级(P)表示：

$$\mathrm{P}=10H-1 \tag{1-19}$$

式中　P——抗渗等级；

H——试件开始渗水时的水压力(MPa)。

抗渗等级以规定的试件在标准试验方法下所能承受的最大水压力来确定。抗渗等级以符号“P”及材料承受的水压力值(以 0.1 MPa 为单位)来表示，如混凝土和砂浆抗渗性的好坏用抗渗等级表示，如 P6、P8 分别表示试件能够承受 0.6 MPa、0.8 MPa 的水压而不渗透。材料的抗渗等级越高，其抗渗性能越好。

材料抗渗性的好坏与材料的孔隙率和孔隙特征有密切关系。孔隙率很小而且是封闭孔隙的材料具有较高的抗渗性。对于地下建筑及水工构筑物，因常受到压力水的作用，故要求材料具有一定的抗渗性；对于防水材料，则要求具有更高的抗渗性。材料抵抗其他液体渗透的性质也属于抗渗性。

6. 抗冻性

材料在饱水状态下，能经受多次冻结和融化作用(冻融循环)而不破坏，同时也不严重降低强度的性质称为抗冻性。通常采用 −15 ℃的温度(水在微小的毛细管中低于 −15 ℃才能冻结)冻结后，再在 20 ℃的水中融化，这样的过程为一次冻融循环。材料抗冻性的大小用抗冻等级符号“F”表示。抗冻等级表示将材料吸水饱和后，按规定的方法进行冻融循环试验，其质量损失不超过 5%，强度下降不超过 25%，按所能经受的最大冻融循环次数来确定。例如混凝土抗

冻等级 F20、F50、F100 等。

材料经多次冻融交替作用后，表面将出现剥落、裂纹，产生质量损失，强度也将会降低。这是因为材料内部孔隙中的水分结冰时体积膨胀，对孔壁产生很大的压力，冰融化时压力骤然消失所致。无论冻结还是融化过程，都会使材料冻融交界层间产生明显的压力差，并作用于孔壁引起材料的破坏。

抗冻性良好的材料对于抵抗温度变化、干湿交替等破坏作用的性能也较强。所以，抗冻性常作为考察材料耐久性的一个指标。处于温暖地区的土建结构物，虽无冰冻作用，但为抵抗大气的作用，确保土建结构物的耐久性，有时对材料也提出一定的抗冻性要求。

材料的抗冻性主要与孔隙率、孔隙特性、材料受冻时吸水饱和程度、材料本身强度有关，工程中常从这些方面改善材料的抗冻性。在寒冷地区受水的作用，抗冻性往往决定了其耐久性，抗冻等级越高，材料越耐久。对于室外温度低于－15℃的地区，其主要工程材料必须进行抗冻性试验。

1.1.5 材料的热工性质

1. 导热性

材料传导热量的能力称为导热性。材料导热能力的大小可用导热系数（λ）表示。导热系数在数值上等于厚度为 1 m 的材料，当其相对表面的温度差为 1 K 时，其单位面积（1 m^2）单位时间（1 s）所通过的热量。可用下式表示：

$$\lambda=\frac{Q\delta}{At(T_2-T_1)} \tag{1-20}$$

式中 λ——导热系数[W/(m·K)]；

Q——传导的热量(J)；

A——热传导面积(m^2)；

δ——材料厚度(m)；

t——热传导时间(s)；

T_2-T_1——材料两侧温差(K)。

材料的导热系数越小，绝热性能越好。各种土木工程材料的导热系数差别很大，为0.035～3.5 W/(m·K)，如泡沫塑料的导热系数为 0.035 W/(m·K)，而大理石的导热系数为0.35 W/(m·K)。导热系数与材料孔隙构造有密切关系。由于密闭空气的导热系数很小[λ＝0.023 W/(m·K)]，所以，材料的孔隙率较大者，其导热系数较小，但如果孔隙粗大或贯通，由于对流作用的影响，材料的导热系数反而增高。材料受潮或受冻后，其导热系数会大大提高。这是由于水和冰的导热系数比空气的导热系数高很多，分别为 0.58 W/(m·K)和2.20 W/(m·K)。因此，绝热材料应经常处于干燥状态，以利于发挥材料的绝热效能。

2. 热容量与比热容

材料加热时吸收热量，冷却时放出热量的性质称为热容量。热容量的大小用比热容（也称热容量系数，简称比热）表示。比热容表示 1 g 材料温度升高 1 K 时所吸收的热量，或降低 1 K 时放出的热量。材料吸收或放出的热量可由下式计算：

$$Q=Cm(T_2-T_1) \tag{1-21}$$

$$C=\frac{Q}{m(T_2-T_1)} \tag{1-22}$$

式中 Q——材料吸收或放出的热量(J)；

C——材料的比热容[J/(g·K)]；

m——材料的质量(g)；

T_2-T_1——材料受热或冷却前后的温差(K)。

比热容是反映材料的吸热或放热能力大小的物理量。不同材料的比热容不同，即使是同一种材料，由于所处物态不同，比热容也不同，例如，水的比热容为 4.186 J/(g·K)，而结冰后比热容则是 2.093 J/(g·K)。

材料的比热容对保持土建结构物内部温度稳定有很大意义。比热容大的材料，在热流变动或采暖设备供热不均匀时，能缓和室内的温度波动。常用土木工程材料的热工性质指标见表 1-2。

表 1-2　常用土木工程材料的热工性质指标

材料名称	钢材	混凝土	松木	烧结普通砖	花岗石	密闭空气	水
比热容/[J·(g·K)$^{-1}$]	0.48	0.88	2.51	0.84	0.92	1.00	4.19
导热系数/[W·(m·K)$^{-1}$]	58	1.28	0.17～0.35	0.81	3.49	0.025	0.60

3. 保温隔热性

在建筑热工中常把 $1/\lambda$ 称为材料的热阻，用 R 表示，单位为(m·K)/W。导热系数(λ)和热阻(R)都是评定土木工程材料保温隔热性能的重要指标。人们习惯把防止室内热量的散失称为保温，把防止外部热量的进入称为隔热，将保温隔热统称为绝热。

材料的导热系数越小，热阻值就越大，则材料的导热性能越差，其保温隔热的性能就越好，常将 $\lambda\leqslant 0.175$ W/(m·K)的材料称为绝热材料。

4. 耐火性

耐火性是指材料在长期高温作用下，保持其结构和工作性能的基本稳定而不损坏的性能，用耐火度表示。工程上用于高温环境的材料和热工设备等都要使用耐火材料。

根据耐火度的不同，材料可分为以下三大类。

(1)耐火材料：耐火度不低于 1 580 ℃的材料，如各类耐火砖等。

(2)难熔材料：耐火度为 1 350～1 580 ℃的材料，如难熔黏土砖、耐火混凝土等。

(3)易熔材料：耐火度低于 1 350 ℃的材料，如普通黏土砖、玻璃等。

5. 耐燃性

耐燃性是指材料能经受火焰和高温的作用而不破坏，强度也不显著降低的性能，是影响建筑物防火、结构耐火等级的重要因素。

根据耐燃性的不同，材料可分为以下三大类。

(1)不燃材料：遇火或高温作用时，不起火、不燃烧、不碳化的材料，如混凝土、天然石材、砖、玻璃和金属等。需要注意的是玻璃、钢铁和铝等材料，虽然不燃烧，但在火烧或高温下会发生较大的变形或熔融，因而是不耐火的。

(2)难燃材料：遇火或高温作用时，难起火、难燃烧、难碳化，只有在火源持续存在时才能继续燃烧，火源消除，燃烧即停止的材料，如沥青混凝土和经防火处理的木材等。

(3)易燃材料：遇火或高温作用时，容易引燃起火或微燃，火源消除后仍能继续燃烧的材料，如木材、沥青等。用可燃材料制作的构件，一般应做防燃处理。

6. 温度变形性

材料的温度变形性是指温度升高(降低)时材料体积变化。绝大多数土木工程材料在温度升高时体积膨胀，温度下降时体积收缩。这种变化表现在单向尺寸时，为线膨胀或线收缩。材料的单向线膨胀或线收缩量计算公式为

$$\Delta L=(T_2-T_1)\alpha L \tag{1-23}$$

式中 ΔL——线膨胀或线收缩量(mm);

T_2-T_1——材料升温或降温前后的温度差(K);

α——材料在常温下的平均线膨胀系数(1/K);

L——材料原来的长度(mm)。

线膨胀系数越大，表明材料的温度变形性越大。在土木工程中，对材料的温度变形往往只考虑某一单项尺寸的变化，因此，研究材料的线膨胀系数具有重要意义，材料的线膨胀系数与材料的组成和结构有关，通常选择合适的材料来满足工程对温度变形的要求。在大面积或大体积混凝土工程中，为防止材料温度变形引起裂缝，通常设置伸缩缝。

扩展阅读

材料科学的发展简史

材料是人类生活和生产的物质基础，也是认识与改造自然的工具。自人类诞生起，材料的使用便贯穿整个文明进程。考古学将人类历史划分为旧石器时代、新石器时代、青铜器时代和铁器时代，可见材料发展对社会的深远影响。作为人类进化的标志，任何工程技术都离不开材料的设计和制造工艺，而新材料的出现往往直接推动文明的发展和技术的进步。从远古到21世纪，人类文明持续进步，材料科学也随之不断发展。

在人类文明的进程中，材料的发展大致经历了以下五个阶段：第一个阶段是使用纯天然材料的初级阶段；第二个阶段是利用火对材料进行加工的阶段；第三个阶段是通过物理与化学方法合成新材料的阶段；第四个阶段是材料的复合化阶段；第五个阶段是材料的智能化阶段。

在20世纪，材料科学经历了五个主要发展阶段中的三个阶段，这种发展速度是前所未有的。进入21世纪，材料科学的发展呈现出以下几个特点：超纯化(从天然材料转向合成材料)、量子化(从宏观控制发展到微观和介观调控)、复合化(从单一材料演进到复合材料)及可设计化(从经验探索转变为理论指导)。当前，高技术新材料的发展日新月异，材料科学的内涵也日益丰富。21世纪将涌现哪些革命性材料，材料科学又将达到怎样的高度，目前仍难以准确预测。

1.2 材料的力学性质

1.2.1 材料的理论强度

材料的理论强度是指材料在理想状态下应具有的强度值。这一强度本质上取决于材料内部质点间的相互作用力。对于以共价键或离子键为主要结合键的材料，由于其化学键能较高，因此理论强度和弹性模量也相应较大；而以分子键结合的材料，由于键能较低，其理论强度和弹性模量值均较小。

在理想状态下，材料的破坏原因主要有两种：一是由拉应力导致的结合键断裂，二是由剪应力引起的质点间滑移。实际上，其他任何受力形式导致的材料破坏，本质上都是材料内部产生的拉应力或剪应力作用的结果。

材料的理论抗拉强度，可用下式表示：

$$f_t=\sqrt{\frac{E\gamma}{d}} \tag{1-24}$$

式中　f_t——材料的理论抗拉强度；

E——材料的弹性模量；

γ——单位表面能；

d——原子间的距离。

实际材料与理想材料的本质区别在于前者存在各种缺陷，如微裂纹、微孔隙等。当材料承受外力时，微裂纹尖端会产生显著的应力集中现象，导致局部应力远超材料的理论强度。这种应力集中会促使裂纹持续扩展和延伸，最终相互贯通，造成材料破坏。因此，材料的理论强度往往远大于其实际强度。通过消除工程材料内部的缺陷，可以显著提高其实际强度。

1.2.2　材料的强度

材料的力学性质主要是指材料在外力(荷载)作用下抵抗破坏和变形的能力。

材料在外力作用下抵抗破坏的能力称为材料的强度，并以单位面积上所能承受的荷载大小来衡量。

材料的强度本质上是材料内部质点间结合力的表现。当材料受外力作用时，其内部便会产生应力相抗衡，应力随外力的增大而增大。当应力(外力)超过材料内部质点间结合力所能承受的极限时，便导致内部质点的断裂或错位，使材料破坏。此时的应力为极限应力，通常用来表示材料强度的大小。

根据材料的受力状态，材料的强度可分为抗压强度、抗拉强度、抗弯(折)强度和抗剪强度。

(1)材料的抗拉强度、抗压强度、抗剪强度的计算公式为

$$f=\frac{F}{A} \tag{1-25}$$

式中　f——材料的抗压、抗拉、抗剪强度(MPa)；

F——材料承受的最大荷载(N)；

A——材料的受力面积(mm^2)。

(2)材料的抗弯(折)强度与加荷方式有关，单点集中加荷的计算公式为

$$f_m=\frac{3FL}{2bh^2} \tag{1-26}$$

式中　f_m——材料的抗弯(折)强度(MPa)；

F——弯曲破坏时的最大荷载(N)；

L——两支点间的距离(mm)；

b、h——试件横截面的宽度和高度(mm)。

相同种类的材料，其强度性能会因孔隙率和构造特征的不同而产生显著差异。通常情况下，材料的孔隙率越大，强度越低，两者呈近似线性关系，如图 1-4 所示。不同种类材料的强度特性存在显著差异：砖、石材、混凝土和铸铁等材料表现出较高的抗压强度，但抗拉和抗弯(折)强度相对较低；木材则具有顺纹抗拉强度高于抗压强度的特性；而钢材在各种受力状态下均表现出优异的强度性能，尤其是抗拉和抗压强度都很高。基于这些特性，砖、石材和混凝土等多用于墙、柱、基础等承压部位；钢材因其良好的受力性能，特别适用于各类受力结构，尤其是受拉构件。常用材料的强度值见表 1-3。

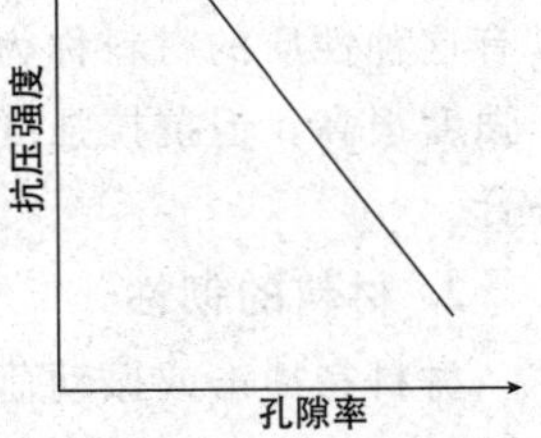

图 1-4　材料的强度与孔隙率的关系

表 1-3　常用材料的强度　N/mm² 或 MPa

材料	抗压强度	抗拉强度	抗弯(折)强度
花岗石	100～250	5～8	10～14
普通黏土砖	10～30	—	2.6～5.0
混凝土	10～200	1～12	3.0～40
松木(顺纹)	30～50	80～120	60～100
建筑钢材	240～1 500	240～1 500	—

在土木工程中，材料常按其强度指标划分为若干等级。这种等级划分对于准确把握材料性能、合理选用材料、正确进行工程设计及有效控制工程质量都具有重要意义。

1.2.3　材料的弹性与塑性

1. 材料的弹性

材料在外力作用下产生变形，当外力取消后，材料变形即可消失并能完全恢复到原来形状的性质称为弹性。外力取消后瞬间内即可完全消失的变形称为弹性变形。这种变形属于可逆变形，其数值的大小与外力成正比，称为弹性模量。在弹性变形范围内，弹性模量 E 为常数，即

$$E=\frac{\sigma}{\varepsilon} \tag{1-27}$$

式中　E——材料的弹性模量(MPa)；

σ——材料所受的应力(MPa)；

ε——材料在应力 σ 作用下产生的应变，无量纲。

弹性模量是衡量材料抵抗变形能力的一个指标，E 越大，材料越不易变形。

2. 材料的塑性

在外力作用下材料产生变形，如果取消外力，仍保持变形后的形状和尺寸，并且不产生裂缝的性质称为塑性。这种不能消失的变形称为塑性变形(或永久变形)。

许多材料受力不大时，仅产生弹性变形，当受力超过一定限度后，即产生塑性变形。例如建筑钢材，当外力值小于弹性极限时，仅产生弹性变形；当外力值大于弹性极限时，除弹性变形外，还产生塑性变形。有的材料在受力时，弹性变形和塑性变形会同时发生，如果取消外力，则弹性变形可以消失，而其塑性变形则不能消失(如混凝土)，这种变形为弹塑性变形。

1.2.4　材料的脆性与韧性

1. 材料的脆性

当外力作用达到一定限度后，材料突然破坏且破坏时无明显的塑性变形的性质称为脆性。具有这种性质的材料称为脆性材料，如混凝土、砖、石材、陶瓷、玻璃等。一般脆性材料的抗压强度很高，但抗拉强度低，抵抗冲击荷载和振动作用的能力差，不宜用于承受冲击和振动的场合。

2. 材料的韧性

材料在冲击或振动荷载作用下，能产生较大的变形而不致破坏的性质称为韧性。具有这种性质的材料称为韧性材料，如钢材、木材、橡胶、沥青等。材料的韧性用冲击试验来检验，又称为冲击韧性，用冲击韧性值即材料受冲击破坏时单位断面所吸收的能量来衡量。冲击韧性值

用“α_k”表示，其计算公式为

$$\alpha_k=\frac{A_k}{A} \tag{1-28}$$

式中　α_k——材料的冲击韧性值(J/mm^2)；

A_k——材料破坏时所吸收的能量(J)；

A——材料受力截面面积(mm^2)。

韧性材料在外力作用下，会产生明显的变形，变形随外力的增大而增大，外力所做的功转化为变形能被材料所吸收，以抵抗冲击的影响。材料在破坏前所产生的变形越大，所能承受的应力越大，其所吸收的能量就越多，材料的韧性就越强。对于道路、桥梁、轨道、吊车梁及其他受振动影响的结构，应选用韧性较好的材料。

1.2.5　材料的硬度与耐磨性

1. 材料的硬度

硬度是材料表面能抵抗其他较硬物体压入或刻划的能力。不同材料的硬度测定方法不同。按刻划法，矿物硬度分为 10 级(莫氏硬度)，其硬度递增的顺序为：滑石 1；石膏 2；方解石 3；萤石 4；磷灰石 5；正长石 6；石英 7；黄玉 8；刚玉 9；金刚石 10。木材、混凝土、钢材等的硬度常用钢球压入法测定(布氏硬度 HB)。一般来说，硬度大的材料耐磨性较强，但不易加工。

2. 材料的耐磨性

材料的耐磨性是材料具有一定的抵抗磨损的能力，常用磨损率(G)表示：

$$G=\frac{m_1-m_2}{A} \tag{1-29}$$

式中　G——材料的磨损率(g/cm^2)；

m_1-m_2——材料磨损前后的质量损失(g)；

A——材料受磨损的面积(cm^2)。

材料的耐磨性与材料的组成结构、构造、材料强度和硬度等因素有关。一般来说，强度越高且密实的材料，其硬度越高，耐磨性越好。对于道路、地面、踏步等易受磨损的工程部位，应考虑选用耐磨性能优异的材料。

扩展阅读

建筑材料在建筑工程中的地位和作用

建筑材料是一切建筑工程的基础物质。要推动建筑业的发展，就必须优先发展建筑材料工业。由此可见，建筑材料工业是国民经济中不可或缺的基础性产业之一。

(1)建筑材料是建筑工程的物质基础。建筑材料不仅用量大，而且经济性强，直接影响工程的总造价。因此，在建筑施工过程中，合理选择和科学使用建筑材料，不仅能提高建筑物的质量和使用寿命，还能有效降低工程造价，具有重要的经济和技术意义。

(2)建筑材料的发展赋予了建筑物鲜明的时代特征和风格。中国古代以木架构为主的宫廷建筑、西方古典建筑的石材廊柱及现代以钢筋混凝土和型钢为主体的超高层建筑，都生动体现了不同时期的建筑特色与时代感。

(3)建筑设计理论的演进与施工技术的革新，既受建筑材料发展的制约，又为其所推动。大跨度预应力结构、薄壳结构、悬索结构、空间网架结构等新型建筑形式的出现，以及节能建筑、绿色建筑的兴起，无不与新材料的研发与应用密切相关。

(4)建筑材料的质量直接影响建筑物的坚固性、适用性及耐久性。因此，建筑材料必须具有足够的强度和与使用环境条件相适应的耐久性，才能保证建筑物具有足够的使用寿命，同时最大限度地减少维修费用。

建筑材料的发展与人类社会生产力的进步和人民生活水平的提高密切相关。随着现代科学技术的飞速发展，生产力水平不断提升，人民生活持续改善，这对建筑材料提出了更高要求：不仅需要更加丰富多样的品种和更完备的性能，还要求其经久耐用，同时兼具轻质、高强、美观、保温、吸声、防水、防震、防火、节能等功能。

1.3 材料的耐久性

材料在使用过程中能抵抗周围各种介质侵蚀而不破坏，也不易失去原有性能的性质称为耐久性。

耐久性是材料的一种综合性质，如抗冻性、抗风化性、抗老化性、耐化学腐蚀性等均属耐久性的范围。此外，材料的强度、抗渗性、耐磨性等也与材料的耐久性有密切关系。

材料在使用过程中，除受到各种外力的作用，还长期受到周围环境等各种自然因素的破坏作用。这些破坏作用一般可分为物理作用、化学作用、生物作用等。

(1)物理作用：包括材料的干湿变化、温度变化及冻融变化等。这些变化可引起材料的收缩和膨胀，长时期或反复作用会使材料逐渐破坏，如水泥混凝土的热胀冷缩。

(2)化学作用：包括酸、碱、盐等物质的水溶液及气体对材料产生的侵蚀作用，使材料产生质的变化而破坏。例如，钢筋的锈蚀、沥青与沥青混合料的老化等。

(3)生物作用：昆虫、微生物等对材料所产生的蛀蚀、腐朽等破坏作用，如木材及植物纤维材料的腐烂等。

一般土木工程材料，如石材、砖瓦、陶瓷、水泥混凝土、沥青混凝土等，暴露在大气中时，主要受到大气的物理作用；当材料处于水位变化区或水中时，还受到环境的化学侵蚀作用。金属材料在大气中易被锈蚀；沥青及高分子材料，在阳光、空气及辐射的作用下，会逐渐老化、变质而破坏。

为了提高材料的耐久性，延长建筑的使用寿命和减少维修费用，可根据使用情况和材料特点采取相应的措施。如设法减轻大气或周围介质对材料的破坏作用(降低湿度，排除侵蚀性物质等)；提高材料本身对外界作用的抵抗性(提高材料的密度，采取防腐措施等)，也可用其他材料保护主体材料免受破坏(覆面、抹灰、刷涂料等)。

1.4 材料的组成、结构与内部孔隙对性质的影响

1.4.1 材料的组成

1. 化学组成

化学组成是指材料的化学成分。金属材料以化学元素含量表示，无机非金属材料通常用各种氧化物含量的百分数表示，聚合物是以有机元素链节重复形式表示。材料的化学成分是决定

材料化学性质、物理性质和力学性质的主要因素。

2. 矿物组成

材料中具有特定的晶体结构和特定物理力学性能的组织结构称为矿物。矿物组成是指构成材料的矿物种类和数量，如花岗石的主要矿物组成为长石、石英和少量云母，酸性岩石多，决定了花岗石耐酸性好，但耐火性差；大理石的主要矿物组成为方解石、白云石，含有少量石英，因此大理石不耐酸腐蚀，酸雨会使大理石中的方解石腐蚀成石膏，致使石材表面失去光泽。石英砂的主要成分是石英，如果其中含有玉髓、蛋白石，则易降低水泥混凝土的耐久性。

3. 相组成

材料中结构相近、性质相同的均匀部分称为相。同一种材料可由多相物质组成。例如，建筑钢材中就有铁素体、渗碳体、珠光体。铁素体软，渗碳体硬，它们的比例不同，就能生产不同强度和塑性的钢材；利用油和水不相溶的性质，形成油包水或水包油的乳液涂料，能产生梦幻般多彩的效果；复合材料是宏观层次上的多相组成材料，如钢筋混凝土、沥青混凝土、塑料泡沫夹心压型钢板，它们的配比和构造形式不同，材料性质变化可能较大。

1.4.2 材料的结构

材料的结构可分为微观结构、细观结构和宏观结构，是决定材料性质的重要因素之一。

1. 微观结构

材料微观结构是指用电子显微镜或X射线来分析研究的原子、分子层次的结构。材料的微观结构决定材料的许多物理性质，如强度、硬度、熔点、导热性、导电性等。

按材料组成质点的空间排列或联结方式，材料微观结构可分为晶体、玻璃体和胶体。

(1)晶体。在空间上，质点(离子、原子、分子)按特定的规则、呈周期性排列的固体称为晶体。晶体具有特定的几何外形、固定的熔点和化学稳定性。根据组成晶体的质点及化学键的不同，晶体可分为以下几种。

1)原子晶体：中性原子以共价键结合而形成的晶体，如石英。

2)离子晶体：正负离子以离子键结合而形成的晶体，如 NaCl。

3)分子晶体：以分子间的范德华力即分子键结合而成的晶体，如有机化合物。

4)金属晶体：以金属阳离子为晶格，由自由电子与金属阳离子间的金属键结合而成的晶体，如钢铁材料。

从键的结合力来看，共价键和离子键最强，金属键较强，分子键最弱。例如纤维状矿物材料玻璃纤维和岩棉，纤维内链状方向上的共价键力要比纤维与纤维之间的分子键结合力大得多，这类材料易分散成纤维，强度具有方向性；云母、滑石等结构层状材料的层间键力是分子力，结合力较弱，这类材料易被剥离成薄片；岛状材料如石英，硅、氧原子以共价键结合成四面体，四面体在三维空间形成立体空间网架结构，因此质地坚硬、强度高。

(2)玻璃体。熔融状态在急速冷却时，质点来不及或因某种原因不能按规则排列就产生凝固所形成的结构称为玻璃体。玻璃体又称无定形体或非晶体，结构特征为质点在空间上呈非周期性排列。

玻璃体是化学不稳定结构，容易与其他物质起化学作用，具有较高的化学活性。例如生产水泥熟料时，硅酸盐从高温水泥回转窑急速落入空气中，急冷过程使它来不及作定向排列，质点间的能量只能以内能的形式存储起来，具有化学不稳定性，能与水反应产生水硬性；粉煤灰、水淬粒化高炉矿渣、火山灰等玻璃体材料，能与石膏、石灰在有水的条件下水化和硬化，常掺入硅酸盐水泥中，丰富了硅酸盐水泥的品种。

(3)胶体。胶体是指物质以极微小的质点(粒径为 1～100 μm)分散在介质中所形成的结构。由于胶体中的分散质与分散介质带相反的电荷，所以胶体能保持稳定。分散质颗粒细小，使胶体具有吸附性、黏结性。根据分散质与分散介质的相对比例不同，胶体结构可分为溶胶、溶凝胶和凝胶。乳胶漆是高分子树脂通过乳化剂分散在水中形成的涂料；道路石油沥青要求高温不软、低温不脆，需具有溶凝胶结构；硅酸盐水泥水化形成的水化产物中的凝胶将砂和石黏结成一个整体，形成人造石材。

2. 细观结构

细观结构是指在光学显微镜下能观察到的结构，主要用于研究材料内部的晶粒、颗粒的大小和形态、晶界与界面、孔隙与微裂纹等。材料的细观结构，只能针对某种具体土木工程材料来进行分类研究，如混凝土可分为基相、骨料相、界面相；天然岩石可分为矿物、晶体颗粒、非晶体组织；钢铁可分为铁素体、渗碳体、珠光体；木材可分为木纤维、导管髓线、树脂道。

材料细观结构层次上的各种组织的特征、数量、分布和界面性质对材料性能有重要影响。

3. 宏观结构

宏观结构是指用肉眼或放大镜就能够观察到的粗大组织。材料宏观结构主要有密实结构、多孔结构、纤维结构、层状结构、粒状结构和纹理结构。

(1)密实结构。密实结构是指孔隙率很低或趋近于零、结构致密的材料，如钢材、玻璃和沥青等，具有吸水率低、抗渗性好、强度较高等性质。

(2)多孔结构。多孔结构是指材料孔隙率高的结构，如石膏制品、加气混凝土、多孔砖等，这类材料质轻，吸水率高，抗渗性差，但保温、隔热、吸声性好。

(3)纤维结构。纤维结构是由纤维状物质构成的材料结构，纤维之间存在相当多的孔隙，如木材、钢纤维、玻璃纤维、矿棉等，平行纤维方向的抗拉强度较高，能用作保温隔热和吸声材料。

(4)层状结构。层状结构是天然形成或人工采用黏结等方法将材料叠合成层状的结构，如胶合板、纸面石膏板、泡沫压型钢板复合墙等，各层材料性质不同，但叠合后材料综合性质较好，扩大了材料的使用范围。

(5)粒状结构。粒状结构是材料呈松散颗粒状结构，如石粉、砂石、粉煤灰陶粒，能作为普通混凝土骨料、沥青混凝土骨料及轻混凝土骨料，聚苯乙烯泡沫颗粒能作为轻混凝土和轻砂浆的骨料，赋予材料以保温、隔热性能。

(6)纹理结构。纹理结构是指天然材料在生长或形成过程中，自然形成有天然纹理的结构，如木板、大理石板和花岗石板等。也能人工制造表面纹理，如木屑板压粘涂覆三聚氰胺的装饰纸形成书桌面及复合地板，模仿天然木纹；墙地砖烧结出仿天然石材的纹理，具有较强的装饰表现力。

1.4.3 材料内部孔隙及其对性质的影响

1. 内部孔隙的来源与产生

无论是天然材料还是人造材料，在宏观和亚微观层次上都含有一定数量和一定大小的孔隙，所以，孔隙是材料的组成部分之一，仅少数致密材料(如玻璃、金属)可近似看成绝对密实的。

天然材料的内部孔隙是在其形成过程中产生的，如天然植物的生长需要养分的输送，其内部形成了一定数量的孔管结构，形成孔隙；天然石材由于在造岩运动中内部夹入部分空气，形成孔隙。人造材料的内部孔隙是在生产过程中，受生产条件所限，混入气体，而又去除不完全形成的，或是为改变其性质，在材料设计和制造中，有意形成的孔隙。例如钢在冶炼过程中，须将生铁熔融氧化，其中的碳被氧化成一氧化碳气体而逸出，使碳含量达到一定范围，但脱氧不完全时，就会形成内部气泡；混凝土是由水泥胶结散粒材料形成的，材料在混合中有一定量的气体引入，为保证施工成型，用水量也大大超过水泥水化的需要，多余水分蒸发后，又形成一定量的孔隙；保温绝热材料，则需要其内部有大量密闭空气，以降低导热系数。

2. 孔隙的分类

按内部孔隙的大小，孔隙可分为微细孔、毛细孔、较粗大孔和粗大孔等。无机非金属材料中，孔径小于 20 nm 的微细孔，水或有害气体难以侵入，可视为无害孔隙。按孔隙的形状，孔隙可分为球状孔隙、片状孔隙(裂纹)、管状孔隙、墨水瓶状孔隙、尖角孔隙等。按常压下水能否进入，孔隙可分为开口孔隙(连通孔隙)和闭口孔隙。闭口孔隙常压下水不能进入，但当水压力高于孔壁阻力时，水也会进入。球状孔隙是闭口孔隙，其他形状的孔隙为开口孔隙。

3. 孔隙对材料性质的影响

同一种材料，孔隙率越高，密实度越低，则材料的表观密度、体积密度、堆积密度越小，强度、弹性模量越低；耐磨性、耐水性、抗渗性、抗冻性、耐腐蚀性及其他耐久性越差，则吸水性、吸湿性、保温性、吸声性越强。

孔隙是开口还是闭口，对性质的影响也有差异。水和侵蚀介质容易进入开口孔隙，开口孔隙多的材料，其强度、耐磨性、耐水性、抗渗性、抗冻性、耐腐蚀性等性质下降更多，而其吸声性、吸湿性和吸水性更好，孔隙的尺寸越大，其影响也越大。适当增加材料中密闭孔隙的比例，可阻断连通孔隙，部分抵消冰冻的体积膨胀，在一定范围内提高其抗渗性、抗冻性。

由此可见，改变材料内部孔隙，是改善材料性能的重要手段。

工程案例分析

【案例 1-1】

概况：2023 年 7 月 23 日 14 时 56 分，黑龙江省齐齐哈尔市龙沙区第三十四中学体育馆发生屋顶坍塌事故，造成多人伤亡。

分析：根据官方调查和媒体报道，事故的直接原因是与体育馆相邻的教学综合楼施工期间，施工单位违规将大量珍珠岩(用于楼顶保温的材料)堆放在体育馆屋顶。珍珠岩吸水后质量急剧增加，远超屋顶设计荷载，最终导致屋顶承重结构失效。间接原因是体育馆屋顶设计可能未充分考虑极端荷载情况，结构强度不足，且未预见到周边施工可能带来的额外荷载影响；施工单位违规堆放材料，未进行荷载安全评估；相关监管部门未对施工现场进行有效监管，未能及时发现隐患。此外，体育馆建成后缺乏定期检查和维护，导致潜在风险未被察觉。

思考与练习

一、填空题

1. 材料的密度是指材料在________状态下________。用公式表示为________。

2. 材料的表观密度是指材料在________状态下________。用公式表示为________。

3. 材料的表观体积包括________与________两部分。

4. 材料的堆积密度是指________材料在堆积状态下________的质量，其大小与堆积的________有关。

5. 材料内部的孔隙可分为________孔与________孔。一般情况下，材料的孔隙率越大，且连通孔隙越多的材料，则其强度越________，吸水性、吸湿性越________。导热性越________保温隔热性能越________。

6. 材料的耐水性用________表示，其值越大，则耐水性越________。一般认为，________大于________的材料称为耐水材料。

7. 材料的抗冻性用________表示，抗渗性一般用________表示，材料的导热性用________表示。

8. 材料的导热系数越小，则材料的导热性越________，保温隔热性能越________。常将导热系数________的材料称为绝热材料。

二、选择题

1. 材料在绝对状态下，单位体积的质量称为(　　)。

A. 密实度　B. 表观密度　C. 密度　D. 堆积密度

2. 材料在自然状态下，单位体积的质量称为(　　)。

A. 密实度　B. 表观密度　C. 密度　D. 体积密度

3. 材料体积内被固体物质充实的程度称为(　　)。

A. 密实度　B. 表观密度　C. 密度　D. 堆密度

4. 散粒材料堆积体积中，颗粒间空隙体积所占的比例称为(　　)。

A. 孔隙率　B. 空隙率　C. 密实度　D. 填充率

5. 材料与水接触时能被水润湿的性质称为(　　)。

A. 吸水性　B. 吸湿性　C. 亲水性　D. 憎水性

6. 材料在水中通过毛细孔隙吸收并保持水分的性质，用(　　)表示。

A. 吸水性　B. 吸水率　C. 亲水性　D. 憎水性

7. 材料抵抗水破坏作用的性质称为耐水性，用(　　)表示。

A. 吸水性　B. 吸水率　C. 软化系数　D. 渗透系数

8. 材料在长期使用过程中，抵抗各种自然因素及有害介质的作用，保持其(　　)不变质和不被破坏的能力，称为材料的耐久性。

A. 表面状态　B. 表观密度　C. 原有性能　D. 力学性能

9. 材料在外力作用下产生变形，当外力取消后，变形(　　)的性质称为弹性。

A. 逐渐增大　B. 逐渐降低　C. 保持不变　D. 完全消失

10. 材料在外力作用下产生变形，当外力取消后，仍保持变形后的形状并不产生(　　)的性质称为塑性。

A. 裂缝　B. 弯曲　C. 变形　D. 拉伸

三、名词解释

1. 软化系数
2. 材料的吸湿性
3. 材料的强度
4. 材料的耐久性
5. 材料的弹性与塑性

四、简答题

1. 材料的质量吸水率与体积吸水率有何区别？在什么情况下应采用体积吸水率来反映材料的吸水性？

2. 什么是材料的导热性？材料导热系数的大小与哪些因素有关？

3. 材料的抗渗性好坏主要与哪些因素有关？怎样提高材料的抗渗性？

4. 材料的强度根据所受外力作用方式的不同主要分为哪几种类型(需绘制受力示意图)?各类强度的计算公式及单位分别是什么?

五、计算题

1. 已知某材料在绝对干燥状态下的质量为 100 g，自然状态下体积为 40 cm^3，绝对密实状态下体积为 33 cm^3。计算该材料的实际密度、表观密度、密实度和孔隙率。

2. 已知某烧结普通砖的几何尺寸为 240 mm×115 mm×53 mm，其孔隙率为 37%，干燥时质量为 2 487 g，浸水饱和后质量为 2 984 g，试求该烧结普通砖的表观密度、绝对密度及质量吸水率。

材料的一般物理性质

静水比重天平法测石子表观密度

材料的组成与结构

石子表观密度的确定

砂子堆积密度实验

思考与练习答案

第 2 章　气硬性胶凝材料

学习提示

气硬性胶凝材料的特点是只能在空气中凝结硬化、保持和发展强度，一般仅用于地上和干燥环境中。可根据“原材料—生产—水化硬化—硬化体结构—性质—应用”这一主线来学习本章。

学习目标

知识目标

通过本章的学习，掌握气硬性胶凝材料和水硬性胶凝材料的区别；掌握石灰的生产、熟化、硬化、技术标准、性质等；掌握建筑石膏的生产、凝结硬化、性质等；了解水玻璃的性能及应用。

素养目标

通过学习气硬性胶凝材料各种适应条件，引导学生在团队合作中完成试验与分析任务，培养其构建和谐人际关系的能力，增强集体观念，并逐步树立正确的人生观与价值观。

思维导图

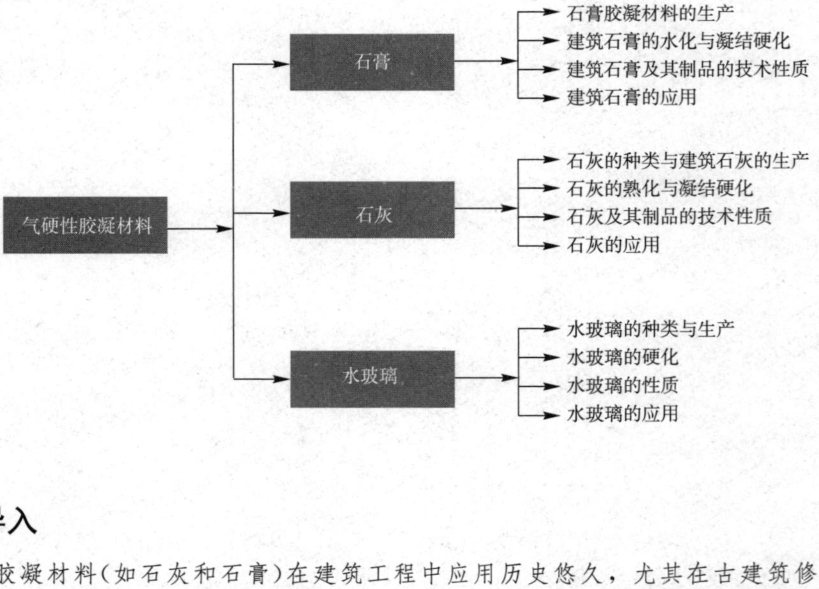

案例导入

气硬性胶凝材料(如石灰和石膏)在建筑工程中应用历史悠久，尤其在古建筑修复和现代建筑中展现了独特优势。以长城为例，石灰砂浆在砌筑中起到了关键作用：其良好的黏结性和耐久性可有效抵抗风雨侵蚀，延长建筑寿命；同时，柔韧性使其能够适应砖石间的微小位移，减少裂缝的产生，从而提升墙体的稳定性。在古寺庙修复中，石灰砂浆既能复原原始风貌，又能在不破坏历史价值的前提下增强耐久性。此外，其透气性还能调节墙体湿度，防止潮湿对建筑的损害。

在土木工程中，散粒状材料(如砂、石等)或块状材料(如砖、砌块等)胶结成一个整体的材料，称为胶凝材料。胶凝材料按其化学组成成分的不同，可分为无机胶凝材料和有机胶凝材料两大类。无机胶凝材料按硬化条件不同，又可分为气硬性胶凝材料和水硬性胶凝材料两种。相比较而言，无机胶凝材料在土木工程中的应用更加广泛。

气硬性胶凝材料只能在空气中凝结硬化、保持和发展强度；水硬性胶凝材料既能在水中又能在空气中凝结硬化、保持和发展强度。气硬性胶凝材料耐水性差，一般只适用于地上或干燥环境，不适用于潮湿环境，更不可用于水中；水硬性胶凝材料耐水性好，既可用于空气中；也可用于地下或水中。

有机胶凝材料是以天然或人工合成高分子化合物为主要成分的胶凝材料。常用的有机胶凝材料主要有石油沥青、煤沥青和各种天然或人造树脂。

胶凝材料的分类如图 2-1 所示。

- 胶凝材料
  - 无机胶凝材料
    - 气硬性胶凝材料：石灰、石膏、水玻璃等
    - 水硬性胶凝材料：各类水泥
  - 有机胶凝材料：沥青、树脂、橡胶等

图 2-1　胶凝材料的分类

2.1　石　　膏

石膏胶凝材料是一种以硫酸钙为主要成分的气硬性胶凝材料。当石膏中含有的结晶水不同时，可形成多种性能不同的石膏，主要有建筑石膏($CaSO_4 \cdot 1/2H_2O$)、无水石膏($CaSO_4$)、生石膏($CaSO_4 \cdot 2H_2O$)等。其中，建筑石膏及其制品具有轻质，隔热，吸声、吸湿性好，耐火，表面平整细腻，装饰性好，容易加工等一系列优良性能，加之我国石膏矿储藏量居世界首位，所以石膏的应用前景十分广阔。

石膏胶凝材料是一种高效节能材料，它不仅是一种具有悠久历史的胶凝材料，而且是一种具有发展前途的新型建筑材料，如美国目前 80% 的住宅用石膏板做内墙和吊顶，在日本、欧洲，石膏板的应用也很普遍，我国石膏板的应用也越来越多。

2.1.1　石膏胶凝材料的生产

石膏是以硫酸钙为主要成分的气硬性胶凝材料。由于石膏及其制品性质优良，原料来源丰富，生产能耗低，因而在建筑工程中得到广泛应用。目前，常用的石膏胶凝材料有建筑石膏、高强度石膏、无水石膏水泥等。

石膏胶凝材料的生产原料主要是天然二水石膏($CaSO_4 \cdot 2H_2O$)矿石，或是烟气脱硫石膏和磷石膏，也可用工业副产石膏。天然无水石膏($CaSO_4$)又称天然硬石膏，只可用于生产无水石膏水泥。石膏胶凝材料生产的主要工序是破碎、加热煅烧与磨细。根据加热方式和煅烧温度的不同，可生产出性质不同的石膏胶凝材料产品。

将主要成分为 $CaSO_4 \cdot 2H_2O$ 的天然石膏或工业副产石膏加热时，随着温度的升高，将发生如下变化：当加热温度为 65～75 ℃时，$CaSO_4 \cdot 2H_2O$ 开始脱水；当加热温度升至107～170 ℃时，生成半水石膏($CaSO_4 \cdot 1/2H_2O$)，其反应式为

$$CaSO_4 \cdot 2H_2O \xrightarrow{107\sim170\ ℃煅烧} \beta\text{-}CaSO_4 \cdot \frac{1}{2}H_2O + \frac{3}{2}H_2O$$

$$CaSO_4 \cdot 2H_2O \xrightarrow{0.13\ MPa,\ 124\ ℃蒸炼} \alpha\text{-}CaSO_4 \cdot \frac{1}{2}H_2O + \frac{3}{2}H_2O$$

在该加热阶段中，因加热条件不同，可得 α 型和 β 型两种形态的半水石膏。当二水石膏在常压非密闭的窑炉中加热脱水时得到 β 半水硫酸钙，不预加任何外加剂或添加物经磨细后所得的白色粉状物，称为建筑石膏。β 半水石膏的晶粒较细，调制成一定稠度的浆体所需水量较大(60%～80%)，因而硬化后强度较低。当二水石膏置于 0.13 MPa、124 ℃的过饱和蒸汽条件下蒸炼脱水或置于某些盐溶液中沸煮时，得到的是 α 半水石膏，经磨细即为高强度石膏。高强度石膏的晶粒较粗，比表面积小，调制成一定稠度的浆体所需水量较小(35%～40%)，具有较大的密实性，硬化后强度较高，7 d 抗压强度为 15～40 MPa。高强度石膏适用于强度要求较高的抹灰工程、装饰制品和石膏板。掺入防水剂后，可用于湿度较高的环境中。

当温度升至 170～200 ℃时，半水石膏继续脱水，成为可溶性硬石膏，其与水调和后仍能很快凝结硬化；当加热至 200～250 ℃时，石膏中残留很少的水，其凝结硬化缓慢，强度低；当温度达到 400～750 ℃时，石膏完全失去水分，成为不溶性硬石膏，其失去凝结硬化能力，成为死烧石膏；当温度高于 800 ℃时，得到无水石膏水泥。该产品由于无水石膏中的部分 $CaSO_4$ 分解成氧化钙，对硫酸钙与水反应的进行起着激发作用，所以又重新具有凝结硬化能力，硬化后有较高的强度、耐磨性和抗水性，可用来调制抹灰、砌筑及制造人造大理石的砂浆，也可用于铺设地板，故也称为地板石膏。

在土木建筑工程中，主要应用的石膏胶凝材料是建筑石膏。

2.1.2 建筑石膏的水化与凝结硬化

建筑石膏与适量的水拌和后，最初形成可塑性良好的浆体，但很快就失去塑性、产生强度，并逐渐发展为坚硬的固体，这一过程称为石膏的凝结硬化。石膏的凝结硬化是一个连续的溶解、水化、胶化、结晶的过程。石膏的凝结硬化实际上是建筑石膏与水之间产生了化学反应的结果，反应式为

$$CaSO_4 \cdot \frac{1}{2}H_2O + \frac{3}{2}H_2O \longrightarrow CaSO_4 \cdot 2H_2O$$

建筑石膏的凝结硬化分为凝结和硬化两个过程。二水石膏在水中的溶解度仅为半水石膏溶解度的 1/5 左右，所以二水石膏首先结晶析出，由于结晶体的不断生成，浆体的塑性开始下降，从加水开始拌和到浆体失去可塑性的过程称为石膏的初凝；而后，随着晶体颗粒间摩擦力和粘结力的增大，浆体的塑性急剧下降，直到失去可塑性，并开始产生强度的过程称为石膏的终凝；整个过程称为石膏的凝结。石膏凝结后，其晶体颗粒仍在不断长大和相互交错，使浆体产生强度，并不断增长，直到水分完全蒸发，形成坚硬的石膏结构，这个过程称为石膏的硬化，如图 2-2 所示。

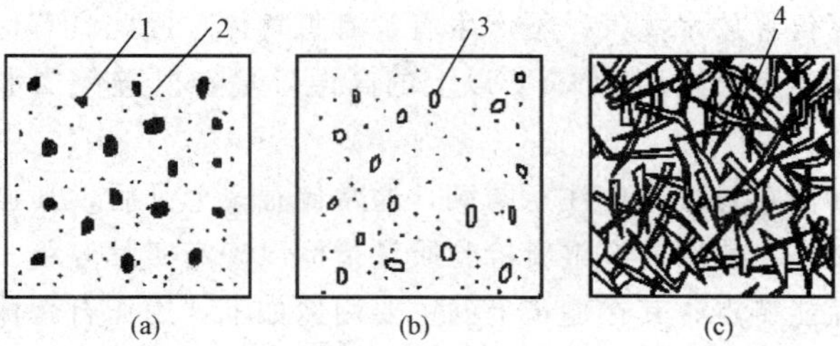

图 2-2　建筑石膏凝结硬化示意

(a)胶化；(b)结晶开始；(c)结晶长大与交错

1—半水石膏；2—二水石膏胶体颗粒；3—二水石膏晶体；4—交错的晶体

2.1.3　建筑石膏及其制品的技术性质

1. 建筑石膏的技术要求

根据国家标准《建筑石膏》(GB/T 9776—2022)，建筑石膏按 2 h 抗折强度分为 4.0、3.0、2.0 三个等级，也分为优等品、一等品、合格品三级。建筑石膏的各项技术指标应符合表 2-1 的规定。

表 2-1　建筑石膏物理力学性能要求

等级	凝结时间/min		强度/MPa			
			2 h 湿强度		干强度	
	初凝	终凝	抗折	抗压	抗折	抗压
4.0	≥3	≤30	≥4.0	≥8.0	≥7.0	≥15.0
3.0			≥3.0	≥6.0	≥5.0	≥12.0
2.0			≥2.0	≥4.0	≥4.0	≥8.0

2. 建筑石膏的特性

建筑石膏初凝时间和终凝时间均较短，为便于施工，需通过缓凝剂降低其凝结速度。常用的缓凝剂包括硼砂、酒石酸钾钠、柠檬酸、聚乙烯醇、骨胶或皮胶等。缓凝剂的作用在于降低半水石膏的溶解度和溶解速度。

建筑石膏水化反应的理论需水量仅为半水石膏质量的 18.6%，但实际施工中为保障浆体流动性，加水量需达 60%～80%。多余水分蒸发后，内部形成大量孔隙，孔隙率可达 50%～60%，导致其强度较水泥低，体积密度小。高孔隙率也赋予石膏制品导热系数小、吸声性强、吸湿性大的特点，能有效调节室内温度和湿度。此外，石膏制品质地洁白细腻，凝固时微膨胀(约 1%)，避免了收缩开裂，可精准浇筑出纹理细致的浮雕花饰，是一种理想的室内饰面材料。

建筑石膏硬化后具有强吸湿性，在潮湿环境中晶粒间的结合力会减弱，导致强度显著下降。若长期浸泡在水中，其二水石膏晶体将逐渐溶解，造成结构破坏。此外，吸水后的石膏制品若遭遇冻融循环，孔隙水结冰膨胀会加速破坏。因此，石膏制品的耐水性和抗冻性较差，不适用于潮湿部位。为提升耐水性，可加入水泥、矿渣等水硬性材料，也可添加氨基树脂、密胺树脂或聚乙烯醇等水溶性高分子，或采用沥青乳液、石蜡乳液等憎水性材料，以改善孔隙结构和表面特性。

当建筑石膏制品遇火时，二水石膏中的结晶水蒸发吸热，并在表面形成蒸汽幕和脱水物隔热层。由于其在高温下仅释放水蒸气，不产生有毒有害气体，因此具有优良的防火性能。但需要注意，建筑石膏制品不宜长期用于65 ℃以上的高温环境，以避免二水石膏因持续受热脱水分解而失去强度。

建筑石膏在运输和储存过程中应注意防潮，通常储存3个月后，其强度会降低约30%。因此，若储存期超过3个月，使用前应重新检验质量指标以确定实际等级。

根据建筑石膏的性能特点，其在建筑上的主要用途如下：用作石膏抹灰材料；制作各类墙体材料(如纸面石膏板、石膏空心条板、石膏砌块等)；生产装饰石膏板、石膏浮雕花饰及雕塑制品等。

2.1.4 建筑石膏的应用

石膏在建筑中的应用十分广泛，可用来制作各种石膏板、各种建筑艺术配件及建筑装饰品、彩色石膏制品、石膏砖、空心石膏砌块、石膏混凝土、粉刷石膏和人造大理石等。另外，石膏也可作为重要的外加剂，用于水泥及硅酸盐制品中。

1. 室内抹灰与粉刷

建筑石膏加水、砂拌和成石膏砂浆，可用于室内抹灰。抹灰后的墙面光滑、细腻、洁白美观，给人以舒适感。建筑石膏加水及缓凝剂，拌和成石膏浆体，可作为室内的粉刷涂料。

粉刷石膏是由建筑石膏或由建筑石膏和不溶性硬石膏两者混合后加入外加剂、细骨料等制成的气硬性胶凝材料。其按用途可分为面层粉刷石膏(M)、底层粉刷石膏(D)和保温层粉刷石膏(W)三类。

粉刷石膏产品标记的顺序为产品名称、代号、等级和标准号。

2. 建筑石膏制品的原料

建筑石膏制品种类很多，常用的有纸面石膏板、石膏纤维板、石膏刨花板、石膏板、空心石膏条板、石膏砌块、石膏浮雕装饰件等，主要用于分室墙、内隔墙、吊顶和装饰。

纸面石膏板是以建筑石膏为主要原料，掺入纤维、外加剂和适量的轻质填充料等，加水拌和成料浆，浇筑在行进中的纸面上，成型后再覆以上层面纸。料浆经过凝固形成芯材，经切断、烘干，使芯材与护面纸牢固地结合在一起。

空心石膏条板生产方法与普通混凝土空心板类似，生产时常加入纤维材料或轻质填充料，以提高板的抗折强度和减轻自重，多用于民用住宅的分室墙。

石膏板具有质轻、保温、隔热、吸声、防火、调湿、尺寸稳定、可加工性好、成本低等优良性能，应用较为广泛，是良好的室内装饰材料。

建筑石膏配以纤维增强材料、胶粘剂等，可制成装饰石膏线脚、线板、角花、艺术顶棚、灯圈、浮雕壁画、罗马柱和雕塑艺术装饰石膏制品。

3. 其他应用

建筑石膏可作为生产某些硅酸盐制品时的增强剂，如粉煤灰砖；在水泥的生产过程中加入适量石膏能延缓水泥的凝结时间；石膏也可用于油漆或粘贴墙纸等的基层找平。

扩展阅读

有发展前途的建材——石膏

石膏作为一种历史悠久的建筑材料，其应用可追溯至数千年前。中国是世界石膏矿产资源的宝库，已探明储量高达约570亿t，位居全球首位。尽管中国石膏工业起步较晚，产业基础相对薄弱，但在现代建筑和工业需求的推动下，石膏凭借其低碳环保的卓越特性，逐渐成为行业焦点，发展势头强劲。目前，中国在国际石膏产业中已跻身前列，紧随美国、日本、加拿大和法国之后。

石膏建材产品不仅功能多样，符合新型建材的标准，还因其生态、低碳、环保、健康的特性，成为绿色建材的典范。在生产和使用过程中，石膏建材具有能耗低、质量轻、凝结快、调湿性能优异、施工便捷、耐火性强等显著优势。正因如此，石膏建材在市场上的受欢迎程度和社会认可度不断提升，应用范围也不断扩大。

2.2 石　灰

石灰是以氧化钙或氢氧化钙为主要成分的气硬性胶凝材料，是一种传统而又古老的建筑材料。石灰的原料来源广泛，生产工艺简单，使用方便，成本低，并具有良好的建筑性能，所以目前仍是一种使用十分广泛的建筑材料。

2.2.1 石灰的种类和建筑石灰的生产

1. 石灰的种类

根据成品的加工方法不同，石灰有以下四种成品。

(1)生石灰。由石灰石煅烧成的白色或浅灰色疏松结构块状物，主要成分为 CaO。

(2)生石灰粉。由块状生石灰磨细而成。

(3)消石灰粉。将生石灰用适量水经消化和干燥而成的粉末，主要成分为 $Ca(OH)_2$，也称熟石灰。

(4)石灰膏。将块状生石灰用过量水(为生石灰体积的 3～4 倍)消化，石灰浆在储灰坑中沉淀，除去上层水分后称为石灰膏；或将消石灰粉与水拌和，得到一定稠度的膏状物，主要成分是 $Ca(OH)_2$ 和水。

2. 石灰的生产

生产石灰的原料主要是以碳酸钙为主要成分的天然岩石，如石灰石、白云石等，也可采用化工副产品，如电石渣(碳酸钙制取乙炔时产生的，其主要成分是氢氧化钙)。石灰石的主要成分是碳酸钙，另外还有少量的碳酸镁和黏土杂质，相关反应式为

$$CaCO_3 \xrightarrow{900\ ℃} CaO + CO_2 \uparrow$$

$$MgCO_3 \xrightarrow{600\ ℃} MgO + CO_2 \uparrow$$

原料石灰石是沉积源形成的一种岩石，属酸性岩石，主要成分是碳酸钙、钙镁碳酸盐或碳酸钙和碳酸镁的混合物。根据不同的密度范围，成型的石灰石分为三个子类。

(1)低密度石灰石——密度范围 1 760～2 160 kg/m^3。

(2)中密度石灰石——密度范围 2 160～2 560 kg/m^3。

(3)高密度石灰石——密度大于 2 560 kg/m^3。

石灰石具有良好的加工性、磨光性和很好的胶结性能，不溶于水，易溶于浓硫酸，能和强酸发生反应并形成相应的钙盐，同时放出 CO_2。石灰石在大气压力下，900 ℃以上就会发生如下反应：

$$CaCO_3 \xrightarrow{>900\ ℃} CaO + CO_2$$

因为石灰石($CaCO_3$)是天然矿物，所以它含有一些不利于煅烧的杂质，杂质主要是SiO_2、Al_2O_3、Fe_2O_3、K_2O、P、S等，它们的主要来源有以下三个方面。

(1)原料石灰石所含有害物：SiO_2、Al_2O_3、Fe_2O_3、Na_2O、K_2O、P、S等。

(2)石灰石以泥土、砂粒形态黏附的有害物：SiO_2、Al_2O_3、Fe_2O_3、Na_2O、K_2O、P、S等。

(3)燃料所含有害物：SiO_2、Al_2O_3、Fe_2O_3、Na_2O、K_2O、P、S等。

在实际生产中，为加快石灰石的分解，使原料充分煅烧，煅烧温度通常为1 000～1 200 ℃。欠火石灰是由于煅烧温度或煅烧时间不足，石灰石中的$CaCO_3$尚未完全解开，所以生产出的石灰中的CaO含量低，降低了石灰的利用率。使用欠火石灰时，产浆量较低，质量较差，降低了石灰石的利用率。过火石灰是由于煅烧温度过高或煅烧时间过长，石灰石中的杂质发生氧化分解，生产出的石灰颗粒粗大、结构致密，熟化速度十分缓慢，对石灰的利用极为不利。

生石灰是一种白色或灰色块状物质，其主要成分是氧化钙。因石灰原料中含有一些碳酸镁成分，所以经煅烧生成的生石灰中，也相应含有氧化镁成分。当MgO含量≤5%时，称为钙质石灰；当MgO含量＞5%时，称为镁质石灰。镁质石灰熟化较慢，但硬化后强度稍高。

煅烧良好的生石灰质轻色匀，密度约为3.2 g/cm^3，表观密度为800～1 000 kg/m^3。

2.2.2 石灰的熟化与凝结硬化

1. 石灰的熟化

工地在使用块状生石灰时，通常将生石灰加水，使之消解为膏状或粉末状的消石灰，这个过程称为石灰的水化，又称熟化或消化。其反应式为

$$CaO + H_2O \longrightarrow Ca(OH)_2 + 64.8\ kJ$$

上述化学反应有两个特点：一是水化热大、水化速率快；二是水化过程中固相体积增大1.5～2倍。后一个特点易在工程中造成事故，应予以高度重视。煅烧良好、氧化钙含量高的生石灰熟化快、放热量多、体积增大多，因此产浆量高。

生石灰熟化过程多在工地进行，生石灰在化灰池中加水熟化成含大量水的石灰乳，然后流入储灰池，经沉淀除去水分即为石灰膏。石灰膏中的水分约占50%，其堆积密度为1 300～1 400 kg/m^3。1 kg生石灰可熟化成1.5～3 L石灰膏。欠火石灰不能熟化，降低了石灰膏的产量；过火石灰熟化十分缓慢，如果没有充分熟化而直接使用，过火石灰就会吸收空气中的水分继续熟化，体积膨胀使构件表面凸起、开裂或局部脱落，严重影响施工质量。为了保证生石灰充分熟化，一般工地上会将块状生石灰在储灰池中存放2周以上，即所谓陈伏。陈伏期间，石灰膏表面有一层水，用于隔绝空气，防止与二氧化碳作用产生碳化现象。

2. 石灰浆的凝结硬化

石灰的硬化是指石灰浆体由塑性状态逐步转化为具有一定强度的固体的过程。石灰浆体在空气中逐渐硬化，有下面两个同时进行的过程。

(1)结晶作用。石灰浆体在干燥过程中由于水分蒸发或被周围气体吸收，各个颗粒间形成网状孔隙结构，在毛细管压力的作用下，颗粒间距逐渐减小，因而产生一定强度。同时，氢氧化钙逐渐从饱和溶液中结晶析出，并形成一定的结晶强度。

(2)碳化作用。氢氧化钙与空气中的二氧化碳化合生成碳酸钙结晶，释出水分并被蒸发。其反应式为

$$Ca(OH)_2 + CO_2 + nH_2O \longrightarrow CaCO_3 + (n+1)H_2O$$

因为碳化作用实际是二氧化碳与水形成碳酸，然后与氢氧化钙反应生成碳酸钙，所以这个

过程不能在没有水分的全干状态下进行，而且在长时间内，碳化作用只在表面进行，所以只有当孔壁完全湿润而孔中不充满水时，碳化作用才能进行较快。随着时间延长，表面形成的碳酸钙层达到一定厚度时，将阻碍 CO_2 向内渗透，同时也使浆体内部的水分不易脱出，使氢氧化钙结晶速度减慢。所以，石灰浆体的硬化过程只能是很缓慢的。

硬化后的石灰体表面为碳酸钙层，它会随着时间延长而逐渐增加厚度，里层是氢氧化钙晶体。

2.2.3　石灰及其制品的技术性质

1. 石灰的技术要求

(1)建筑生石灰的技术要求。根据我国建材行业标准《建筑生石灰》(JC/T 479—2013)的规定，生石灰按加工情况分为建筑生石灰和建筑生石灰粉；按生石灰的化学成分分为钙质石灰和镁质石灰两类。其相应的技术指标见表 2-2、表 2-3。

表 2-2　建筑生石灰的分类

类别	名称	代号
钙质石灰	钙质石灰 90	CL90－Q CL90－QP
	钙质石灰 85	CL85－Q CL85－QP
	钙质石灰 75	CL75－Q CL75－QP
镁质石灰	镁质石灰 85	ML85－Q ML85－QP
	镁质石灰 80	ML80－Q ML80－QP

注：CL—钙质石灰，ML—镁质石灰，90—(CaO＋MgO)百分含量，Q—块状，QP—粉状。

表 2-3　建筑生石灰的技术指标

名称	(CaO＋MgO)/%	MgO/%	CO_2/%	SO_3/%	产浆量/[$dm^3 \cdot (10\ kg)^{-1}$]	细度	
						0.2 mm 筛余量/%	90 μm 筛余量/%
CL90－Q	≥90	≤5	≤4	≤2	≥26	—	—
CL90－QP					—	≤2	≤7
CL85－Q	≥85	≤5	≤7	≤2	≥26	—	—
CL85－QP					—	≤2	≤7
CL75－Q	≥75	≤5	≤12	≤2	≥26	—	—
CL75－QP					—	≤2	≤7
ML85－Q	≥85	＞5	≤7	≤2	—	—	—
ML85－QP						≤2	≤7
ML80－Q	≥80	＞5	≤7	≤2	—	—	—
ML80－QP						≤7	≤2

(2)建筑消石灰的技术要求。根据我国建材行业标准《建筑消石灰》(JC/T 481—2013)的规

定，建筑消石灰按扣除游离水和结合水后($CaO+MgO$)的百分含量分为钙质消石灰和镁质消石灰。其相应的技术指标见表 2-4、表 2-5。

表 2-4　建筑消石灰的分类

<table>
<tr><th>类别</th><th>名称</th><th>代号</th></tr>
<tr><td rowspan="3">钙质消石灰</td><td>钙质消石灰 90</td><td>HCL90</td></tr>
<tr><td>钙质消石灰 85</td><td>HCL85</td></tr>
<tr><td>钙质消石灰 75</td><td>HCL75</td></tr>
<tr><td rowspan="2">镁质消石灰</td><td>镁质消石灰 85</td><td>HML85</td></tr>
<tr><td>镁质消石灰 80</td><td>HML80</td></tr>
<tr><td colspan="3">注：HCL—钙质消石灰，HML—镁质消石灰，90—($CaO+MgO$)百分含量。</td></tr>
</table>

表 2-5　建筑消石灰的技术指标

<table>
<tr><th rowspan="2">名称</th><th rowspan="2">($CaO+MgO$)
/%</th><th rowspan="2">MgO
/%</th><th rowspan="2">SO_3
/%</th><th rowspan="2">游离水
/%</th><th colspan="2">细度</th><th rowspan="2">安定性</th></tr>
<tr><th>0.2 mm 筛余量
/%</th><th>90 μm 筛余量
/%</th></tr>
<tr><td>HCL90
HCL85
HCL75</td><td>≥90
≥85
≥75</td><td>≤5</td><td>≤2</td><td rowspan="2">≤2</td><td rowspan="2">≤2</td><td rowspan="2">≤7</td><td rowspan="2">合格</td></tr>
<tr><td>HML85
HML80</td><td>≥85
≥80</td><td>>5</td><td>≤2</td></tr>
</table>

2. 石灰的特性

(1)可塑性、保水性好。生石灰熟化为石灰浆时，能自动形成颗粒极细的呈胶体状态的氢氧化钙，表面吸附一层厚水膜，因而颗粒间的摩擦力减小，可塑性好。在水泥砂浆中加入石灰浆，可使可塑性和保水性显著提高(和易性)。

(2)硬化缓慢、硬化后强度低。石灰的硬化只能在空气中进行，空气中 CO_2 含量少，使碳化作用进行缓慢。已硬化的表层对内部的硬化又有阻碍作用，使外部的二氧化碳较难进入其内部，同时内部的水分也不易蒸发，所以石灰浆的硬化很缓慢。

熟化时的大量多余水分在硬化后蒸发，在体内留下大量孔隙，所以，硬化后的石灰体密实度小，强度也不高。石灰砂浆 28 d 抗压强度通常只有 0.2～0.5 MPa，受潮后石灰溶解，强度更低。

(3)硬化时体积收缩大。由于石灰浆中存在大量游离水，硬化时大量水分蒸发，导致内部毛细管失水紧缩，引起显著的体积收缩变形，使硬化石灰体产生裂纹。故除调成石灰乳作薄层粉刷外，石灰浆不易单独使用。通常工程施工时常掺入一定量的骨料(砂子)或纤维材料(麻刀、纸筋等)。

(4)耐水性差。石灰浆硬化缓慢、强度低，所以在石灰硬化体中，大部分仍是尚未碳化的 $Ca(OH)_2$，易溶于水，这会使硬化石灰体遇水后产生溃散。所以，石灰不宜在潮湿的环境下使用，也不宜单独用于建筑物的基础。

2.2.4　石灰的应用

石灰在建筑工程中的应用范围很广，通常有以下几种用途。

1. 配制砂浆

石灰具有良好的可塑性和黏结性，常用来配制砂浆，用于墙体的砌筑和抹面。石灰浆或消石灰粉与砂和水单独配制成的砂浆称为石灰砂浆，与水泥、砂和水一起配制成的砂浆称为混合砂浆。为了克服石灰浆收缩大的缺点，配制时常加入纸筋等纤维质材料。

2. 配制灰土和三合土

消石灰粉和黏土按一定比例配合称为灰土，再加入炉渣、砂、石等填料，即成三合土。灰土和三合土经夯实后强度高、耐水性好，且操作简单、价格低，广泛用于建筑物、道路等的垫层和基础。石灰土和三合土的强度形成，可能是由于石灰改善了黏土的和易性，在强力夯打之下，大大提高了紧密度。而且，黏土颗粒表面的少量活性氧化硅和氧化铝与氢氧化钙发生化学反应，生成了不溶性的水化硅酸钙和水化铝酸钙，将黏土颗粒黏结起来，从而提高了黏土的强度和耐久性。

3. 配制建筑生石灰粉

将生石灰磨成细粉，即为建筑生石灰粉。建筑生石灰粉加入适量的水拌成的石灰浆可以直接使用，主要因为粉状石灰熟化速度较快，熟化放出的热促使硬化进一步加快。硬化后的强度要比石灰膏硬化的强度高。

4. 配制硅酸盐制品

将磨细的生石灰粉与硅质材料(粉煤灰、火山灰、炉渣等)按一定比例配合，经成型、养护等工序制造的人造材料，称为硅酸盐制品。常用的有粉煤灰砖、粉煤灰砌块、灰砂砖、加气混凝土砌块等，如掺入耐碱颜料，可制成各种颜色。其主要用作墙体材料。生石灰的水化产物 $Ca(OH)_2$ 能激发粉煤灰、炉渣等硅质工业废渣的活性，起碱性激发作用，$Ca(OH)_2$ 能与废渣中的活性 SiO_2、Al_2O_3 反应，生成有胶凝性、耐水性的水化硅酸钙和水化铝酸钙，这一原理在利用工业废渣来生产建筑材料时得到广泛采用。

5. 配制碳化石灰板材

将磨细生石灰掺入 30%～40%的纤维状填料或轻质骨料和水按一定比例搅拌成型，然后通入高浓度二氧化碳经人工碳化(12～24 h)而成的一种轻质板材称为碳化石灰板。为减轻自重、提高碳化效果，碳化石灰板常做成薄壁空心板，主要用于非承重内墙板、顶棚等。

6. 制作石灰乳涂料

将消石灰粉或熟化好的石灰膏加入适量的水搅拌稀释，成为石灰乳，是一种低价易得的涂料，主要用于内墙和天棚刷白，增加室内美观和亮度，我国农村也用于外墙。石灰乳中可加入各种颜色的耐碱材料，以获得更好的装饰效果。

7. 加固软土地基

块状生石灰可用来加固软土地基(称为石灰桩)。它是在桩孔内灌入生石灰块，利用生石灰吸水熟化产生体积膨胀的特性来加固软土地基。

8. 制造静态破碎剂和膨胀剂

将含有一定量 CaO 晶体、粒径为 10～100 μm 的过火石灰粉，与 5%～70%的水硬性胶凝材料及0.1%～0.5%的调凝剂混合，可制得静态破碎剂。使用时将它与适量的水混合调成浆体，注入欲破碎物的钻孔中。由于水硬性胶凝材料硬化后，过火石灰才水化，水化时体积膨胀，从而产生很大的膨胀压力，使物体破碎。该破碎剂可用于拆除建筑物和破碎分割岩石。

扩展阅读

石灰的存储技巧

为确保生石灰的质量和存储安全，需满足以下存放和管理要求。

(1)仓库存储：对于磨细的生石灰及对质量要求严格的块灰应存放于地基干燥的仓库内。仓库门窗需保持密闭，屋面无渗漏隐患。同时，灰堆应与墙壁保持至少70 mm间距，以避免受潮和污染。

(2)露天存放：若生石灰需露天存放，应选择干燥且不积水的地基，并将石灰尽量堆高。为减少水分和空气渗透，可在灰堆表面洒水并拍实，使其形成一层硬壳，从而保护内部石灰不受损失。

(3)现场使用：对于直接运至现场使用的生石灰，建议立即进行熟化处理，并经筛网过滤后储存于淋灰池中。存放时需用草席等材料覆盖，冬季还应采取防冻措施。

(4)隔离保管：生石灰应与可燃物及有机物隔离存放，以防止腐蚀或引发火灾。

2.3 水 玻 璃

水玻璃俗称泡花碱，是由碱金属氧化物和二氧化硅组成的能溶于水的一种金属硅酸盐物质。根据碱金属氧化物种类不同，水玻璃有硅酸钠水玻璃($Na_2O \cdot nSiO_2$)和硅酸钾水玻璃($K_2O \cdot nSiO_2$)等，工程中以硅酸钠水玻璃最为常用。

2.3.1 水玻璃的种类与生产

1. 水玻璃的种类

水玻璃按其形态可分为液体水玻璃和固体水玻璃两种。硅酸钠水玻璃的主要原料是石英砂、纯碱。将原料磨细，按比例配合，在玻璃熔炉内熔融生成硅酸钠，冷却后得到固态水玻璃。固态水玻璃的形状呈块状、粒状或粉状。将固态水玻璃在水中加热溶解而成液态水玻璃。液态水玻璃无色透明，当含有不同杂质时，可呈青灰色、绿色或淡黄色，以无色透明的液态水玻璃为最好。液体水玻璃可与水按任意比例混合，使用时可用水稀释。

2. 水玻璃的生产

水玻璃的生产方法有湿法生产和干法生产两种。湿法生产是将石英砂和氢氧化钠水溶液在压蒸锅(0.2～0.3 MPa)内用蒸汽加热溶解而制成水玻璃溶液。干法生产是将石英砂和碳酸钠磨细拌匀，在熔炉中于1 300～1 400 ℃温度下熔融，其反应式为

$$Na_2CO_3 + nSiO_2 \longrightarrow Na_2O \cdot nSiO_2 + CO_2 \uparrow$$

熔融的水玻璃冷却后得到固态水玻璃，然后在0.3～0.8 MPa的蒸压釜内加热熔解成胶状玻璃溶液。

水玻璃分子式中的 n，即二氧化硅与碱金属化合物的摩尔比，称为水玻璃的模数，一般为 1.5～3.5，建筑工程中常用的水玻璃的模数为 2.6～2.8。n 值越大，水玻璃中胶体组分越多，水玻璃黏性越大，越难溶于水。

2.3.2　水玻璃的硬化

水玻璃溶液在空气中吸收 CO_2 形成无定形硅胶，并逐渐干燥硬化，其反应式为

$$Na_2O \cdot nSiO_2 + CO_2 + mH_2O \longrightarrow Na_2CO_3 + nSiO_2 \cdot mH_2O$$

上述反应过程进行缓慢。为加速硬化，常在水玻璃中加入促硬剂氟硅酸钠，促使硅酸凝胶加速析出，其反应式为

$$2[Na_2O \cdot nSiO_2] + Na_2SiF_6 + mH_2O \longrightarrow 6NaF + (2n+1)SiO_2 \cdot mH_2O$$

氟硅酸钠的适宜掺量为水玻璃质量的 12%～15%。若用量太少，硬化速度慢、强度低，且未反应的水玻璃易溶于水，导致耐水性差；若用量过多，则凝结过快，造成施工困难，且渗透性大，强度也低。氟硅酸钠有毒，操作时应注意安全。

2.3.3　水玻璃的性质

(1)水玻璃具有良好的黏结性能，硬化时析出的硅酸凝胶能堵塞毛细孔，能起到阻止水分渗透的作用。

(2)水玻璃具有很强的耐酸性能，能经受大多数有机酸和无机酸的作用，常用于配制水玻璃耐酸混凝土、耐酸砂浆、耐酸胶泥等。

(3)水玻璃具有良好的耐热性。水玻璃可耐 1 200 ℃的高温，在高温下不燃烧、不分解，强度不降低，甚至有所增加。所以，水玻璃常用于配制耐热混凝土、耐热砂浆等。

(4)耐碱性、耐水性较差，由于水玻璃可溶于碱和水，并且硬化后的产物均可溶于水，所以，水玻璃硬化后不耐碱和水。

2.3.4　水玻璃的应用

(1)涂刷建筑材料表面，提高密实度和抗风化能力。用水将水玻璃稀释，多次涂刷或浸渍材料表面，可提高材料的抗风化能力或使其密实度和强度提高。如果在液体水玻璃中加入适量尿素，在不改变其黏度情况下可提高粘结力 25%左右。此方法对黏土砖、硅酸盐制品、水泥混凝土等含有 $Ca(OH)_2$ 的材料效果良好，不能用于涂刷或浸渍石膏制品，因为 $Na_2O \cdot nSiO_2$ 与 $CaSO_4$ 反应生成 Na_2SO_4。Na_2SO_4 在制品孔隙中结晶，结晶时体积膨胀，引起制品开裂破坏。

(2)配制成耐热砂浆和耐热混凝土。水玻璃可与耐热骨料等一起配制成耐热砂浆和耐热混凝土，用于高炉基础、热工设备基础及围护结构等耐热工程。

(3)配制成耐酸砂浆和耐酸混凝土。水玻璃可与耐酸骨料等一起配制成耐酸砂浆和耐酸混凝土，广泛用于防腐工程中。

(4)加固地基。将水玻璃溶液与氯化钙溶液交替注入土壤内，两者反应析出硅酸胶体，能起胶结和填充孔隙的作用，并可阻止水分的渗透，提高土壤的密度和强度。

(5)以水玻璃为基料，配制各种防水剂。水玻璃能促进水泥凝结，如在水泥中掺入约为水

泥质量70%的水玻璃，初凝时间为2 min，可直接用于堵塞漏洞、缝隙等局部抢修。因凝结过快，不宜配制水泥防水砂浆用于屋面和地面刚性防水。

(6)在水玻璃中加入2～5种矾，能配制各种快凝防水剂。常见的矾有蓝矾、明矾、红矾、紫矾等。防水剂的配制方法为选取两种、三种、四种或五种矾各一份，溶于60份100 ℃的水中，冷却至50 ℃后，投入400份水玻璃中搅拌均匀即可。这种防水剂分别称为二矾、三矾、四矾或五矾防水剂。将配制的各种快凝防水剂掺入水泥砂浆或混凝土中，可用于结构物的修补、堵漏、局部抢修等。

(7)配制水玻璃矿渣砂浆，修补砖墙裂缝。将液体水玻璃、粒化高炉矿渣粉、砂和氟硅酸钠按一定比例配合，压入砖墙裂缝。粒化高炉矿渣粉的加入不仅起填充及减少砂浆收缩的作用，还能与水玻璃起化学反应，成为增进砂浆强度的一个因素。

扩展阅读

水玻璃的运输和储存

水玻璃的运输和储存需根据数量选择合适容器。量大时通常采用金属槽罐车运输，量少时则可使用木桶、玻璃瓶或铁桶。需要注意的是，水玻璃严禁用镀锌容器储存，因其水解产生的碱会与锌反应生成氢气。若在密闭容器中长期存放，氢气积聚可能导致气压升高，引发爆炸事故。通常推荐使用混凝土槽罐储存水玻璃，既经济又安全，但必须确保密封良好，以防止水玻璃与空气中的二氧化碳发生反应。

水玻璃应用时通常需添加促硬剂氟硅酸钠。该物质为白色结晶粉末，具有毒性，需严格安全保管。氟硅酸钠遇水溶解时会释放出具有强烈刺激性的有毒气体氢氟酸(HF)，故操作人员必须佩戴防护口罩，以防止中毒。

工程案例分析

【案例2-1】

石灰做静态爆破剂

概况：某市旧城改造，用炸药拆除房屋时因震动大，相邻房屋开裂，影响使用。

分析：相邻房屋年久失修，用常规炸药震动冲击波大，易损坏，需用静态破碎剂。静态破碎剂是一种以生石灰和硅酸盐为主的白色粉末状物质，其中过火石灰量较多，可用水调制成浆体，装入炮孔中，将被破碎体破碎；可用于砖、石、混凝土、钢筋混凝土建筑物、构筑物的拆除，破碎各种岩石，切割花岗石、大理石、汉白玉等。

【案例2-2】

石灰加固软弱地基

概况：某三层楼需建在软弱地基上，试寻找一种经济有效的加固地基的方法。

分析：石灰桩又称石灰挤密桩，是在直径为150～400 mm的桩孔内加入新鲜石灰块夯实挤密而成。石灰桩具有加固效果显著、材料易得、施工简便、造价低等优点，适用于处理含水量较高的软弱土地基和不太严重的黄土地基湿陷性事故或做较严重的湿陷性事故的辅助处理措施，是一种处理软弱地基的简易有效的方法。此外，还可以用灰土挤密桩。

思考与练习

一、填空题

1. 胶凝材料按照化学成分，可分为________和________两类。无机胶凝材料按照硬化条件不同，可分为________和________两类。

2. 建筑石膏的化学成分是________，高强石膏的化学成分为________，生石膏的化学成分为________。

3. 建筑石膏按________、________、________分为优等品、一等品和合格品三个质量等级。

4. 生石灰按照煅烧程度不同，可分为________、________和________；按照 MgO 含量不同，可分为________和________。

5. 石灰浆体的硬化过程，包含________、________和________三个交错进行的过程。

6. 石灰按成品加工方法不同，可分为________、________、________和________四种。

7. 水玻璃的特性是________、________和________。

二、选择题

1. 水玻璃在空气中硬化很慢，通常要加入促硬剂(　　)才能正常硬化。

A. NaF　　B. Na_2SO_4　　C. Na_2SiF

2. (　　)工程不适合选用石膏制品。

A. 吊顶材料　　B. 影剧院的穿孔贴面板

C. 冷库内的墙贴面　　D. 非承重隔墙板

3. 生石灰使用前的陈伏处理，是为了(　　)。

A. 消除欠火石灰　　B. 放出水化热　　C. 消除过火石灰危害

4. 建筑石膏凝结硬化时，最主要的特点是(　　)。

A. 体积膨胀大　　B. 体积收缩大

C. 放出大量的热　　D. 凝结硬化快

5. 由于石灰浆体硬化时(　　)，以及硬化强度低等缺点，所以不宜单使用。

A. 吸水性大　　B. 需水量大

C. 体积收缩大　　D. 体积膨胀大

6. (　　)在使用时，常加入氟硅酸钠作为促凝剂。

A. 高铝水泥　　B. 石灰　　C. 石膏　　D. 水玻璃

7. 建筑石膏在使用时，通常掺入一定量的动物胶，其目的是(　　)。

A. 缓凝　　B. 提高强度　　C. 促凝　　D. 提高耐久性

8. (　　)在空气中凝结硬化是受到结晶和碳化两种作用。

A. 石灰浆体　　B. 石膏浆体　　C. 水玻璃溶液　　D. 水泥浆体

9. 下列胶凝材料中，(　　)在硬化过程中体积有微膨胀性，因此可单独使用。

A. 石灰　　B. 石膏　　C. 水泥　　D. 水玻璃

10. 硬化后的水玻璃不仅耐酸性好，而且(　　)也好。

A. 耐水性　　B. 耐碱性　　C. 耐热性　　D. 耐久性

三、名词解释

1. 胶凝材料
2. 生石灰
3. 水玻璃

四、简答题

1. 何谓气硬性胶凝材料、水硬性胶凝材料？两者的差别是什么？
2. 生石灰、熟石灰、建筑石膏的主要成分是什么？它们各有哪些技术性质和用途？
3. 生石灰在熟化时为什么要陈伏？为什么陈伏时需要在熟石灰表面保留一层水？
4. 为什么用不耐水的石灰拌制成的灰土、三合土却具有一定的耐水性？
5. 简述石灰、石膏的硬化原理。

水玻璃加固黄土地基的原理及设计与施工

思考与练习答案

第3章 水 泥

学习提示

本章的重点是硅酸盐类水泥，可按“原材料—熟料矿物及其特性—水化硬化—水化产物—水泥石结构—技术性质—水泥石腐蚀与防止”这一主线来学习。硅酸盐类水泥根据特性相近性可分为两大部分：第一部分是硅酸盐水泥和普通水泥；第二部分是矿渣水泥、粉煤灰水泥、火山灰水泥和复合水泥。水泥的特性决定了其适用条件与范围。

学习目标

知识目标

通过本章的学习，熟练掌握硅酸盐水泥和掺混合材料的硅酸盐水泥的技术性质及选用原则；掌握硅酸盐水泥和掺混合材料的硅酸盐水泥的矿物组成、水化产物、检测方法、水泥石的腐蚀与防止等；了解硅酸盐水泥的硬化机理，其他水泥品种及其性质和使用特点。

素养目标

通过水泥混凝土的配比设计实践，强化学生的质量安全意识与责任感，引导其在学习与实践中以高标准、严要求来约束自己。

思维导图

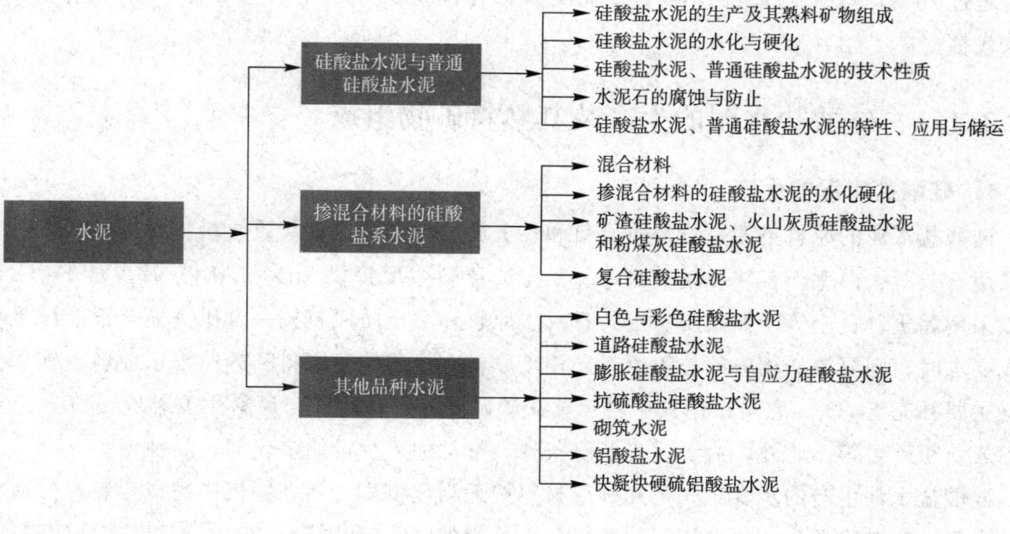

案例导入

港珠澳大桥是连接香港、珠海和澳门的跨海通道。作为世界上最长的跨海大桥，它是中国交通建设史上技术最复杂、标准最高的工程之一。大桥全长 55 km，主体工程采用“海中桥隧”结构，包括 22.9 km 的桥梁和 6.7 km 的海底隧道。这种特殊结构对水泥材料提出了极高的技术要求。港珠澳大桥采用高性能硅酸盐水泥，具备高强度、高耐久性和抗腐蚀性等特性。由于大桥处于海洋环境，水泥须具备优异的抗氯离子渗透性能，以有效防止钢筋锈蚀。此外，针对大体积混凝土结构(如沉管)，水泥还需具有低水化热特性，以避免因水化热而导致裂缝。同时，为确保沉管隧道等复杂结构的浇筑质量，水泥混凝土还需满足高流动性和自密实性的要求。

在港珠澳大桥工程中，水泥作为核心材料，其高性能化和耐久性设计是确保工程成功的关键。通过技术创新和严格的质量控制，该项目不仅圆满实现了工程目标，还推动了水泥混凝土技术的发展，为全球桥梁建设领域树立了新的标杆。

3.1　硅酸盐水泥与普通硅酸盐水泥

按国家标准《通用硅酸盐水泥》(GB 175—2023)规定，由硅酸盐水泥熟料、0%～5%的石灰石或粒化高炉矿渣、适量石膏共同磨细制成的水硬性胶凝材料，称为硅酸盐水泥(波特兰水泥)。硅酸盐水泥分为两种类型：不掺加任何混合材料的称为Ⅰ型硅酸盐水泥，其代号为 P·Ⅰ。在粉磨时掺加不超过水泥质量 5%的石灰石或粒化高炉矿渣混合材料的称为Ⅱ型硅酸盐水泥，其代号为 P·Ⅱ。凡由硅酸盐水泥熟料、＞5%且≤20%的混合材料、适量石膏磨细制成的水硬性胶凝材料，称为普通硅酸盐水泥(简称普通水泥)，代号为 P·O。当掺加活性混合材料时，其最大掺量不得超过 20%，其中允许采用不超过水泥质量 5%的窑灰或不超过水泥质量 8%的非活性混合材料来代替。

3.1.1　硅酸盐水泥的生产及其熟料矿物组成

1. 硅酸盐水泥的生产

硅酸盐水泥的原料主要是石灰质原料和黏土质原料两类。石灰质原料主要提供 CaO，它可以采用石灰石、白垩、石灰质凝灰岩等。黏土质原料主要提供 SiO_2、Al_2O_3 及少量 Fe_2O_3，它可以采用黏土、黄土等。如果所选用的石灰质原料和黏土质原料按一定比例配合不能满足化学组成要求时，则要掺加相应的校正原料。校正原料有铁质校正原料和硅质校正原料。铁质校正原料主要补充 Fe_2O_3，它可采用铁矿粉、黄铁矿矿渣等；硅质校正原料主要补充 SiO_2，它可采用砂岩、粉砂岩等。此外，为了改善煅烧条件，常常加入少量的矿化剂、晶种等。

硅酸盐水泥生产的步骤：先把几种原材料按适当比例配合后在磨机中磨成生料，然后将制得的生料入窑进行煅烧，再把烧好的熟料配以适当的石膏(和混合材料)在磨机中磨成细粉。

水泥生料在窑内的煅烧过程，虽方法各异，但都要经历干燥、预热、分解、熟料烧成及冷却等几个阶段。其中，熟料烧成是水泥生产的关键，必须有足够的温度和时间，以保证水泥熟料的质量。

2. 水泥熟料矿物组成

硅酸盐水泥的主要熟料矿物的名称和含量范围如下：

(1)硅酸三钙($3CaO \cdot SiO_2$)，简写为C_3S，含量为37%～60%。

(2)硅酸二钙($2CaO \cdot SiO_2$)，简写为C_2S，含量为15%～37%。

(3)铝酸三钙($3CaO \cdot Al_2O_3$)，简写为C_3A，含量为7%～15%。

(4)铁铝酸四钙($4CaO \cdot Al_2O_3 \cdot Fe_2O_3$)，简写为$C_4AF$，含量为10%～18%。

在以上4种主要熟料矿物中，硅酸三钙和硅酸二钙的总含量在70%以上，铝酸三钙与铁铝酸四钙的含量在25%左右，故称为硅酸盐水泥。除主要熟料矿物外，水泥中还含有少量游离氧化钙、游离氧化镁和碱，但其总含量一般不超过水泥总量的10%。

3.1.2 硅酸盐水泥的水化与硬化

在硅酸盐系水泥品种中，硅酸盐水泥和普通硅酸盐水泥的组成相差较小，性能较为接近。水泥加水拌和后，最初形成具有可塑性的浆体(称为水泥净浆)，随着水泥水化反应的进行逐渐变稠失去塑性，这一过程称为凝结。此后，随着水化反应的继续，浆体逐渐变为具有一定强度的坚硬的固体水泥石，这一过程称为硬化。可见，水化是水泥产生凝结硬化的前提，而凝结硬化则是水泥水化的必然结果。

1. 硅酸盐水泥的水化

硅酸盐水泥与水拌和后，其熟料颗粒表面的四种矿物立即与水发生水化反应，生成水化产物。各矿物的水化反应如下：

$$2(3CaO \cdot SiO_2) + 6H_2O = 3CaO \cdot 2SiO_2 \cdot 3H_2O + 3Ca(OH)_2$$

硅酸三钙　　　　水化硅酸钙　　　　氢氧化钙

$$2(2CaO \cdot SiO_2) + 4H_2O = 3CaO \cdot 2SiO_2 \cdot 3H_2O + Ca(OH)_2$$

硅酸二钙

$$3CaO \cdot Al_2O_3 + 6H_2O = 3CaO \cdot Al_2O_3 \cdot 6H_2O$$

铝酸三钙　　　　水化铝酸三钙

$$4CaO \cdot Al_2O_3 \cdot Fe_2O_3 + 7H_2O = 3CaO \cdot Al_2O_3 \cdot 6H_2O + CaO \cdot Fe_2O_3 \cdot H_2O$$

铁铝酸四钙　　　　水化铁酸一钙

硅酸三钙和硅酸二钙水化生成的水化硅酸钙不溶于水，以胶体微粒析出，并逐渐凝聚成凝胶体(C－S－H凝胶)；生成的氢氧化钙在溶液中的浓度很快达到饱和，呈六方晶体析出。铝酸三钙和铁铝酸四钙水化生成的水化铝酸三钙为立方晶体，在氢氧化钙饱和溶液中，还能与氢氧化钙进一步反应，生成六方晶体的水化铝酸四钙。在有石膏存在时，水化铝酸钙会与石膏反应，生成高硫型水化硫铝酸钙($3CaO \cdot Al_2O_3 \cdot 3CaSO_4 \cdot 31H_2O$)针状晶体，也称钙矾石。当石膏消耗完后，部分钙矾石将转变为单硫型水化硫铝酸钙($3CaO \cdot Al_2O_3 \cdot CaSO_4 \cdot 12H_2O$)晶体。

四种熟料矿物的水化特性各不相同，对水泥强度、凝结硬化速度及水化放热等的影响也不相同。各种水泥熟料矿物的水化特性如表3-1和图3-1所示。水泥是几种熟料矿物的混合物，当改变熟料矿物成分的比例时，水泥的性质即发生相应的变化。例如，提高硅酸三钙的含量，可以制得高强度水泥；又如，降低铝酸三钙和硅酸三钙含量，提高硅酸二钙含量，可制得水化热低的水泥，如大坝水泥。

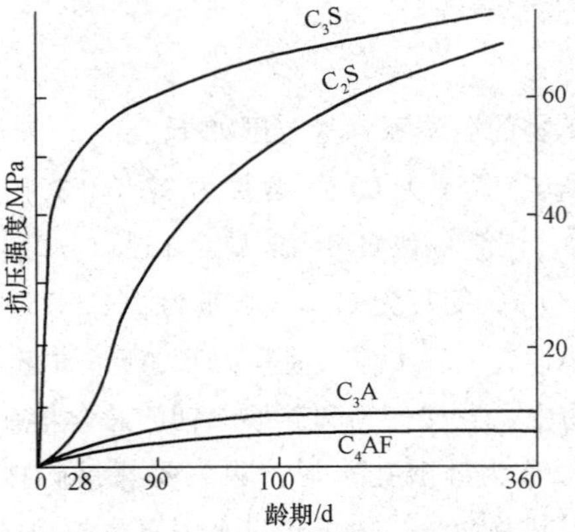

图 3-1　各种熟料矿物的强度增长

表 3-1　各种熟料矿物单独与水作用时表现出的特性

名称	硅酸三钙	硅酸二钙	铝酸三钙	铁铝酸四钙
凝结硬化速度	快	慢	最快	快
28 d 水化放热量	多	少	最多	中
强度	高	早期低、后期高	低	低

硅酸盐水泥是多矿物、多组分的物质，其与水拌和后会立即发生化学反应。根据目前的认识，硅酸盐水泥加水后，铝酸三钙立即发生反应，硅酸三钙和铁铝酸四钙也很快水化，而硅酸二钙则水化较慢。如果忽略一些次要的和少量的成分，则硅酸盐水泥与水作用后，生成的主要水化物有水化硅酸钙和水化铁酸钙凝胶、氢氧化钙、水化铝酸钙和水化硫铝酸钙晶体。在充分水化的水泥石中，C－S－H 凝胶约占 70%，$Ca(OH)_2$ 约占 20%，钙矾石和单硫型水化硫铝酸钙约占 7%。

2. 硅酸盐水泥的凝结硬化

水泥加水拌和后，成为可塑的水泥浆，水泥浆逐渐变稠失去塑性，但尚不具有强度的过程，称为水泥的“凝结”。随后产生明显的强度并逐渐发展成坚硬的人造石——水泥石，这一过程称为水泥的“硬化”。凝结和硬化是人为划分的，实际上是一个连续的复杂物理化学变化过程。

硅酸盐水泥的凝结硬化过程自从 1882 年雷·查特理(Le Chatelier)首先提出水泥凝结硬化理论以来，至今仍在继续研究。下面按照当前一般的看法做简要介绍。

水泥加水拌和，未水化的水泥颗粒分散在水中，成为水泥浆体[图 3-2(a)]。

水泥颗粒的水化从其表面开始。水和水泥一接触，水泥颗粒表面的水泥熟料先溶解于水，然后与水反应，或水泥熟料在固态直接与水反应，形成相应的水化物，水化物溶解于水。由于各种水化物的溶解度很小，水化物的生成速度大于水化物向溶液中扩散的速度，一般在几分钟内，水泥颗粒周围的溶液成为水化物的过饱和溶液，先后析出水化硅酸钙凝胶、水化硫铝酸钙、氢氧化钙和水化铝酸钙晶体等水化产物，包在水泥颗粒表面。在水化初期，水化物不多，包有水化物膜层的水泥颗粒之间还是分离着的，水泥浆具有可塑性[图 3-2(b)]。

水泥颗粒不断水化，随着时间的推移，新生水化物增多，使包在水泥颗粒表面的水化物膜层增厚，颗粒之间的空隙逐渐缩小，而包有凝胶体的水泥颗粒则逐渐接近，以致相互接触，在接触点借助范德华力，凝结成多孔的空间网络，形成凝聚结构[图 3-2(c)]。这种结构在震动的作用下可以被破坏。凝聚结构的形成，使水泥浆开始失去可塑性，也就是水泥的初凝，但这时还不具有强度。

随着以上过程的不断进行，固态的水化物不断增多，颗粒间的接触点数目增加，结晶体和凝胶体互相贯穿形成的凝聚——结晶网状结构不断加强。而固相颗粒之间的空隙(毛细孔)不断减小，结构逐渐紧密，使水泥浆体完全失去可塑性，达到能担负一定荷载的强度。水泥表现为终凝，并开始进入硬化阶段[图 3-2(d)]。水泥进入硬化期后，水化速度逐渐减慢，水化物随时间的增长而逐渐增加，扩展到毛细孔中，使结构更加致密，强度相应提高。

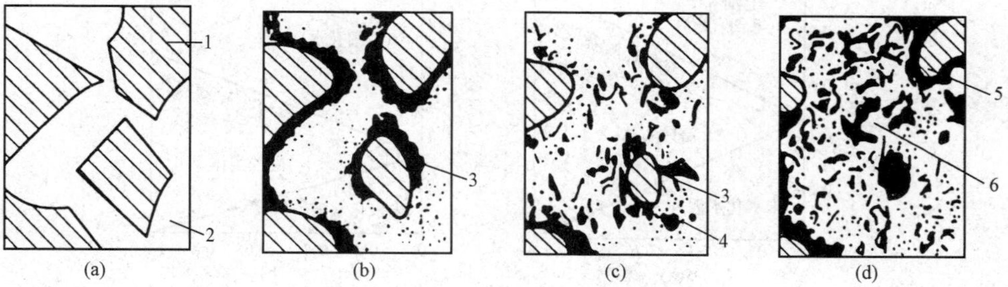

图 3-2 水泥凝结硬化过程示意

(a)分散在水中的水泥颗粒；(b)在水泥颗粒表面形成水化物膜层；

(c)膜层长大并相互连接(凝结)；(d)水泥产物进一步发展，填充毛细孔(硬化)

1—水泥颗粒；2—水分；3—凝胶；4—晶体；5—水泥颗粒的未水化内核；6—毛细孔

根据水化反应速度和物理化学的主要变化，水泥凝结硬化阶段见表 3-2。

表 3-2 水泥凝结硬化阶段

凝结硬化阶段	一般的放热反应速度	一般的持续时间	主要的物理化学变化
初始反应期	168 J/(g·h)	5～10 min	初始溶解和水化
潜伏期	4.2 J/(g·h)	1 h	凝胶体膜层围绕水泥颗粒成长
凝结期	在 6 h 内逐渐增加到 21 J/(g·h)	6 h	膜层增厚，水泥颗粒进一步水化
硬化期	在 24 h 内逐渐降低到 4.2 J/(g·h)	6 h 至若干年	凝胶体填充毛细孔
注：初始反应期和潜伏期也可合称为诱导期。			

水泥的水化和凝结硬化是从水泥颗粒表面开始，逐渐往水泥颗粒的内核深入进行。开始时水化速度较快，水泥的强度增长快；但由于水化不断进行，堆积在水泥颗粒周围的水化物不断增多，阻碍水和水泥未水化部分的接触，水化减慢，强度增长也逐渐减慢，但无论时间多久，水泥颗粒的内核很难完全水化。因此，在硬化水泥石中，同时包含有水泥熟料矿物水化的凝胶体和结晶体、未水化的水泥颗粒、水(自由水和吸附水)和孔隙(毛细孔和凝胶孔)，它们在不同时期相对数量的变化，使水泥石的性质随之改变。

3. 影响水泥凝结硬化的因素

水泥的凝结硬化过程即水泥强度发展的过程。为了正确使用水泥，并能在生产中采取有效措施，调节水泥的性能，必须了解水泥影响水化硬化的因素。

影响水泥凝结硬化的因素，除矿物成分、细度、用水量外，还有养护时间、温度和湿度及石膏掺量等。

(1)养护时间。水泥的水化是从表面开始向内部逐渐深入进行的，随着时间的延续，水泥的水化程度在不断增大，水化产物也不断地增加并填充毛细孔，使毛细孔孔隙率减少，凝胶孔孔隙率相应增大(图 3-3)。水泥加水拌和后的前 4 周水化速度较快，强度增长也快，4 周之后显著减慢。但是，只要维持适当的温度与湿度，水泥的水化将不断进行，其强度在几个月、几年甚至几十年后还会继续增长。

(2)温度和湿度。温度对水泥的凝结硬化有明显影响。当温度升高时，水化反应加快，水泥强度增加也较快；而当温度降低时，水化作用则减缓，强度增加缓慢。当温度低于 5 ℃时，水化硬化大大减慢；当温度低于 0 ℃时，水化反应基本停止。同时，由于温度低于 0 ℃，当水结冰时，还会破坏水泥石结构。

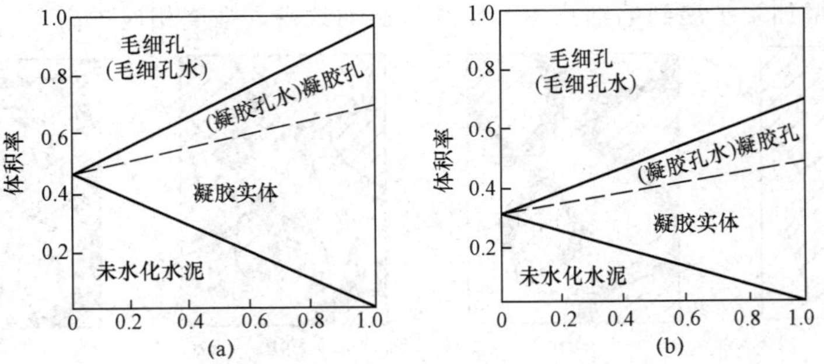

图 3-3 不同水化程度水泥石的组成

(a)水化程度(水胶比 0.4)；(b)水化程度(水胶比 0.7)

潮湿环境下的水泥石能保持足够的水分进行水化和凝结硬化，生成的水化物进一步填充毛细孔，促进水泥石的强度增长。

保持环境的温度和湿度，使水泥石强度不断增长的措施，称为养护。在测定水泥强度时，必须在规定的标准温度与湿度环境中养护至规定的龄期。

(3)石膏掺量。水泥中掺入适量石膏，可调节水泥的凝结硬化速度。在水泥粉磨时，若不掺石膏或石膏掺量不足，水泥会发生瞬凝现象；这是由于铝酸三钙在溶液中电离出三价离子(Al^{3+}，与硅酸钙凝胶的电荷相反)，促使胶体凝聚。加入石膏后，石膏与水化铝酸钙作用，生成钙矾石，难溶于水，沉淀在水泥颗粒表面形成保护膜，降低了溶液中 Al^{3+} 的浓度，并阻碍了铝酸三钙的水化，延缓了水泥的凝结。但如果石膏掺量过多，则会促使水泥凝结加快。同时，还会在后期引起水泥石的膨胀而开裂破坏。

3.1.3 硅酸盐水泥、普通硅酸盐水泥的技术性质

《通用硅酸盐水泥》(GB 175—2023)对硅酸盐水泥的技术要求包括细度、凝结时间、体积安定性、强度、氯离子含量和水溶性铬(Ⅵ)限量等。

1. 细度

水泥颗粒的粗细对水泥性质有显著影响。水泥颗粒粒径通常在 7～100 μm(0.007～0.1 mm)范围内。颗粒越细，其比表面积越大，与水反应更充分，因此水化速度更快、更完全，早期强度和后期强度均较高。但细颗粒水泥在空气中硬化时收缩性更大，易开裂，且生产成本较高。反之，若颗粒过粗，则难以充分发挥水泥的活性。研究表明，当水泥颗粒小于 40 μm(0.04 mm)时才具有较高活性，而大于 100 μm(0.1 mm)时活性显著降低。国家标准规定，水泥细度可通过筛析法或比表面积法进行检测。

筛析法采用孔径为 45 μm 的方孔筛对水泥试样进行筛分，以筛余百分数表示水泥的细度

比表面积法是通过测量一定量的空气在通过特定空隙率和厚度的水泥层时，因流动阻力变化导致的流速差异，来测定水泥的比表面积(单位质量粉末的总表面积)，结果以 m^2/kg 表示。

按照《通用硅酸盐水泥》(GB 175—2023)规定，硅酸盐水泥细度以比表面积表示，应不低于300 m^2/kg且不高于400 m^2/kg。当买方有特殊要求时，由买卖双方协商确定。

2. 凝结时间

凝结时间分为初凝时间和终凝时间。初凝时间是指从水泥加水拌和起至标准稠度净浆开始失去可塑性所需的时间；终凝时间是指从水泥加水拌和起至标准稠度净浆完全失去可塑性并开始产生强度所需的时间。为确保混凝土和砂浆有足够时间完成搅拌、运输、浇捣和砌筑等工序，水泥的初凝时间不宜过短。施工完成后，则要求水泥尽快硬化并形成强度，因此终凝时间不宜过长。

根据国家标准规定，水泥的凝结时间采用标准稠度水泥净浆，在规定温湿度条件下使用凝结时间测定仪进行测定。对于硅酸盐水泥，标准要求初凝时间不得小于45 min，终凝时间不得大于6.5 h(390 min)。

水泥凝结时间受多种因素影响：当熟料中铝酸三钙(C_3A)含量较高且石膏掺量不足时，会导致水泥快凝；水泥细度越细，水化反应速率越快，凝结速度相应加快；水胶比越小或凝结环境温度越高，凝结速度越快；混合材料掺量较大或水泥颗粒过粗时，水泥凝结速度会减缓。

3. 体积安定性

若水泥硬化后出现不均匀的体积变化(即体积安定性不良)，将导致构件产生膨胀性裂缝，不仅会降低建筑物质量，还可能引发严重事故。

体积安定性不良的主要原因通常是熟料中游离氧化钙含量过多。此外，熟料中游离氧化镁过多或掺入的石膏过量也可能导致这一问题。熟料中的游离氧化钙和氧化镁通常处于过烧状态，水化速度较慢，在水泥硬化后才逐渐反应，导致体积膨胀，从而引发安定性不良。

$$CaO + H_2O \Longrightarrow Ca(OH)_2$$

$$MgO + H_2O \Longrightarrow Mg(OH)_2$$

这种体积膨胀会导致不均匀的体积变化，从而使水泥石开裂。此外，当石膏掺量过多时，在水泥硬化后，残余石膏会继续与固态的水化铝酸钙反应，生成高硫型水化硫铝酸钙(钙矾石)，其体积约增大1.5倍，同样会引起水泥石开裂。

国家标准规定，水泥的体积安定性需通过沸煮法和压蒸法检验。沸煮法可采用饼法或雷氏法，两者有争议时以雷氏法为准。饼法通过观察水泥净浆试饼沸煮(3 h)后的外形变化来判定安定性；雷氏法则通过测定水泥净浆在雷氏夹中沸煮(3 h)后的膨胀值来评估。沸煮的作用是加速游离氧化钙的熟化，因此该方法仅能检测游离氧化钙引起的水泥体积安定性不良。压蒸法通过观察或测定水泥净浆试件在高压饱和水蒸气(2.0 MPa，215.7 ℃)中压蒸3 h后的外形变化及膨胀值。此条件下，游离氧化镁的熟化过程被加速，故压蒸法专门用于检测游离氧化镁导致的水泥体积安定性问题。

石膏的危害需在常温水中长期浸泡才能显现，目前缺乏快速检验其安定性影响的物理方法。因此，国家标准规定：硅酸盐水泥在压蒸安定性型式检验合格的前提下，水泥中游离氧化镁含量不得超过5.0%，三氧化硫含量不得超过3.5%，以控制水泥的体积安定性。

体积安定性不合格的水泥，严禁在工程中使用。

4. 强度及强度等级

水泥的强度是水泥的重要技术指标。根据现行国家标准《通用硅酸盐水泥》(GB 175—2023)和《水泥胶砂强度检验方法(ISO法)》(GB/T 17671—2021)的规定，水泥与标准砂按1∶3的质量比混合，采用0.5的水胶比，按标准方法制成试件后，在(20±1)℃的标准温度水中养护，分别测定其 3 d 和 28 d 的抗压与抗折强度。根据测定结果，硅酸盐水泥分为 42.5、42.5 R、52.5、52.5R、62.5 和 62.5R 六个强度等级。其中，代号 R 表示早强型水泥。各强度等级硅酸盐水泥的各龄期强度应符合表 3-3 的规定。

表 3-3 硅酸盐水泥各龄期的强度要求

强度等级	抗压强度/MPa		抗折强度/MPa	
	3 d	28 d	3 d	28 d
42.5	⩾17.0	⩾42.5	⩾4.0	⩾6.5
42.5 R	⩾22.0		⩾4.5	
52.5	⩾22.0	⩾52.5	⩾4.5	⩾7.0
52.5 R	⩾27.0		⩾5.0	
62.5	⩾27.0	⩾62.5	⩾5.0	⩾8.0
62.5 R	⩾32.0		⩾5.5	

5. 碱含量和氯离子含量

水泥中的碱含量以 $w(Na_2O)+0.658\ w(K_2O)$的计算值表示。当水泥用于活性骨料时，过高的碱含量可能引发碱-集料反应。若用户要求低碱水泥，其碱含量限值应由买卖双方协商确定。

由于氯离子会诱发并加速混凝土结构中钢筋的腐蚀，因此必须严格控制水泥中的氯离子含量。根据标准要求，水泥中氯离子含量不得超过 0.06%。若买方有更严格的要求，则应由买卖双方协商确定。

6. 水化热

水泥在水化过程中释放的热量称为水化热。水化放热量和放热速率主要取决于水泥的矿物成分，同时也受水泥细度、混合材料及外加剂的品种和用量等因素影响。在水泥矿物成分中，铝酸三钙的水化放热量最大且速率最快，硅酸三钙的放热量次之，而硅酸二钙的放热量最低且速率最慢。此外，水泥细度越高(颗粒越细)，水化反应越容易进行，因此水化放热量越大，放热速率也越快。

大型基础、水坝、桥墩等大体积混凝土构筑物，由于水化热积聚在内部不易散失，内部温度可升至 50～60 ℃ 甚至更高。内外温差产生的温度应力可能导致混凝土开裂，因此水化热对大体积混凝土工程是一个不利因素。

7. 水溶性铬(Ⅵ)和放射性核素限量

水溶性铬(Ⅵ) 是一种对人类健康和环境危害较大的重金属，而放射性物质同样对生物体具有显著危害。因此，水泥中水溶性铬(Ⅵ)含量应不大于 10.0 mg/kg；在放射性指标中，内照指数(I_{Ra})应不大于 1.0，外照指数(I_γ)应不大于 1.0。

在进行混凝土配合比计算和水泥储运时，需明确水泥的密度和堆积密度。硅酸盐水泥的密度一般为 3.0～3.15 g/cm³，通常可取 3.10 g/cm³；其堆积密度受堆积松紧程度影响，范围在 1 000～1 600 kg/m³。

3.1.4 水泥石的腐蚀与防止

硅酸盐水泥硬化后，在通常使用条件下，有较好的耐久性，但在某些腐蚀性液体或气体介质中，会逐渐受到腐蚀。

引起水泥石腐蚀的原因很多，作用也很复杂，下面介绍几种典型介质的腐蚀作用。

1. 软水的侵蚀(溶出性侵蚀)

$Ca(OH)_2$晶体是水泥的主要水化产物之一，水泥的其他水化产物也须在一定浓度的$Ca(OH)_2$溶液中才能稳定存在，而$Ca(OH)_2$又是易溶于水的。当水泥石中的$Ca(OH)_2$溶解流失，其浓度低于水化产物所需要的最低要求时，水泥的水化产物就会溶解或被分解，从而造成水泥石的破坏。所以软水腐蚀是一种溶出性的腐蚀。

雨水、雪水、蒸馏水、工厂冷凝水及含碳酸氢盐甚少的河水与湖水等都属于软水。当水泥石长期与这些水分相接触时，最先溶出的是$Ca(OH)_2$[每升水中能溶出$Ca(OH)_2$1.3 g以上]。在静水及无水压的情况下，由于周围的水易为溶出的$Ca(OH)_2$所饱和，使溶解作用中止，所以溶出仅限于表层，影响较小。但在流水及压力水作用下，$Ca(OH)_2$会不断溶解流失，而且，由于$Ca(OH)_2$浓度的继续降低，还会引起其他水化物的分解溶蚀，使水泥石结构遭受进一步的破坏，这种现象称为溶析。

软水腐蚀的程度与水的暂时硬度(水中碳酸氢盐即碳酸氢钙和碳酸氢镁的含量)有关，碳酸氢钙和碳酸氢镁能与水泥石中的$Ca(OH)_2$反应生成不溶于水的碳酸钙，其反应式为

$$Ca(OH)_2+Ca(HCO_3)_2 = 2CaCO_3\downarrow+2H_2O$$

生成的碳酸钙沉淀在水泥石的孔隙内而提高其密实度，并在水泥石表面形成紧密不透水层，从而可以阻止外界水的侵入和内部$Ca(OH)_2$的扩散析出。所以，水的暂时硬度越高，腐蚀作用越小。应用这一性质，对须与软水接触的混凝土制品或构件，可先在空气中硬化，再进行表面碳化，形成碳酸钙外壳，可起到一定的保护作用。

2. 盐类腐蚀

(1)硫酸盐的腐蚀。在海水、湖水、盐沼水、地下水、某些工业污水及流经高炉矿渣或煤渣的水中常含钠、钾、铵等硫酸盐，它们与水泥石中的氢氧化钙起置换作用，生成硫酸钙。

硫酸钙与水泥石中的固态水化铝酸钙作用生成高硫型水化硫铝酸钙：

$$4CaO\cdot Al_2O_3\cdot 12H_2O+3CaSO_4+20H_2O = 3CaO\cdot Al_2O_3\cdot 3CaSO_4\cdot 31H_2O+Ca(OH)_2$$

生成的高硫型水化硫铝酸钙含有大量结晶水，比原有体积增加1.5倍以上，由于是在已经固化的水泥石中产生上述反应，因此对水泥石起极大的破坏作用。高硫型水化硫铝酸钙呈针状晶体，通常称为“水泥杆菌”。

当水中硫酸盐浓度较高时，硫酸钙将在孔隙中直接结晶成二水石膏，使体积膨胀，从而导致水泥石被破坏。

(2)镁盐的腐蚀。在海水及地下水中，常含大量的镁盐，主要是硫酸镁和氯化镁。它们与水泥石中的氢氧化钙发生复分解反应：

$$MgSO_4+Ca(OH)_2+2H_2O = CaSO_4\cdot 2H_2O+Mg(OH)_2\downarrow$$

$$MgCl_2+Ca(OH)_2 = CaCl_2+Mg(OH)_2\downarrow$$

生成的氢氧化镁松软而无胶凝能力，氯化钙易溶于水，二水石膏则引起硫酸盐的破坏作用。因此，硫酸镁对水泥石起镁盐和硫酸盐的双重腐蚀作用。

3. 酸类腐蚀

(1)碳酸腐蚀。在工业污水、地下水中常溶解有较多的二氧化碳，这种水对水泥石的腐蚀作用是通过下面方式进行的。

开始时二氧化碳与水泥石中的氢氧化钙作用生成碳酸钙：

$$Ca(OH)_2+CO_2+H_2O = CaCO_3+2H_2O$$

生成的碳酸钙再与含二氧化碳的水作用转变成碳酸氢钙，是可逆反应：

$$CaCO_3+CO_2+H_2O \rightleftharpoons Ca(HCO_3)_2$$

生成的碳酸氢钙易溶于水。当水中含有较多的碳酸，并超过平衡浓度时，则上式反应向右进行。因此，水泥石中的氢氧化钙，通过转变为易溶的碳酸氢钙而溶失。氢氧化钙浓度降低，还会导致水泥石中其他水化物的分解，使腐蚀作用进一步加剧。

(2)一般酸的腐蚀。在工业废水、地下水、沼泽水中常含无机酸和有机酸，工业窑炉中的烟气常含有二氧化硫，遇水后即生成亚硫酸。各种酸类对水泥石都有不同程度的腐蚀作用。它们与水泥石中的氢氧化钙作用后生成的化合物或者易溶于水，或者体积膨胀，在水泥石内造成内应力而导致破坏。腐蚀作用最快的是无机酸中的盐酸、氢氟酸、硝酸、硫酸和有机酸中的醋酸、蚁酸和乳酸。

例如，盐酸与水泥石中的氢氧化钙作用：

$$2HCl+Ca(OH)_2 = CaCl_2+2H_2O$$

生成的氯化钙易溶于水。

硫酸与水泥石中的氢氧化钙作用：

$$H_2SO_4+Ca(OH)_2 = CaSO_4 \cdot 2H_2O$$

生成的二水石膏或直接在水泥石孔隙中结晶产生膨胀，或者再与水泥石中的水化铝酸钙作用，生成高硫型水化硫铝酸钙，其破坏性更大。

4. 强碱腐蚀

碱类溶液若浓度不大一般是无害的，但铝酸盐含量较高的硅酸盐水泥遇到强碱(如氢氧化钠)作用后也会受到破坏。氢氧化钠与水泥熟料中未水化的铝酸盐作用，生成易溶的铝酸钠：

$$3CaO \cdot Al_2O_3+6NaOH = 3Na_2O \cdot Al_2O_3+3Ca(OH)_2$$

当水泥石被氢氧化钠浸透后又在空气中干燥，与空气中的二氧化碳作用而生成碳酸钠：

$$2NaOH+CO_2 = Na_2CO_3+H_2O$$

碳酸钠在水泥石毛细孔中结晶沉积，而使水泥石胀裂。

除上述腐蚀类型外，对水泥石有腐蚀作用的还有一些其他物质，如糖、铵盐、动物脂肪、含环烷酸的石油产品等。

实际上，水泥石的腐蚀是一个极为复杂的物理化学作用过程，它在遭受腐蚀时，很少仅受单一的侵蚀作用，往往是几种同时存在，互相影响。但产生水泥腐蚀的基本原因如下。

(1)水泥石中存在有引起腐蚀的组成成分——氢氧化钙和水化铝酸钙。

(2)水泥石本身不密实，有很多毛细孔通道，侵蚀性介质易于进入其内部。

(3)腐蚀与通道的相互作用。

干的固体化合物对水泥石不起侵蚀作用，腐蚀性化合物必须呈溶液状态，而且浓度须在某一最小值以上。促进化学腐蚀的因素是较高的温度、较大的流速、干湿交替和钢筋的锈蚀。

5. 腐蚀的防止

根据以上腐蚀原因的分析，使用水泥时，可采取下列防止措施。

(1)根据侵蚀环境特点，合理选用水泥品种。例如，采用水化产物中氢氧化钙含量较少的水泥，可提高对软水等侵蚀作用的抵抗能力；为抵抗硫酸盐的腐蚀，采用铝酸三钙含量低于5%的抗硫酸盐水泥；掺入活性混合材料，可提高硅酸盐水泥对多种介质的抗腐蚀性。

(2)提高水泥石的密实度。硅酸盐水泥水化只需水(化学结合水)23%左右(占水泥质量的百分数)，而实际用水量较大(占水泥质量的40%～70%)，多余的水蒸发后形成连通的孔隙，腐蚀介质就容易透入水泥石内部，从而加速水泥石的腐蚀。在实际工程中，提高混凝土或砂浆密实度的各种措施如合理设计混凝土配合比、降低水胶比、仔细选择骨料、掺入外加剂，以及改善施工方法等，均能提高其抗腐蚀能力。另外，在混凝土或砂浆表面进行碳化或氟硅酸处理，生成难溶的碳酸钙外壳，或氟化钙及硅胶薄膜，提高表面密实度，也可减少侵蚀性介质渗入内部。

(3)加做保护层。当侵蚀作用较强时，可在混凝土及砂浆表面加上耐腐蚀性高而且不透水的保护层，一般可用耐酸石料、耐酸陶瓷、玻璃、塑料、沥青等。

3.1.5　硅酸盐水泥、普通硅酸盐水泥的特性、应用与储运

1. 硅酸盐水泥、普通硅酸盐水泥的特征与应用

(1)强度等级高，强度发展快。硅酸盐水泥和普通硅酸盐水泥因其硅酸三钙含量高，强度等级较高，适用于现浇混凝土工程、预应力混凝土工程、高强混凝土工程及冬期施工工程等。

(2)水化热高。硅酸盐水泥和普通硅酸盐水泥中含有大量的硅酸三钙和较多的铝酸三钙，其水化放热速度快，放热量高。对大型基础、水坝、桥墩等大体积混凝土，由于水化热聚集在内部不易散发而形成温差应力，可导致混凝土产生裂纹。所以，硅酸盐水泥不得用于大体积混凝土。

(3)耐腐蚀性差。硅酸盐水泥和普通硅酸盐水泥水化产物中有较多的易受腐蚀的氢氧化钙和水化铝酸钙(尤其是硅酸盐水泥)，因此耐腐蚀性差，不宜用于受流动的和有压力的软水作用的混凝土工程，也不宜用于受海水及其他腐蚀性介质作用的混凝土工程。

(4)抗冻性好。硅酸盐水泥和普通硅酸盐水泥早期水化放热量高，早期强度高，因此抗冻性好，适用于严寒地区遭受反复冻融的混凝土工程。

(5)抗碳化性好。硅酸盐水泥和普通硅酸盐水泥水化后，水泥石中含有较多的氢氧化钙，因此抗碳化性好。

(6)耐热性差。当水泥石受热到 300 ℃时，水泥水化产物开始脱水、分解，体积收缩，强度开始下降。当温度为 700～1 000 ℃时，强度降低很多，甚至完全破坏。其中，氢氧化钙高温下分解成氧化钙，若再吸湿或长期放置，氧化钙又会重新热化，体积膨胀使水泥石再次受到破坏。所以，硅酸盐水泥和普通硅酸盐水泥不适用于有耐热、耐高温要求的混凝土工程。

(7)干缩小。硅酸盐水泥和普通硅酸盐水泥硬化时干燥收缩小，不易产生干缩裂纹，可用于干燥环境下的混凝土工程。

(8)耐磨性好。硅酸盐水泥和普通硅酸盐水泥的耐磨性好，且干缩小，表面不易起粉，可用于地面和道路工程。

2. 硅酸盐水泥、普通硅酸盐水泥的储运

硅酸盐水泥、普通硅酸盐水泥的运输和存储应按国家标准的规定进行。

(1)水泥储运时应注意防潮。即使是在良好的存储条件下，水泥也不宜久存。因为水泥会吸收空气中的水分和二氧化碳，使颗粒表面水化甚至碳化，丧失胶凝能力，强度大为降低。在一般存储条件下，经 3 个月后，水泥强度降低 10%～20%；经 6 个月后，水泥强度降低 15%～30%；经 1 年后，水泥强度降低 25%～40%。超过 3 个月的水泥须重新试验，确定其强度等级。

(2)包装标识清楚。为了便于识别，避免错用，水泥袋上应清楚标明：产品名称，代号，净含量，强度等级，生产许可证标志(QS)及编号，生产者名称和地址，出厂编号，执行标准，包装日期。包装袋两侧应根据水泥的品种采用不同的颜色印刷水泥名称和强度等级，硅酸盐水泥和普通硅酸盐水泥采用红色。

(3)储运时不得混入杂物。不同品种和强度等级的水泥应分别存储，不得混杂堆放。

扩展阅读

水泥简介

水泥作为当今全球建筑领域中最关键的胶凝材料之一，其发展历程源远流长。早在古罗马时期，人们就已将石灰与火山灰混合使用，制成具有胶结性能的混凝土。这种混凝土硬化后不仅强度较高，还能有效抵抗淡水或盐水的侵蚀。近代水泥的研制与发展离不开多位先驱者的杰出贡献。1756年，英国工程师J.斯米顿的研究为水泥的后续发展奠定了坚实的理论基础。1796年，英国人J.帕克利用泥灰岩烧制出罗马水泥，该水泥不仅具备优异的水硬性，还具有快凝特性。1824年，英国建筑工人约瑟夫·阿斯谱丁进一步发明了性能卓越的硅酸盐水泥，即波特兰水泥，这一发明在水泥发展史上具有里程碑意义。在中国，水泥工业的发展经历了重要的历史阶段。1889年，河北唐山设立了唐山细绵土厂。随后在1906年，基于该厂的基础，启新洋灰公司成立，年产量达到4万t，标志着我国开始采用回转窑技术生产水泥。与此同时，国际水泥技术也在不断进步。1908年，法国研发的铝酸盐水泥获得专利，并率先实现工业化生产。尽管铝酸盐水泥具有优异的耐火性能等特性，但由于其后期强度存在倒缩问题，目前在建筑领域已逐渐被淘汰。

值得一提的是，中国建筑材料科学研究院在20世纪70年代和80年代取得了重大突破。该院自主研发了硫铝酸盐水泥，并在全球范围内率先实现铁铝酸盐水泥的工业化生产，为世界水泥的发展史增添了重要篇章。若将硅酸盐水泥系列称为第一代水泥，铝酸盐水泥系列称为第二代水泥，那么硫铝酸盐水泥和铁铝酸盐水泥及其衍生品种则可统称为第三代水泥。这一系列水泥凭借其高强、高抗渗、高抗冻、耐腐蚀、低碱及低能耗等显著特点，在业界备受瞩目。

随着中国经济建设的快速发展，硫(铁)铝酸盐水泥的应用领域不断拓宽，市场需求持续增长。目前，该系列水泥已实现规模化出口，在国际市场上展现出强大的竞争力，发展前景十分广阔。

3.2 掺混合材料的硅酸盐系水泥

3.2.1 混合材料

在生产水泥时，为改善水泥性能、调节水泥强度等级而加到水泥中去的人工的和天然的矿物材料，称为混合材料。混合材料按其性能可分为活性混合材料和非活性混合材料两大类。

1. 活性混合材料

混合材料磨成细粉，与石灰或与石膏拌和在一起并加水后，在常温下，能生成具有胶凝性的水化产物，既能在水中又能在空气中硬化的，称为活性混合材料。常用的活性混合材料有粒化高炉矿渣、火山灰质混合材料、粉煤灰。

(1)粒化高炉矿渣。粒化高炉矿渣是将炼铁高炉中的熔融炉渣，经急速冷却而成的松软颗粒，颗粒直径一般为0.5～5 mm。由于采用水淬方法进行急冷，故又称水淬高炉矿渣。急冷的目的在于阻止其中的矿物成分结晶，使其在常温下成为不稳定的玻璃体(一般占80%以上)，从而具有较高的化学能，即具有较高的潜在活性。

粒化高炉矿渣中的活性成分主要是活性 Al_2O_3 和活性 SiO_2，矿渣的活性用质量系数 K 评定，按国家标准《用于水泥中的粒化高炉矿渣》(GB/T 203—2008)规定，K 是指矿渣的化学成分中CaO、MgO、Al_2O_3 的质量分数之和与 SiO_2、MnO_2、TiO_2 的质量分数之和的比值。它反映了矿渣中活性组分与低活性和非活性组分之间的比例，K 越大，则矿渣的活性越高。水泥用粒化高炉矿渣的质量系数不得小于1.2。

(2)火山灰质混合材料。火山灰质混合材料是指具有火山灰活性的天然或人工矿物材料。其品种很多，天然材料包括火山灰、凝灰岩、浮石、浮石岩、沸石、硅藻土等。人工材料包括烧页岩、烧黏土、煤渣、煤矸石、硅灰等。火山灰质混合材料的活性成分也是活性 Al_2O_3 和活性 SiO_2。

(3)粉煤灰。粉煤灰是从燃煤发电厂的烟道气体中收集的粉末，又称飞灰。它以 Al_2O_3、SiO_2 为主要成分，含有少量CaO，具有火山灰性，其活性主要取决于玻璃体的含量及无定形 Al_2O_3 和 SiO_2 含量，同时颗粒形状及大小对其活性也有较大的影响，细小球形玻璃体含量越高，粉煤灰的活性越高。

《用于水泥和混凝土中的粉煤灰》(GB/T 1596—2017)规定，粉煤灰的活性用强度活性指数(粉煤灰取代30%水泥的试验胶砂与无粉煤灰的对比胶砂28 d抗压强度之比)来评定，用于水泥中的粉煤灰要求活性指数不小于70%。

2. 非活性混合材料

凡常温下与石灰、石膏或硅酸盐水泥一起，加水拌和后不能发生水化反应或反应甚微，不能生成水硬性产物的混合材料称为非活性混合材料，常用的非活性混合材料主要有石灰石、石英砂及慢冷矿渣等。

3.2.2 掺混合材料的硅酸盐水泥的水化硬化

磨细的活性混合材料与水调和后，其本身不会硬化或硬化极其缓慢，但在饱和 $Ca(OH)_2$ 溶液中，常温下就会发生显著的水化反应：

$$x\text{Ca(OH)}_2 + \text{活性 SiO}_2 + m\text{H}_2\text{O} \rightarrow \underset{\text{水化硅酸钙}}{x\text{CaO}\cdot\text{SiO}_2\cdot(m+x)\text{H}_2\text{O}}$$

$$y\text{Ca(OH)}_2 + \text{活性 Al}_2\text{O}_3 + n\text{H}_2\text{O} \rightarrow \underset{\text{水化铝酸钙}}{y\text{CaO}\cdot\text{Al}_2\text{O}_3\cdot(n+y)\text{H}_2\text{O}}$$

生成的水化硅酸钙和水化铝酸钙是具有水硬性的产物，与硅酸盐水泥中的水化产物相同。当有石膏存在时，水化铝酸钙还可以和石膏进一步反应生成水化硫铝酸钙。由此可见，是氢氧化钙和石膏激发了混合材料的活性，故称它们为活性混合材料的激发剂；氢氧化钙称为碱性激发剂，石膏称为硫酸盐激发剂。

掺活性混合材料的硅酸盐水泥与水拌和后，首先是水泥熟料水化，之后是水泥熟料的水化产物 $Ca(OH)_2$ 与活性混合材料中的活性 SiO_2 和活性 Al_2O_3 发生水化反应(亦称二次反应)生成水化产物，由此过程可知，掺活性混合材料的硅酸盐系水泥的水化速度较慢，故早期强度较低，而由于水泥中熟料含量相对减少，故水化热较低。

3.2.3 矿渣硅酸盐水泥、火山灰质硅酸盐水泥和粉煤灰硅酸盐水泥

矿渣硅酸盐水泥、火山灰质硅酸盐水泥和粉煤灰硅酸盐水泥的质量技术要求由国家标准《通用硅酸盐水泥》(GB 175—2023)规定。

1. 定义与组成

(1)矿渣硅酸盐水泥。《通用硅酸盐水泥》(GB 175—2023)规定，凡由硅酸盐水泥熟料和粒化高炉矿渣、适量石膏磨细制成的水硬性胶凝材料，称为矿渣硅酸盐水泥(简称矿渣水泥)。其中

按矿渣掺量不同，可分为A型和B型两种类型。A型矿渣掺量21%～50%，代号P·S·A；B型矿渣掺量51%～70%，代号P·S·B。允许用石灰石、窑灰、粉煤灰和火山灰质混合材料中的一种材料代替矿渣，代替数量不得超过水泥质量的8%，替代后水泥中粒化高炉矿渣的占比不得少于20%。

(2)火山灰质硅酸盐水泥。《通用硅酸盐水泥》(GB 175—2023)规定，凡由硅酸盐水泥熟料和火山灰质混合材料、适量石膏磨细制成的水硬性胶凝材料，称为火山灰质硅酸盐水泥(简称火山灰水泥)，代号P·P。水泥中火山灰质混合材料掺加量为21%～40%。

(3)粉煤灰硅酸盐水泥。《通用硅酸盐水泥》(GB 175—2023)规定，凡由硅酸盐水泥熟料和粉煤灰、适量石膏磨细制成的水硬性胶凝材料，称为粉煤灰硅酸盐水泥(简称粉煤灰水泥)，代号P·F。水泥中粉煤灰掺加量为21%～40%。

2. 技术性质

(1)细度。细度以45 μm方孔筛筛余表示，应不低于5%，当买方有特殊要求时，由买卖双方协商确定。

(2)凝结时间和体积安定性。要求与普通硅酸盐水泥相同。

(3)氧化镁。熟料中氧化镁的含量不宜超过5.0%。若水泥经压蒸安定性试验合格，则熟料中氧化镁的含量允许放宽到6.0%。熟料中氧化镁的含量为5.0%～6.0%时，如矿渣水泥中混合材料总掺量大于40%或火山灰水泥和粉煤灰水泥中混合材料掺加量大于30%，制成的水泥可不做压蒸试验。

(4)三氧化硫。矿渣水泥中三氧化硫的含量不得超过4.0%；火山灰水泥和粉煤灰水泥中三氧化硫的含量不得超过3.5%。

(5)强度。水泥强度等级按规定龄期的抗压强度和抗折强度来划分，分为32.5、32.5R、42.5、42.5R、52.5、52.5R六个等级。各强度等级水泥的各龄期强度不得低于表3-4的数值。

表3-4　矿渣硅酸盐水泥、火山灰质硅酸盐水泥和粉煤灰硅酸盐水泥各龄期的强度值

强度等级	抗压强度/MPa		抗折强度/MPa	
	3 d	28 d	3 d	28 d
32.5	≥12.0	≥32.5	≥3.0	≥5.5
32.5 R	≥17.0		≥4.0	
42.5	≥17.0	≥42.5	≥4.0	≥6.5
42.5 R	≥22.0		≥4.5	
52.5	≥22.0	≥52.5	≥4.5	≥7.0
52.5 R	≥27.0		≥5.0	

(6)碱。水泥中碱含量按$w(Na_2O)+0.658w(K_2O)$计算值表示。当买方要求提供低碱水泥时，由买卖双方协商确定。

3. 特性与应用

硅酸盐系水泥的主要性质相同或相似。掺混合材料的水泥与硅酸盐水泥相比，又有其自身的特点。

(1)三种水泥的共性特点与应用。

1)凝结硬化慢、早期强度低和后期强度增长快。因为水泥中熟料比例较低，而混合材料的二次水化较慢，所以其早期强度低，后期二次水化的产物不断增多，水泥强度发展较快，达到甚至超过同等级的硅酸盐水泥。因此，这三种水泥不宜用于早期强度要求高的工程、冬期施工工程和预应力混凝土等工程，且应加强早期养护。掺混合材料水泥的强度增长与硅酸盐水泥的比较如图 3-4 所示。

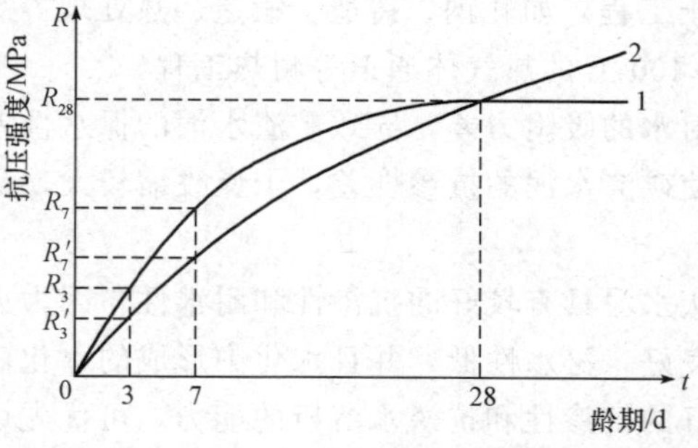

图 3-4 不同品种水泥强度发展对比

1—硅酸盐水泥；2—矿渣水泥

2)温度敏感性高，适宜高温湿热养护。这三种水泥在低温下水化速率和强度增长较慢，而在高温养护时水化速率大大提高，强度增长加快，可得到较高的早期强度和后期强度。因此，适合采用高温湿热养护，如蒸汽养护和蒸压养护。养护温度对掺混合材料水泥和硅酸盐水泥的强度增长比较如图 3-5 所示。

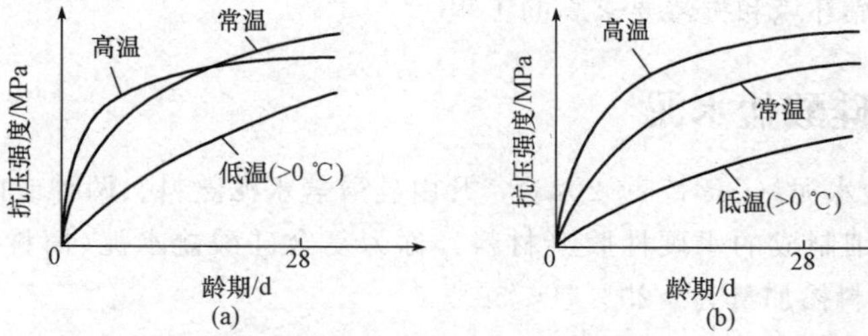

图 3-5 养护温度对掺混合材料水泥和硅酸盐水泥的强度增长比较

(a)硅酸盐水泥；(b)矿渣水泥

3)水化热低，适合大体积混凝土工程。由于熟料用量少，水化放热量大的矿物 C_3S 和 C_3A 较少，水泥的水化热大大降低，适用于大体积混凝土工程，如大型基础和水坝等。适当调整组成比例就可生产出大坝专用的低热水泥品种。

4)耐腐蚀性能强。由于熟料用量少，水化生成的 $Ca(OH)_2$ 少，且二次水化还要消耗大量 $Ca(OH)_2$，因此水泥石中易腐蚀的成分减少，水泥石的耐软水腐蚀、耐硫酸盐腐蚀、耐酸性腐蚀等能力大大提高，可用于有耐腐蚀要求的工程中。如果火山灰水泥掺加的是以 Al_2O_3 为主要成分的烧黏土类混合材料时，因水化后生成水化铝酸钙较多，其耐硫酸盐腐蚀的能力较差，所以不宜用于有耐硫酸盐腐蚀要求的场合。

5)抗冻性差，耐磨性差。由于加入较多的混合材料，水泥的需水性增加，用水量较多，易形成较多的毛细孔或粗大孔隙，且水泥早期强度较低，使抗冻性和耐磨性下降，因此，不宜用于严寒地区水位升降范围内的混凝土工程和有耐磨性要求的工程。

6)抗碳化能力差。由于水化产物中 $Ca(OH)_2$ 少，水泥石的碱度较低，当遇到碳化的环境时，表面碳化较快，碳化深度较深，对钢筋的保护不利。若碳化深度达到钢筋表面，则会导致钢筋锈蚀，使钢筋混凝土产生顺筋裂缝，降低耐久性。不过，在一般环境中，这三种水泥对钢筋都具有良好的保护作用。

(2)三种水泥的个别特性。

1)矿渣水泥。由于矿渣是在高温下形成的材料，所以矿渣水泥具有较强的耐热性，可用于温度不高于200 ℃的混凝土工程，如轧钢、铸造、锻造、热处理等高温车间及热工窑炉的基础等；也可用于温度为300～400 ℃的热气体通道等耐热工程。

粒化高炉矿渣玻璃体对水的吸附力差，导致矿渣水泥的保水性差，易泌水产生较多的连通孔隙，水分的蒸发增加，使矿渣水泥的抗渗性差，干燥收缩较大，易在表面产生较多的细微裂缝，影响其强度和耐久性。

2)火山灰水泥。火山灰水泥具有较好的抗渗性和耐水性。因为火山灰质混合材料的颗粒有大量的细微孔隙，保水性良好，泌水性低，并且水化中形成的水化硅酸钙凝胶较多，水泥石结构比较致密，所以具有较好的抗渗性和抗淡水溶析的能力，可优先用于有抗渗性要求的工程。

火山灰水泥的干燥收缩比矿渣水泥更加显著，在长期干燥的环境中，其水化反应会停止，已经形成的凝胶还会脱水收缩，形成细微裂缝，影响水泥石的强度和耐久性。因此，火山灰水泥施工时要加强养护，须较长时间保持潮湿状态，且不宜用于干热环境中。

3)粉煤灰水泥。粉煤灰水泥的干缩性较小，甚至优于硅酸盐水泥和普通水泥，具有较好的抗裂性。粉煤灰颗粒呈球形，较为致密，吸水性差，加水拌和时的内摩擦阻力小，需水性小，所以其干缩小，抗裂性好，同时配制的混凝土、砂浆和易性好。

由于粉煤灰吸水性差，水泥易泌水形成较多连通孔隙，干燥时易产生细微裂缝，抗渗性较差，因此不宜用于干燥环境和抗渗要求高的工程。

3.2.4 复合硅酸盐水泥

根据《通用硅酸盐水泥》(GB 175—2023)，凡由硅酸盐水泥熟料、两种或两种以上规定的混合材料、适量石膏磨细制成的水硬性胶凝材料，称为复合硅酸盐水泥(简称复合水泥)，代号P·C。水泥中混合材料掺加量为＞20％且≤50％。

水泥中允许用不超过8％的窑灰代替部分混合材料；掺矿渣时混合材料掺量不得与矿渣硅酸盐水泥重复。

复合硅酸盐水泥对细度、凝结时间、安定性的要求与矿渣硅酸盐水泥相同。

根据《通用硅酸盐水泥》(GB 175—2023)的规定，复合硅酸盐水泥的强度等级分为42.5、42.5R、52.5、52.5R。各强度等级及各龄期的强度要求同矿渣硅酸盐水泥、火山灰质硅酸盐水泥和粉煤灰硅酸盐水泥。

复合硅酸盐水泥的特性与所掺的混合材料种类有关，复合硅酸盐水泥可用于一般混凝土工程及大体积混凝土工程，也可用于拌制砂浆。

硅酸盐系水泥的技术要求比较见表3-5；硅酸盐系水泥的性能比较见表3-6；硅酸盐系水泥的选用见表3-7。

表3-5 硅酸盐系水泥的技术要求比较

项目	硅酸盐水泥		普通水泥 P·O	矿渣水泥 P·S	火山灰水泥P·P 粉煤灰水泥P·F 复合水泥P·C
	P·Ⅰ	P·Ⅱ			
不溶物含量	≤0.75％	≤1.50％	—		
烧失量	≤3.0％	≤3.5％	≤5.0％	—	

续表

项目	硅酸盐水泥		普通水泥 P·O	矿渣水泥 P·S	火山灰水泥P·P 粉煤灰水泥P·F 复合水泥P·C
	P·Ⅰ	P·Ⅱ			
细度	比表面积＞300 m^2/kg			80 μm方孔筛的筛余量＜10％	
初凝时间	＞45 min				
终凝时间	＜390 min		＜10 h		
MgO含量	水泥中，≤5.0％，蒸压安定性试验合格≤6.0％ 熟料中，≤5.0％，蒸压安定性试验合格≤6.0％				
SO_3 含量	≤3.5％			≤4.0％	≤3.5％
安定性	沸煮法合格				
强度	各强度等级水泥的各龄期强度不得低于各标准规定的数值				
碱含量	≤0.60％或商定			商定	

表3-6 硅酸盐系水泥的性能比较

项目	硅酸盐水泥	普通水泥	矿渣水泥	火山灰水泥	粉煤灰水泥	复合水泥
组成	熟料、0％～5％混合材料、石膏	熟料、6％～20％混合材料、石膏	熟料、20％～70％矿渣、石膏	熟料、20％～40％火山灰、石膏	熟料、20％～40％粉煤灰、石膏	熟料、20％～50％混合材料、石膏
区别	无或很少混合材料	少量混合材料	多量活性混合材料			多量混合材料
			矿渣	火山灰	粉煤灰	两种或两种以上
性能	凝结硬化快 早期、后期强度高 水化热大、放热快 抗冻性好 耐磨性好 抗碳化性好 干缩小 耐腐蚀性差 耐热性差	基本同硅酸盐水泥。早期强度、水化热、抗冻性、耐磨性和抗碳化性略有降低，耐腐蚀性、耐热性略有提高	凝结硬化较慢，早期强度低，后期强度高			早期强度较高
			温度敏感性好、水化热低、耐腐蚀性好、抗冻性差、耐磨性差、抗碳化性差			
			耐热性好 泌水性大 抗渗性差 干缩较大	保水性好 抗渗性好 干缩大	干缩小 抗裂性好 泌水性大 抗渗较好	与掺入种类比例有关

表 3-7 硅酸盐系水泥的选用

混凝土工程特点或所处环境条件		优先选用	可以使用	不宜使用
普通混凝土	在普通气候环境中的混凝土	普通水泥	矿渣水泥、火山灰水泥、粉煤灰水泥、复合水泥	—
	在干燥环境中的混凝土	普通硅酸盐水泥	矿渣硅酸盐水泥	火山灰质硅酸盐水泥、粉煤灰硅酸盐水泥
	在高温环境中或永久处在水下的混凝土	矿渣硅酸盐水泥	普通硅酸盐水泥、火山灰质硅酸盐水泥、粉煤灰硅酸盐水泥、复合硅酸盐水泥	—
	厚大体积的混凝土	粉煤灰硅酸盐水泥、矿渣硅酸盐水泥、火山灰质硅酸盐水泥、复合硅酸盐水泥	普通硅酸盐水泥	硅酸盐水泥、快硬硅酸盐水泥
有特殊要求的混凝土	要求快硬的混凝土	快硬硅酸盐水泥、硅酸盐水泥	普通硅酸盐水泥	矿渣硅酸盐水泥、火山灰质硅酸盐水泥、粉煤灰硅酸盐水泥、复合硅酸盐水泥
	高强(大于 C60 级)的混凝土	硅酸盐水泥	普通硅酸盐水泥、矿渣硅酸盐水泥	火山灰质硅酸盐水泥、粉煤灰硅酸盐水泥
	严寒地区的露天混凝土,寒冷地区的处在水位升降范围内的混凝土	普通硅酸盐水泥	矿渣硅酸盐水泥	火山灰质硅酸盐水泥、粉煤灰硅酸盐水泥
	严寒地区处在水位升降范围内的混凝土	普通硅酸盐水泥	—	火山灰质硅酸盐水泥、矿渣硅酸盐水泥、粉煤灰硅酸盐水泥、复合硅酸盐水泥
	有抗渗性要求的混凝土	普通硅酸盐水泥、火山灰质硅酸盐水泥	—	矿渣硅酸盐水泥
	有耐磨性要求的混凝土	硅酸盐水泥、普通硅酸盐水泥	矿渣硅酸盐水泥	火山灰质硅酸盐水泥、粉煤灰硅酸盐水泥

扩展阅读

彩色水泥

1. 彩色水泥的生产

彩色水泥是以白色硅酸盐水泥熟料和优质白色石膏为主要原料，掺入颜料及外加剂共同粉磨而成。彩色水泥的生产方法有间接法和直接法两种。

(1)间接法。间接法是指在白色硅酸盐水泥或普通硅酸盐水泥粉磨过程中(或现场施工时)掺入彩色颜料，经混合均匀后制成彩色水泥。常用的颜料包括氧化铁(红色、黄色、褐红色)、氧化锰(黑色、褐色)、氧化铬(绿色)、赭石(赭色)、群青(蓝色)和炭黑(黑色)等。生产颜色较深的彩色水泥(如红色、褐色、黑色等)时，通常采用硅酸盐水泥熟料；而生产浅色彩色水泥时，需使用白色硅酸盐水泥熟料。所选颜料必须满足以下要求：着色力强、水不溶性、分散性好、耐碱性强，且对光和大气具有良好稳定性，同时不会显著降低水泥强度。间接法生产工艺相对简单，所制得的水泥色彩均匀，颜色选择多样，但颜料用量较大。

(2)直接法。直接法是指在白色水泥生料中掺入着色物质，经煅烧制成彩色水泥熟料，再配入适量石膏共同粉磨而制得彩色水泥。着色物质通常采用金属氧化物或氢氧化物，其颜色深浅可通过调整着色剂掺量(0.1%～2.0%)进行控制。

直接法着色剂用量较少，有时还可利用工业副产品，因此成本较低；但这种方法目前可生产的色泽有限，且窑内气氛变化容易导致熟料颜色不均匀。此外，由彩色熟料磨制成的彩色水泥在使用过程中，会因彩色熟料矿物的水化反应而产生“白霜”现象，导致颜色变淡。

2. 彩色水泥的应用

(1)配制彩色水泥浆。彩色水泥浆是以彩色水泥为基料，掺入适量氧化钙促凝剂和皮胶液胶结料配制而成的刷浆材料。它可用作彩色水泥涂料，适用于建筑物内墙、外墙、顶棚及柱面的粉刷，同时广泛应用于贴面装饰工程的擦缝和勾缝工序，具有良好的辅助装饰效果。

(2)配制彩色混凝土。以白色或彩色水泥作为胶凝材料，掺入适当品种的骨料，即可配制白色或彩色混凝土。根据不同的施工工艺，可呈现多样化的装饰效果。此外，还可用于制作各类制品，如彩色砌块、彩色水泥砖等。

(3)配制彩色水泥砂浆。彩色水泥砂浆是以彩色水泥和细骨料配制而成的装饰材料，主要用于建筑内、外墙面的装饰。

3.3　其他品种水泥

通用硅酸盐系水泥品种不多，但用量却是最大的。除此之外，水泥品种的大部分是特性水泥和专用水泥，又称为特种水泥，其用量虽然不大，但用途却很重要且广泛。

3.3.1　白色与彩色硅酸盐水泥

1. 白色硅酸盐水泥

(1)概念。《白色硅酸盐水泥》(GB/T 2015—2017)规定，由白色硅酸盐水泥熟料，加入适量石膏和混合材料磨细制成的水硬性胶凝材料，称为白色硅酸盐水泥(简称白水泥)，代号 P·W。白色硅酸盐水泥熟料是指以适当成分的生料烧至部分熔融，得到以硅酸钙为主要成分，氧化铁含量少的熟料。

(2)白水泥的制造原理及要求。白水泥与普通硅酸盐水泥的生产方法基本相似，但对原材料的要求有所不同。生产白水泥用的石灰石及黏土原料中的氧化铁含量应分别低于 0.1%和 0.7%。为此常用的黏土质原料有高岭土、瓷石、白泥、石英砂等，石灰岩质原料则多采用白垩。表 3-8 为水泥中氧化铁含量与水泥颜色的关系。

表 3-8　水泥中氧化铁含量与水泥颜色的关系

氧化铁含量/%	3～4	0.45～0.7	0.35～0.4
水泥颜色	暗灰色	淡绿色	白色

生产中还需要采取一些措施，如选用无灰分的气体燃料(天然气或煤气)或液体燃料(柴油或重油)。在粉磨生料和熟料时，为避免混入铁质，球磨机内壁要镶贴白色花岗石或高强陶瓷衬板，并采用烧结刚玉、瓷球、卵石等做研磨体。为提高白水泥的白度，对白水泥熟料还需经漂白处理，如给刚出窑的红热熟料喷水、喷油或浸水，使熟料周围形成少量 CO 的还原气氛，使熟料中 Fe_2O_3 还原为颜色较浅的 FeO 或 Fe_3O_4。也可提高白水泥熟料的饱和比以增加游离 CaO 的含量，并使其消解为 $Ca(OH)_2$，适当提高水泥的细度。选用洁白的雪花石膏或优质纤维石膏作缓凝剂等。

(3)白水泥的技术性质。《白色硅酸盐水泥》(GB/T 2015—2017)规定，白水泥的技术要求如下。

1)细度。白水泥的细度要求为 45 μm 方孔筛筛余应不大于 30%。

2)凝结时间。初凝时间不小于 45 min，终凝时间不大于 600 min。

3)体积安定性。用沸煮法检验必须合格，同时熟料中氧化镁含量不宜超过 5.0%，水泥中三氧化硫含量不得超过 3.5%。

4)强度。按 3 d、28 d 的强度值将白水泥划分为 32.5、42.5 和 52.5 三个强度等级，各等级的各龄期强度不得低于表 3-9 中的数值。

表 3-9 白水泥各龄期强度值

强度等级	抗压强度/MPa		抗折强度/MPa	
	3 d	28 d	3 d	28 d
32.5	≥12.0	≥32.5	≥3.0	≥6.0
42.5	≥17.0	≥42.5	≥3.5	≥6.5
52.5	≥22.0	≥52.5	≥4.0	≥7.0

5)白度。白度是白水泥的一项重要的技术性能指标。目前，白水泥的白度是通过光电系统组成的白度计对可见光的反射程度确定的。将白水泥样品装入压样器中压成表面平整的白板，置于白度计中测得白度，以其表面对红、绿、蓝三原色光的反射率与氧化镁标准白板的反射率比较，用相对反射百分率表示。1 级白度(P·W—1)不小于 89；2 级白度(P·W—2)不小于 87。

(4)应用。白水泥具有强度高、色泽洁白等特点，在建筑装饰工程中常用来配制彩色水泥浆，用于建筑物内、外墙的粉刷及天棚、柱子的粉刷，还可用于贴面装饰材料的勾缝处理，配制各种彩色砂浆用于抹灰，如常用于水刷石、斩假石等，可模仿天然石材的色彩、质感，具有较好的装饰效果，还可配制彩色混凝土，制作彩色水磨石等。

2. 彩色硅酸盐水泥

凡由硅酸盐水泥熟料加适量石膏(或白色硅酸盐水泥)、规定的混合材料及着色剂磨细或者混合制成的带有色彩的水硬性胶凝材料，称为彩色硅酸盐水泥(简称彩色水泥)。

彩色硅酸盐水泥按生产方法可分为两大类。一类由白水泥熟料、适量石膏和碱性颜料共同磨细制成。所用的颜料要求不溶于水且分散性好，耐碱性强，抗大气稳定性好，掺入水泥中不能显著降低其强度。通常采用的颜料有氧化铁(红、黄、褐、黑色)、二氧化锰(黑、褐色)、氧化铬(绿色)、赭石(赭色)、群青兰(蓝色)和炭黑(黑色)等。当配制红、褐、黑等较深色彩色水泥时，也可以用一般硅酸盐水泥来磨制。另一类是在白水泥的生料中加入少量金属氧化物直接烧制成彩色水泥熟料，然后加入适量石膏磨细而成。彩色硅酸盐水泥的各项技术指标应符合《彩色硅酸盐水泥》(JC/T 870—2012)的规定。

3.3.2 道路硅酸盐水泥

1. 道路硅酸盐水泥的定义和性能

由较高铁铝酸钙含量的道路硅酸盐水泥熟料，0%～10%活性混合材料和适量石膏磨细制成的水硬性胶凝材料，称为道路硅酸盐水泥，简称道路水泥。

对道路水泥的性能要求是耐磨性好、收缩小、抗冻性好、抗冲击性好，有高的抗折强度和良好的耐久性。道路水泥的上述特性主要依靠改变水泥熟料的矿物组成、粉磨细度、石膏加入量及外加剂来达到。

2. 道路硅酸盐水泥的技术要求

《道路硅酸盐水泥》(GB/T 13693—2017)有关技术要求如下。

(1)氧化镁含量。道路水泥中氧化镁含量应不大于5.0%。

(2)三氧化硫含量。道路水泥中三氧化硫含量应不大于3.5%。

(3)烧失量。道路水泥中的烧失量应不大于3.0%。

(4)比表面积。比表面积为300～450 m^2/kg。

(5)凝结时间。初凝时间不小于90 min，终凝时间不大于720 min。

(6)安定性。用沸煮法(雷氏夹)检验必须合格。

(7)干缩率。28 d干缩率应不大于0.10%。

(8)耐磨性。28 d磨耗量应不大于3.00 kg/m^2。

(9)碱含量。碱含量由买卖双方商定。若使用活性骨料，用户要求提供低碱水泥时，水泥中碱含量不应大于0.60%。碱含量按 $w(Na_2O)+0.658w(K_2O)$ 计算值表示。

(10)强度。道路硅酸水泥，代号为P·R，按28 d抗折强度划分7.5和8.5两个等级，其中3 d、28 d龄期的抗压强度和抗折强度应符合表3-10所示的数值。

表3-10 道路水泥的等级与各龄期强度表

强度等级	抗折强度/MPa		抗压强度/MPa	
	3 d	28 d	3 d	28 d
7.5	≥4.0	≥7.5	≥21.0	≥42.5
8.5	≥5.0	≥8.5	≥26.0	≥52.5

3. 道路硅酸盐水泥的应用

道路水泥主要用于公路路面、机场跑道、车站、公共广场等混凝土工程，也可用于要求较高的工厂地面和停车场等工程。

3.3.3 膨胀硅酸盐水泥与自应力硅酸盐水泥

1. 概念

一般硅酸盐水泥在水化过程中会产生一定的收缩，因而使混凝土结构或构件出现裂纹，影响结构的力学性能和耐久性。而膨胀水泥和自应力水泥在凝结硬化过程中不仅不收缩，反而有不同程度的膨胀。当膨胀变形受到来自外部的约束或钢筋的内部约束时，就会使硬化后的混凝土受到相应的压应力作用，从而达到预应力的效果，因为这种预加压应力来自水泥本身的水化，所以称为自应力，并以自应力表示所产生压应力的大小。自应力大于或等于2.0 MPa的称为自应力水泥，自应力小于2.0 MPa(通常为0.50 MPa左右)的称为膨胀水泥。

2. 膨胀水泥的品种

按照胶凝物质(主要组分)和膨胀组分的种类，我国常用的膨胀水泥可分为以下几种。

(1)硅酸盐膨胀水泥。以硅酸盐水泥为主要组分，铝酸盐水泥和石膏为膨胀组分配制而成。

(2)铝酸盐膨胀水泥。以铝酸盐水泥为主要组分，石膏为膨胀组分配制而成。

(3)硫铝酸盐膨胀水泥。以无水硫铝酸钙和硅酸二钙为主要组分，石膏为膨胀组分配制而成。

(4)铁铝酸盐膨胀水泥。以铁相、无水硫铝酸钙、硅酸二钙为主要组分，石膏为膨胀组分配制而成。

上述膨胀水泥的膨胀源均来自水泥中形成的钙矾石。由于这种膨胀作用发生在硬化初期，水泥浆体尚具备可塑性，因而不至于引起膨胀破坏。根据所加入的膨胀组分的量，可制得不同膨胀值、不同类型的膨胀水泥。

3. 膨胀水泥和自应力水泥的用途

膨胀水泥的用途如下。

(1)配制防水砂浆和防水混凝土。

(2)填灌构件的接缝及管道接头。

(3)结构的加固与修补。

(4)固结机器底座及地脚螺栓。

自应力水泥适用于制作自应力钢筋混凝土压力管及其配件。

3.3.4 抗硫酸盐硅酸盐水泥

根据《抗硫酸盐硅酸盐水泥》(GB/T 748—2023)规定，抗硫酸盐硅酸盐水泥按抗硫酸盐侵蚀程度可分为中抗硫酸盐硅酸盐水泥和高抗硫酸盐硅酸盐水泥两类。以适当成分的硅酸盐水泥熟料，加入适量石膏磨细制成的具有抵抗中等浓度硫酸根离子侵蚀的水硬性胶凝材料，称为中抗硫酸盐硅酸盐水泥，简称中抗硫水泥，代号 P·MSR。以适当成分的硅酸盐水泥熟料，加入适量石膏，磨细制成的具有抵抗较高浓度硫酸根离子侵蚀的水硬性胶凝材料，称为高抗硫酸盐硅酸盐水泥，简称高抗硫水泥，代号 P·HSR。

两种抗硫酸盐水泥的强度等级均为 42.5 级，烧失量不大于 3%，SO_3 含量不大于 2.5%，游离 MgO 含量不大于 5.0%，比表面积不小于 280 m^2/kg。中抗硫水泥中 C_3S 和 C_3A 的含量分别不应超过 55.0%和 5.0%，14 d 线膨胀率不大于 0.06%；高抗硫水泥中 C_3S 和 C_3A 的含量分别不应超过 50.0%和 3.0%，14 d 线膨胀率不大于 0.04%。

抗硫酸盐水泥适用于一般受硫酸盐侵蚀的海港、水利、地下、隧道、道路和桥梁基础等工程设施。

3.3.5 砌筑水泥

《砌筑水泥》(GB/T 3183—2017)规定由硅酸盐水泥熟料加入规定的混合材料和适量石膏，磨细制成的保水性较好的水硬性胶凝材料，称为砌筑水泥，代号 M。砌筑水泥中混合材料掺入量按质量百分比计应大于 50%，允许掺入适量的石灰石或窑灰。其技术要求如下。

(1)水泥中三氧化硫含量应不大于 3.5%。

(2)细度：0.08 μm 方孔筛筛余不大于 10.0%。

(3)初凝时间不小于 60 min，终凝时间不大于 720 min。

(4)体积安定性用沸煮法检验，应合格。

(5)保水率应不小于 80%。

(6)强度：砌筑水泥分 12.5、22.5 和 32.5 三个强度等级，各等级水泥的各龄期强度应符合表 3-11 中的数值。

表 3-11　砌筑水泥各龄期强度值

强度等级	抗压强度/MPa			抗折强度/MPa		
	3 d	7 d	28 d	3 d	7 d	28 d
12.5	—	≥7.0	≥12.5	—	≥1.5	≥3.0
22.5	—	≥10.0	≥22.5	—	≥2.0	≥4.0
32.5	≥10.0	—	≥32.5	≥2.5	—	≥5.5

砌筑水泥主要用于砌筑和抹面砂浆、垫层混凝土等，不应用于结构混凝土。

3.3.6　铝酸盐水泥

1. 铝酸盐水泥的定义

铝酸盐水泥是以铝矾土和石灰石为原料，经煅烧至全部或部分熔融，得到以铝酸钙为主、氧化铝含量约占 50%的矿物熟料，经磨细制成的水硬性胶凝材料，代号为 CA。铝酸盐水泥根据 Al_2O_3 含量百分数分为：CA50(50%≤Al_2O_3<60%)、CA60(60%≤Al_2O_3<68%)、CA70(68%≤Al_2O_3<77%)、CA80(Al_2O_3≥77%)四类。

2. 铝酸盐水泥的矿物组成

铝酸盐水泥的主要矿物组成为：铝酸一钙($CaO \cdot Al_2O_3$，简写 CA)，其含量约占 70%，二铝酸一钙($CaO \cdot 2Al_2O_3$，简写 CA_2)、硅铝酸二钙($2CaO \cdot Al_2O_3 \cdot SiO_2$，简写 C_2AS)，有时还含有很少量硅酸二钙($2CaO \cdot SiO_2$，简写 C_2S)和其他铝酸盐等。由于水泥中 Al_2O_3 的含量较高，通常又称为高铝水泥。

3. 铝酸盐水泥的技术要求

铝酸盐水泥常为黄褐色，也有呈灰色的。其密度和堆积密度与普通硅酸盐水泥相近。《铝酸盐水泥》(GB/T 201—2015)规定，铝酸盐水泥的细度要求比表面积不小于 300 m^2/kg或 0.045 mm 筛余不大于 20%。各类铝酸盐水泥的凝结时间及(胶砂)强度应符合表 3-12 的要求。

表 3-12　铝酸盐水泥的凝结时间和(胶砂)强度要求

类型		凝结时间		抗压强度/MPa				抗折强度/MPa			
		初凝/min	终凝/min	6 h	1 d	3 d	28 d	6 h	1 d	3 d	28 d
CA50	CA50-Ⅰ	≥30	≤360	≥20	≥40	≥50	—	≥3	≥5.5	≥6.5	—
	CA50-Ⅱ				≥50	≥60	—		≥6.5	≥7.5	—
	CA50-Ⅲ				≥60	≥70	—		≥7.5	≥8.5	—
	CA50-Ⅳ				≥70	≥80	—		≥8.5	≥9.5	—
CA60	CA60-Ⅰ	≥30	≤360	—	≥65	≥85	—	—	≥7.0	≥10.0	—
	CA60-Ⅱ	≥60	≤1 080	—	≥20	≥45	≥85	—	≥2.5	≥5.0	≥10.0
CA70		≥30	≤360	—	≥30	≥40	—	—	≥5.0	≥6.0	—
CA80		≥30	≤360	—	≥25	≥30	—	—	≥4.0	≥5.0	—

4. 铝酸盐水泥的特性和应用

(1)快凝、早强，但长期强度降低。铝酸盐水泥的早期强度发展迅速，1 d即可达到其极限强度的80%，3 d可达最高强度，在低温环境下能很快硬化，强度高，而在温度超过30 ℃的环境下，强度急剧下降，因此，铝酸盐水泥适用于工期紧急的工程和早期强度要求较高的特殊工程及寒冷地区的冬期施工工程，如国防、道路和特殊抢修工程等。铝酸盐水泥最适宜的硬化温度为15 ℃左右，一般不得超过25 ℃。若温度过高，水化铝酸一钙和水化铝酸二钙会转变成水化铝酸三钙，固相体积减小，孔隙率大大增加，强度显著降低，因此，铝酸盐水泥混凝土不能进行蒸汽养护，也不宜在高温季节施工。铝酸盐水泥后期强度可能有较大的下降，一般降低40%～50%，因此不适合用于长期承载的承重结构及处于高温高湿环境的结构，受长期荷载作用时，应按最低稳定强度设计。

(2)耐热性强。铝酸盐水泥有较高的耐热性，如采用耐火粗细骨料(如铬铁矿等)可制成使用温度为1 300～1 400 ℃的耐热混凝土。

(3)水化热高，放热快。铝酸盐水泥的放热量与硅酸盐水泥大致相同，放热量大且主要集中在早期放出，一天之内即可放出水化热总量的70%～80%，而硅酸盐水泥一天内仅放出水化热总量的25%～50%，这将使混凝土内部温度上升较高。即使在－10 ℃下施工，铝酸盐水泥也能很快凝结硬化，特别适用于寒冷地区的冬期施工，但不宜用于大体积混凝土工程。使用时应特别注意，从硬化开始应立即浇水养护。

(4)耐硫酸盐腐蚀性强。铝酸盐水泥水化生成铝胶，硬化后水泥石结构密实，抗渗性好。产物不含氢氧化钙和水化铝酸三钙，耐水、酸、盐溶液，具有很高的抗硫酸盐性和抗海水的侵蚀能力，甚至比抗硫酸盐水泥还好，适用于受软水、海水和酸性水腐蚀及受硫酸盐腐蚀的工程。

(5)耐碱性差。铝酸盐水泥与硅酸盐水泥或石灰等析出$Ca(OH)_2$的材料混合使用，不但发生闪凝无法施工，而且生成高碱性水化铝酸钙，使混凝土开裂破坏，所以施工时除不得与石灰和硅酸盐水泥混合外，也不得与尚未硬化的硅酸盐水泥接触使用。铝酸盐水泥耐碱性极差，与碱性溶液接触，甚至在混凝土骨料内含有少量碱性化合物，都会引起不断侵蚀，因此不得用于接触碱性溶液的工程。

(6)可与石膏配合使用。将铝酸盐水泥掺入石膏或无水石膏中，水化物CAH_{10}和C_2AH_8等能与石膏反应生成稳定的硫铝酸钙，可有效克服铝酸盐水泥长期强度降低的现象，可制成各种类型的膨胀水泥。这是目前铝酸盐水泥的主要用途之一。

(7)铝酸盐水泥在使用时还应注意以下几点。

1)若用蒸汽养护加速混凝土硬化时，养护温度不得高于50 ℃。

2)用于钢筋混凝土时，钢筋保护层厚度不得小于60 mm。

3)未经试验，不得加入任何外加物。

4)虽然不得与尚未硬化的硅酸盐水泥接触使用，但可以与具有脱模强度的硅酸盐水泥混凝土接触使用，注意接触处不应长期处于潮湿状态。

3.3.7 快凝快硬硫铝酸盐水泥

1. 快凝快硬硫铝酸盐水泥的定义

以适当成分的生料，经煅烧所得以无水硫铝酸钙和硅酸二钙为主要矿物成分的硫铝酸盐水泥熟料，掺加不超过15%的石灰石及适量石膏磨细制成的具有早期强度高的水硬性胶凝材料，称为快凝快硬硫铝酸盐水泥，简称双快水泥，代号QR·SAC。

2. 快凝快硬硫铝酸盐水泥的矿物组成与水化硬化

快凝快硬硫铝酸盐水泥的主要矿物成分为无水硫铝酸钙（$4CaO \cdot 3Al_2O_3 \cdot CaSO_4$，简写$C_4A_2S$）和β型硅酸二钙（β-$C_2S$）。

无水硫铝酸钙水化很快，它和石膏反应在早期形成大量的钙矾石和氢氧化铝凝胶，使水泥获得较高的早期强度。β-C_2S是在1 250～1 350 ℃烧成的，活性较高，水化也较快，能较早形成水化硅酸钙和氢氧化钙，其中的氢氧化钙和氢氧化铝与石膏反应也可形成钙矾石。产物中还有少量单硫型水化硫铝酸钙和低硫型硫铝酸钙。氢氧化铝胶体、水化硅酸钙凝胶填充于钙矾石晶体骨架的空间，形成十分致密的结构，因此这种水泥不仅早期强度高，还能保证后期强度的增长。

3. 快凝快硬硫铝酸盐水泥的技术要求

建材行业标准《快凝快硬硫铝酸盐水泥》(JC/T 2282—2014)规定了快凝快硬硫铝酸盐水泥的技术要求：其初凝时间不小于3 min，终凝时间不大于12 min；比表面积不小于400 m^2/kg；其强度要求见表3-13。

表3-13 时间快硬硫铝酸盐水泥各龄期的强度要求

强度等级	抗压强度/MPa			抗折强度/MPa		
	4 h	1 d	28 d	4 h	1 d	28 d
32.5	≥10	≥20	≥32.5	≥3.0	≥5.0	≥6.0
42.5	≥15	≥30	≥42.5	≥3.5	≥5.5	≥6.5
52.5	≥20	≥40	≥52.5	≥4.0	≥6.0	≥7.0

4. 快凝快硬硫铝酸盐水泥的特性和应用

(1)凝结硬化快、早期强度高。快凝快硬硫铝酸盐水泥凝结硬化快，早期强度高，12 h已经有相当高的强度，3 d强度与硅酸盐水泥28 d强度相当，特别适用于抢修、堵漏、喷锚加固工程。

(2)水化热小、放热快。快凝快硬硫铝酸盐水泥水化速度快，水化放热快，一般集中在1 d内放出，但水化热较小。又因其早期强度增长迅速，不易发生冻害，所以适用于冬期施工，但不宜用于大体积混凝土工程。

(3)微膨胀、密实度大。快凝快硬硫铝酸盐水泥水化生成大量钙矾石晶体，产生微量体积膨胀，而且水化需要大量结晶水，所以硬化后水泥石致密不透水，适用于有抗渗抗裂要求的接头、接缝的混凝土工程，可用于配制膨胀水泥和自应力水泥。

(4)耐蚀性好。快凝快硬硫铝酸盐水泥石中不含氢氧化钙和水化铝酸三钙，又因水泥石密实度高，所以耐软水、酸类、盐类腐蚀的能力好，抗硫酸盐性能好。

(5)碱度低。快硬硫铝酸盐水泥浆体液相碱度低，pH值仅为9.8～10.2，对钢筋的保护能力差，不适用于重要的钢筋混凝土结构。由于其碱度低，对玻璃纤维腐蚀性小，特别适用于玻璃纤维增强水泥(GRC)制品。

(6)耐热性差。快凝快硬硫铝酸盐水泥的主要水化产物钙矾石含有大量结晶水，在150 ℃以上开始脱水，结构变得疏松，强度大幅度下降，不宜用于有耐热要求的混凝土工程。

扩展阅读

膨胀水泥的"镁质"时代

在现代建筑领域，大体积混凝土施工是一项常见且具有挑战性的任务。其主要特点在于混凝土体积庞大，水泥水化过程中热量释放集中，导致内部温度迅速上升。当混凝土内外温差显著时，便可能引发温度裂缝，进而威胁结构的安全性和正常使用功能。

为了有效预防混凝土裂缝的产生，国内外学者从利用混凝土限制膨胀以补偿其限制收缩的角度出发，开展了一系列研究。这些研究催生了多种膨胀水泥和膨胀剂的开发，其中，以菱镁矿（$MgCO_3$）、白云岩或石灰石为原料，经过适宜温度煅烧后磨细而成的氧化镁膨胀剂，因其独特的性能而备受青睐。氧化镁膨胀剂具有水化需水量少、膨胀速度适中、膨胀期长、延迟微膨胀特性及水化产物稳定等优点。这些特性使氧化镁膨胀剂能够更好地适应低水胶比现代混凝土补偿收缩的需求，从而在提高混凝土结构耐久性和安全性方面发挥重要作用。通过科学合理地应用这类膨胀剂，可以显著降低大体积混凝土施工中的温度裂缝风险，确保建筑结构的长期稳定性和可靠性。

1994 年，三峡工程这一举世瞩目的宏伟工程正式启动。三峡大坝以其 185 m 的坝高、121 m 的底宽和 3 035 m 的坝顶总长，以及 2 800 多万立方米的主体工程混凝土浇筑量，成为世界水利工程史上的壮举。然而，大体积混凝土施工中普遍存在的"无坝不裂"现象，给工程带来了巨大的挑战。中国建材总院组织科研骨干团队，在传统的热水泥中引入一定量的氧化镁，使其在水化后期产生微膨胀，补偿大坝工程后期温降收缩，防止后期温度裂缝的产生。其中氧化镁微膨胀中热水泥用量 500 多万吨，竣工后的三峡大坝是一座没有裂缝的混凝土重力高坝，创造了世界奇迹！

继三峡工程之后，氧化镁膨胀剂在中国大型水电工程中的应用得到了广泛推广。贵州黄花寨水电站、云南溪洛渡水电站、四川锦屏水电站等重大工程均采用了氧化镁作为水工大坝混凝土的膨胀剂。氧化镁膨胀剂可根据不同的混凝土强度等级、结构尺寸、浇筑温度、工作环境等进行膨胀性能调控，实现不同工况条件下膨胀剂膨胀和混凝土收缩全周期的协调补偿，对改善我国大坝混凝土的抗裂性、提高混凝土耐久性起到了积极作用，得到了国际水泥专家和水电工程建设者的称赞。这一技术的成功应用，标志着中国在大体积混凝土抗裂领域取得了突破性进展。

工程案例分析

【案例 3-1】

水泥凝结时间前后变化

概况：某立窑水泥厂生产的普通水泥中游离氧化钙含量较高，加水拌和后初凝时间仅为 40 min，本属于不合格品。但放置 1 个月后，凝结时间又恢复正常，而强度下降，请分析原因。

分析：该立窑水泥厂的普通水泥游离氧化钙含量较高，部分游离氧化钙的煅烧温度较低。加水拌和后，水与氧化钙迅速反应生成氢氧化钙，并放出水化热，使浆体的温度升高，加速了其他熟料矿物的水化速率，从而产生了较多的水化产物，快速形成凝聚网状结构，使初凝时间缩短。水泥放置一段时间后，吸收了空气中的水分，大部分氧化钙生成氢氧化钙或进一步与空气中的二氧化碳反应，生成碳酸钙。故此时加入拌合水后，不会再出现原来的水泥浆体温度升高、水化速率过快、凝结时间过短的现象。但其他水泥熟料矿物也会和空气中的水反应，部分产生结团、结块，使强度下降。

【案例 3-2】

镶贴瓷砖空鼓脱落与水泥质量

概况： 某立窑水泥厂在一段时间内由于煤的质量较差导致熟料烧成率降低，轻烧料较多，且熟料中 Al_2O_3 含量较高。为保证生产 42.5 级普通硅酸盐水泥的强度，将所用 13%混合材料由烧页岩改为活性较高的粒化高炉矿渣。经检验，各项指标均符合普通水泥的国家标准要求，其中水泥细度不变。但有客户反映，在施工较规范的情况下使用该段时间生产的水泥镶贴瓷砖却出现较多的空鼓脱落现象。请分析原因。

分析： 水泥镶贴瓷砖出现空鼓脱落现象有两种可能：一是施工操作不当；二是水泥质量较差。该用户施工操作较规范，且以前使用该厂生产的水泥很少出现空鼓脱落现象，故应把注意力集中于水泥质量方面。

首先，该段时间生产的水泥混合材料改用了矿渣，尽管水泥筛余量保持不变，但由于矿渣的易磨性逊于烧页岩，其颗粒普遍较粗，保水性差，经试验证实了此点。此外，该段时间生产的水泥熟料中 Al_2O_3 含量较高，即熟料中 C_3A 含量相对较高。C_3A 的干缩相对较大，也会促使瓷砖发生空鼓脱落的现象。

【案例 3-3】

挡墙开裂与水泥的选用

概况： 某大体积的混凝土工程，浇筑 2 周后拆模，发现挡墙有多道贯穿型的纵向裂缝。该工程使用某水泥厂生产的 42.5R 级硅酸盐水泥，其熟料矿物组成见表 3-14，请分析原因。

表 3-14 熟料矿物组成

矿物名称	C_3S	C_2S	C_3A	C_4AF
质量分数/%	61	14	14	11

分析： 由于该工程所使用的水泥 C_3A 和 C_3S 含量较高，该水泥的水化热高，且在浇筑时混凝土的整体温度高，以后混凝土温度随环境温度下降，混凝土产生冷缩，造成混凝土贯穿型的纵向裂缝。

【案例 3-4】

某高层建筑结构因采用不合格水泥而拆除

概况： 某地一高层建筑结构，共 30 层，为现浇混凝土框架剪力墙结构。1989 年施工，1990 年主体结构完成到 15 层楼板，赶上重点工程建筑质量大检查，发现第 10～15 层混凝土强度普遍达不到设计要求。设计混凝土强度等级为 C30，实际测定只有 C10～C15。有些混凝土显得疏松，用小锤轻轻敲打，即有掉皮及漏砂现象，从散落的混凝土可见水泥浆黏结性能差。请分析原因。

分析： 主要原因是水泥质量差。在浇筑 10～15 层的混凝土期间，水泥供应紧张，进场的水泥没有进行严格检验。水泥来源为许多小水泥厂，原厂标明为 42.5 级普通硅酸盐水泥，经实测强度仅为 20～30 MPa，施工时按 42.5 级水泥配制，强度达不到设计要求。

【案例 3-5】

不同品种水泥的混用

概况： 某单位先用强度等级为 32.5 级矿渣水泥施工正常，因某种原因，与后购进的 42.5R 级普通水泥混合拌制混凝土使用，结果在现浇顶板时混凝土发生开裂。请分析原因。

分析： 水泥在使用中应注意不同品种、等级的水泥不能随意掺和使用。因为不同品种等级的水泥性能相差很大。当不同品种的水泥掺混后，水泥性能往往发生变化，强度等级降低。这不但会造成浪费，而且容易发生质量事故。例如，普通水泥的主要物理性能是早期强度高、凝结硬化快、抗冻性好等，但其水化热较高，抗酸、碱和硫酸盐的侵蚀能力差。而矿渣水泥具有耐热性好、水化热低、后期强度增长快、耐腐蚀和耐水性能好等优点，但早期强度低、干缩大。如果将它们混合使用，将会由于水化热的不同在混凝土内部不同部位造成局部高温和低温的现象。这种温差会使混凝土产生不均匀的变形，导致裂缝产生、强度下降。所以，不应将不同品种的水泥任意混合使用，以免影响工程质量。

思考与练习

一、填空题

1. 水泥加水拌和后，成为可塑的水泥浆，水泥浆逐渐变稠失去塑性，但尚不具有强度的过程，称为水泥的________。

2. 常用的活性混合材料有________、________、________。

3. 水泥强度等级按规定龄期的抗压强度和抗折强度来划分，分为________、________、________、________、________、________。

4. 凡由硅酸盐水泥熟料、两种或两种以上规定的混合材料、适量石膏磨细制成的水硬性胶凝材料，称为________。

5. ________是指以适当成分的生料烧至部分熔融，所得以硅酸钙为主要成分，氧化铁含量少的熟料。

二、选择题

1. 快硬性水泥是以(　　)d 抗压强度表示水泥标号。

A. 1　　B. 3　　C. 7　　D. 14

2. 白色硅酸盐水泥是由含量少的硅酸盐水泥熟料加入适量石膏，磨细(　　)制成的白色水泥。

A. 氧化镁　　B. 氧化钙　　C. 三氧化二铝　　D. 氧化铁

3. 普通硅酸盐水泥的代号为(　　)。

A. P·S　　B. P·Ⅰ　　C. P·Ⅱ　　D. P. O

4. 水泥胶砂试体带模养护，以下要求不正确的是(　　)。

A. 养护 24 h

B. 温度 20 ℃±1 ℃、相对湿度不低于 90%

C. 温度 20 ℃±2 ℃、相对湿度不低于 90%

D. 温湿度记录每 4 h 一次或 2 次/d

5. 通用硅酸盐水泥按(　　)的品种和掺量分为硅酸盐水泥、普通硅酸盐水泥、矿渣硅酸盐水泥、火山灰质硅酸盐水泥、粉煤灰硅酸盐水泥和复合硅酸盐水泥。

A. 混合材料　　B. 硅酸盐熟料

C. 原材料　　D. 原材料的矿物成分

6. 粉煤灰硅酸盐水泥的代号为(　　)。

A. P·C　　B. P·F　　C. P·O　　D. P·P

7. 复合硅酸盐水泥的代号为(　　)。

A. P·C　　B. P·F　　C. P·O　　D. P·P

8. 火山灰质硅酸盐水泥的代号为(　　)。

A. P·C　　B. P·F　　C. P·O　　D. P·P

9. 矿渣硅酸盐水泥初凝时间不小于(　　)min。

A. 45　　B. 60　　C. 30　　D. 40

三、名词解释

1. 混合材料
2. 白色硅酸盐水泥熟料
3. 彩色硅酸盐水泥
4. 道路水泥
5. 铝酸盐水泥

四、简答题

1. 什么是水泥的体积安定性？引起水泥体积安定性不良的原因是什么？
2. 简述硅酸盐水泥的生产步骤。
3. 影响水泥凝结硬化的因素有哪些？
4. 使用水泥时，应采取哪些防止腐蚀的措施？

思考与练习答案

第4章 混 凝 土

学习提示

混凝土是当今最重要的结构材料之一，本章是全书的重点。以普通混凝土为学习基础，按“原材料—硬化前的性能(和易性)—硬化后的性能(强度、变形性能、耐久性)—质量波动与配制强度—质量控制与评定—配合比设计”这一主线来学习。配合比设计是本章的重点，学习时首先掌握普通混凝土配合比设计方法，然后学习掺外加剂、矿物掺合料等混凝土的配合比设计方法。学习时应了解混凝土技术的新进展及其发展趋势。

学习目标

知识目标

通过本章的学习，了解混凝土的定义、分类及优缺点；掌握普通混凝土组成材料的品种、技术要求及选用；掌握普通混凝土的技术性能(硬化前和硬化后的性能)及其影响因素和测定方法；熟悉普通混凝土的质量控制与评定；掌握普通水泥混凝土的配合比设计方法；了解掺外加剂、矿物掺合料等混凝土的配合比设计方法；了解混凝土技术的新进展及其发展趋势。

素养目标

通过对再生混凝土、高性能混凝土等新材料的介绍，增强学生的绿色环保和创新意识以及社会责任感，并树立可持续发展的理念。

思维导图

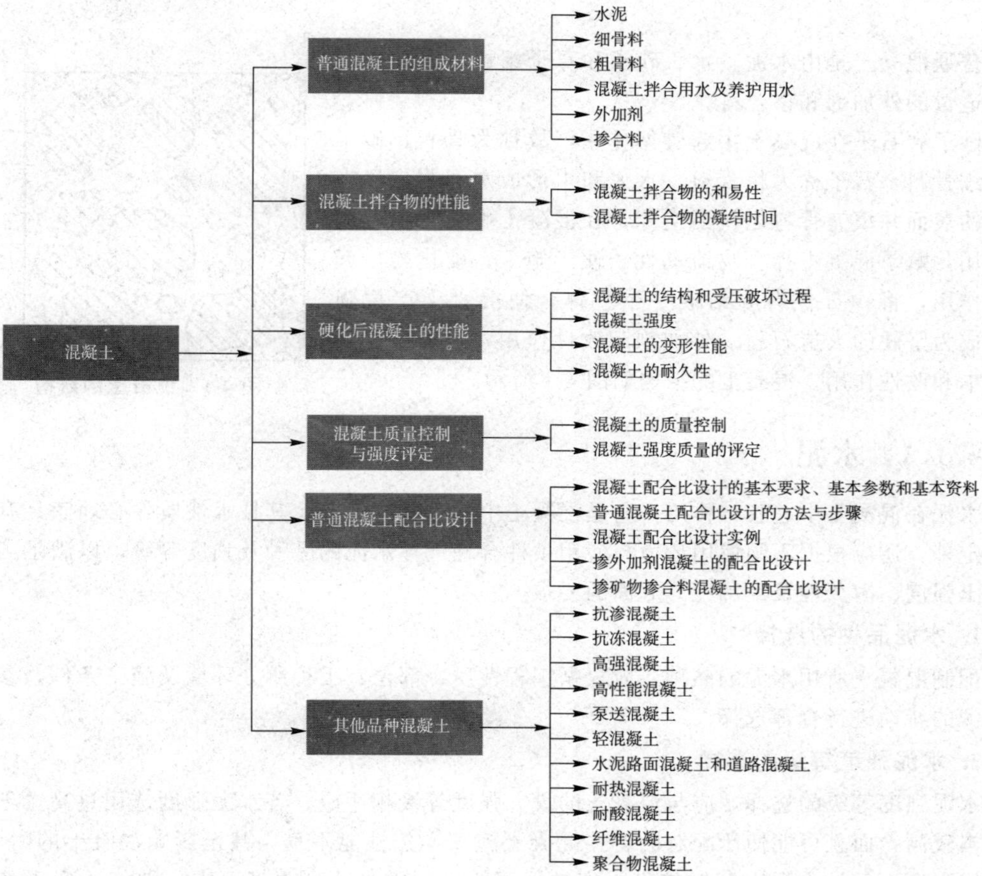

案例导入

青藏铁路是世界上海拔最高、环境最复杂的高原铁路，其建设过程中对混凝土技术的要求极高。青藏铁路全长 1 956 km，其中海拔 4 000 m 以上的路段占 85%，最高点海拔 5 072 m。青藏高原气候恶劣，常年低温、强紫外线辐射、冻融循环频繁，对混凝土的耐久性和抗冻性提出了极高要求。

青藏高原冬季极端低温可达−40 ℃，冻融循环对混凝土结构破坏严重。抗冻性技术要求混凝土抗冻等级需达到 F300 以上(即经过 300 次冻融循环后，强度损失不超过 25%，质量损失不超过 5%)。采用引气剂，在混凝土中引入均匀分布的微小气泡，缓解冻融过程中的内部应力。使用低水胶比(通常小于 0.40)，减少混凝土内部的游离水分，降低冻融破坏风险。

高原地区紫外线强、温差大、氧气稀薄，混凝土易老化。耐久性技术要求使用高性能混凝土(HPC)，掺入矿物掺合料(如粉煤灰、硅灰)以提高密实性和抗渗性。严格控制氯离子含量和碱-集料反应，防止钢筋锈蚀和混凝土开裂。

高原温差大(昼夜温差可达 30 ℃以上)，混凝土易产生温度裂缝。抗裂性技术要求采用低热水泥或掺入矿渣粉、粉煤灰等，降低水泥水化热。优化配合比设计，减少水泥用量，降低收缩应力。施工中采取保温养护措施，控制混凝土内外温差。

4.1 普通混凝土的组成材料

普通混凝土是由水泥、水、砂子和石子组成，另外还常掺入适量的外加剂和掺合料。

砂子和石子在混凝土中起骨架作用，故称为骨料，砂子称为细骨料，石子称为粗骨料。水泥和水形成水泥浆包裹在骨料的表面并填充骨料之间的空隙，在混凝土硬化之前起润滑作用，赋予混凝土拌合物流动性，便于施工；硬化之后起胶结作用，将砂石骨料胶结成一个整体，使混凝土产生强度，成为坚硬的人造石材。外加剂起改性作用，掺合料起降低成本和改性作用。混凝土的结构如图 4-1 所示。

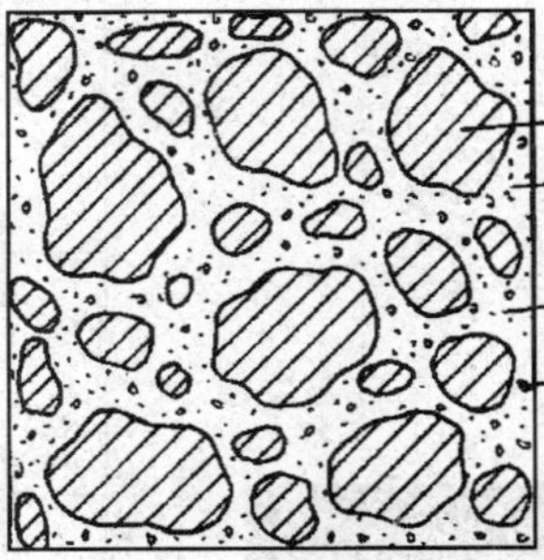

图 4-1 混凝土的结构

4.1.1 水泥

水泥在混凝土中起胶结作用，它是混凝土中最重要的组分，其技术性质除必须满足有关标准规定外，还应根据不同使用环境与使用条件合理选择水泥的品种及强度等级，以满足工程对混凝土强度、耐久性及经济性等方面的要求。

1. 水泥品种的选择

配制混凝土所用水泥的品种，应根据工程性质、部位、工程所处环境及施工条件，参考各种水泥的特性进行合理选择。

2. 水泥强度等级的选择

水泥强度等级的选择，应与混凝土的设计强度等级相适应。若水泥强度选用过高，不但会使成本较高，而且可能使所配制的新拌混凝土施工操作性能不良，甚至影响混凝土的耐久性；若采用强度过低的水泥来配制较高强度的混凝土，则很难达到强度要求，即使达到了强度要求，其他性能也会受到影响，而且往往会导致成本过高。配制普通混凝土时，通常要求水泥的强度为混凝土抗压强度的 1.5～2.0 倍；配制较高强度混凝土时，可取 0.9～1.5 倍。但是，随着混凝土强度等级的不断提高，新工艺的不断出现及高效外加剂性能的不断改进，高强度和高性能混凝土的配合比要求将不受此比例的约束。

4.1.2 细骨料

根据《建设用砂》(GB/T 14684—2022)的规定，粒径为 150 μm～4.75 mm 的骨料称为细骨料。

1. 细骨料的种类及其特性

砂按产源分为天然砂、机制砂和混合砂三类。天然砂包括河砂、湖砂、山砂和经净化处理的海砂。机制砂是指以岩石、卵石、矿山废石和尾矿等为原料，经除土处理，由机械破碎、整形、筛分、粉控等工艺制成的，级配、粒形和石粉含量满足要求且粒径小于 4.75 mm 的颗粒。混合砂是指由机制砂和天然砂按一定比例混合而成的砂。《建设用砂》(GB/T 14684—2022)根据砂的技术要求，将砂分为Ⅰ类、Ⅱ类和Ⅲ类。

天然砂是由天然岩石经自然条件作用而形成的。河砂和湖砂因长期经受流水和波浪的冲洗，颗粒较圆，比较洁净，且分布较广，一般工程都采用这种砂。海砂因长期受到海流冲刷，颗粒圆滑，比较洁净且粒度一般比较整齐，但常混有贝壳及盐类等有害杂质，在配制钢筋混凝土时，海砂中 Cl^- 含量不应大于 0.06%（以全部 Cl^- 换算成 NaCl 占干砂质量的百分率计），超过该值时，应通过淋洗，使 Cl^- 含量降低至 0.06%以下，或在拌制的混凝土中掺入占水泥质量 0.6%～1.0%的 $NaNO_2$ 等阻锈剂，对于预应力钢筋混凝土，则不宜采用海砂。山砂是从山谷或旧河床中采运而得到的，其颗粒多带棱角，表面粗糙，但含泥量和有机物杂质较多，使用时应加以限制。

机制砂是由天然岩石轧碎而成，俗称人工砂，其颗粒富有棱角，比较洁净，但砂中片状颗粒及细粉含量较大且成本较高，只有在缺乏天然砂时才常采用。

Ⅰ类砂宜用于配制强度等级大于 C60 的混凝土，Ⅱ类砂宜用于配制强度等级为 C30～C60 及抗冻、抗渗或有其他要求的混凝土，Ⅲ类砂宜用于配制强度等级小于 C30 的混凝土和建筑砂浆。

2. 细骨料的技术要求

细骨料质量的优劣直接影响混凝土质量的好坏。《建设用砂》(GB/T 14684—2022)对建设用砂做出了规定。

(1)含泥量、石粉含量和泥块含量。含泥量是指天然砂中粒径小于 75 μm 的颗粒含量。石粉含量是指机制砂中粒径小于 75 μm 的颗粒含量。泥块含量是指砂中原粒径大于 1.18 mm，经水浸洗、手捏后小于 0.6 mm 的颗粒含量。天然砂的含泥量和泥块含量应符合表 4-1 的规定，机制砂的石粉含量和泥块含量应符合表 4-2 的规定。

表 4-1　天然砂的含泥量和泥块含量

项目	Ⅰ类	Ⅱ类	Ⅲ类
含泥量(质量分数)/%	≤1.0	≤3.0	≤5.0
泥块含量(质量分数)/%	≤0.2	≤1.0	≤2.0

表 4-2　机制砂的石粉含量

类别	亚甲蓝值(MB)	石粉含量(质量分数)/%
Ⅰ类	MB≤0.5	≤15.0
	0.5<MB≤1.0	≤10.0
	1.0<MB≤1.4 或快速试验合格	≤5.0
	MB>1.4 或快速试验不合格	≤1.0[a]
Ⅱ类	MB≤1.0	≤15.0
	1.0<MB≤1.4 或快速试验合格	≤10.0
	MB>1.4 或快速法不合格	≤3.0[a]
Ⅲ类	MB≤1.4 或快速试验合格	≤15.0
	MB>1.4 或快速法不合格	≤5.0[a]

注：砂浆用砂的石粉含量不做限制。

* 根据使用环境和用途，经试验验证，由供需双方协商确定，Ⅰ类砂石粉含量可放宽至不大于 3.0%，Ⅱ类砂石粉含量可放宽至不大于 5.0%，Ⅲ类砂石粉含量可放宽至不大于 7.0%。

泥、石粉和泥块对混凝土是有害的。泥包裹于砂子的表面，隔断了水泥石与砂子之间的黏结，影响混凝土的强度。当含泥量多时，会降低混凝土的强度和耐久性，并增加混凝土的干缩。石粉会增大混凝土拌合物需水量，影响混凝土和易性，降低混凝土强度。泥块在混凝土内成为薄弱部位，引起混凝土强度和耐久性的降低。

(2)有害物质。砂子中不应含有草根、树叶、树枝、塑料、煤块和炉渣等杂物。砂中有害物质包括云母、轻物质、有机物、硫化物及硫酸盐、氯化物、贝壳等，它们的含量应符合表 4-3 的规定。

表 4-3　砂中有害物质含量

类别	Ⅰ类	Ⅱ类	Ⅲ类
云母(质量分数)/%	≤1.0	≤2.0	
轻物质(质量分数)①/%	≤1.0		
有机物	合格		
硫化物及硫酸盐(按 SO_3 质量计)/%	≤0.5		
氯化物(以氯离子质量计)/%	≤0.01	≤0.02	≤0.06②
贝壳(质量分数)③/%	≤3.0	≤5.0	≤8.0

注：①天然砂中如含有浮石、火山渣等天然轻骨料时，经试验验证后，该指标可不做要求。
②对于钢筋混凝土用净化处理的海砂，其氧化物含量应小于或等于 0.02%
③该指标仅适用于化处理的海砂，其他砂种不做要求。

云母是表面光滑的小薄片，会降低混凝土拌合物和易性，也会降低混凝土的强度和耐久性。硫化物及硫酸盐主要由硫铁矿(FeS_2)和石膏($CaSO_4$)等杂物带入，它们与水泥石中固态水化铝酸钙反应生成钙矾石，反应产物的固相体积膨胀 1.5 倍，从而引起混凝土膨胀开裂。有机物主要来自动植物的腐殖质、腐殖土、泥煤和废机油等，会延缓水泥的水化，降低混凝土的强度，尤其是早期强度。Cl^- 会导致钢筋混凝土中的钢筋锈蚀，钢筋锈蚀后体积膨胀和受力面减小，从而引起混凝土开裂。

(3)碱-集料反应。碱-集料反应是指水泥、外加剂等混凝土组成物及环境中的碱与骨料中碱活性矿物在潮湿环境下缓慢发生并导致混凝土开裂破坏的膨胀反应。当对砂的碱活性有怀疑时或用于重要工程的砂，须进行碱活性检验。经碱-集料反应试验后，由砂制备的试件应无裂缝、酥裂、胶体外溢等现象，在规定的试验龄期，膨胀率应小于 0.10%。

(4)粗细程度和颗粒级配。在混凝土中，砂子的表面由水泥浆包裹，砂子之间的空隙由水泥浆来填充。为了节约水泥，提高混凝土密实度和强度，应尽可能减少砂子的总表面积，同时减少砂子的空隙率。

砂的粗细程度是指不同粒径的砂粒混合在一起后的平均粗细程度。砂的粗细程度与其总表面积有直接的关系。对于相同质量的砂，细砂的总表面积较大，粗砂的总表面积较小。当混凝土拌合物和易性要求一定时，使用细砂比粗砂更节省水泥用量，且砂子过粗，易使混凝土拌合物产生离析、泌水等现象。混凝土用砂不宜过细，也不宜过粗。

砂的颗粒级配是指粒径大小不同的砂粒的搭配情况。粒径相同的砂粒堆积在一起，会产生很大的空隙率，如图 4-2(a)所示；用两种粒径的砂搭配起来，空隙率就减少了，如图 4-2(b)所示；用三种粒径的砂搭配，空隙率就更小了，如图 4-2(c)所示。由此可见，要想减小砂粒间的空隙，必须将大小不同的颗粒搭配起来使用。

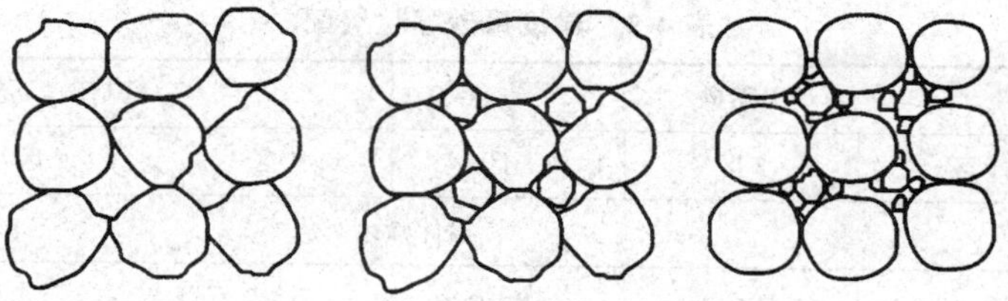
(a) (b) (c)

图 4-2 骨料的颗粒级配

砂的颗粒级配和粗细程度，常用筛分析法进行测定。用级配区表示砂的颗粒级配，用细度模数表示砂的粗细。筛分析法是用一套公称直径为 5 mm、2.50 mm、1.25 mm、630 μm、315 μm 及 160 μm 的标准筛，将 500 g(m_0)干试样由粗到细依次过筛，称得各个筛上颗粒的质量 m_i，并计算出各筛上的分计筛余 a_1、a_2、a_3、a_4、a_5 和 a_6(m_i/m_0)及累计筛余 A_1、A_2、A_3、A_4、A_5 和 A_6($\sum a_i$)。累计筛余与分计筛余的关系见表 4-4。

表 4-4 累计筛余和分计筛余的关系

公称直径	方孔筛尺寸	筛余量 m/g	分计筛余/%	累计筛余/%
5 mm	4.75 mm	m_1	$a_1=m_1/m_0$	$A_1=a_1$
2.5 mm	2.36 mm	m_2	$a_2=m_2/m_0$	$A_2=a_1+a_2$
1.25 mm	1.18 mm	m_3	$a_3=m_3/m_0$	$A_3=a_1+a_2+a_3$
630 μm	600 μm	m_4	$a_4=m_4/m_0$	$A_4=a_1+a_2+a_3+a_4$
315 μm	300 μm	m_5	$a_5=m_5/m_0$	$A_5=a_1+a_2+a_3+a_4+a_5$
160 μm	150 μm	m_6	$a_6=m_6/m_0$	$A_6=a_1+a_2+a_3+a_4+a_5+a_6$

细度模数 μ_f 的公式：

$$\mu_f=\frac{(A_1+A_2+A_3+A_4+A_5+A_6)-5A_1}{100-A_1} \tag{4-1}$$

用该式计算时，A_i 用百分点而不是百分率来计算。如 $A_2=18.6\%$，计算时代入 18.6 而不是 0.186。

细度模数越大，表示砂越粗。按细度模数将砂分为粗、中、细三种规格：粗砂 $\mu_f=3.1\sim3.7$，中砂 $\mu_f=2.3\sim3.0$，细砂 $\mu_f=1.6\sim2.2$。

在我国，有些地区(如四川和重庆的部分地区)，天然砂的细度模数小于上述范围。一般将 $\mu_f=0.7\sim1.5$ 的称为特细砂，$\mu_f<0.7$ 的称为粉砂。

砂的细度模数不能反映砂的级配优劣。细度模数相同的砂，其级配可能很不相同。因此，在配制混凝土时，必须同时考虑砂的级配和砂的细度模数。《建设用砂》(GB/T 14684—2022)规定，根据 600 μm 筛孔的累计筛余，把 $\mu_f=1.6\sim3.7$ 的常用砂的颗粒级配分为三个级配区，见表 4-5。

将筛分析试验的结果与表 4-5 进行对照，来判断砂的级配是否符合要求。但用表 4-5 来判断砂的级配不直观，为了方便应用，常用筛分曲线来判断。所谓筛分曲线，是指以累计筛余百分率为纵坐标，以筛孔尺寸为横坐标所画的曲线。用表 4-5 的规定值画出 1、2、3 三个级配区上下限值的天然砂筛分曲线得到图 4-3。试验时，将砂样筛分析试验得到的各筛累计筛余百分率标注在图 4-3 中，并连线，就可观察此筛分曲线落在哪个级配区。

表 4-5 建设用砂颗粒级配

砂的分类	天然砂			机制砂、混合砂		
级配区	1 区	2 区	3 区	1 区	2 区	3 区
方筛孔尺寸/mm	累计筛余/%					
4.75	10～0	10～0	10～0	5～0	5～0	5～0
2.36	35～5	25～0	15～0	35～5	25～0	15～0
1.18	65～35	50～10	25～0	65～35	50～10	25～0
0.60	85～71	70～41	40～16	85～71	70～41	40～16
0.30	95～80	92～70	85～55	95～80	92～70	85～55
0.15	100～90	100～90	100～90	97～85	94～80	94～75

判定砂级配是否合格的方法如下。

1)各筛上的累计筛余百分率原则上应完全处于表 4-5 所规定的任何一个级配区；

2)允许有少量超出，但超出总量应小于 5%；

3)4.75 mm 和 600 μm 筛号上不允许有任何超出。

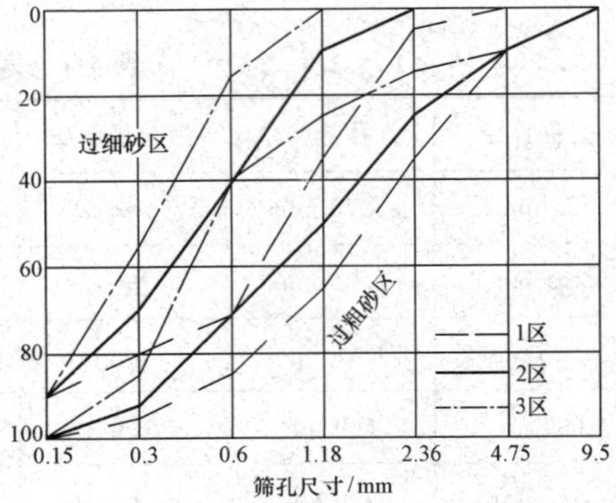

图 4-3 天然砂的级配区曲线

配制混凝土时宜优先选用 2 区砂。当采用 1 区砂时，应提高砂率，并保证足够的水泥用量，以满足混凝土的和易性。当采用 3 区砂时，宜适当降低砂率，以保证混凝土强度。

如果某地区的砂子自然级配不符合要求，可采用人工级配砂。配制方法是当有粗、细两种砂时，将两种砂按合适的比例掺配在一起。当仅有一种砂时，筛分分级后，再按一定比例配制。

(5)坚固性。砂的坚固性是指砂在气候、环境或其他物理因素作用下抵抗碎裂的能力。

天然砂的坚固性根据砂在硫酸钠溶液中经五次浸泡循环后质量损失的大小来判定。《建设用砂》(GB/T 14684—2022)规定，Ⅰ类和Ⅱ类砂浸泡试验后的质量损失不大于 8%，Ⅲ类砂浸泡试验后的质量损失不大于 10%。

机制砂除满足天然砂坚固性指标规定外，还应进行压碎指标法检验。将砂筛分成 300～600 μm，600 μm～1.18 mm，1.18～2.36 mm，2.36～4.75 mm 四个单粒级，按规定方法对单粒级砂样施加压力，施压后重新筛分，用单粒级下限筛的试样通过量除以该粒级试样的总量即压碎指标。《建设用砂》(GB/T 14684—2022)规定，Ⅰ类、Ⅱ类和Ⅲ类砂的单级最大压碎指标分别不大于 20%、25%和 30%。

(6)表观密度、堆积密度、空隙率。《建设用砂》(GB/T 14684—2022)规定，除特细砂外，砂表观密度不小于 2 500 kg/m^3，松散堆积密度不小于 1 400 kg/m^3，空隙率不大于 44%。

4.1.3 粗骨料

根据《建设用卵石、碎石》(GB/T 14685—2022)的规定，粒径为 4.75～90 mm 的骨料称为粗骨料。

1. 粗骨料的种类及其特性

粗骨料有卵石(又称为砾石)和碎石两类，按粒径尺寸分为连续粒级和单粒级两种规格，也可以根据需要采用不同单粒级卵石、碎石混合成特殊粒级的卵石、碎石。《建设用卵石、碎石》(GB/T 14685—2022)按技术要求将粗骨料分为Ⅰ类、Ⅱ类和Ⅲ类。

碎石主要由天然岩石破碎、筛分而成，也可将大卵石轧碎、筛分而得。碎石表面粗糙、棱角多且较洁净，与水泥石黏结比较牢固。

卵石由天然岩石经自然条件作用而形成。卵石表面光滑，有机杂质含量较多，与水泥石粘结力较差。

在相同条件下，卵石混凝土的强度较碎石混凝土低，在单位用水量相同的条件下，卵石混凝土的流动性较碎石混凝土大。

Ⅰ类粗骨料宜用于强度等级大于 C60 的混凝土，Ⅱ类粗骨料宜用于强度等级为 C30～C60 及抗冻、抗渗或其他要求的混凝土，Ⅲ类粗骨料宜用于强度等级小于 C30 的混凝土。

2. 粗骨料的技术要求

粗骨料质量的优劣直接影响混凝土质量的好坏。《建设用卵石、碎石》(GB/T 14685—2022)对建设用卵石、碎石作了规定。

(1)含泥量和泥块含量。粗骨料中的泥、泥块和岩屑等杂质对混凝土的危害与细骨料的相同。卵石含泥量、碎石泥粉含量和泥块含量应符合表 4-6 的规定。

表 4-6 卵石含泥量、碎石泥粉量和泥块含量

项目	Ⅰ类	Ⅱ类	Ⅲ类
卵石含泥量(质量分数)/%	≤0.5	≤1.0	≤1.5
碎石泥粉含量(质量分数)/%	≤0.5	≤1.5	≤2.0
泥块含量(质量分数)/%	≤0.1	≤0.2	≤0.7

(2)有害物质。卵石和碎石中不应含有草根、树叶、树枝、塑料、煤块和炉渣等杂物，粗骨料中的有害物质主要为有机物、硫化物及硫酸盐，有时也有氯化物，它们对混凝土的危害与细骨料的相同。《建设用卵石、碎石》(GB/T 14685—2022)规定，粗骨料有害物质含量应符合表 4-7 的要求。

另外，粗骨料中严禁混入煅烧过的石灰石或白云石，以免过火生石灰引起混凝土的膨胀开裂。在粗骨料中若发现含有颗粒状的硫酸盐或硫化物杂质，要进行专门试验，当确认能满足混凝土耐久性要求时方能采用。

表 4-7 粗骨料有害物质含量

项 目	Ⅰ类	Ⅱ类	Ⅲ类
有机物	合格	合格	合格
硫化物及硫酸盐含量(按 SO_3 质量计)/%	≤0.5	≤1.0	≤1.0

(3)碱-集料反应。与细骨料一样，粗骨料也存在碱-集料反应，而且更为常见。当对粗骨料的碱活性有怀疑时或用于重要工程的粗骨料，须进行碱活性检验。若为含有活性 SiO_2，采用化学法或砂浆长度法检验；若为活性碳酸盐，则采用岩石柱法进行检测。经上述检验的粗骨料，当被判定为具有碱-碳酸反应潜在危害时，则不能用作混凝土骨料；当被判定为有潜在碱-硅酸反应危害时，则遵守以下规定方可使用：使用碱含量($Na_2O+0.658K_2O$)小于 0.6% 的水泥，或掺入硅灰、粉煤灰等能抑制碱-集料反应的掺合料；当使用含钾、钠离子的混凝土外加剂时，

必须进行专门的试验。

(4)最大粒径和颗粒级配。与细骨料一样，为了节约混凝土的水泥用量，提高混凝土密实度和强度，混凝土粗骨料的总表面积应尽可能减少，其空隙率应尽可能降低。

粗骨料最大粒径与其总表面积大小紧密相关。所谓粗骨料最大粒径，是指粗骨料公称粒级的上限。当骨料最大粒径增大时，其总表面积减少，保证一定厚度润滑层所需的水泥浆数量减少。因此，在条件许可的情况下，粗骨料的最大粒径应尽量用大些。

研究表明，对于贫混凝土(1 m^3 混凝土水泥用量≤170 kg)，采用大粒径骨料是有利的。但是对于结构常用混凝土，骨料粒径大于 40 mm 并无多大好处，甚至可能造成混凝土的强度下降。根据《混凝土结构工程施工质量验收规范》(GB 50204—2015)的规定，混凝土粗骨料的最大粒径不得超过截面最小尺寸的 1/4，且不得大于钢筋最小净距的 3/4；对于混凝土实心板，骨料最大粒径不宜超过板厚的 1/3，且不得超过 40 mm。

粗骨料颗粒级配的含义和目的与细骨料相同，级配也是通过筛分析试验来测定。所用标准筛一套 12 个，均为方孔，孔径依次为 2.36 mm、4.75 mm、9.50 mm、16.0 mm、19.0 mm、26.5 mm、31.5 mm、37.5 mm、53.0 mm、63.0 mm、75.0 mm、90.0 mm。试样筛分析时，按表 4-8 选用部分筛号进行筛分，将试样的累计筛余百分率结果与表 4-8 对照，来判断该试样级配是否合格。

表 4-8　卵石和碎石的颗粒级配

公称粒级/mm		累计筛余/%											
		方孔筛/mm											
		2.36	4.75	9.50	16.0	19.0	26.5	31.5	37.5	53.0	63.0	75.0	90
连续粒级	5～16	95～100	85～100	30～60	0～10	0	—	—	—	—	—	—	—
	5～20	95～100	90～100	40～80	—	0～10	0	—	—	—	—	—	—
	5～25	95～100	90～100	—	30～70	—	0～5	0	—	—	—	—	—
	5～31.5	95～100	90～100	70～90	—	15～45	—	0～5	0	—	—	—	—
	5～40	—	95～100	70～90	—	30～65	—	—	0～5	0	—	—	—
单粒粒级	5～10	95～100	80～100	0～15	0	—	—	—	—	—	—	—	—
	10～16	—	95～100	80～100	0～15	0	—	—	—	—	—	—	—
	10～20	—	95～100	85～100	—	0～15	0	—	—	—	—	—	—
	16～25	—	—	95～100	55～70	25～40	0～10	0	—	—	—	—	—
	16～31.5	—	95～100	—	85～100	—	—	0～10	0	—	—	—	—
	20～40	—	—	95～100	—	80～100	—	—	0～10	0	—	—	—
	25～31.5	—	—	—	95～100	—	80～100	0～10	0	—	—	—	—
	40～80	—	—	—	—	95～100	—	—	70～100	—	30～60	0～10	0

注：“—”表示该孔径累计筛余不做要求；“0”表示该孔径累计筛余为 0。

(5)颗粒形状。粗骨料颗粒外形有方形、圆形、针状(颗粒长度大于骨料平均粒径 2.4 倍者)、片状(颗粒厚度小于骨料平均粒径 40%者)等。混凝土用粗骨料以接近球状或立方体形的为好，这样的骨料颗粒之间的空隙小，混凝土更易密实，有利于混凝土强度的提高。粗骨料中的针状、片状颗粒不仅本身受力时易折断，且易产生架空现象，增大骨料空隙率，使混凝土拌合物和易性变差，同时降低混凝土的强度。因此，《建设用卵石、碎石》(GB/T 14685—2022)

规定，Ⅰ类、Ⅱ类和Ⅲ类粗骨料的针片状颗粒含量按质量计，应分别不大于5%、8%和15%。

骨料平均粒径是指一个粒级的骨料其上、下限粒径的算术平均值。

(6)强度。为了保证混凝土的强度，粗骨料必须致密并具有足够的强度。粗骨料强度表示方法有直接法和间接法两种。

直接法就是将制作粗骨料的母岩制成边长为50 mm的立方体(或直径与高均为50 mm的圆柱体)试件，每组六个试件。对有明显层理的岩石，应制作两组：一组保持层理与受力方向平行；另一组保持层理与受力方向垂直，分别测试。试件浸水48 h后，测定其极限抗压强度值。碎石抗压强度一般在混凝土强度等级大于或等于C60时才检验，其他情况如果有怀疑或必要时也可进行抗压强度检验。通常要求岩石抗压强度与混凝土强度等级之比不小于1.5。《建设用卵石、碎石》(GB/T 14685—2022)规定，在水饱和状态下，碎石所用母岩的岩石抗压强度应为：岩浆岩应不小于80 MPa，变质岩应不小于60 MPa，沉积岩应不小于45 MPa。

骨料在混凝土中呈堆积状态受力，而采用直接法测定粗骨料抗压强度时，骨料是相对面受力。为了模拟粗骨料在混凝土中的实际受力状态，采用压碎指标法来表示粗骨料强度，即所谓间接法。压碎指标法是将一定质量气干状态的9.5～19.0 mm石子装入标准筒内，在3～5 min内均匀加荷至200 kN。卸荷后称取试样质量G_1，再用2.36 mm孔径的筛筛除被压碎的细粒，称出留在筛上的试样质量G_2，按下式计算压碎指标值Q_e。

$$Q_e=\frac{G_1-G_2}{G_1}\times 100\% \tag{4-2}$$

用压碎指标值间接反映粗骨料的强度大小。压碎指标值越小，说明粗骨料抵抗受压破碎能力越强，其强度越大。

《建设用卵石、碎石》(GB/T 14685—2022)规定，粗骨料压碎指标应符合表4-9的规定。

表4-9 粗骨料压碎指标

项目		Ⅰ类	Ⅱ类	Ⅲ类
压碎指标/%	矿石	≤10	≤20	≤30
	卵石	≤12	≤14	≤16

碎石的强度可用抗压强度和压碎指标值表示，卵石的强度只用压碎指标值表示。

(7)坚固性。粗骨料在混凝土中起骨架作用，必须有足够的坚固性。粗骨料的坚固性是指在气候、环境或其他物理因素作用下抵抗碎裂的能力。

粗骨料的坚固性用试样在硫酸钠溶液中经五次浸泡循环后质量损失的大小来判定。《建设用卵石、碎石》(GB/T 14685—2022)规定，Ⅰ类、Ⅱ类和Ⅲ类粗骨料浸泡试验后的质量损失分别不大于5%、8%和12%。

(8)表观密度、连续级配松散堆积空隙率。《建设用卵石、碎石》(GB/T 14685—2022)规定，粗骨料的表观密度不小于2 600 kg/m^3，连续级配松散堆积空隙率Ⅰ类、Ⅱ类和Ⅲ类粗骨料分别不大于43%、45%和47%。

4.1.4 混凝土拌合用水及养护用水

混凝土拌合用水按水源可分为饮用水、地表水、地下水、海水及经适当处理或处置后的工业废水(简称中水)。

对混凝土拌合用水及养护用水的质量要求：不得影响混凝土的和易性及凝结；不得有损于混凝土强度发展；不得降低混凝土的耐久性、加快钢筋腐蚀及导致预应力钢筋脆断；不得污染混凝土表面。当使用混凝土生产厂及商品混凝土厂设备的洗刷水时，水中物质含量限值应符合表 4-10 要求。在对水质有怀疑时，应将该水与蒸馏水或饮用水进行水泥凝结时间、砂浆或混凝土强度对比试验。测得的初凝时间差及终凝时间差均不得大于 30 min，其初凝和终凝时间还应符合水泥国家标准的规定。用该水制成的砂浆或混凝土 28 d 抗压强度应不低于蒸馏水或饮用水制成的砂浆或混凝土抗压强度的 90%。海水中含有硫酸盐、镁盐和氯化物，对水泥石有侵蚀作用，对钢筋也会造成锈蚀，因此不得用于拌制钢筋混凝土和预应力混凝土。为节约水资源，国家鼓励利用经检验合格的中水拌制混凝土。

表 4-10　混凝土拌合用水水质要求

项目	预应力混凝土	钢筋混凝土	素混凝土
pH 值	≥5.0	≥4.5	≥4.5
不溶物/($mg\cdot L^{-1}$)	≤2 000	≤2 000	≤5 000
可溶物/($mg\cdot L^{-1}$)	≤2 000	≤5 000	≤10 000
Cl^-/($mg\cdot L^{-1}$)	≤500	≤1 000	≤3 500
SO_4^{2-}/($mg\cdot L^{-1}$)	≤600	≤2 000	≤2 700
碱含量/($mg\cdot L^{-1}$)	≤1 500	≤1 500	≤1 500

注：1. 碱含量按 $Na_2O+0.658K_2O$ 计算值来表示。采用非碱含量活性骨料时，可不检验碱含量。
2. 本表摘自现行行业标准《混凝土用水标准》(JGJ 63—2006)。

4.1.5　外加剂

混凝土外加剂是指在拌制混凝土过程中掺入的用以改善混凝土性能的物质，其掺量一般不大于水泥质量的 5%(特殊情况除外)。

混凝土外加剂不包括生产水泥时加入的混合材料、石膏和助磨剂，也不同于在混凝土拌制时掺入的掺合料。外加剂在混凝土中的掺量不多，但可显著改善混凝土拌合物的和易性，明显提高混凝土的物理力学性能和耐久性。外加剂的研究和应用促进了混凝土生产和施工工艺及新型混凝土的发展，其出现导致了混凝土技术的第三次革命。目前，外加剂在混凝土中的应用非常普遍，成为制备优良性能混凝土的必备条件，被称为混凝土第五组分。

1. 外加剂的分类

外加剂按主要功能分为以下四类。

(1)改善混凝土拌合物流变性能的外加剂，如减水剂、引气剂和泵送剂等。

(2)调节混凝土凝结时间和硬化性能的外加剂，如缓凝剂、早强剂和速凝剂等。

(3)改善混凝土耐久性的外加剂，如引气剂、防水剂、防冻剂和阻锈剂等。

(4)改善混凝土其他性能的外加剂，如加气剂、膨胀剂、防冻剂、着色剂、泵送剂、碱-集料反应抑制剂和道路抗折剂等。

2. 常用的混凝土外加剂

(1)减水剂。在混凝土组成材料种类和用量不变的情况下，往混凝土中掺入减水剂，混凝土拌合物的流动性将显著提高。若要维持混凝土拌合物的流动性不变，则可减少混凝土的加水量。

减水剂是指在混凝土拌合物坍落度(表示混凝土流动性的指标)基本相同的条件下，能减少拌合用水量的外加剂，是工程中应用最广泛的一种外加剂。

减水剂之所以能减水，是因为它是一种表面活性剂。其分子由亲水基团和憎水基团两部分组成，与其他物质接触时会定向排列，如图 4-4 所示。水泥加水拌和后，由于颗粒之间分子凝聚力的作用，会形成絮凝结构，如图 4-5(a)所示，将一部分拌合用水包裹在絮凝结构内，从而使混凝土拌合物的流动性降低。当水泥中加入减水剂后，减水剂的憎水基团定向吸附于水泥颗粒表面，使水泥颗粒表面带有相同的电荷，产生静电斥力，使水泥颗粒相互分开，絮凝结构解体，如图 4-5(b)所示，释放出游离水，从而增大了混凝土拌合物的流动性。另外，减水剂还能在水泥颗粒表面形成一层稳定的溶剂化水膜，如图 4-5(c)所示。这层水膜是很好的润滑剂，有利于水泥颗粒的滑动，从而使混凝土拌合物的流动性进一步提高。

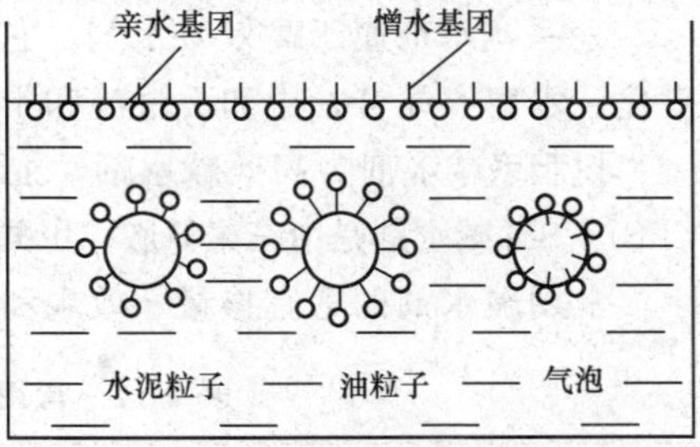

图 4-4　表面活性剂分子的定向排列

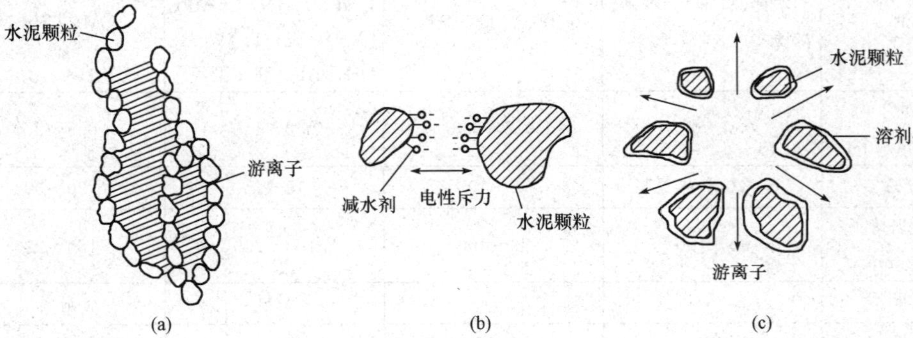

图 4-5　减水剂减水机理

在混凝土中加入减水剂后，可取得以下技术经济效果。

1)在拌合物用水量不变时，混凝土流动性显著增大，混凝土拌合物坍落度可增大100～200 mm。

2)保持混凝土拌合物坍落度和水泥用量不变，可减水 5%～30%，混凝土强度可提高 5%～25%，特别是早期强度会显著提高。

3)当保持混凝土强度不变时，可节约水泥用量 5%～25%。

另外，缓凝型减水剂可使水泥水化放热速度减慢，热峰出现推迟；引气型减水剂可提高混凝土抗渗性和抗冻性。

减水剂掺入混凝土的主要作用是减水，不同系列的减水剂的减水率差异较大，部分减水剂兼有早强、缓凝和引气等效果。减水剂品种繁多，根据化学成分可分为木质素系、萘系、树脂系、糖蜜系和腐殖酸系，根据减水效果可分为普通减水剂和高效减水剂，根据对混凝土凝结时间的影响可分为标准型、早强型和缓凝型，根据是否在混凝土中引入空气可分为引气型和非引气型。根据外形可分为粉体型和液体型。

木质素系减水剂属于普通减水剂，是亚硫酸盐法生产纸浆的副产品，其主要成分是木质素磺酸盐，木质素磺酸盐又分为木质素磺酸钙(木钙)、木质素磺酸钠(木钠)和木质素磺酸镁(木镁)。应用最广泛的是木钙(又称为 M 剂)，它是以废纸浆或废纤维浆为原料，采用石灰乳中和，经发酵除糖、蒸发浓缩、喷雾干燥而制成，为棕色粉状物。M 剂因含有一定的糖分而具有缓凝等作用。

糖蜜系减水剂也属于普通减水剂，它以制糖后的糖渣或废蜜为原料，采用石灰中和处理而成，为棕色粉状物或糊状物。糖为多羟基碳水化合物，亲水性强，致使水泥颗粒表面的溶剂化水膜增厚，在较长时间内难于粘连与凝聚。因而，糖蜜系减水剂具有明显缓凝作用。

萘系减水剂属于高效减水剂，它以工业萘或煤焦油中分馏出的萘及萘的同系物为原料，经磺化、水解、缩合、中和、过滤和干燥而成，为棕色粉状物。

树脂系减水剂为高效减水剂，主要有三聚氰胺甲醛树脂(代号SM)和磺化古马龙树脂(代号CRS)。SM减水剂是由三聚氰胺、甲醛和亚硫酸钠按一定的比例，在一定条件下磺化、缩聚而成。

常用减水剂的适宜掺量、效果和适用范围见表4-11。

表4-11 常用减水剂的适宜掺量、效果和适用范围

种类	普通减水剂		高效减水剂	
	木质素系	糖蜜系	萘系	树脂系
主要品种	木钙(M剂)、木钠、木镁	3FG、TF、ST	NNO、NF、FDN、UNF、JN、MF、SN−2、SP−1、JW−1、DH、AF、建1型等	SM、CRS等
适宜掺量①(占水泥质量)/%	0.2～0.3	0.2～0.3	0.2～1.0	0.5～2.0
减水率/%	10左右	5～10	15～25	20～30
不减水时坍落度增大值/mm	60～100	80～100	150～200	180～220
早强效果	—	—	明显	显著
缓凝效果	1～3 h	>3 h	—	—
引气量/%	1～2	—	一般不引气，少数引气<2	<2
节约水泥②/%	5～10	5～8	10～20	15～25
适宜的混凝土工程	一般混凝土、大模板、大体积、滑模施工、夏期施工、泵送混凝土等	大体积混凝土、夏期施工等	早强、高强、泵送、防水、蒸汽养护等	早强、高强、泵送、自密实、防水、蒸汽养护等
备注	不宜单独用于冬期施工、蒸汽养护、预应力混凝土	不宜单独用于有早强要求、蒸汽养护的混凝土	对钢筋无锈蚀危害，混凝土拌合物坍落度损失③大，不能单独用于泵送混凝土，常与缓凝剂复合使用	—

①混凝土外加剂掺量不足时，达不到改性效果；如果掺量过大，又会引起混凝土质量的下降。
②指在保持混凝土强度和坍落度相近的条件下。
③指混凝土拌合物流动性随时间延长而降低的现象。

外加剂的掺入方法对其在混凝土中的作用效果影响显著。减水剂的掺法有同掺法、先掺法和后掺法等。同掺法是指将减水剂预先溶于水中形成溶液，再加入拌合物中一起搅拌的方法。该掺法计量准确，搅拌均匀，工程上经常采用。先掺法是指将减水剂与水泥混合后再与骨料和水一起搅拌的方法。该掺法使用方便，但减水剂有粗粒时不易分散，搅拌时间要延长，工程上不常采用。后掺法是指在混凝土拌合物运送到浇筑地点后，再分次加入减水剂进行搅拌的方法。该方法可避免混凝土在运输途中的分层、离析和坍落度损失，提高水泥的适应性，常用于商品混凝土。

(2)早强剂。早强剂是指能加速混凝土早期强度发展的外加剂。早强剂能促进水泥的水化和硬化，提高早期强度，缩短养护周期，提高模板和场地周转率，加快施工速度。常用的早强剂有氯盐类、硫酸盐类、有机胺类及它们的复合类。

1)氯盐类早强剂：主要有氯化钙、氯化钠、氯化钾、氯化铝及三氯化铁等，其中氯化钙应用最广。氯化钙的早强机理是 $CaCl_2$ 能与水泥中的 C_3A 作用，生成几乎不溶于水的水化氯铝酸钙($3CaO \cdot Al_2O_3 \cdot 3CaCl_2 \cdot 32H_2O$)，又能与 $Ca(OH)_2$ 反应生成溶解度极小的氧氯化钙[$CaCl_2 \cdot 3Ca(OH)_2 \cdot 12H_2O$]。水化氯铝酸钙和氧氯化钙在固相早期析出，形成骨架，加速水泥浆体结构的形成。同时，由于水泥浆中 $Ca(OH)_2$ 浓度的降低，有利于 C_3S 水化反应的进行，因此混凝土早期强度得以提高。氯化钙为白色粉末，其适宜掺量为水泥质量的0.5%～1.0%，能使混凝土3 d强度提高50%～100%，7 d强度提高20%～40%。同时，能降低混凝土中水的冰点，防止混凝土早期受冻。

2)硫酸盐类早强剂：主要有硫酸钠、硫代硫酸钠、硫酸钙、硫酸铝及硫酸钾铝等，其中应用最多的是硫酸钠。硫酸钠的早强机理是 Na_2SO_4 与水泥水化生成的 $Ca(OH)_2$ 反应生成 $CaSO_4 \cdot 2H_2O$，生成的 $CaSO_4 \cdot 2H_2O$ 高度分散在混凝土中，它与 C_3A 的反应较生产水泥时外掺的石膏与 C_3A 的反应快得多，能迅速生成水化硫铝酸钙针状晶体，形成早期骨架。同时，水化体系中 $Ca(OH)_2$ 浓度的降低会加速 C_3S 的水化。因此，混凝土早期强度得以提高。硫酸钠为白色粉末，其适宜掺量为水泥质量的0.5%～2.0%，达到混凝土强度的70%的时间可缩短1/2，对矿渣水泥混凝土效果更好，但28 d强度稍有降低。

3)有机胺类早强剂：主要有三乙醇胺、三异丙醇胺等，其中三乙醇胺最为常用。三乙醇胺是一种络合剂，在水泥水化的碱性溶液中，能与 Fe^{3+}、Al^{3+} 等离子形成较稳定的络离子，这种络离子与水泥的水化物作用生成溶解度很小的络盐并析出，有利于早期骨架的形成，从而使混凝土早期强度提高。三乙醇胺一般不单独使用，常与其他早强剂复合使用，其掺量为水泥质量的0.02%～0.05%，能使水泥的凝结时间延缓1～3 h，使混凝土早期强度提高50%左右，28 d强度不变或略有提高，对普通水泥的早强作用大于矿渣水泥。

4)复合早强剂：采用两种或两种以上的早强剂复合，可以弥补不足，取长补短。通常用三乙醇胺、硫酸钠、氯化钠、亚硝酸钠和石膏等组成二元、三元或四元复合早强剂。复合早强剂一般可使混凝土3 d强度提高70%～80%，28 d强度可提高20%左右。常用复合早强剂配方见表4-12。

表4-12 常用复合早强剂配方

外加剂组分	配方(以水泥质量计)/%
三乙醇胺＋氯化钠	(0.02～0.05)＋0.5
三乙醇胺＋氯化钠＋亚硝酸钠	(0.02～0.05)＋0.5＋(0.5～1)
三乙醇胺＋二水石膏＋亚硝酸钠	(0.02～0.05)＋2.0＋1.0
硫酸钠＋氯化钠＋二水石膏	(1.5～2.0)＋(0.5～1.0)＋2.0
硫酸钠＋氯化钠＋亚硝酸钠＋二水石膏	(1.5～2.0)＋1.5＋1.0＋2.0
硫酸钠＋氯化钠＋亚硝酸钠＋二水石膏	(1.5～2.0)＋2.0＋2.0＋2.0
硫酸钠＋氯化钠	(0.5～1.5)＋(0.3～0.5)
硫酸钠＋亚硝酸钠	(0.5～1.5)＋1.0
硫酸钠＋三乙醇胺	(0.5～1.5)＋0.05

早强剂可用于蒸汽养护的混凝土及常温、低温和最低温度不低于－5 ℃环境中施工的有早强要求的混凝土工程。炎热环境条件下不宜使用早强剂和早强减水剂。对人体产生危害或对环境产生污染的化学物质严禁用作早强剂；含有六价铬盐、亚硝酸盐等有害成分的早强剂，严禁用于饮水工程及与食品相接触的工程；硝铵类严禁用于办公、居住等建筑工程；含强电解质无机盐类的早强剂和早强减水剂，严禁用于与镀锌钢材或铝铁相接触部分的结构，以及有外露钢筋预埋铁件而无防护措施的结构，使用直流电源的结构及距高压直流电源 100 m 以内的结构。

氯离子会引起钢筋锈蚀，因此，《混凝土外加剂应用技术规范》(GB 50119—2013)规定，下列结构中严禁采用含有氯盐配制的早强剂及早强减水剂：预应力混凝土结构；相对湿度大于80%环境中使用的结构、处于水位变化部分的结构、露天结构及经常受水淋、受水流冲刷的结构；大体积混凝土；直接接触酸、碱或其他侵蚀性介质的结构；经常处于温度为 60 ℃以上的结构，需经蒸养的钢筋混凝土预制构件；有装饰要求的混凝土，特别是要求色彩一致的或是表面有金属装饰的混凝土；薄壁混凝土结构，中级和重级工作制吊车的梁、屋架、落锤及锻锤混凝土基础等结构；使用冷拉钢筋或冷拔低碳钢丝的结构；骨料具有碱活性的混凝土的结构。

为了防止氯盐类的危害和硫酸钠掺量过大在混凝土表面产生盐板现象和对水泥石产生硫酸盐侵蚀，《混凝土外加剂应用技术规范》(GB 50119—2013)规定了早强剂的掺量，见表 4-13。

表 4-13　常用早强剂掺量限值

混凝土种类	使用环境	早强剂名称	掺量限值(占水泥质量%，≤)
预应力混凝土	干燥环境	三乙醇胺	0.05
		硫酸钠	1.00
钢筋混凝土	干燥环境	氯离子(Cl^-)①	0.60
		硫酸钠	2.00
		与缓凝减水剂复合的硫酸钠	3.00
		三乙醇胺	0.05
	潮湿环境	硫酸钠	1.50
		三乙醇胺	0.05
有饰面要求的混凝土	—	硫酸钠	0.08
无筋混凝土	—	氯离子(Cl^-)①	1.80

注：①以无水氯化钙乘 0.6 折算成氯离子掺量。

(3)引气剂。引气剂是指在搅拌混凝土过程中能引入大量均匀分布、稳定而封闭的微小气泡(直径为 10～100 μm)的外加剂。

混凝土引气剂有松香树脂类、烷基苯磺酸盐类、脂肪醇磺酸盐类、蛋白质盐及石油磺酸盐等几种。其中以松香树脂类应用最为广泛，这类引气剂的主要品种有松香热聚物和松香皂两种。

引气剂为表面活性剂，由于在搅拌混凝土时会混入一些气泡，掺入的引气剂就定向排列在泡膜界面(气-液界面)上，形成大量微小气泡。被吸附的引气剂离子增强了泡膜的厚度和强度，使气泡不易破灭。这些气泡均匀分散在混凝土中，互不相连，使混凝土的性能得以改善。

1)改善混凝土拌合物的和易性。封闭的小气泡在混凝土拌合物中就像滚珠，减少了骨料间的摩擦，增强了润滑作用，从而提高了混凝土拌合物的流动性。同时，微小气泡的存在可阻滞泌水作用并提高保水能力。

2)提高混凝土的抗渗性和抗冻性。引入的封闭气泡能有效隔断毛细孔通道，并能减少泌水造成的渗水通道，从而提高混凝土的抗渗性。另外，引入的封闭气泡对水结冰产生的膨胀力起缓冲作用，从而提高抗冻性。

3)强度有所降低。气泡的存在使混凝土的有效受力面积减少，导致混凝土强度的下降。一般混凝土的含气量每增加1%，其抗压强度将降低4%～6%，抗折强度将降低2%～3%。因此引气剂的掺量必须适当。松香热聚物和松香皂掺量，一般为水泥质量的0.005%～0.01%。

混凝土中掺引气剂及引气减水剂后，混凝土强度会降低，故《混凝土外加剂应用技术规范》(GB 50119—2013)规定了掺引气剂及引气减水剂混凝土的含气量，见表4-14。

表4-14 掺引气剂及引气减水剂混凝土含气量限值

粗骨料最大粒径/mm	10	15	20	25	40
混凝土含气量限值/%	7.0	6.0	5.5	5.0	4.5

引气剂及引气减水剂可用于抗冻混凝土、抗渗混凝土、抗硫酸盐混凝土、泌水严重的混凝土、贫混凝土、轻骨料混凝土、人工骨料配制的普通混凝土、高性能混凝土及有饰面要求的混凝土。不宜用于蒸养混凝土及预应力混凝土，必要时，应经试验确定。

(4)缓凝剂。缓凝剂是指能延缓混凝土凝结时间，而不显著影响混凝土后期强度的外加剂。缓凝剂分为有机缓凝剂和无机缓凝剂两大类。有机缓凝剂包括木质素磺酸盐、羟基羧基及其盐、糖类及碳水化合物、多元醇及其衍生物等；无机缓凝剂包括硼砂、氯化锌、碳酸锌、硫酸铁(铜、锌、镉等)、磷酸盐及偏磷酸盐等。有机类缓凝剂多为表面活性剂，掺入混凝土中，能吸附在水泥颗粒表面，形成同种电荷的亲水膜，使水泥颗粒相互排斥，阻碍水泥水化产物粘连和凝结，起缓凝作用；无机类缓凝剂，一般是在水泥颗粒表面形成一层难溶的薄膜，对水泥的正常水化起阻碍作用，从而导致缓凝。常用缓凝剂的掺量及缓凝效果见表4-15。

表4-15 常用缓凝剂的掺量及缓凝效果

类别	掺量(占水泥质量)/%	缓凝效果/h
糖类	0.2～0.5(水剂)，0.1～0.3(粉剂)	2～4
木质素磺酸盐类	0.2～0.3	2～3
羟基羧酸盐类	0.03～0.1	4～10
无机盐类	0.1～0.2	不稳定

缓凝剂、缓凝减水剂及缓凝高效减水剂可用于大体积混凝土、碾压混凝土、炎热气候条件下施工的混凝土、大面积浇筑的混凝土、避免冷缝产生的混凝土、需较长时间停放或长距离运输的混凝土、自流平免振混凝土、滑模施工或拉模施工的混凝土及其他需要延缓凝结时间的混凝土。它们宜用于最低气温5 ℃以上施工的混凝土，不宜单独用于有早强要求的混凝土及蒸养混凝土。缓凝高效减水剂可制备高强高性能混凝土。柠檬酸及酒石酸钾钠等缓凝剂不宜单独用

于水泥用量较低、水胶比(通常指水与水泥质量之比，广义的水胶比为水与胶凝材料质量之比)较大的贫混凝土。

(5)速凝剂。速凝剂是指能使混凝土迅速凝结硬化的外加剂。大部分速凝剂的主要成分为铝酸钠(铝氧熟料)，此外还有碳酸钠、铝酸钙、氟硅酸锌、氟硅酸镁、氯化亚铁、硫酸铝、三氯化铝等盐类。常用速凝剂的组成、掺量和效果见表4-16。

表4-16　常用速凝剂的组成、掺量和效果

品种	红星1型	711型	782型
组成及配比	铝氧熟料∶碳酸钠∶生石灰=1∶1∶0.5	铝氧烧结块∶无水石膏=3∶1	矾泥∶铝氧熟料∶生石灰=74.5∶14.5∶11
适宜掺量(占水泥质量)/%	2.5～4.0	2.5～5.0	5.0～8.0
初凝/min	≤5		
终凝/min	≤10		
混凝土强度	1 h产生强度，1 d强度提高2～3倍，28 d强度损失15%～40%		

速凝剂产生速凝是由速凝剂中的铝酸钠、碳酸钠在碱溶液中迅速与水泥中的石膏反应生成硫酸钠，使石膏丧失缓凝作用或迅速生成钙矾石所致。

速凝剂主要用于喷射混凝土和喷射砂浆，也可用于需要速凝的其他混凝土。喷射混凝土是利用喷射机中的压缩空气，将混凝土喷射到基体(岩石、坚土等)表面，并迅速硬化产生强度的一种混凝土。其主要用于矿山、井巷、隧道、涵洞及地下工程的岩壁衬砌、坡面支护等。用于喷射混凝土的速凝剂主要起三种作用：抵抗喷射混凝土因重力而引起的脱落和空鼓；提高喷射混凝土的粘结力，缩短间隙时间，增大一次喷射厚度，减少回弹率；提高早期强度，及时发挥结构的承载能力。为了降低喷射混凝土28 d强度损失率，减少回弹率，减少粉尘，可将高效减水剂与速凝剂复合使用，速凝剂的发展方向是液态复合速凝剂。

喷射混凝土宜采用最大粒径不大于20 mm的粗骨料，细度模数为2.8～3.5的细骨料，经验配合比为水泥用量约400 kg/m^3，砂率为45%～60%，水胶比约0.4。

(6)防冻剂。防冻剂是指能使混凝土在负温下硬化，并在规定时间内达到足够防冻强度的外加剂。常用防冻剂由多组分复合而成，主要组分的常用物质及其作用如下。

1)防冻组分。如氯化钙、氯化钠、亚硝酸钠、硝酸钠、硝酸钾、硝酸钙、碳酸钾、硫代硫酸钠和尿素等。其作用是降低混凝土中液相的冰点，使负温下的混凝土内部仍有液相存在，水泥能继续水化。

2)引气组分。如松香热聚物、木钙和木钠等。其作用是在混凝土中引入适量的封闭微小气泡，减轻冰胀应力。

3)早强组分。如氯化钠、氯化钙、硫酸钠和硫代硫酸钠等。其作用是提高混凝土早期强度，增强混凝土抵抗冰冻的破坏能力。

4)减水组分。如木钙、木钠和萘系减水剂等。其作用是减少混凝土拌合用水量，以减少混凝土内的成冰量，并使冰晶粒度细小且均匀分散，减小其对混凝土的膨胀应力。

防冻剂包括强电解质无机盐类、水溶性有机化合物类、有机化合物与无机盐复合类和复合型四类。目前应用最广泛的是强电解质无机盐类，它又分为氯盐类(以氯盐为防冻组分)、氯盐阻锈类(以氯盐与阻锈组分为防冻组分)和无氯盐类(以亚硝酸钠、硝酸钠等无机盐为防冻组分)三类。

防冻剂应用于负温条件下施工的混凝土。目前，国产防冻剂适用于在−15～0 ℃气温下施工混凝土，当在更低气温下施工混凝土时，应加用其他的混凝土冬期施工措施，如原材料预热法、暖棚法等。由于部分防冻剂含有对混凝土、环境等产生危害的成分，因此《混凝土外加剂应用技术规范》(GB 50119—2013)规定：含强电解质无机盐类防冻剂，其严禁使用的范围与氯盐类、强电解质无机盐类早强剂的相同；含亚硝酸盐、碳酸盐的防冻剂，严禁用于预应力混凝土结构；含有六价铬盐、亚硝酸盐等有害成分的防冻剂，严禁用于饮水工程及与食品相接触的工程；含有硝铵、尿素等产生刺激性气味的防冻剂，严禁用于办公、居住等建筑工程；有机化合物防冻剂、有机化合物与无机盐复合防冻剂、复合防冻剂可用于素混凝土、钢筋混凝土及预应力混凝土工程。

(7)膨胀剂。膨胀剂是指能使混凝土产生一定体积膨胀的外加剂。混凝土中采用的膨胀剂有硫铝酸钙类、氧化钙类和硫铝酸钙-氧化钙类三类。常用膨胀剂有明矾石膨胀剂(明矾石＋无水石膏或二水石膏)、C_3A(兰方石 $3CaO \cdot 3Al_2O_3 \cdot CaSO_4$＋生石灰＋无水石膏)、UEA(无水硫铝酸钙＋明矾石＋石膏)、M 型膨胀剂(铝酸盐水泥＋二水石膏)。此外，还有 AEA(铝酸钙膨胀剂)、SAEA(硅铝酸盐膨胀剂)、CEA(复合膨胀剂)等。

硫铝酸类膨胀剂的作用机理：自身的无水硫铝酸钙水化或参与水泥矿物的水化或与水泥水化产物水化，生成大量钙矾石，反应后固相体积增大，导致混凝土体积膨胀。石灰类膨胀剂的作用机理是，在水化早期，CaO 水化生成 $Ca(OH)_2$，反应后固相体积增大；随后 $Ca(OH)_2$ 发生重结晶，固相体积再次增大，从而导致混凝土体积膨胀。

膨胀剂的膨胀源(钙矾石或氢氧化钙)不仅使混凝土体积产生了适度的膨胀，减少了混凝土的收缩，而且能填充、堵塞和隔断混凝土中的毛细孔及其他孔隙，从而改善混凝土的孔结构，提高混凝土的密实度、抗渗性和抗裂性。因此，膨胀剂常用于补偿收缩混凝土、填充用膨胀混凝土、灌浆用膨胀砂浆和自应力混凝土，适用范围见表 4-17。另外应注意：对于含硫铝酸钙类和硫铝酸钙-氧化钙类膨胀剂的混凝土(砂浆)，因钙矾石在 80 ℃以上分解，导致混凝土强度下降，所以不得用于长期环境温度为 80 ℃以上的工程；对于含氧化钙类膨胀剂配制的混凝土(砂浆)，因 $Ca(OH)_2$ 化学稳定性、胶凝性较差，它与 Cl^-、SO_4^{2-}、Na^+、Mg^{2+} 等进行置换反应，形成膨胀结晶体或被溶出，降低了混凝土的耐久性，所以不得用于海水或有侵蚀性水的工程；掺膨胀剂的大体积混凝土，其内部最高温度应符合有关标准的规定，混凝土内外温差宜小于 25 ℃；掺膨胀剂的补偿收缩混凝土刚性屋面宜用于南方地区。

表 4-17 膨胀剂的适用范围

用途	适用范围
补偿收缩混凝土	地下、水中、海水中、隧道等构筑物，大体积混凝土(除大坝外)，配筋路面和板、屋面与厕浴间防水、构件补强、渗漏修补、预应力混凝土、回填槽等
填充用膨胀混凝土	结构后浇带、隧洞堵头、钢管与隧道之间的填充等
灌浆用膨胀砂浆	机械设备的底座灌浆、地脚螺栓的固定、梁柱接头、构件补强、加固等
自应力混凝土	仅用于常温下使用的自应力钢筋混凝土压力管

为了保证掺有膨胀剂的混凝土的质量，混凝土的胶凝材料(水泥和掺合料)用量不能过少，膨胀剂的掺量也应合适。补偿收缩混凝土、填充用膨胀混凝土和自应力混凝土的胶凝材料最少用量分别为 300 kg/m³(有抗渗要求时为 320 kg/m³)、350 kg/m³ 和 500 kg/m³，膨胀剂合适掺量分别为 6%～12%、10%～15%和15%～25%。

(8)防水剂。防水剂是指能降低混凝土在静水压力下的透水性的外加剂。它包括以下四类。

1)无机化合物类：氯化铁、硅灰粉末、锆化合物等。

2)有机化合物类：脂肪酸及其盐类、有机硅表面活性剂(甲基硅醇钠、乙基硅醇钠、聚乙基羟基硅氧烷)、石蜡、地沥青、橡胶及水溶性树脂乳液等。

3)混合物类：无机类混合物、有机类混合物、无机类与有机类混合物。

4)复合类：上述各类与引气剂、减水剂、调凝剂(指缓凝剂和速凝剂)等外加剂复合的复合型防水剂。

防水剂可用于工业与民用建筑的屋面、地下室、隧道、巷道、给排水池、水泵站等有防水抗渗要求的混凝土工程。含氯盐的防水剂可用于素混凝土、钢筋混凝土工程，严禁用于预应力混凝土工程，其他严禁使用的范围与早强剂及早强型减水剂的规定相同，防水剂的掺量要求也与早强剂的限值(表 4-13)相同。

(9)泵送剂。泵送剂是指能改善混凝土拌合物泵送性能的外加剂。一般由减水剂、缓凝剂、引气剂等单独使用或复合使用而成。其适用于工业与民用建筑及其他构筑物的泵送施工的混凝土、滑模施工、水下灌注桩混凝土等工程，特别适用于大体积混凝土、高层建筑和超高层建筑等工程。

泵送剂的品种、掺量应按供货单位提供的推荐掺量和环境温度、泵送高度、泵送距离、运输距离等要求经混凝土试配后确定。

4.1.6 掺合料

混凝土掺合料是指在混凝土搅拌前或在搅拌过程中，与混凝土其他组分一起，直接加入的人造或天然的矿物材料及工业废料，掺量一般大于水泥质量的 5%。其目的是改善混凝土性能、调节混凝土强度等级和节约水泥用量等。

掺合料与水泥混合材料在种类上基本相同，主要有粉煤灰、硅灰、磨细矿渣粉、磨细自燃煤矸石及其他工业废渣。粉煤灰是目前用量最大，使用范围最广的掺合料。

1. 粉煤灰

当锅炉以磨细的煤粉作为燃料时，煤粉喷入炉膛中，以细颗粒火团的形式进行燃烧，释放出热量，煤中的有机物燃烧后挥发，而煤中的固定碳和矿物杂质燃烧后收缩成球状液，经迅速冷却而成为粉煤灰。粉煤灰主要从火力发电厂的烟气中收集得到。

粉煤灰按收集方法的不同可分为静电收尘灰和机械收尘灰两种；按排放方式不同可分为湿排灰和干排灰；按 CaO 的含量高低可分为高钙灰(CaO 含量大于 10%)和低钙灰(CaO 含量小于 10%)两类。我国绝大多数电厂排放的粉煤灰为低钙灰，湿排灰活性不如干排灰。

(1)粉煤灰的颗粒形貌和化学成分。煤粉燃烧时，其中较细的粒子随气流掠过燃烧区，立即熔融成水滴状，到了炉膛外面，遇到骤冷环境，就将熔融时由于表面张力作用形成的圆珠的形态保持下来，成为玻璃微珠。因此，粉煤灰的颗粒形貌主要是玻璃微珠，如图 4-6(a)所示。玻璃微珠有空心和实心之分。空心微珠是因矿物杂质转变过程中产生的 CO_2、CO、SO_2、SO_3 等气体，被截留于熔融的灰滴之中而形成的。空心微珠有薄壁与厚壁之分，前者能漂浮在水面上，又叫作漂珠，其活性高；后者置于水中能下沉，又叫作空心沉珠。另外，粉煤灰中还有部分未燃尽的碳粒，未成珠的多孔玻璃体[一些来不及完全变成液态的粗灰变成的渣状物，如图 4-6(b)所示]等。

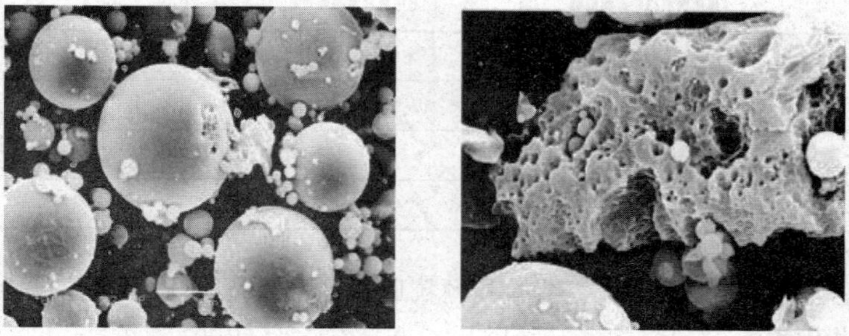

(a) (b)

图 4-6 粉煤灰颗粒形貌

(a)玻璃微珠；(b)多孔玻璃体

粉煤灰的化学成分主要有 SiO_2、Al_2O_3、Fe_2O_3、CaO、MgO、SO_3 等，我国火力发电厂粉煤灰的化学成分范围见表 4-18。

表 4-18 我国火力发电厂粉煤灰的化学成分范围

化学成分	SiO_2	Al_2O_3	Fe_2O_3	CaO	MgO	SO_3	Na_2O 及 K_2O	烧失量
含量范围/%	40～60	17～35	2～15	1～10	0.5～2	0.1～2	0.5～4	1～26

(2)粉煤灰的利用。我国是粉煤灰生产大国，年排放量在 1.6 亿 t 以上，粉煤灰资源化技术主要有以下 7 个方面。

1)做混凝土和砂浆的掺合料。

2)做水泥的混合材料或生产原料。

3)烧制普通砖和粉煤灰陶粒。

4)生产硅酸盐制品，如蒸养粉煤灰砖、粉煤灰加气混凝土、空心或实心粉煤灰砌块、粉煤灰板材等。

5)用于筑路和回填。

6)农田改造。

7)制作功能材料，如保温材料、耐火材料、塑料及橡胶填料、防水材料等。

我国粉煤灰质量控制、应用技术有关的技术标准及规范有《用于水泥和混凝土中的粉煤灰》(GB/T 1596—2017)、《硅酸盐建筑制品用粉煤灰》(JC/T 409—2016)、《粉煤灰混凝土应用技术规范》(GB/T 50146—2014)等。《用于水泥和混凝土中的粉煤灰》(GB/T 1596—2017)规定，粉煤灰按燃煤品种分为 F 类(由无烟煤或烟煤煅烧收集的粉煤灰)和 C 类(由褐煤或次烟煤煅烧收集的粉煤灰，其氧化钙含量一般大于 10%)，分为Ⅰ、Ⅱ、Ⅲ三个等级，相应的技术要求见表 4-19。

表 4-19 用于混凝土中的粉煤灰技术要求

项目		技术要求		
		Ⅰ	Ⅱ	Ⅲ
细度(0.045 μm 方孔筛筛余)/%	F 类粉煤灰 C 类粉煤灰	≤12.0	≤30.0	≤45.0
需水量比/%		≤95	≤105	≤115
烧失量/%		≤5.0	≤8.0	≤10.0
含水量/%		≤1.0		
三氧化硫(SO_3)质量分数/%		≤3.0		

续表

项　　目	技术要求		
	Ⅰ	Ⅱ	Ⅲ
游离氧化钙质量分数/%	F类粉煤灰≤1.0；C类粉煤灰≤4.0		
安定性(雷氏法)/mm	C类粉煤灰≤5.0		

粉煤灰由于其本身的化学成分、结构和颗粒形状等特征，掺入混凝土中可产生以下三种效应，总称为“粉煤灰效应”。

1)活性效应。粉煤灰中所含的 SiO_2 和 Al_2O_3 具有化学活性，其在水泥水化产生的 $Ca(OH)_2$ 和水泥中所掺石膏的激发下，能水化生成水化硅酸钙和水化铝酸钙等产物，可作为胶凝材料的一部分，起增强作用。

2)形态效应。粉煤灰颗粒绝大多数为玻璃微珠，在混凝土拌合物中起“滚珠轴承”的作用，能减小内摩阻力，使掺有粉煤灰的混凝土拌合物比基准混凝土流动性好，便于施工，具有减水作用。

3)微骨料效应。粉煤灰中的微细颗粒均匀分布在水泥浆内，填充孔隙和毛细孔，改善了混凝土的孔结构，增大了混凝土的密实度。

粉煤灰掺入混凝土中，可以改善混凝土拌合物的和易性、可泵性和可塑性，能降低混凝土的水化热，提高混凝土的弹性模量，抗化学侵蚀性、抗渗、抑制碱-集料反应等。粉煤灰取代混凝土中部分水泥后，混凝土的早期强度有所降低，但后期强度可以赶上甚至超过未掺粉煤灰的混凝土。

(3)粉煤灰活性的激发。粉煤灰在常温常压下结构很稳定，表现出较高的化学稳定性，因此在自然环境下一般要经 1 个月或更长时间的激发，化学活性才能较显著地表现出来。加之我国大多数电厂粉煤灰的品质低，多为Ⅲ级灰或等外灰，这使粉煤灰产品的早期强度低，阻碍了利用。为了提高粉煤灰综合利用技术水平，应将粉煤灰潜在活性激发出来。

我国粉煤灰多为“贫钙”且颗粒表面致密的 $CaO-SiO_2-Al_2O_3$ 系统。粉煤灰活性激发的基本思路：一是破坏玻璃体表面光滑致密、牢固的 Si－O－Si 和 Si－O－Al 网络结构；二是“补钙”，提高体系中的 CaO/SiO_2 比；三是激发生成具有增强作用的水化产物或促进水化反应。

粉煤灰活性激发途径有物理活化、化学活化、水热活化和复合活化四种。

1)物理活化是指通过机械方法破坏粉煤灰表层玻璃体结构和改变其粒度分布，从而提高粉煤灰活性的一种方法，即通过磨细来提高粉煤灰活性，也称为机械活化。

2)化学活化是指通过化学激发剂来激发粉煤灰活性的方法。常用激发剂有碱性激发剂[$Ca(OH)_2$、NaOH、KOH 和 Na_2SiO_3 等]、硫酸盐激发剂($CaSO_4 \cdot 2H_2O$、$CaSO_4$、$CaSO_4 \cdot 1/2H_2O$ 和Na_2SO_4 等)和氯盐激发剂($CaCl_2$ 和 NaCl 等)。

3)水热活化分为直接水热活化和预先水热活化两种。直接水热活化是指将成型后的制品(或试样)直接置于温度大于 30 ℃湿热(常压或蒸压)条件下养护，以提高粉煤灰水化能力的一种方法；预先水热活化是指预先将粉煤灰在激发剂作用下，采用蒸气养护或经过一定龄期的湿养护，使之水化至一定程度，再对水化产物进行热处理，制备出具有水硬特性胶凝材料的一种活化方法。

4)复合活化是将两种及两种以上活化方法进行复合的方法，包括化学物理活化和化学物理水热活化两种。这两种方法活化效果好，尤其是化学物理水热活化已成为粉煤灰活性激发研究的热点和发展方向。

2. 硅灰

硅灰是在生产硅铁、硅钢或其他硅金属时，高纯度石英和煤在电弧炉中还原所得到的以无

定形 SiO_2 为主要成分的球状玻璃体颗粒粉尘。硅灰中无定形 SiO_2 的含量在90%以上，其化学成分随所生产的合金或金属的品种不同而异，一般其化学成分：SiO_2 为85%～92%；Fe_2O_3 为2%～3%；MgO为1%～2%；Al_2O_3 为0.5%～1.0%；CaO为0.2%～0.5%。

硅灰颗粒极细，平均粒径为0.1～0.2 μm，比表面积为20 000～25 000 m^2/kg，密度为2.2 g/cm^3，堆积密度为250～300 kg/m^3。硅灰单位质量很小，包装、运输不很方便。

硅灰活性极高，火山灰活性指标高达110%。其中的 SiO_2 在水化早期就可与 $Ca(OH)_2$ 发生反应，可配制出100 MPa以上的高强混凝土。硅灰取代水泥后，其作用与粉煤灰类似，可改善混凝土拌合物的和易性，降低水化热，提高混凝土抗化学侵蚀性、抗冻、抗渗，抑制碱-集料反应，且效果比粉煤灰好得多。另外，硅灰掺入混凝土中，可使混凝土的早期强度提高。

硅灰需水量为134%左右，若掺量过大，将会使水泥浆变得十分黏稠。在土建工程中，硅灰取代水泥的量常为5%～15%，且必须同时掺入高效减水剂。

3. 磨细矿渣粉

磨细矿渣粉是将粒化高炉矿渣经磨细而成的粉状掺合料。其主要化学成分为CaO、SiO_2、Al_2O_3，三者的总量占90%以上。另外含有 Fe_2O_3 和MgO等氧化物及少量 SO_3。其活性较粉煤灰高，掺量也可比粉煤灰大。磨细矿渣粉可以等量取代水泥，使混凝土的多项性能得以显著改善，如大幅度提高混凝土强度、提高混凝土耐久性和降低水泥水化热等。国外已将磨细矿渣粉大量应用于工程，我国尚处于研究开发阶段。

根据《用于水泥、砂浆和混凝土中的粒化高炉矿渣粉》(GB/T 18046—2017)的规定，矿渣粉根据28 d活性指数(%)分为S105、S95和S75三个级别，相应的技术要求见表4-20。

表4-20 矿渣粉技术要求

项目		级别		
		S105	S95	S75
密度/($g \cdot cm^{-3}$)		≥2.8		
比表面积/($m^2 \cdot kg^{-1}$)		≥500	≥400	≥300
活性指数/%	7 d	≥95	≥70	≥55
	28 d	≥105	≥95	≥75
流动度比/%		≥95		
初凝时间比/%		≤200		
含水量(质量分数)/%		≤1.0		
三氧化硫(质量分数)/%		≤4.0		
氯离子(质量分数)/%		≤0.06		
烧失量(质量分数)/%		≤1.0		
不溶物(质量分数)/%		≤3.0		
玻璃体含量(质量分数)/%		≥85		
放射性		$I_{Ra} \leq 1.0$ 且 $I_{\gamma} \leq 1.0$		

4. 沸石粉

沸石粉是由沸石岩经粉磨加工制成的以水化硅铝酸盐为主的矿物火山灰质活性掺合材料。沸石岩系有30多个品种，用作混凝土掺合料的主要有斜发沸石或绦光沸石。沸石粉的主要化学成分为 SiO_2 占60%～70%，Al_2O_3 占10%～30%，可溶硅占5%～12%，可溶铝占6%～9%。沸石岩具有较大的内表面积和开放性结构，沸石粉本身没有水化能力，在水泥中碱性物质激发下其活性才表现出来。

沸石粉掺入混凝土中，可取代10%～20%的水泥，可以改善混凝土拌合物的黏聚性，减少泌水，宜用于泵送混凝土，可减少混凝土离析及堵泵。沸石粉应用于轻骨料混凝土，可较大改善轻骨料混凝土拌合物的黏聚性，减少轻骨料的上浮。

5. 其他掺合料

(1)磨细自燃煤矸石粉。自燃煤矸石粉是由煤矿洗煤过程中排出的矸石，经自燃而成的。自燃煤矸石具有一定的火山灰活性，磨细后可作为混凝土的掺合料。

(2)浮石粉、火山渣粉。浮石粉是火山喷出的轻质多孔岩石经磨细而得的粉末。《用于水泥中的火山灰质混合材料》(GB/T 2847—2022)规定，浮石粉和火山渣粉的烧失量小于或等于10%；火山灰试验合格；SO_3 含量小于或等于3.5%；水泥胶砂28 d强度比不得低于65%。

扩展阅读

混凝土的发展历史

混凝土的历史可以追溯到数千年前，然而在19世纪之前，其胶结材料主要依赖于黏土、石灰、石膏等气硬性物质。1796年，英国的Parker. J通过煅烧黏土质石灰石，首次制成了水硬性水泥，即天然水泥。随后，1824年，英国的Aspin. J在里兹获得了波特兰水泥的专利，这迅速推动了水泥砂浆和水泥混凝土在多个国家的应用。大约在1850年，法国人获得了钢筋混凝土的专利，随后欧美国家通过实验确立了钢筋混凝土的计算公式，有效弥补了混凝土在抗拉和抗折强度上的不足。1886年，美国首次采用回转窑煅烧熟料，标志着波特兰水泥进入大规模工业化生产阶段，极大地扩展了混凝土的应用范围。1896年，法国的Feret首次提出了基于孔隙含量的强度公式。1914年，美国的D. Abrams通过大量实验提出了著名的水灰比定则。1928年，法国的E. Freyssinet发明了预应力锚具，开创了预应力钢筋混凝土的新时代。1930年左右，美国发明了松脂类引气剂和纸浆废液减水剂，显著提高了混凝土的流动性和耐久性。1962年，日本开发了萘磺酸盐甲醛缩合物的减水剂，随后又发明了三聚氰胺、氨基磺酸、聚羧酸等系列减水剂，为配制流动性混凝土、高强混凝土、高性能混凝土等奠定了基础。1940年，意大利的皮埃尔·路易吉·奈尔维(Pier Luigi Nervi)提出了钢丝网水泥，这种新型配筋材料促进了纤维配筋概念的发展，降低了混凝土的脆性，提高了延性，使大跨度的钢筋混凝土建筑物和薄壳结构的出现成为可能。

综上所述，随着经济与科技的持续进步，混凝土技术亦不断革新，一系列特种及新型混凝土相继问世，如高强混凝土、纤维增强混凝土、流态混凝土、耐海水混凝土、防水混凝土、水下不分散混凝土、导电混凝土、绿化混凝土、发光混凝土、金属混凝土等，这些创新成果极大地促进了经济的繁荣发展。

展望未来，随着现代建筑向轻型化、大跨度、高耸结构和智能化方向演进，工程结构向地下空间和海洋领域拓展，以及人类对可持续发展的追求，混凝土技术预计将朝着轻质、高强、高耐久、多功能、节能环保、资源节约和智能化的方向发展。

4.2 混凝土拌合物的性能

混凝土的各组成材料按一定比例配合，经搅拌均匀后、未凝结硬化之前，称为混凝土拌合物。混凝土拌合物应便于施工，以保证能获得良好质量的混凝土。混凝土拌合物的性能主要考虑其和易性与凝结时间等。

4.2.1 混凝土拌合物的和易性

1. 和易性的概念

和易性是指混凝土拌合物易于施工操作(搅拌、运输、浇灌、捣实)并能获得质量均匀、成型密实的混凝土的性能。和易性是一项综合的技术性质，包括流动性、黏聚性和保水性三方面的含义。

(1)流动性。流动性是指混凝土拌合物在本身自重或施工机械振捣的作用下，能产生流动，并能均匀密实地填满模板的性能。流动性好的混凝土操作方便，易于捣实、成型。

(2)黏聚性。黏聚性即混凝土拌合物在施工过程中，其组成材料之间具有一定的黏聚力，不致产生分层和离析。在外力作用下，混凝土拌合物各组成材料的沉降不相同，如配合比例不当，黏聚性差，则施工中易发生分层(混凝土拌合物各组分出现层状分离现象)、离析(混凝土拌合物内某些组分分离、析出现象)等情况，致使混凝土硬化后产生“蜂窝”“麻面”等缺陷，影响混凝土的强度和耐久性。

(3)保水性。保水性是指混凝土拌合物在施工过程中，具有一定的保水能力，不致产生严重的泌水现象(混凝土拌合物中部分水从水泥浆中泌出的现象)。保水性不良的混凝土，易出现泌水，水分泌出后会形成连通孔隙，影响混凝土的密实性；泌出的水还会聚集到混凝土表面，引起表面疏松；泌出的水积聚在骨料或钢筋的下表面会形成孔隙，从而削弱骨料或钢筋与水泥石的粘结力，影响混凝土质量。

由此可见，混凝土拌合物的流动性、黏聚性、保水性有其各自的内容，而彼此既互相联系又存在矛盾。所谓和易性，就是这三方面性质在一定工程条件下达到统一。

2. 和易性的测定方法及评定

从和易性的定义可看出，和易性是一项综合技术性质，很难用一种指标全面反映混凝土拌合物的和易性。通常是以测定拌合物稠度(流动性)为主，而黏聚性和保水性主要通过观察的方法进行评定。

根据拌合物的流动性不同，可分别用坍落度与坍落扩展度法和维勃稠度法测定混凝土的稠度。

(1)坍落度与坍落扩展度法。目前，尚没有能够全面反映混凝土拌合物和易性的测定方法。在工地和实验室，通常是做坍落度试验测定拌合物的流动性，并辅以直观经验评定黏聚性和保水性。

坍落度试验的方法(图 4-7)：将混凝土拌合物按规定方法装入标准圆锥坍落度筒内，装满刮平后，垂直向上将筒提起，移到一旁。混凝土拌合物由于自重将会产生坍落现象。然后量出向下坍落的尺寸，该尺寸就是坍落度，作为流动性指标，坍落度越大表示流动性越好。

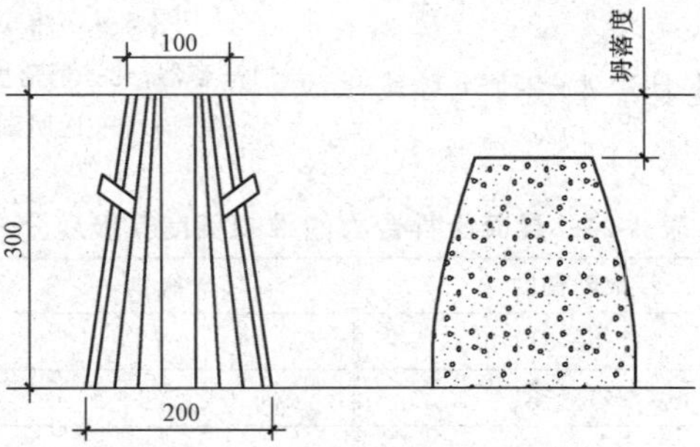

图 4-7 混凝土拌合物坍落度测定(单位：mm)

当坍落度大于 220 mm 时，用钢尺测量混凝土扩展后最终的最大和最小直径，在两直径之差小于 50 mm 的条件下，用其算术平均值作为坍落扩展度值，否则试验无效。

黏聚性的检测方法：用捣棒在已坍落的混凝土锥体侧面轻轻敲打，若锥体逐渐下沉，则表示黏聚性良好；如果锥体倒塌，部分崩裂或出现离析现象，则表示黏聚性不好。

保水性是以混凝土拌合物中的稀水泥浆析出的程度来评定。坍落度筒提起后，如果有较多稀水泥浆从底部析出，锥体部分混凝土拌合物也因失浆而骨料外露，则表明混凝土拌合物的保水性能不好。如果坍落度筒提起后无稀水泥浆或仅有少量稀水泥浆自底部析出，则表示此混凝土拌合物保水性良好。

坍落度试验只适用骨料最大粒径不大于 40 mm、坍落度不小于 10 mm 的混凝土拌合物。

根据坍落度不同，可将混凝土拌合物分为五级，见表 4-21。

表 4-21　混凝土拌合物的坍落度等级划分

级别	名称	坍落度/mm
S1	低塑性混凝土	10～40
S2	塑性混凝土	50～90
S3	流动性混凝土	100～150
S4	大流动性混凝土	160～210
S5	流态混凝土	≥220

注：1. 坍落度检测结果，在分级评定时，其表达取舍至临近的 10 mm。
　　2. 摘自现行国家标准《混凝土质量控制标准》(GB 50164—2011)。

(2)维勃稠度法。对于干硬性的混凝土拌合物(坍落度值小于 10 mm)，通常采用维勃稠度仪(图 4-8)测定其稠度(维勃稠度)。维勃稠度测试方法：开始时在坍落度筒中按规定方法装满拌合物，提起坍落度筒，在拌合物试体顶面放一透明圆盘，开启振动台，同时用秒表计时，至透明圆盘的底面完全为水泥浆所布满时，停止秒表，关闭振动台。此时可认为混凝土拌合物已密实。所读秒数，称为维勃稠度。

维勃稠度试验适用于骨料最大粒径不大于 40 mm，维勃稠度为 5～30 s 的混凝土。

根据维勃稠度，混凝土拌合物分为五级，见表 4-22。

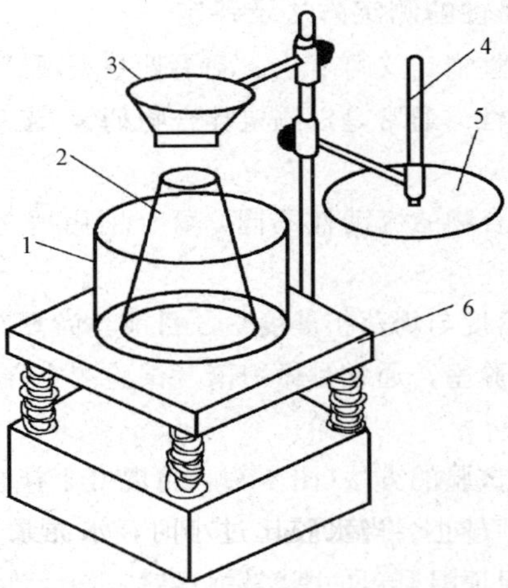

图 4-8　维勃稠度仪

1—容器；2—坍落度筒；3—漏斗；
4—测杆；5—透明圆盘；6—振动台

表 4-22　混凝土拌合物的维勃稠度等级划分

级别	维勃稠度/s	级别	维勃稠度/s
V0	≥31	V3	10～6
V1	30～21	V4	5～3
V2	20～11		

(3)流动性(坍落度)的选择。选择混凝土拌合物的坍落度，应根据结构构件截面尺寸的大小、配筋的疏密、施工捣实方法和环境温度来确定。若构件截面尺寸较小，或钢筋较密，或采用人工插捣，坍落度可选择大些。若构件截面尺寸较大，或钢筋较疏，或者采用振动器振捣，坍落度可选择小些。当环境温度在 30 ℃以下时，可按表 4-23 确定混凝土拌合物坍落度值；当环境温度在 30 ℃以上时，由于水泥水化和水分蒸发的加快，混凝土拌合物流动性下降加快，所以在混凝土配合比设计时，应将混凝土拌合物坍落度提高 15～25 mm。

表 4-23 混凝土拌合物浇筑时的坍落度

结构种类	坍落度/mm
基础或地面等的垫层、无配筋的大体积结构(挡土墙、基础等)或配筋稀疏的结构	10～30
板、梁或大型及中型截面的柱子等	35～50
配筋密列的结构(薄壁、斗仓、筒仓、细柱等)	55～70
配筋特密的结构	75～90

3. 影响混凝土拌合物和易性的主要因素

(1)水泥品种。不同品种水泥，其颗粒特征不同，需水量也不同。如果配合比相同，用矿渣水泥和某些火山灰水泥时，拌合物的坍落度一般较用普通水泥时小，但矿渣水泥将使拌合物的泌水性显著增加。

(2)骨料的性质。从前面对骨料的分析可知，一般卵石拌制的混凝土拌合物比碎石拌制的流动性好。河砂拌制的混凝土拌合物比山砂拌制的流动性好。

采用粒径较大、级配较好的砂石，骨料总表面积和空隙率小，包裹骨料表面和填充空隙用的水泥浆用量小，因此拌合物的流动性也好。

(3)水泥浆数量——浆集比。浆集比是指混凝土拌合物中水泥浆与骨料的质量比。混凝土拌合物中的水泥浆，赋予混凝土拌合物以一定的流动性。

在水灰比不变的情况下，浆集比越大，则拌合物的流动性越好。但若水泥浆过多，将易出现流浆现象，使拌合物黏聚性变差，同时对混凝土的强度与耐久性也会产生一定影响，而且水泥量也大。浆集比偏小，则水泥浆不能填满骨料空隙或不能很好地包裹骨料表面，会产生崩塌现象，黏聚性变差。因此，混凝土拌合物中水泥浆的含量应以满足流动性要求为准，不宜过量。

(4)水泥浆的稠度——水胶比。水泥浆的稠度是由水胶比所决定的。水胶比是指混凝土拌合物中水与水泥的质量比。在水泥用量不变的情况下，水胶比越小，水泥浆越稠，混凝土拌合物的流动性越小。当水胶比过小时，水泥浆干稠，混凝土拌合物的流动性过低，会使施工困难，不能保证混凝土的密实性。增加水胶比会使流动性加大，如果水胶比过大，又会造成混凝土拌合物的黏聚性和保水性不良，从而产生流浆、离析现象，并严重影响混凝土的强度，所以水胶比不能过大或过小，一般应根据混凝土强度和耐久性要求合理选用。

无论是水泥浆的多少，还是水泥浆的稀稠，实际上对混凝土拌合物流动性起决定作用的是用水量的多少，因为无论是提高水胶比或增加水泥浆用量，最终都会表现为混凝土用水量的增加。应当注意，在试拌混凝土时，不能用单纯改变用水量的办法来调整混凝土拌合物的流动性。单纯改变用水量会改变混凝土的强度和耐久性，与设计不符，因此应该在保持水胶比不变的条件下，用调整水泥浆量的办法来调整混凝土拌合物的流动性。

(5)砂率。砂率是指混凝土中砂的质量占砂、石总质量的百分率。砂率的变动会使骨料的空隙率和骨料的总表面积有显著改变，因而对混凝土拌合物的和易性产生显著影响。

当砂率过大时，骨料的总表面积及空隙率都会增大，在水泥浆含量不变的情况下，水泥浆量相对变少了，减弱了水泥浆的润滑作用，使混凝土拌合物的流动性减小。若砂率过小，在石子间起润滑作用的砂浆层不足，也会降低混凝土拌合物的流动性，而且会严重影响其黏聚性和保水性，容易造成离析、流浆等现象。因此，砂率有一个合理值。

采用合理砂率，当水与水泥用量一定时，也能使混凝土拌合物获得最大的流动性且能保持良好的黏聚性和保水性，如图 4-9 所示。采用合理砂率，还能使混凝土拌合物在获得所要求的流动性及良好的黏聚性与保水性的情况下，水泥用量最少，如图 4-10 所示。

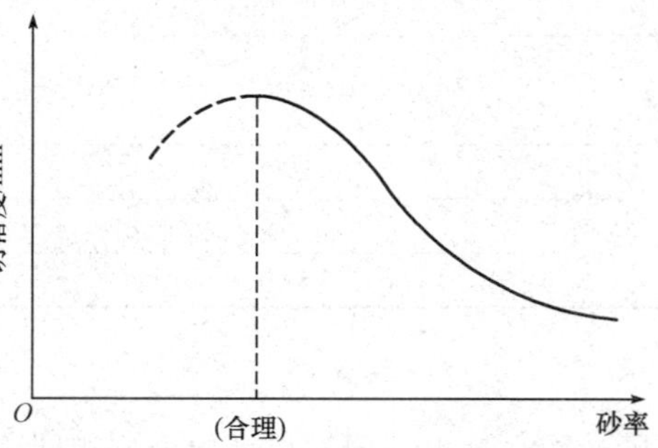

图 4-9　砂率与坍落度的关系

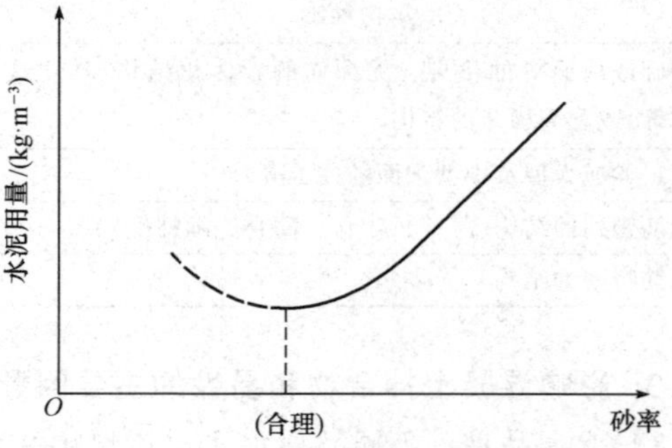

图 4-10　砂率与水泥用量的关系

影响合理砂率大小的因素很多，可概括为以下内容。

1)当石子最大粒径较大、级配较好、表面较光滑时，由于粗骨料的空隙率较小，可采用较小的砂率。

2)当砂的细度模数较小时，由于砂中细颗粒多，混凝土的黏聚性容易得到保证，可采用较小的砂率。

3)当水泥浆较稠(水胶比小)时，由于混凝土的黏聚性较易得到保证，故可采用较小的砂率。

4)当施工要求的流动性较大时，粗骨料常出现离析现象，所以为保证混凝土的黏聚性，需采用较大的砂率。

5)当掺用引气剂或减水剂等外加剂时，可适当减少砂率。

一般情况下，在保证拌合物不离析，能很好地浇灌、捣实的条件下，应尽量选用较小的砂率，这样可节约水泥。

(6)外加剂。在拌制混凝土时，加入很少量的外加剂(如减水剂、引气剂)，能使混凝土拌合物在不增加水泥用量的条件下，获得很好的和易性，增大流动性和改善黏聚性、降低泌水性，并且由于改变了混凝土的结构，还能提高混凝土的耐久性。

(7)时间和温度。拌合物拌制后，随时间的延长而逐渐变得干稠，流动性减少，这是因为水分损失和水泥水化。水分损失的原因：水泥水化消耗掉一部分水；骨料吸收一部分水；水分蒸发。由于拌合物流动性的这种变化，在施工中测定和易性的时间，推迟至搅拌完成后约 15 min 为宜。

拌合物的和易性也受温度的影响，因为环境温度的升高，水分蒸发及水泥水化反应加快，坍落度损失也变大。因此施工中为保证一定的和易性，必须注意环境的变化，采取相应的措施。

4. 和易性的调整与改善

(1)当混凝土流动性小于设计要求时，为了保证混凝土的强度和耐久性，不能单独加水，必须保持水胶比不变，增加水泥浆用量。

(2)当坍落度大于设计要求时，可在保持砂率不变的前提下，增加砂石用量，实际上减少水泥浆数量，选择合理的浆集比。

(3)改善骨料级配，既可增加混凝土流动性，也能改善黏聚性和保水性。

(4)掺减水剂或引气剂，是改善混凝土和易性的有效措施。

(5)尽可能选用最优砂率，当黏聚性不足时可适当增大砂率。

4.2.2 混凝土拌合物的凝结时间

混凝土拌合物的凝结时间与其所用水泥的凝结时间是不相同的。水泥的凝结时间是水泥净浆在规定的温度和稠度条件下测得的，混凝土拌合物的存在条件与水泥凝结时间测定条件不一定相同。混凝土的水胶比、环境温度和外加剂的性能等均对混凝土的凝结快慢产生很大影响。水胶比增大，水泥水化产物间的间距增大，水化产物粘连及填充颗粒间隙的时间延长，凝结时间越长。环境温度升高，水泥水化和水分蒸发加快，凝结时间缩短；缓凝剂会明显延长凝结时间，速凝剂会显著缩短凝结时间。

混凝土拌合物的凝结时间通常用贯入阻力仪来测定。先用5 mm的圆孔筛从混凝土拌合物中筛取砂浆，按一定的方法装入规定的容器中，然后每隔一定时间测定砂浆贯入一定深度的贯入阻力。绘制贯入阻力与时间的关系曲线。以贯入阻力3.5 MPa和28.0 MPa画两条平行于时间坐标的直线，直线与曲线交点的时间分别为混凝土拌合物的初凝时间和终凝时间。通常情况下，混凝土的凝结时间为6～10 h，但水泥组成、环境温度、外加剂等都会对混凝土凝结时间产生影响。当混凝土拌合物在10 ℃下养护时，其初凝时间和终凝时间要比23 ℃时约分别延缓4 h和7 h。

扩展阅读

提高混凝土强度的措施

1. 采用高强度等级水泥或早强型水泥

在混凝土配合比相同的情况下，水泥的强度等级越高，混凝土的强度越高。采用早强型水泥可提高混凝土的早期强度，有利于加快施工进度。

2. 采用低水胶比的干硬性混凝土

为使混凝土拌合物中的游离水分减少，可采用低水胶比的干硬性混凝土，其硬化后留下的孔隙少，密实度高，强度可显著提高。因此，降低水胶比是提高混凝土强度的最有效途径。但水胶比过小，将影响拌合物的流动性，造成施工困难，一般采取同时掺加减水剂的方法，使混凝土在低水胶比下仍具有良好的和易性。

3. 采用湿热处理

(1)蒸汽养护。蒸汽养护是将混凝土放在温度低于100 ℃的常压蒸汽中进行养护。一般混凝土经过16～20 d的蒸汽养护后，其强度即可达到正常条件下养护28 d强度的70%～80%。蒸汽养护的最适宜温度随水泥品种的不同而不同，如用普通水泥时，最适宜的养护温度为80 ℃左右；用矿渣水泥及火山灰水泥时，则为90 ℃左右。

(2)蒸压养护。蒸压养护是将混凝土构件放在温度为175 ℃、压力不低于8个大气压的压蒸锅内进行养护。在高温条件下，水泥水化时析出的氢氧化钙，不仅能与活性的氧化硅相结合，还能与结晶状态的氧化硅相结合，生成含水硅酸盐晶体，使水泥的水化加速、硬化加快，可以大大提高混凝土的强度。对掺有活性混合材料的水泥，蒸压养护更为有效。

4. 采用机械搅拌和振捣

机械搅拌比人工拌和能使混凝土拌合物更均匀，特别是在拌和低流动性混凝土拌合物时，效果更加显著。在一定时间范围内，搅拌时间越长，混凝土强度越高。但考虑到能耗、施工进度等，一般要求控制在 2～3 min。利用振捣器捣实时，能提高混凝土拌合物的流动性，使混凝土拌合物能很好地充满模型，排除混凝土中的气泡，内部空隙大大减少，从而使密实度和强度大大提高。

5. 掺入混凝土外加剂和矿物掺合料

在混凝土中掺入早强剂，可以提高混凝土早期强度；掺入减水剂，可减少用水量，降低水胶比，提高混凝土强度。此外，在混凝土中掺入高效减水剂的同时，掺入磨细的矿物掺合料(如硅灰、优质粉煤灰、超细矿渣粉等)，可显著提高混凝土的强度，配制出强度等级为 C60～C100 的高强混凝土。

4.3 硬化后混凝土的性能

4.3.1 混凝土的结构和受压破坏过程

1. 混凝土的结构

混凝土是一种颗粒型多相复合材料，至少包含七个相，即粗骨料、细骨料、未水化水泥颗粒、水泥凝胶、凝胶孔、毛细管孔和引进的气孔。为了简化分析，一般认为混凝土是由粗骨料与砂浆或粗细骨料与水泥石两相组成的、不十分密实的、非匀质的分散体。

流动性混凝土拌合物在浇灌成型过程中和在凝结之前，由于固体粒子的沉降作用，很少能保持其稳定性，一般都会发生不同程度的分层现象，粗大的颗粒沉积于下部，多余的水分被挤上升至表层或积聚于粗骨料的下方。沿浇灌方向的下部混凝土的强度大于顶部，表层混凝土成为最疏松和最软弱的部分。因此，混凝土宏观结构为堆聚分层结构，如图 4-11 所示。

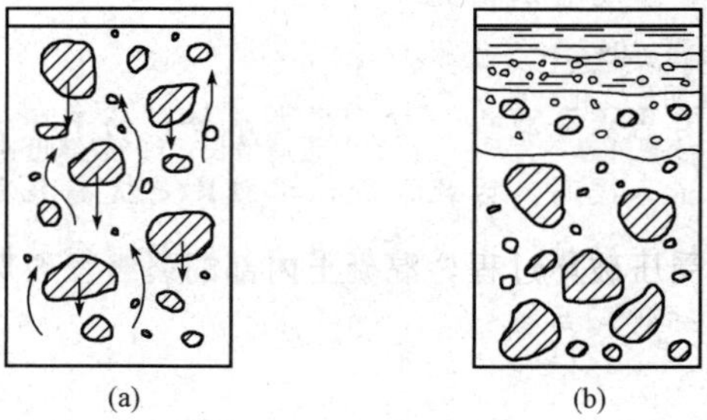

(a)　　(b)

图 4-11　混凝土宏观堆聚分层结构

(a)组成材料分层过程；(b)宏观堆聚结构

混凝土结构的另一个特征是在粗骨料的表面到水泥石之间存在 10～50 μm 的界面过渡区，如图 4-12 所示。在新拌混凝土中，粗骨料表面包裹了一层水膜，贴近粗骨料表面的水胶比大，导致界面过渡区的氢氧化钙、钙矾石等晶体的颗粒大且数量多，水化硅酸钙凝胶相对较少，孔隙率大。

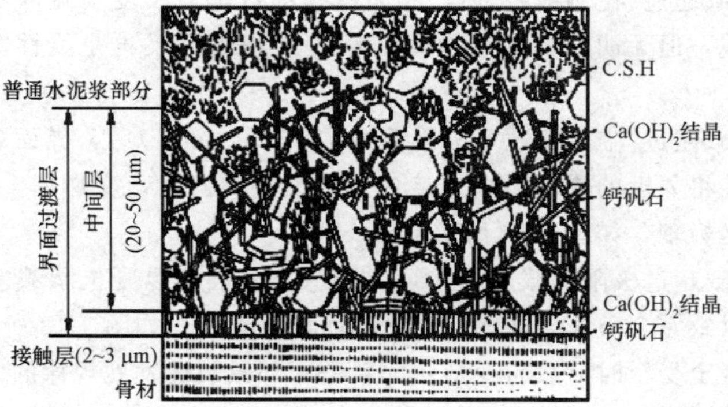

图 4-12 混凝土界面过渡区示意图

由于水泥水化造成的化学收缩和物理收缩，界面过渡区在混凝土未受外力之前就存在许多微裂缝。因此，界面过渡区水泥石的结构比较疏松，缺陷多，强度低。

普通混凝土骨料与水泥石之间的结合主要是黏着和机械啮合，骨料界面是最薄弱的环节，特别是粗骨料下方因泌水留下的孔隙，尤为薄弱。

2. 混凝土受压破坏过程

混凝土在外力作用下，很容易在楔形的微裂缝尖端形成应力集中，随着外力的逐渐增大，微裂缝会进一步延伸、连通、扩大，最后形成几条肉眼可见的裂缝而破坏。以混凝土单轴受压为例，典型静力受压时的荷载-变形曲线如图 4-13 所示。

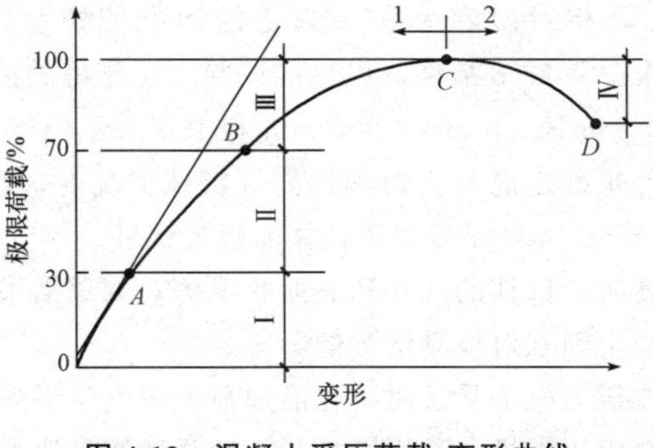

图 4-13 混凝土受压荷载-变形曲线

Ⅰ—界面裂缝无明显变化；Ⅱ—界面裂缝增长；Ⅲ—出现砂浆裂缝和连续裂缝；
Ⅳ—连续裂缝迅速发展；1—裂缝缓慢增长；2—裂缝迅速增长

通过显微镜观察混凝土受压破坏过程，混凝土内部的裂缝发展可分为四个阶段，其裂缝状态如图 4-14 所示。

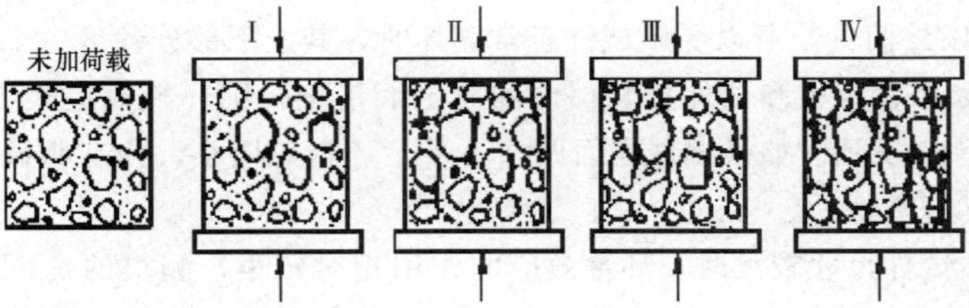

图 4-14 混凝土受压时不同受力阶段裂缝状态

(1)Ⅰ阶段：在荷载到达“比例极限”(极限荷载的30%)前，界面裂缝无明显变化，荷载-变形呈近似直线关系，如图4-13所示的$0A$段。

(2)Ⅱ阶段：荷载超过“比例极限”后，界面裂缝的数量、长度及宽度不断增大，界面借摩擦阻力继续承担荷载，但无明显的砂浆裂缝，荷载-变形之间不再是线性关系，如图4-13所示的AB段。

(3)Ⅲ阶段：荷载超过“临界荷载”(极限荷载的70%～90%)后，界面裂缝继续发展，砂浆中开始出现裂缝，并将邻近的界面裂缝连接成连续裂缝。此时，变形增大的速度进一步加快，曲线明显弯向变形坐标轴，如图4-13所示的BC段。

(4)Ⅳ阶段：荷载超过极限荷载后，连续裂缝急速发展，混凝土承载能力下降，荷载减小而变形迅速增大，以致完全破坏，曲线逐渐下降而最后破坏，如图4-13所示的CD段。

由此可见，混凝土受压时荷载与变形的关系是内部微裂缝发展规律的体现。混凝土在外力作用下的变形和破坏过程，也就是内部裂缝的发生和发展过程，它是一个从量变到质变的过程。只有当混凝土内部的微观破坏发展到一定量级时，才会使混凝土的整体遭受破坏。

4.3.2 混凝土强度

在土木工程结构和施工验收中，混凝土常用的强度有立方体抗压强度、轴心抗压强度、抗拉强度和抗折强度等几种。其中以抗压强度最大，故混凝土主要用来承受压力作用。混凝土的抗压强度是结构设计的主要参数，也是混凝土质量评定的指标。

1. 混凝土立方体抗压强度(f_{cu})

根据《混凝土物理力学性能试验方法标准》(GB/T 50081—2019)的规定，混凝土立方体抗压强度是指按标准方法制作的，标准尺寸为150 mm×150 mm×150 mm的立方体试件，在标准养护条件下[(20±2) ℃，相对湿度为95%以上的标准养护室或(20±2) ℃的不流动的$Ca(OH)_2$饱和溶液中]，养护到28 d龄期，以标准试验方法测得的抗压强度值。

非标准试件尺寸为200 mm×200 mm×200 mm和100 mm×100 mm×100 mm；当施工涉外工程或必须用圆柱体试件来确定混凝土力学性能等特殊情况时，也可用ϕ150 mm×300 mm的圆柱体标准试件或ϕ200 mm×400 mm的圆柱体非标准试件。

测定混凝土试件的强度时，试件的尺寸和表面状况等对测试结果产生较大影响。下面以混凝土受压为例，来分析这两个因素对检测结果的影响。

当混凝土立方体试件在压力机上受压时，在沿加荷方向发生纵向变形的同时，也按泊松比效应产生横向变形。但是由于压力机上下压板(钢板)的弹性模量比混凝土大5～15倍，而泊松比则不大于混凝土的两倍。所以在压力的作用下，钢压板的横向变形小于混凝土的横向变形，因而上下压板与试件的接触面之间产生摩擦阻力。这种摩擦阻力分布在整个受压接触面，对混凝土试件的横向膨胀起约束限制作用，从而使混凝土强度检测值提高。通常称这种作用为“环箍效应”，如图4-15所示，它随着与试件端部距离的增加而逐渐变小，大约在距离为$\frac{\sqrt{3}}{2}a$(a为立方体试件边长)以外消失，所以受压试件正常破坏时，其上下部分各呈一个较完整的棱锥体，如图4-16所示。如果在压板和试件接触面之间涂上润滑剂，则环箍效应大大减小，试件出现直裂破坏，如图4-17所示。如果试件表面凹凸不平，环箍效应小，并有明显的应力集中现象，测得的强度值会显著降低。

混凝土立方体试件尺寸较大时，环箍效应的作用相对较小，测得的抗压强度偏低；反之，测得的抗压强度偏高。另外，由于混凝土试件内部不可避免地存在一些微裂缝和孔隙等缺陷，这些缺陷处易产生应力集中。大尺寸试件存在缺陷的概率较大，测定的强度值也偏低。

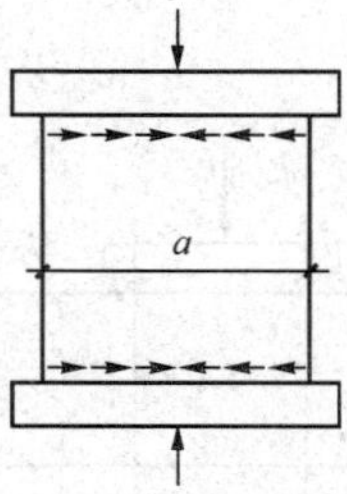

图 4-15　混凝土“环箍效应”

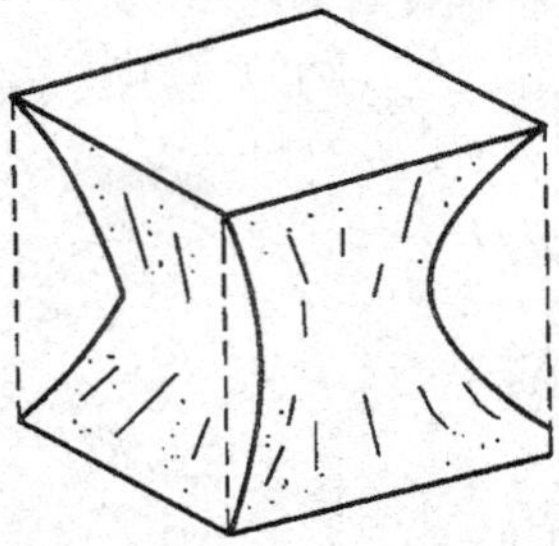

图 4-16　混凝土受压试件破坏时残存的棱锥体

图 4-17　混凝土受压试件不受约束时的破坏情况

为了使混凝土抗压强度测试结果具有可比性，《混凝土物理力学性能试验方法标准》(GB/T 50081—2019)规定，混凝土强度等级小于 C60 时，用非标准试件测得的强度值均应乘以尺寸换算系数，来换算成标准试件强度值。200 mm×200 mm×200 mm 试件换算系数为 1.05，100 mm×100 mm×100 mm 试件换算系数为 0.95。当混凝土强度等级大于或等于 C60 时，宜采用标准试件；使用非标准试件时，尺寸换算系数应由试验确定。

需要说明的是，混凝土各种强度的测定值均与试件尺寸、试件表面状况、试验加荷速度、环境(或试件)的湿度和温度等因素有关。在进行混凝土各种强度测定时，应按《混凝土物理力学性能试验方法标准》(GB/T 50081—2019)等标准规定的条件和方法进行检测，以保证检测结果的可比性。

2. 混凝土强度等级

按《混凝土结构设计标准(2024 年版)》(GB/T 50010—2010)的规定，混凝土的强度等级按其立方体抗压强度标准值划分为 C15、C20、C25、C30、C35、C40、C45、C50、C55、C60、C65、C70、C75、C80 共 14 个等级。“C”代表混凝土，是 Concrete 的第一个英文字母，C 后面的数字为立方体抗压强度标准值(MPa)。混凝土强度等级是混凝土结构设计时强度计算取值、混凝土施工质量控制和工程验收的依据。

混凝土立方体抗压强度标准值是指按照标准方法制作养护的边长为 150 mm 的立方体试件，在 28 d 龄期用标准试验方法测得的具有 95%保证率的抗压强度。

3. 混凝土轴心抗压强度(f_{cp})

混凝土强度等级是依据立方体试件抗压强度所确定的，但在实际结构中，许多钢筋混凝土受压构件为棱柱体或圆柱体。为了使所测得混凝土的强度尽可能接近于工程结构的实际受力情况，在钢筋混凝土结构设计中，计算轴心受压构件(如柱子、桁架的腹杆等)时，应以混凝土的轴心抗压强度作为设计依据。

混凝土轴心抗压强度又称棱柱体抗压强度，《混凝土物理力学性能试验方法标准》(GB/T 50081—2019)规定，混凝土轴心抗压强度是指按标准方法制作的，标准尺寸为 150 mm×150 mm×300 mm 的棱柱体试件，在标准养护条件下养护到 28 d 龄期，以标准试验方法测得的抗压强度值。

轴心抗压强度比同截面面积的立方体抗压强度小，当标准立方体抗压强度在 10～50 MPa 范围内时，两者之间的比值近似为 0.7～0.8。

4. 混凝土抗折强度(f_{cf})

混凝土的抗折强度是指处于受弯状态下混凝土抵抗外力的能力，由于混凝土为典型的脆性材料，它在断裂前无明显的弯曲变形，故称为抗折强度。通常混凝土的抗折强度是利用

150 mm×150 mm×600 mm(或 550 mm)的小梁在三分点加荷状态下测得的(其试件受力状态如图 4-18 所示)。试件受弯状态下的抗折强度计算公式为

$$f_{cf}=\frac{FL}{bh^2} \tag{4-3}$$

式中 f_{cf}——混凝土的抗折强度(MPa);

F——所承受的最大垂直荷载(N);

L——试件两支点间的间距(mm);

h——试件高度(mm);

b——试件宽度(mm)。

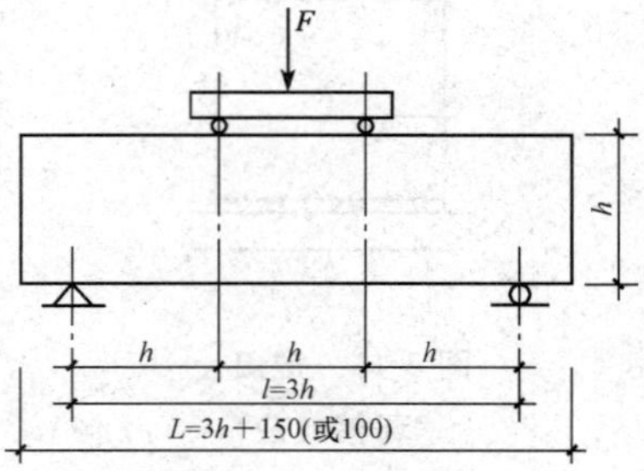

图 4-18 混凝土抗折强度测定装置

对于采用 100 mm×100 mm×450 mm 的非标准试件和中间集中单点加荷方法，所检测得的抗折强度值应乘以折减系数 0.85 后再作为标准抗折强度值。

我国《公路水泥混凝土路面设计规范》(JTG D40—2011)规定，道路、机场道面与广场道面用水泥混凝土的强度控制指标以抗折强度为准，抗压强度仅作为参考指标。上述用途的水泥混凝土必须满足规范和设计要求的抗折强度，其中用于不同道路的水泥混凝土抗折强度标准值应满足表 4-24 的规定。在进行抗折配比设计时，其配制抗折强度应取要求抗折强度标准值的 1.15 倍。

表 4-24 道面混凝土抗弯拉(抗折)强度标准值要求 MPa

交通等级	极重、特重、重	中等	轻
水泥混凝土	≥5.0	4.5	4.0
钢纤维混凝土	≥6.0	5.5	5.0

水泥混凝土的抗折强度与抗压强度之间也具有一定的相关性，通常抗压强度较高的混凝土，其抗折强度也较高，它们之间的参考关系见表 4-25。

表 4-25 水泥混凝土抗折强度与抗压强度参考关系 MPa

抗折强度	1.5	2.0	2.5	3.0	3.5	4.0	4.5	5.0	5.5
抗压强度	7	11	15	20	25	30	36	42	49

5. 混凝土抗拉强度(f_t)

混凝土是典型的脆性材料，其抗拉强度很低，只有抗压强度的 1/20～1/10(通常取1/15)。因此，在钢筋混凝土结构设计中，通常不考虑混凝土的承拉能力，而是依靠其中配置的钢筋来承担结构中的拉力。尽管如此，抗拉强度对于混凝土的抗裂性仍具有重要作用，它通常是结构设计中确定混凝土抗裂度的主要依据，也是间接衡量混凝土抗冲击强度、与钢筋黏结强度、抵抗干湿变化或温度变化能力的参考指标。

由于混凝土的脆性特点，其抗拉强度难以直接测定，通常采用劈裂抗拉试验法间接得出混凝土的抗拉强度，并称为劈裂抗拉强度(f_{ts})。混凝土劈裂抗拉强度试验是采用边长为 150 mm 的立方体试件，试验时先在立方体试件的两个相对的上下表面加上垫条，然后施加均匀分布的压力，使试件在竖向平面内产生均匀分布的拉应力(图 4-19)，该拉应力可以根据弹性理论计算求得，且劈裂抗拉强度计算公式为

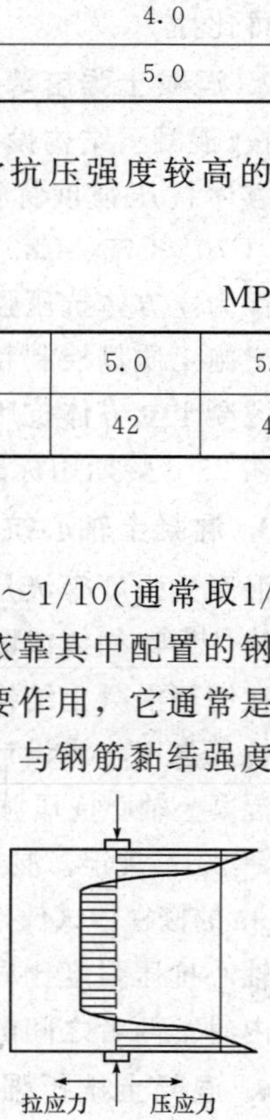

图 4-19 劈裂试验时垂直受力面的应力分布

$$f_{ts}=\frac{2F}{\pi A}=0.637\frac{F}{A} \tag{4-4}$$

式中 f_{ts}——混凝土劈裂抗拉强度(MPa)；

F——破坏荷载(N)；

A——试件劈裂面积(mm^2)。

混凝土劈裂抗拉强度较轴心抗拉强度低，试验证明两者的比值为 0.9 左右。

6. 影响混凝土强度的因素

在混凝土结构形成过程中，多余水分残留在水泥石中形成毛细孔；水分的析出在水泥石中形成泌水通道，或聚集在粗骨料下缘处形成水囊；水泥水化产生的化学收缩及各种物理收缩还会在水泥石和骨料的界面上形成细微裂缝。上述结构缺陷的存在，实际上都是混凝土在受外力作用时引起破坏的内在因素。当混凝土受力时，这些界面上的细微裂缝会随着外力的增大而逐步扩大、延伸并汇合连通直至混凝土破坏。混凝土在外力作用下的破坏过程实质上是其内部裂缝发生、发展，直至连通的过程。混凝土中裂缝的起源通常有三种可能：水泥石中首先出现裂缝、在水泥石与骨料间界面处首先出现裂缝(这是最常见的一种)、骨料中首先出现裂缝。因此，所有影响水泥石强度、水泥石与骨料界面黏结及骨料性能的因素都影响着混凝土的强度。

影响混凝土强度的主要因素有水泥强度等级和水胶比、外加剂和掺合料、骨料、施工条件、养护温度及湿度、养护龄期和试验条件等。

(1)水泥强度等级和水胶比的影响。水泥强度等级和水胶比直接影响着水泥石的强度及其与骨料的粘结力，是影响混凝土强度最主要的因素。在混凝土配合比相同的情况下，水泥强度等级越高，硬化水泥石的强度越大，对骨料的粘结力就越大，配制的混凝土强度也就越高。在水泥强度等级相同的条件下，混凝土的强度主要取决于水胶比。这是因为，虽然水泥水化的理论需水量为水泥质量的 23%左右，但在配制混凝土时，为了获得施工所要求的流动性，常需要多加水，通常来说，混凝土的水胶比为 0.4～0.8，当混凝土硬化后，多余的水分就残留在混凝土内部，蒸发后形成了许多气孔和通道，大大减少了混凝土抵抗荷载的有效断面，而且可能在孔隙周围引起应力集中，从而使混凝土强度降低。因此，水胶比越大，多余水分越多，留下的孔隙也越多，混凝土强度越低。反之，则混凝土强度越高。需要指出的是，此规律仅适用于混凝土拌合物能被充分振捣密实的情况下；当混凝土水胶比过小，导致在特定施工条件下无法振捣密实时，反而导致混凝土强度严重下降，如图 4-20(a)中的虚线所示。

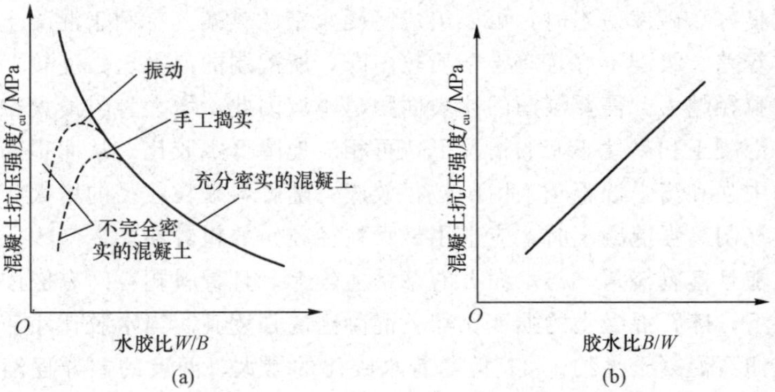

图 4-20 混凝土抗压强度与水胶比及胶水比的关系

(a)抗压强度与水胶比的关系；(b)抗压强度与胶水比的关系

大量试验证明，混凝土强度与水胶比、水泥强度等级等因素间保持着近似恒定的关系。一般采用下面的经验公式(也称鲍罗米公式)表示：

$$f_{cu}=\alpha_a f_{ce}(\frac{B}{W}-\alpha_b) \tag{4-5}$$

式中 f_{cu}——混凝土 28 d 龄期的抗压强度(MPa)；

B/W——混凝土的胶水比；

f_{ce}——水泥的 28 d 抗压强度实测值(MPa)(在无法取得水泥 28 d 实际抗压强度值时，可用公式 $f_{ce}=\gamma_c \cdot f_{ce,g}$确定，其中 $f_{ce,g}$为水泥强度等级，γ_c 为水泥强度等级富余系数，应按统计资料确定)；

α_a、α_b——回归系数[与骨料品种及水泥品种等因素有关，其数值需通过试验求得；若无试验统计资料，可按《普通混凝土配合比设计规程》(JGJ 55—2011)提供的系数取用：碎石 $\alpha_a=0.53$；$\alpha_b=0.20$；卵石 $\alpha_a=0.49$；$\alpha_b=0.13$]。

以上经验公式一般只适用于流动性混凝土和低流动性混凝土，利用混凝土强度公式可以解决混凝土配合比设计中的两个问题。

1)根据所用的水泥强度和水胶比，估算所配制的混凝土强度；

2)根据水泥强度和要求的混凝土强度等级来计算应采用的水胶比。

(2)外加剂和掺合料的影响。在混凝土中加入减水剂，可使拌合物的拌合水量减少，水泥颗粒的分散度提高，水泥的水化程度也相应提高，混凝土内部的结构缺陷减少，因而混凝土强度有较大幅度提高，一般可提高 10%～30%。在混凝土中加入引气剂，使混凝土中形成了许多独立的微小气泡，黏聚性、保水性得到了改善，提高了混凝土的耐久性，但混凝土的强度有所降低。掺入早强剂或缓凝剂可加快或延缓水泥的水化，但早强剂使混凝土产生过快的水化速度，会影响混凝土后期强度，掺多时对耐久性也会造成一定的影响。

在混凝土中掺入矿物掺合料可以改善硬化水泥浆体的结构，并改善界面过渡区的结构，从而提高混凝土的强度。如掺入优质粉煤灰能提高混凝土的后期强度；掺入矿渣微粉能提高混凝土的 28 d 强度；掺入硅粉能制备高强和超高强混凝土。

(3)骨料的影响。骨料的强度、级配、粒径、形状和表面状况等性质都不同程度地影响着混凝土的强度。

对于普通混凝土而言，骨料强度一般大于水泥石强度，骨料强度越高，所能配制的混凝土强度也越高。对于高强混凝土，粗骨料的强度是影响混凝土强度的关键因素之一。

当骨料级配良好、砂率适当时，可以组成坚硬紧密的骨架，有利于混凝土强度的提高。当骨料中骨料品质较差、级配不好且有害杂质较多时，所配制的混凝土强度较低。

骨料的颗粒粒径越大，需要湿润的比表面积越小。因此，增大骨料最大粒径可以降低混凝土的需水量，在混凝土和易性不变的情况下，可相应地降低水胶比，从而提高混凝土强度。对于水胶比较低的中强和高强混凝土，由于粒径效应，随骨料颗粒粒径的增大，混凝土强度有下降的趋势，故在配制高强混凝土时，应选用最大粒径较小的粗骨料。

碎石表面粗糙且富有棱角，与水泥石的粘结力较大，且骨料颗粒间有嵌固作用，所以在配合比相同的条件下，碎石混凝土的强度比卵石混凝土的强度高。当水胶比小于 0.4 时，碎石混凝土的强度可较卵石混凝土高约 1/3，但随着水胶比的增大，两者的差异逐渐减小。骨料表面的粗糙程度对混凝土抗压强度的影响要比对抗拉及抗折强度的影响小。另外，骨料的形状以接近球形或正多面体为好，若含有较多的针片状颗粒，将会使混凝土内部的孔隙率增大，导致混凝土强度下降。

(4)施工条件的影响。在施工过程中，必须将混凝土拌合物搅拌均匀，浇筑后必须捣固密实，才能使混凝土有达到预期强度的可能。

机械搅拌与捣实的力度比人力强，因而，拌合物采用机械搅拌比人工搅拌更均匀，混凝土采用机械捣实比人工捣实更密实。强力的机械捣实可适用于更低水胶比的混凝土拌合物，获得更高的强度。图 4-20(a)中虚线部分显示在低水胶比时机械捣实比人工捣实有更高的强度。

改变施工工艺可提高混凝土强度，如采用分次投料搅拌工艺，采用高速搅拌工艺，采用高频或多频振捣工艺，采用二次振捣工艺等都会有效地提高混凝土强度。

(5)养护温度及湿度的影响。养护温度及湿度对混凝土强度的影响，本质上是对水泥水化过程的影响。

养护温度越高，水泥早期水化速率越快，混凝土的早期强度也越高(图 4-21)。但混凝土早期养护温度若过高(40 ℃以上)，因水泥水化产物来不及扩散而使混凝土后期强度反而降低。当温度在0 ℃以下时，水泥水化反应停止，混凝土强度停止发展。这时还会因为混凝土中的水结冰导致体积膨胀，对混凝土产生相当大的膨胀压力，使混凝土结构破坏，强度降低。

湿度是决定水泥能否正常进行水化作用的必要条件。浇筑后的混凝土所处环境湿度相宜，水泥水化反应顺利进行，混凝土强度得以充分发展。若环境湿度较低，水泥不能正常进行水化作用，甚至停止水化，混凝土强度将严重降低或停止发展。图 4-22 所示为混凝土强度与保湿养护时间的关系。

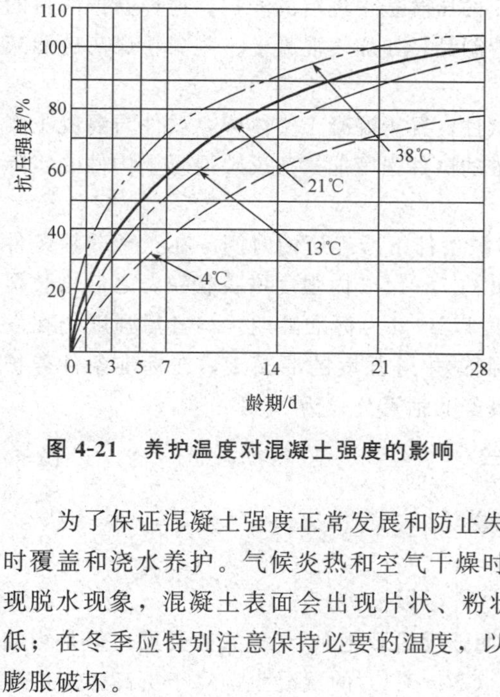

图 4-21 养护温度对混凝土强度的影响

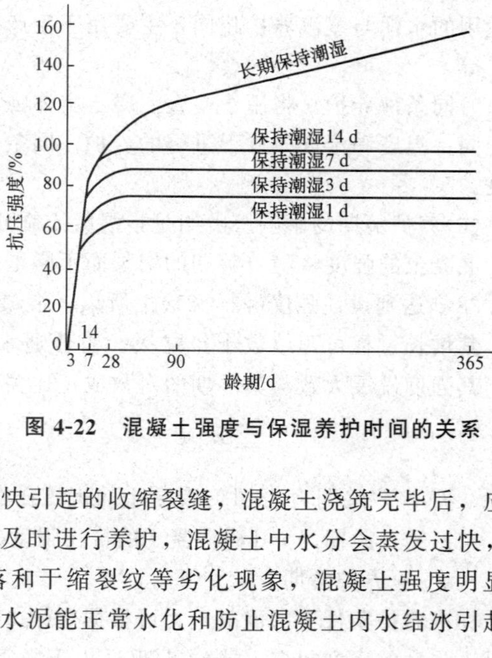

图 4-22 混凝土强度与保湿养护时间的关系

为了保证混凝土强度正常发展和防止失水过快引起的收缩裂缝，混凝土浇筑完毕后，应及时覆盖和浇水养护。气候炎热和空气干燥时，不及时进行养护，混凝土中水分会蒸发过快，出现脱水现象，混凝土表面会出现片状、粉状剥落和干缩裂纹等劣化现象，混凝土强度明显降低；在冬季应特别注意保持必要的温度，以保证水泥能正常水化和防止混凝土内水结冰引起的膨胀破坏。

常见的混凝土养护方法有以下几种。

1)自然养护：混凝土在自然条件下于一定时间内使混凝土保持湿润状态的养护，包括洒水养护和喷涂薄膜养护两种。

①洒水养护：是指用草帘等将混凝土覆盖，经常洒水使其保持湿润。养护时间取决于混凝土的特性和水泥品种，非干硬性混凝土浇筑完毕 12 h 内应加以覆盖并保湿养护，干硬性混凝土应于浇筑完毕后立即进行养护。使用硅酸盐水泥、普通水泥和矿渣水泥时，浇水养护时间不应少于 7 d；使用火山灰水泥和粉煤灰水泥或混凝土掺用缓凝型外加剂或有抗渗要求时，不得少于 14 d；道路路面水泥混凝土宜为 14～21 d；使用铝酸盐水泥时，不得少于 3 d。洒水次数以能保证混凝土表面湿润为宜，混凝土养护用水应与拌制用水相同。

②喷涂薄膜养护：适用于不易洒水的高耸构筑物和大面积混凝土结构的养护。它是将过氯乙烯树脂溶液用喷枪喷涂在混凝土表面上，溶液挥发后在混凝土表面形成一层塑料薄膜，将混凝土与空气隔绝，阻止其中水分的蒸发以保证水泥水化用水。有的薄膜在养护完成后要求能自行老化脱落，否则，不宜用于以后要做粉刷的混凝土表面。在夏季薄膜成型后要防晒，否则易产生裂纹。地下建筑或基础，可在其表面涂刷沥青乳液以防止混凝土内水分蒸发。

2)标准养护：将混凝土放在(20±2)℃，相对湿度为95%以上的标准养护室或(20±2)℃的不流动的 $Ca(OH)_2$ 饱和溶液中进行的养护。测定混凝土强度时，一般采用标准养护。

3)蒸汽养护：将混凝土放在近100 ℃的常压蒸汽中进行的养护。蒸汽养护的目的是加快水泥的水化，提高混凝土的早期强度，以加快拆模，提高模板及场地的周转率，提高生产效率，降低成本。这种养护方法非常适用于生产预制构件、预应力混凝土梁及墙板等。它适用于早期强度较低的水泥，如矿渣水泥、粉煤灰水泥等掺有大量混合材料的水泥，不适用于硅酸盐水泥、普通水泥等早期强度高的水泥。研究表明，硅酸盐水泥和普通水泥配制的混凝土，其养护温度不宜超过80 ℃，否则待其再养护到28 d时的强度，将比一直自然养护至28 d的强度低10%以上，这是由于水泥的过快反应，致使在水泥颗粒外围过早地形成了大量的水化产物，阻碍了水分深入内部进一步水化。

4)蒸压养护：将混凝土放在175 ℃及8个大气压的压蒸釜中进行的养护。这种养护的目的和适用的水泥与蒸汽养护相同，主要用于生产硅酸盐制品，如加气混凝土、蒸养粉煤灰砖和灰砂砖等。

5)同条件养护：将用于检查混凝土实体强度的试件，置于混凝土实体旁，试件与混凝土实体在同一温度和湿度条件下进行的养护。同条件养护的试件强度能真实反映混凝土构件的实际强度。

(6)养护龄期的影响。龄期是指混凝土在正常养护条件下所经历的时间。在正常养护条件下，混凝土的强度将随着龄期的增长而不断增长。最初7～14 d内强度增长较快，之后增长缓慢，28 d达到设计强度(图4-21)。所以，混凝土强度以28 d为标准龄期。28 d后强度仍在发展，其增长过程可延续数十年之久。由普通水泥配制的中等强度的混凝土，在标准条件养护下，其强度发展大致与其龄期的对数成正比关系，其经验估算公式为

$$f_{28}=f_n\frac{\lg 28}{\lg n} \tag{4-6}$$

式中 f_{28}——龄期为28 d时混凝土的抗压强度(MPa)；

f_n——龄期为 n d时混凝土的抗压强度(MPa)；

n——养护龄期，$n\geqslant 3$ d。

标准养护条件下的混凝土，可根据式(4-6)由早期强度大致地估计28 d的强度。但是影响混凝土强度的因素很多，式(4-6)仅适用于中等强度(C20～C30)的混凝土，对于更高强度等级的混凝土和掺外加剂的混凝土，用该式估算会产生较大的偏差。

当混凝土的养护温度变化时，混凝土的强度与龄期的关系较为复杂。在实际工程中，可根据温度、龄期对混凝土强度的影响曲线，从某一龄期的强度推算出另一龄期的强度。

(7)试验条件的影响。由于混凝土的强度是在一定的试验条件下通过对具体的混凝土试件测定而得，因此，试件的尺寸、形状、表面状况和加荷速度也将在一定程度上影响混凝土强度的测试结果。

对于同一配合比的混凝土来说，试件尺寸越大，则测得的强度越低。这一方面是环箍效应的影响，另一方面是由于大试件中存在的孔隙等缺陷的概率较大所致；加荷速度越快，测得的强度越高；试件表面粗糙时，测得的强度较低；试件表面异常光滑时，其强度较低；试件含水

率较高时，其强度较低。

为保证混凝土强度测定结果的准确性，试验操作必须严格按有关标准的规定进行。

7. 提高混凝土强度的措施

通过对混凝土强度影响因素的分析，提高混凝土强度的措施如下。

(1)采用高强度等级水泥或早强型水泥。在混凝土配合比不变的情况下，采用高强度等级水泥可提高混凝土的强度；采用早强型水泥可提高混凝土的早期强度。

(2)掺入合适的矿物掺合料。在混凝土配合比不变的情况下，以合适的矿物掺合料种类和数量取代部分水泥，可提高混凝土的后期强度。

(3)采用有害杂质少、级配良好的骨料。

(4)降低混凝土的水胶比。通过掺加减水剂的方法，在保持水泥用量和混凝土工作性不变的情况下，可减少用水量，从而降低水胶比，提高混凝土强度。

(5)采用机械搅拌与振捣工艺。

(6)保持合理的养护温度和一定的湿度，可能的情况下采用蒸汽养护和蒸压养护等湿热养护措施。

4.3.3 混凝土的变形性能

混凝土在硬化和使用过程中，由于受到物理、化学和力学等因素的作用，常发生各种变形。由物理、化学因素引起的变形称为非荷载作用下的变形，包括化学收缩、干湿变形、碳化收缩及温度变形等；由荷载作用引起的变形称为在荷载作用下的变形，包括在短期荷载作用下的变形及长期荷载作用下的变形。

1. 在非荷载作用下的变形

(1)化学收缩。由于水泥水化生成物的体积比反应前物质的总体积小，从而引起混凝土的收缩称为化学收缩。收缩量随混凝土硬化龄期的延长而增加，一般在混凝土成型后 40 d 内增长较快，以后逐渐趋于稳定。化学收缩值很小(小于 1%)，对混凝土结构没有破坏作用。混凝土的化学收缩是不可恢复的。

(2)干湿变形。混凝土因周围环境湿度变化，会产生干燥收缩和湿胀，统称为干湿变形。

混凝土在水中硬化时，由于凝胶体中的胶体粒子表面的吸附水膜增厚，胶体粒子间距离增大，引起混凝土产生微小的膨胀，即湿胀。湿胀对混凝土无危害。

混凝土在空气中硬化时，首先失去自由水；继续干燥，毛细管水蒸发，使毛细孔中形成负压产生收缩；再继续干燥则吸附水蒸发，引起凝胶体失水而紧缩。以上这些作用的结果导致混凝土产生干缩变形。混凝土的干缩变形在重新吸水后大部分可以恢复，但不能完全恢复。

在一般条件下，混凝土极限收缩值为 $5\times10^{-4}\sim9\times10^{-4}$ mm/mm，在结构设计中，混凝土干缩率取值为 $1.5\times10^{-4}\sim2.0\times10^{-4}$ mm/mm，即每米混凝土收缩 0.15～0.20 mm。由于混凝土抗拉强度低，而干缩变形又如此之大，所以很容易产生干缩裂缝。

混凝土中水泥石是引起干缩的主要组分，骨料起限制收缩的作用，孔隙的存在会加大收缩。因此减少水泥用量，减小水胶比，加强振捣，保证骨料洁净和级配良好是减少混凝土干缩变形的关键。另外，混凝土的干缩主要发生在早期，前三个月的收缩量为 20 年收缩量的 40%～80%。由于混凝土早期强度低，抵抗干缩应力的能力弱，因此加强混凝土的早期养护，延长湿养护时间，对减少混凝土干缩裂缝具有重要作用(但对混凝土的最终干缩率无显著影响)。

水泥的细度及品种对混凝土的干缩也产生一定的影响。水泥颗粒越细，干缩也越大；掺大量混合材料的硅酸盐水泥配制的混凝土，比用普通水泥配制的混凝土干缩率大，其中火山灰水泥混凝土的干缩率最大，粉煤灰水泥混凝土的干缩率较小。

(3)碳化收缩。混凝土的碳化是指混凝土内水泥石中的 $Ca(OH)_2$ 与空气中的 CO_2 在湿度适宜的条件下发生化学反应，生成 $CaCO_3$ 和 H_2O 的过程，也称为中性化。

混凝土的碳化会引起收缩，这种收缩称为碳化收缩。碳化收缩可能是在干燥收缩引起的压应力下，因 $Ca(OH)_2$ 晶体应力释放和在无应力空间 $CaCO_3$ 的沉淀所引起。碳化收缩会在混凝土表面产生拉应力，导致混凝土表面产生微细裂纹。观察碳化混凝土的切割面，可以发现细裂纹的深度与碳化层的深度相近。但是，碳化收缩与干燥收缩往往同时发生，两者难以严格区分。

(4)温度变形。混凝土同其他材料一样，也会随着温度的变化而产生热胀冷缩变形。混凝土的温度膨胀系数为 $0.7\times10^{-5}\sim1.4\times10^{-5}$/℃，一般取 1.0×10^{-5}/℃，即温度每改变 1 ℃，1 m 混凝土将产生 0.01 mm 膨胀或收缩变形。

混凝土是热的不良导体，传热很慢，因此在大体积混凝土(截面最小尺寸大于 1 m^2 的混凝土，如大坝、桥墩和大型设备基础等)硬化初期，由于内部水泥水化热而积聚较多热量，造成混凝土内外层温差很大(为 50～80 ℃)。这将使内部混凝土的体积产生较大热膨胀，而外部混凝土与大气接触，温度相对较低，产生收缩。内部膨胀与外部收缩相互制约，在外表混凝土中将产生很大拉应力，严重时使混凝土产生裂缝。大体积混凝土施工时，须采取一些措施来减小混凝土内外层温差，以防止混凝土出现温度裂缝，目前常用的方法有以下几种。

1)采用低热水泥(如矿渣水泥、粉煤灰水泥、大坝水泥等)和尽量减少水泥用量，以减少水泥水化热。

2)在混凝土拌合物中掺入缓凝剂、减水剂和掺合料，降低水泥水化速度，使水泥水化热不至于在早期过分集中放出。

3)预先冷却原材料，用冰块代替水，以抵消部分水化热。

4)在混凝土中预埋冷却水管，从管子的一端注入冷水，冷水流经埋在混凝土内部的管道后，从另一端排出，将混凝土内部的水化热带出。

5)在建筑结构安全许可的条件下，将大体积化整为零施工，减轻约束变形和扩大散热面积。

6)表面绝热，调节混凝土表面温度下降速率。

对于纵长和大面积混凝土工程(如混凝土路面、广场、地面和屋面等)，通常采用每隔一段距离设置一道伸缩缝或留设后浇带来防止混凝土温度裂缝的出现。

监测混凝土内部温度场是控制与防范混凝土温度裂缝的重要工作内容。过去多采用点式温度计来测试，这种方法布点有限，施工工艺复杂，温度信息量少；现在一些大型水利水电工程(如三峡大坝)，通过在混凝土内埋设光纤维，利用光纤传感技术来监测内部温度场，该方法具有测点连续、温度信息量大、定位准确、抗干扰性强、施工简便等优点。

2. 在荷载作用下的变形

(1)混凝土在短期荷载作用下的变形。

1)混凝土的弹塑性变形。混凝土是一种弹塑性体，静力受压时，既产生弹性变形，又产生塑性变形，其应力(σ)与应变(ε)的关系是一条曲线，如图 4-23 所示。当在图中 A 点卸荷时，σ-ε 曲线沿 AC 曲线回复，卸荷后弹性变形 $\varepsilon_{弹}$ 恢复了，而残留下塑性变形 $\varepsilon_{塑}$。

2)混凝土的弹性模量。材料的弹性模量是指 σ-ε 曲线上任一点的应力与应变之比。混凝土 σ-ε 曲线是一条曲线，因此混凝土的弹性模量是一个变量，这给确定混凝土弹性模量带来不便。但是，通过大量的试验发现，混凝土在静力受压加荷与卸荷的重复荷载作用下，其 σ-ε 曲线的变化存在以下规律：在混凝土轴心抗压强度的 50%～70%应力水平下，反复加荷、卸荷，混凝土的塑性变形逐渐增大，最后导致混凝土产生疲劳破坏。而在轴心抗压强度的 30%～50%的应力水平下，反复加荷、卸荷，混凝土的塑性变形的增量逐渐减少，最后得到的 σ-ε 曲线 $A'C'$ 几乎与初始切线平行(图 4-24)，用这条曲线的斜率来表示混凝土的弹性模量。通常把这种方法测得的弹性模量称作混凝土割线弹性模量。

《混凝土物理力学性能试验方法标准》(GB/T 50081—2019)规定，混凝土弹性模量的测定，采用标准尺寸为 150 mm×150 mm×300 mm 的棱柱体试件，试验控制应力荷载值为轴心抗压强度的 1/3，经三次以上反复加荷和卸荷后，测定应力与应变的比值，得到混凝土的弹性模量。

混凝土的弹性模量与混凝土的强度、骨料的弹性模量、骨料用量和早期养护温度等因素有关。混凝土强度越高、骨料弹性模量越大、骨料用量越多、早期养护温度越低，混凝土的弹性模量越大。C10～C60 混凝土的弹性模量为 1.75×10^4～4.90×10^4 MPa。

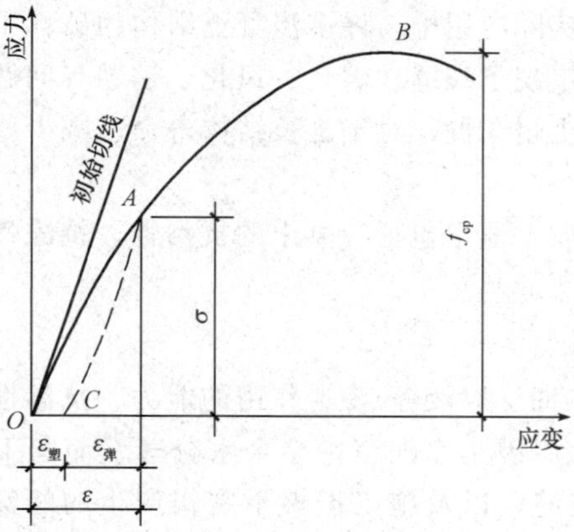

图 4-23　混凝土在压力作用下的应力-应变曲线

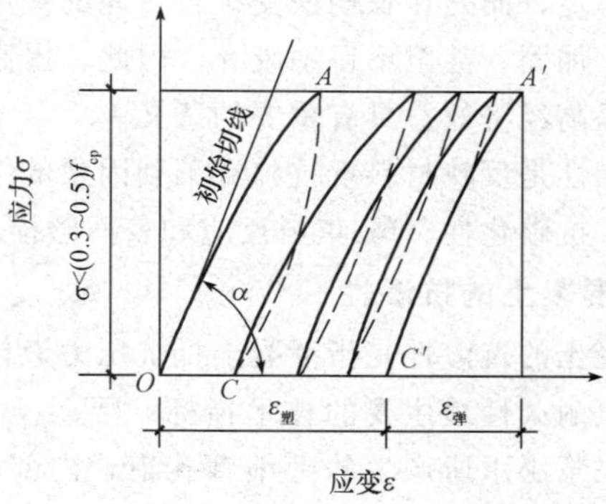

图 4-24　混凝土在低应力水平下反复加荷、卸荷时的应力-应变曲线

(2)混凝土在长期荷载作用下的变形。混凝土在长期荷载作用下会发生徐变。所谓徐变，是指混凝土在长期恒载作用下，随着时间的延长，沿作用力的方向发生的变形，即随时间而发展的变形。

混凝土的徐变在加荷早期增长较快，然后逐渐减慢，2～3 年才趋于稳定。当混凝土卸荷后，一部分变形瞬时恢复，另一部分要过一段时间才能恢复(称为徐变恢复)，剩余的变形是不可恢复部分，称作残余变形，如图 4-25 所示。

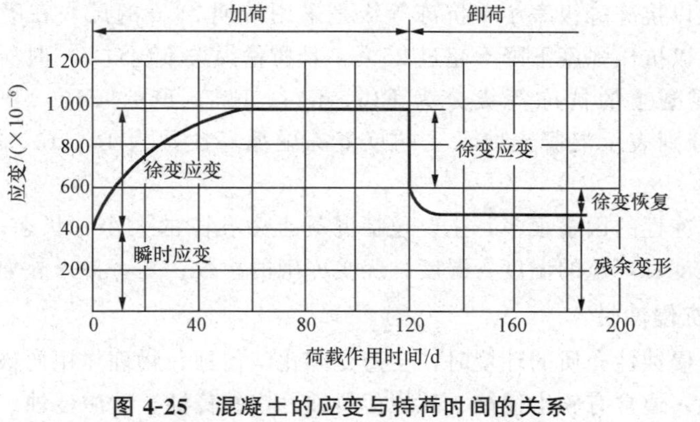

图 4-25　混凝土的应变与持荷时间的关系

混凝土产生徐变的原因，一般认为是在长期荷载作用下，水泥石中的凝胶体产生黏性流动，向毛细孔中迁移，或者凝胶体中的吸附水或结晶水向内部毛细孔迁移渗透。

因此，影响混凝土徐变的主要因素是水泥用量多少和水胶比大小。水泥用量越多，混凝土中凝胶体含量越大；水胶比越大，混凝土中的毛细孔越多，这两个方面均会使混凝土的徐变增大。

混凝土的徐变对混凝土及钢筋混凝土结构物的影响有有利的一面，也有不利的一面。徐变有利于削弱由温度、干缩等引起的约束变形，从而防止裂缝的产生。但在预应力结构中，徐变将产生应力松弛，引起预应力损失。在钢筋混凝土结构设计中，要充分考虑徐变的影响。

4.3.4 混凝土的耐久性

混凝土的耐久性是指材料在外部和内部不利因素的长期作用下，保持其原有性能和作用功能的性质。以往人们过于注重混凝土的强度，而在实际应用中，许多混凝土结构的破坏不是由于强度不足，而是在长期遭受了自然界的侵蚀后，出现了裂缝、碳化、风化、锈蚀等问题，需要修复、加固，甚至不得不废弃。因此，提高混凝土耐久性，对于延长结构寿命、减少修复工作量、提高经济效益具有重要的意义。

耐久性是反映材料抵抗外界不利因素的综合性质，通常包括混凝土的抗渗性、抗冻性、抗侵蚀性、抗碳化性、碱-集料反应和表面磨损。

1. 混凝土的抗渗性

混凝土的抗渗性是指混凝土抵抗压力液体(水、油、溶液等)渗透作用的能力。抗渗性是决定混凝土耐久性最主要的技术指标。混凝土渗水的原因是水泥浆中多余水分蒸发而留下的气孔、水泥浆泌水所产生的毛细管孔道，内部的微裂缝，以及施工振捣不密实产生的蜂窝、孔洞等。

混凝土抗渗性能的好坏取决于混凝土内部的密实程度。混凝土密实性高，外界腐蚀介质不易侵入，同样，冰冻破坏作用和风化作用就小。混凝土的抗渗性用抗渗等级来表示。抗渗等级是按标准试验方法，以材料不渗水时所能承受的最大水压力(MPa)来表示，如 P4、P6、P8、P12，分别表示能抵抗 0.4 MPa、0.6 MPa、0.8 MPa、1.2 MPa 的水压力而不渗透。

2. 混凝土的抗冻性

混凝土的抗冻性是指混凝土在水饱和状态下，能经受多次冻融循环作用而保持强度和外观完整性的性能。混凝土内部孔隙的水在负温下结冰，体积膨胀造成膨胀应力，当膨胀应力大于混凝土抗拉强度时，混凝土就会产生裂缝，反复冻融使裂缝不断扩展，直至破坏。

混凝土抗冻性以抗冻等级表示。抗冻等级是采用龄期 28 d 的试块在吸水饱和状态下，经受反复冻融循环，以抗压强度下降不超过 25%，且质量损失不超过 5%时所能承受的最大冻融循环次数确定。混凝土的抗冻等级分为 F10、F15、F25、F50、F100、F150、F200、F250、F300 九个等级，分别表示混凝土能承受的反复冻融循环次数为 10、15、25、50、100、150、200、250 和 300。

影响混凝土抗冻性的因素很多，主要包括混凝土中孔隙的大小、状态；混凝土的密实度；混凝土孔隙充水程度；环境的温度、湿度；经受冻融的次数；是否掺入外加剂等。

3. 混凝土的抗侵蚀性

混凝土处于含侵蚀性介质的环境时，会遭受到化学侵蚀、物理作用而破坏。化学侵蚀主要是对水泥石的侵蚀，通常有软水侵蚀、硫酸盐侵蚀、镁盐侵蚀、碳酸侵蚀、一般酸与强碱侵蚀等；物理作用是指反复干湿作用、冲击、磨损等。混凝土中氯离子对钢筋的锈蚀，也会使混凝土遭受破坏。混凝土的抗侵蚀性与所用水泥的品种、混凝土的密实度、孔隙率与孔隙特征有关。密实和孔隙封闭的混凝土，侵蚀介质不易侵入，故抗侵蚀性较强。

4. 混凝土的碳化

混凝土的碳化是指混凝土内水泥石中的 $Ca(OH)_2$ 与空气中的 CO_2，在一定湿度条件下发生化学反应，生成 $CaCO_3$ 和 H_2O 的过程。

混凝土的碳化弊多利少。由于碳化造成中性化，混凝土中的钢筋因失去碱性保护而锈蚀，并引起混凝土顺筋开裂；碳化收缩会引起微细裂纹，使混凝土强度降低。但是碳化时生成的碳酸钙填充在水泥石的孔隙中，使混凝土的密实度和抗压强度提高，对防止有害杂质的侵入有一定的缓冲作用。

影响混凝土碳化的因素如下。

(1)环境湿度。当环境的相对湿度为50%～75%时，混凝土碳化速度最快，当相对湿度小于25%或达100%时，碳化停止。这是由于湿度过低时水分不足导致碳化反应无法进行，而湿度过高时混凝土孔隙被水饱和，阻碍了二氧化碳的扩散渗透。

(2)水胶比。水胶比越小，混凝土越密实，二氧化碳和水不易渗入，碳化速度越慢。

(3)环境中二氧化碳的浓度。二氧化碳浓度越大，混凝土碳化作用越快。

(4)水泥品种。普通水泥、硅酸盐水泥水化产物碱度高，其抗碳化能力优于矿渣水泥、火山灰水泥和粉煤灰水泥，且水泥随混合材料掺量的增多而碳化速度加快。

(5)外加剂。混凝土中掺入减水剂、引气剂或引气型减水剂时，由于可降低水胶比或引入封闭小气泡，可使混凝土碳化速度明显减慢。

提高混凝土密实度(如降低水胶比，采用减水剂，保证骨料级配良好，加强振捣和养护等)，是提高混凝土碳化能力的根本措施。

混凝土碳化深度的检测方法有两种：一种是X射线法；另一种是化学试剂法。X射线法适用于实验室的精确测量，需要专门的仪器，既可测试完全碳化深度，又可测试部分碳化深度。现场检测主要用化学试剂法。检测时在混凝土表面凿洞，立即滴上化学试剂，根据反应的颜色测量碳化深度。常用试剂是1%浓度的酚酞酒精溶液，它以pH=9为界线，已碳化部分无色，未碳化的地方呈粉红色，这种方法仅能测试完全碳化深度。另有一种彩虹指示剂，可以根据反应的颜色判别不同的pH值(pH值=5～13)，因此可以测试完全碳化深度和部分碳化深度。

5. 混凝土的碱-集料反应

碱-集料反应(Alkali-Aggregate Reaction，AAR)是指混凝土中的碱与具有碱活性的骨料之间发生反应，反应产物吸水膨胀或反应导致骨料膨胀，造成混凝土开裂破坏的现象。根据骨料中活性成分的不同，碱-集料反应分为三种类型：碱-硅酸反应(Alkali-Silica Reaction，ASR)、碱-碳酸盐反应(Alkali-Carbonate Reaction，ACR)和碱-硅酸盐反应(Alkali-Silicate Reaction)。

碱-硅酸反应是分布最广、研究最多的碱-集料反应，该反应是指混凝土内的碱与骨料中的活性 SiO_2 反应，生成碱-硅酸凝胶，并从周围介质中吸收水分而膨胀，导致混凝土开裂破坏的现象。其化学反应式为

$$2ROH + nSiO_2 \rightarrow R_2O \cdot nSiO_2 \cdot H_2O$$

式中 R代表Na或K。

碱-集料反应必须同时具备以下三个条件。

(1)混凝土中含有过量的碱(Na_2O+K_2O)。混凝土中的碱主要来自水泥，除此之外，还来自外加剂、掺合料、骨料、拌合水等组分。水泥中的碱($Na_2O+0.658K_2O$)大于0.6%的水泥称为高碱水泥，我国许多水泥碱含量在1%左右，如果加上其他组分引入的碱，混凝土中的碱含量较高。

(2)碱活性骨料占骨料总量的比例大于1%。碱活性骨料包括含活性 SiO_2 的骨料(引起ASR)、黏土质白云石质石灰石(引起ACR)和层状硅酸盐骨料(引起碱-硅酸盐反应)。含活性 SiO_2 的碱活性骨料分布最广，目前已被确定的有安山石、蛋白石、玉髓、鳞石英、方石英等。美国、日本、英国等国家已建立了区域性碱活性骨料分布图，我国已开始绘制这种图，京津塘地区碱活性骨料分布图是第一个分布图。

(3)潮湿环境。只有在空气相对湿度大于80%或直接接触水的环境，AAR破坏才会发生。

碱-集料反应很慢，引起的破坏往往经过若干年后才会出现。一旦出现，破坏性则很大，难以加固处理，应加强防范。可采取以下措施来预防。

(1)尽量采用非活性骨料。

(2)当确认为碱活性骨料又非用不可时，应严格控制混凝土中的碱含量，如采用碱含量小于0.6%的水泥，降低水泥用量，选用含碱量低的外加剂等。

(3)在水泥中掺入火山灰质混合材料(如粉煤灰、硅灰和矿渣等)。因为它们能吸收溶液中的钠离子和钾离子，使反应产物早期能均匀分布在混凝土中，不致集中于骨料颗粒周围，从而减轻或消除膨胀破坏。

(4)在混凝土中掺入引气剂或引气减水剂。它们可以产生许多分散的气泡，当发生碱-集料反应时，反应生成的胶体可渗入或被挤入这些气泡内，降低了膨胀破坏应力。

骨料碱活性检验方法有岩相法、化学法、砂浆长度法、岩石柱法、混凝土棱柱法和压蒸法等。

6. 混凝土的表面磨损

混凝土的表面磨损有三种情况：一是机械磨耗，如路面、机场跑道、厂房地坪等处的混凝土受到反复摩擦、冲击而造成的磨耗；二是冲磨，如桥墩、水工泄水结构物、沟渠等处的混凝土受到高速水流中夹带的泥砂、石子颗粒的冲刷、撞击和摩擦造成的磨耗；三是空蚀，如水工泄水结构物受到水流速度和方向改变形成的空穴冲击而造成的磨耗。影响混凝土耐磨性的因素如下。

(1)混凝土的强度。混凝土抗压强度越高，耐磨性越好。通过降低水胶比、掺入高效减水剂等方法来提高混凝土强度的措施，均对提高混凝土耐磨性有利。

(2)粗骨料的品种和性能。粗骨料硬度越高，韧性越高，混凝土的耐磨性越好。辉绿石、铁矿石的硬度和韧性最好，用这些骨料配制的混凝土抗冲击磨损性能较好，花岗石、闪长岩次之，石灰岩、白云岩较差。卵石表面光滑，碎石表面粗糙，从骨料本身来说，前者的耐磨性更好，但是在相同条件下，卵石与水泥石之间的黏结强度比碎石的低。因此，碎石更适用于配制高耐磨性混凝土。

(3)细骨料与砂率。细骨料按耐磨性排列的顺序为铁粉＞河砂＞石灰石砂＞矾土砂＞水淬矿渣砂。砂中石英等坚硬的矿物含量多，黏土等有害杂质含量少，则混凝土的抗冲磨性好，级配良好的中砂配制的混凝土比用细砂或特细砂配制的混凝土的抗冲磨性好得多。当水泥用量小于400 kg/m^3 时，混凝土的磨损系数随砂率的降低而降低；当水泥用量大于450 kg/m^3 时，混凝土的磨损系数在砂率为30%左右时最低。

(4)水泥和掺合料。水泥中 C_3S 的抗冲磨性最好，C_3A 和 C_4AF 次之，C_2S 最差。配制抗冲磨混凝土应尽量选用 C_3S 和 C_3A 含量高、强度等级高的水泥，水泥中不得掺煤矸石、火山灰、黏土等混合材料。在混凝土中掺入硅灰、磨细矿渣粉和钢纤维等掺合料，可使混凝土耐磨性大幅度提高。

(5)养护和施工方法。防止表面混凝土离析、泌水，充分养护混凝土，均有利于提高混凝土耐磨性。混凝土表面经真空脱水和机械二次抹面，可使混凝土耐磨性提高30%～100%。

混凝土耐磨性试验方法有钢球法、转盘法、摩轮法和滚珠轴承法等。

7. 提高混凝土耐久性的措施

混凝土所处的环境和使用条件不同，其遭受破坏的过程及对其耐久性的要求也不相同，但影响耐久性的因素和提高混凝土耐久性的措施却有许多共通之处。混凝土的密实程度是影响耐久性的主要因素，其次是原材料的性质、施工质量等。提高混凝土耐久性的措施如下。

(1)根据混凝土工程的特点和所处的环境条件，合理选择水泥品种。

(2)选用质量良好、技术条件合格的砂石骨料。改善粗细骨料的颗粒级配，在允许的最大粒径范围内尽量选用较大粒径的粗骨料，可减小骨料的空隙率和比表面积，也有助于提高混凝土的耐久性。

(3)严格控制混凝土的水胶比及水泥用量。水胶比的大小是决定混凝土密实性的主要因素，它不但影响混凝土的强度，而且也严重影响其耐久性，故必须严格控制水胶比。保证足够的水泥用量，同样可以起到提高混凝土密实性和耐久性的作用。《混凝土结构设计标准(2024 年版)》(GB/T 50010—2010)和《普通混凝土配合比设计规程》(JGJ 55—2011)对工业与民用建筑工程所用混凝土的最大水胶比及最小水泥用量均做了规定，见表 4-26。

表 4-26　混凝土的最大水胶比及最小水泥用量

<table>
<tr><th rowspan="2">环境类别</th><th rowspan="2">条　件</th><th rowspan="2">最大水胶比</th><th colspan="3">最小水泥用量/(kg·m^{-3})</th></tr>
<tr><th>素混凝土</th><th>钢筋混凝土</th><th>预应力混凝土</th></tr>
<tr><td>一</td><td>室内干燥环境；无侵蚀性静水浸没环境</td><td>0.60</td><td>250</td><td>280</td><td>300</td></tr>
<tr><td>二 a</td><td>室内潮湿环境；非严寒和非寒冷地区的露天环境；非严寒和非寒冷地区与无侵蚀性的水或土壤直接接触的环境；严寒和寒冷地区的冰冻线以下与无侵蚀性的水或土壤直接接触的环境</td><td>0.55</td><td>280</td><td>300</td><td>300</td></tr>
<tr><td>二 b</td><td>干湿交替环境；水位频繁变动环境；严寒和寒冷地区的露天环境；严寒和寒冷地区冰冻线以上与无侵蚀性的水或土壤直接接触的环境</td><td>0.50(0.55)</td><td colspan="3">320</td></tr>
<tr><td>三 a</td><td>严寒和寒冷地区冬季水位变动区环境；受除冰盐影响环境；海风环境</td><td>0.45(0.50)</td><td colspan="3" rowspan="2">330</td></tr>
<tr><td>三 b</td><td>盐渍土环境；受除冰盐作用环境；海岸环境</td><td>0.40</td></tr>
</table>

注：1. 室内潮湿环境是指构件表面经常处于结露或湿润状态的环境；
2. 严寒和寒冷地区的划分应符合现行国家标准《民用建筑热工设计规范》(GB 50176—2016)的有关规定；
3. 海岸环境和海风环境宜根据当地情况，考虑主导风向及结构所处迎风、背风部位等因素的影响，由调查研究和工程经验确定；
4. 受除冰盐影响环境是指受到除冰盐盐雾影响的环境，受除冰盐作用环境是指被除冰盐溶液溅射的环境以及使用除冰盐地区的洗车房、停车楼等建筑；
5. 露天环境是指混凝土结构表面所处的环境；
6. 素混凝土构件的水胶比的要求可适当放松；
7. 处于严寒和寒冷地区二 b、三 a 类环境中的混凝土应使用引气剂，并可采用括号中的有关参数。

(4)掺入减水剂或引气剂，改善混凝土的孔结构，对提高混凝土的抗渗性和抗冻性有良好作用。

(5)加强混凝土质量的生产控制，在混凝土施工中，应当搅拌均匀，浇灌和振捣密实及加强养护，以保证混凝土施工质量。

4.4 混凝土质量控制与强度评定

4.4.1 混凝土的质量控制

在实际工程中，由于原材料质量的波动、施工配料称量误差、施工条件和试验条件的变异等许多复杂因素的影响，混凝土质量必然产生一定程度的波动。为了使所生产的混凝土能按规定的保证率满足设计要求，必须加强混凝土的质量控制，也就是要从原材料开始到混凝土施工的全过程进行必要的质量检验和控制。混凝土质量控制包括以下三个方面。

1. 初步控制

初步控制是指在混凝土生产之前，对混凝土的原材料、配合比和施工工艺进行的控制，主要包括人员配备、设备调试、组成材料的检验、配合比的确定与调整及施工工艺参数确定等内容。

2. 生产控制

生产控制是指在混凝土生产过程中，根据混凝土强度、原材料性能和工艺参数的试验数据，借助质量管理图等质量控制工具对生产过程加以控制，保证混凝土强度维持在稳定的正常状态，包括控制称量、搅拌、运输、浇筑、振捣及养护等多项内容。

3. 合格控制

合格控制是指对混凝土强度的验收评定，包括批量划分、确定批取样数、确定检测方法和验收界限等内容。

工程中通常以混凝土抗压强度作为评定和控制其质量的主要指标。这是因为混凝土抗压强度与其他性能之间有良好的相关性，混凝土抗压强度的波动，既反映了混凝土强度的变化，又能较好地反映混凝土质量的波动。在以上过程的任一步骤中(如原材料质量、施工操作、试验条件等)都存在着质量的随机波动，故进行混凝土质量控制时，要用数理统计方法才能对其质量做出评定。

4.4.2 混凝土强度质量的评定

1. 混凝土的取样及混凝土强度代表值的确定

混凝土试样应在混凝土浇筑地点随机抽取，取样频率应符合下列规定：每 100 盘，但不超过 100 m^3 的同配合比的混凝土，取样次数不得少于一次；每一工作班拌制的同配合比的混凝土不足 100 盘时其取样次数不得少于一次；每组三个试件，应在同一盘混凝土中取样制作。试样的制作、养护、试验应符合有关国家标准规定。

每组试样的强度代表值应符合下列规定：取三个试件强度的算术平均值作为每组试件的强度代表值；当一组试件中强度的最大值或最小值与中间值之差超过中间值的 15%时，取中间值作为该组试件的强度代表值；当一组试件中强度的最大值和最小值与中间值之差均超过中间值的 15%时，该组试件的强度不应作为评定的依据。

当采用非标准尺寸试件时，应将其抗压强度折算为标准试件抗压强度。折算系数为对边长为 100 mm 的立方体试件取 0.95，对边长为 200 mm 的立方体试件取 1.05。

2. 混凝土强度的波动规律

在混凝土生产中，每一种组成材料性能的变异、工艺过程变动及试件制作和试验操作等误差，都会使混凝土强度产生波动。实践结果证明，同一等级的混凝土，在施工条件基本一致的情况下，其强度的波动是服从正态分布规律的。正态分布是一条形状如钟形的曲线，以平均强度为对称轴，距离对称轴越远，强度概率值越小。对称轴两侧曲线上各有一个拐点，如图 4-26 所示。拐点至对称轴的水平距离等于标准差(σ)，曲线与横坐标之间的面积为概率的总和，等于 100%。在数理统计方法中，常用强度平均值、标准差、变异系数和强度保证率等统计参数来评定混凝土质量。

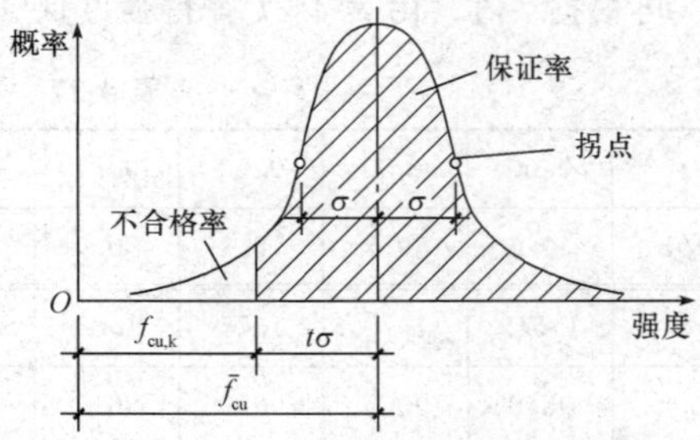

图 4-26　混凝土强度正态分布曲线及保证率

(1)强度平均值($\bar{f}_{cu}$)。它代表混凝土强度总体的平均水平，其值按下式计算：

$$\bar{f}_{cu} = \frac{1}{n}\sum_{i=1}^{n} f_{cu,i} \tag{4-7}$$

式中　n ——试件组数；

$f_{cu,i}$——第 i 组试件强度值(MPa)。

平均强度反映混凝土总体强度的平均值，但并不反映混凝土强度的波动情况。

(2)标准差(σ)。标准差又称均方差，反映混凝土强度的离散程度，即波动程度。σ 越大，强度分布曲线就越宽且矮，离散程度越大则混凝土质量越不稳定。σ 是评定混凝土质量均匀性的重要指标，可按下式计算：

$$\sigma = \sqrt{\frac{\sum_{i=1}^{n}(f_{cu,i} - \bar{f}_{cu})^2}{n-1}} = \sqrt{\frac{\sum_{i=1}^{n} f_{cu,i}^2 - n\bar{f}_{cu}^2}{n-1}} \tag{4-8}$$

式中　n ——试件组数($n \geqslant 25$)；

$f_{cu,i}$——第 i 组试件的抗压强度(MPa)；

$\bar{f}_{cu}$——n 组试件抗压强度的算术平均值(MPa)；

σ ——n 组抗压强度的标准差(MPa)。

(3)变异系数(C_v)。变异系数又称离差系数或标准差系数，也是说明混凝土质量均匀性的指标。在相同生产管理水平下，混凝土的强度标准差会随强度平均值的提高或降低而增大或减小，它反映绝对波动量的大小，有量纲。对平均强度水平不同的混凝土之间质量稳定性的比较，可考虑用相对波动的大小，即以标准差对强度平均值的百分率表示的标准差，即变异系数 C_v 来表征。C_v 越小，说明该混凝土强度质量越稳定。C_v 可按下式计算：

$$C_v = \frac{\sigma}{\bar{f}_{cu}} \tag{4-9}$$

(4)混凝土强度保证率(P)。在混凝土强度质量控制中，除要考虑到所生产的混凝土强度质量的稳定性外，还必须考虑符合设计要求的强度等级的合格率，即强度保证率。它是指混凝土强度总体分布中，不小于设计要求的强度等级标准值($f_{cu,k}$)的概率P(%)。以正态分布曲线下的阴影部分来表示，如图 4-26 所示。强度正态分布曲线下的面积为概率的总和，等于 100%。强度保证率的计算方法如下：

首先，计算出概率度 t，即

$$t = \frac{\bar{f}_{cu} - f_{cu,k}}{\sigma} \tag{4-10}$$

或

$$t=\frac{\bar{f}_{cu}-f_{cu,k}}{C_v\,\bar{f}_{cu}} \tag{4-11}$$

再根据 t 值，由表 4-27 查得强度保证率 P(%)。

表 4-27　不同 t 值的强度保证率 P

t	0.00	0.50	0.80	0.84	1.00	1.04	1.20	1.28	1.40	1.50	1.60
P/%	50.0	69.2	78.8	80.0	84.1	85.1	88.5	90.0	91.9	93.5	94.5
t	1.645	1.70	1.75	1.81	1.88	1.96	2.00	2.05	2.33	2.50	3.00
P/%	95.0	95.5	96.0	96.5	97.0	97.5	97.7	98.0	99.0	99.4	99.87

工程中 P(%)值可根据统计周期内，混凝土试件强度不低于要求强度等级标准值的组数 N_0 与试件总数 N($N\geqslant 25$)之比求得，即

$$P=\frac{N_0}{N}\times 100\% \tag{4-12}$$

式中　N_0——统计周期内，同批混凝土试件强度大于或等于规定强度等级值的组数；

N——统计周期内，同批混凝土试件总组数，$N\geqslant 25$。

我国在《混凝土强度检验评定标准》(GB/T 50107—2010)中规定，根据统计周期内混凝土强度标准差 σ 值和保证率 P(%)，可将混凝土的生产质量水平划分为优良、一般及差三个等级，见表 4-28。

表 4-28　混凝土生产管理水平

评定指标	生产单位	生产管理水平					
		优良		一般		差	
		<C20	≥C20	<C20	≥C20	<C20	≥C20
混凝土强度标准差 σ	商品混凝土厂和预制混凝土构件厂	≤3.0	≤3.5	≤4.0	≤5.0	>4.0	>5.0
	集中搅拌混凝土的施工现场	≤3.5	≤4.0	≤4.5	≤5.5	>4.5	>5.5
强度不低于规定强度等级的百分率 P/%	商品混凝土厂、预制混凝土构件厂及集中搅拌混凝土的施工现场	≥95		>85		≤85	

3. 混凝土配制强度

由于混凝土施工过程中原材料性能及生产因素的差异，会出现混凝土质量的不稳定，如果按设计的强度等级($f_{cu,k}$)配制混凝土，则在施工中将有一半的混凝土达不到设计强度等级，即保证率只有 50%。为使混凝土强度保证率满足规定的要求，在设计混凝土配合比时，必须使配制强度高于混凝土设计要求的强度。令混凝土的配制强度等于平均强度，即 $f_{cu,o}=\bar{f}_{cu}$，则有

$$f_{cu,o}=f_{cu,k}+t\sigma \tag{4-13}$$

式中　$f_{cu,o}$——混凝土配制强度(MPa)；

$f_{cu,k}$——混凝土立方体抗压强度标准值(MPa)；

其余符号意义同前。

由此可见，设计要求的保证率越大，配制强度就要越高；强度质量稳定性越差，配制强度就提高得越多。

根据《普通混凝土配合比设计规程》(JGJ 55—2011)规定，工业与民用建筑及一般构筑物所采用的普通混凝土，设计要求的混凝土强度保证率为 95%，由表 4-27 可查得 $t=1.645$，由上式可得配制强度为

$$f_{cu,o}=f_{cu,k}+1.645\sigma \tag{4-14}$$

式中 σ 值可根据混凝土配制强度的历史统计资料得到。无资料时，可参考表 4-29 取值。

表 4-29 混凝土强度标准差 σ MPa

混凝土强度等级	≤C20	C25～C45	C45～C50
强度标准值 σ	4.0	5.0	6.0

4. 混凝土强度的评定

硬化混凝土的质量控制，主要是检验混凝土的抗压强度。混凝土强度的检验评定，应根据设计要求和抽样检验原理划分验收批，确定验收规则。一个验收批的混凝土应由强度等级相同、龄期相同，以及生产工艺条件和配合比基本相同的混凝土组成。不同行业使用的混凝土强度验收规则有所不同，对于建筑工程，根据《混凝土强度检验评定标准》(GB/T 50107—2010)的规定，混凝土强度检验评定可分统计方法和非统计方法两种。商品混凝土厂、预制混凝土构件厂和采用现场集中搅拌混凝土的施工单位，应按统计方法评定混凝土强度。对零星生产的预制构件混凝土或现场搅拌批量较小的混凝土，可按非统计方法评定。

(1)统计方法评定。由于混凝土生产条件不同，混凝土强度的稳定性也不同，统计方法评定又分为以下两种情况。

1)标准差已知时的统计评定方法。当混凝土的生产条件在较长时间内能保持一致，且同一品种、同一强度等级混凝土的强度变异性能保持稳定，标准差可根据前一时期生产积累的同类混凝土强度数据而确定时，每批混凝土的强度标准差可按常数考虑。强度评定应由连续的三组试件组成一个验收批，其强度应同时满足下列要求：

$$m_{f_{cu}}\geqslant f_{cu,k}+0.7\sigma_0 \tag{4-15}$$

$$f_{cu,min}\geqslant f_{cu,k}-0.7\sigma_0 \tag{4-16}$$

当混凝土强度等级不高于 C20 时，其强度的最小值尚应满足下式要求：

$$f_{cu,min}\geqslant 0.85f_{cu,k} \tag{4-17}$$

当混凝土强度等级高于 C20 时，其强度的最小值尚应满足下式要求：

$$f_{cu,min}\geqslant 0.90f_{cu,k} \tag{4-18}$$

式中 $m_{f_{cu}}$——同一检验批混凝土立方体抗压强度的平均值(N/mm^2)，精确到 $0.1\ N/mm^2$；

$f_{cu,k}$——混凝土立方体抗压强度标准值(N/mm^2)，精确到 $0.1\ N/mm^2$；

σ_0——检验批混凝土立方体抗压强度的标准差(N/mm^2)，精确到 $0.01\ N/mm^2$[按式(4-19)计算。当 σ_0 计算值小于 $2.5\ N/mm^2$ 时，应取 $2.5\ N/mm^2$]；

$f_{cu,min}$——同一检验批混凝土立方体抗压强度的最小值(N/mm^2)，精确到 $0.1\ N/mm^2$。

检验批混凝土立方体抗压强度的标准差，应根据前一个检验期内同一品种混凝土试件的强度数据，按下式计算：

$$\sigma_0=\sqrt{\frac{1}{n-1}\left(\sum_{i=1}^{n}f_{cu,i}^2-nm_{f_{cu}}^2\right)} \tag{4-19}$$

式中 $f_{cu,i}$——第 i 组混凝土试件的立方体抗压强度代表值(N/mm^2)，精确到 $0.1\ N/mm^2$；

n——前一检验期内的样本容量。

注： 上述检验期不应少于 60 d 也不宜超过 90 d，且在该期间内样本容量不应少于 45。

2)标准差未知时的统计评定方法。当混凝土的生产条件在较长时间内不能保持一致，且同一品种、同一强度等级混凝土的强度变异性不能保持稳定，或在前一个检验期内的同一品种混凝土没有足够的数据用以确定验收混凝土的标准差时，检验评定只能直接根据每一验收批抽样的样本强度数据确定。

评定时，应由不少于 10 组的试件组成一个验收批，其确定应同时满足下列公式要求：

$$m_{f_{cu}} \geqslant f_{cu,k} + \lambda_1 \cdot S_{f_{cu}} \tag{4-20}$$

$$f_{cu,min} \geqslant \lambda_2 \cdot f_{cu,k} \tag{4-21}$$

式中 $S_{f_{cu}}$——同一检验批混凝土立方体抗压强度的标准差（N/mm²），精确到 0.01 N/mm²［按式(4-22)计算。当 $S_{f_{cu}}$ 计算值小于 2.5 N/mm² 时，应取 2.5 N/mm²］；

λ_1、λ_2——合格评定系数，按表 4-30 取用。

表 4-30 混凝土强度的合格评定系数

试件组数	10～14	15～19	≥20
λ_1	1.15	1.05	0.95
λ_2	0.90	0.85	

同一检验批混凝土立方体抗压强度的标准差，应按下式计算：

$$S_{f_{cu}} = \sqrt{\frac{1}{n-1}\left(\sum_{i=1}^{n} f_{cu,i}^2 - m m_{f_{cu}}^2\right)} \tag{4-22}$$

式中 n——本检验期内的样本容量。

(2)非统计方法评定。当用于评定的样本容量小于 10 组时，可采用非统计方法评定混凝土强度。按非统计方法评定混凝土强度时，其强度应同时满足下列要求：

$$m_{f_{cu}} \geqslant \lambda_3 \cdot f_{cu,k} \tag{4-23}$$

$$f_{cu,min} \geqslant \lambda_4 f_{cu,k} \tag{4-24}$$

式中 λ_3、λ_4——合格评定系数，按表 4-31 取用。

表 4-31 混凝土强度的非统计法合格评定系数

混凝土强度等级	<C60	≥C60
λ_3	1.15	1.10
λ_4	0.95	

混凝土强度应分批进行检验评定，当检验结果能满足上述规定时，该批混凝土强度判为合格；反之，判为不合格。由不合格批混凝土制成的结构或构件，应进行鉴定。对不合格的结构或构件，必须及时处理。当对混凝土试件强度的代表性有怀疑时，可采用从结构或构件中钻取试件的方法或采用非破损检验方法按有关标准的规定对结构或构件混凝土的强度进行推定。

4.5 普通混凝土配合比设计

混凝土配合比是指混凝土中各组成材料数量之间的比例关系。它不但影响混凝土的性能，还影响工程造价。

混凝土配合比的常用表示方法有两种。一种是以每 1 m^3 混凝土中各项材料的质量表示，如某配合比：水泥 300 kg，水 180 kg，砂 720 kg，石子 1 200 kg，该混凝土 1 m^3 总质量为 2 400 kg。另一种表示方法是以各项材料相互间的质量比来表示(以水泥质量为 1)，将上例换算成质量比，水泥∶砂∶石＝1∶2.4∶4，水胶比＝0.60。

4.5.1　混凝土配合比设计的基本要求、基本参数和基本资料

1. 混凝土配合比设计的基本要求

混凝土配合比设计的基本原理就是依据原材料的技术性能及施工条件，确定可供满足工程所要求技术性能的各项组成材料的用量。通常，混凝土配合比应满足以下基本要求。

(1)满足施工所要求的新拌混凝土的和易性。

(2)满足结构设计要求的混凝土强度等级。

(3)具有与使用环境相适应的耐久性(如抗冻性、抗渗性、抗侵蚀性等)。

(4)在保证工程质量的前提下，应尽量节约水泥，以降低混凝土的成本。

2. 混凝土配合比设计的基本参数

表面上混凝土配合比设计只是通过计算来确定四项基本组成材料的用量，实质上则是根据组成材料的情况，确定水泥、水、砂和石子用量之间的三个比例关系，即配合比的三个参数。这三个参数与混凝土各项性能密切相关。正确地确定这三个参数，能使混凝土满足对其质量的基本要求。

三个参数的确定原则如下。

(1)水胶比：即水与水泥之间的比例关系。当组成材料一定时，它对混凝土的强度和耐久性起关键性作用。在满足强度与耐久性要求的前提下，应尽量使水胶比取较大值。

(2)单位用水量：即 1 m^3 混凝土的用水量，反映了水泥浆与骨料之间的比例关系。当水胶比一定时，它是控制混凝土拌合物流动性的主要因素。在满足流动性的前提下，应尽量使单位用水量取较小值。

(3)砂率：即砂与石子之间的比例关系。对混凝土拌合物的和易性，特别是其中的黏聚性和保水性有很大影响。在满足黏聚性要求的前提下，应尽量使砂率取较小值。

3. 混凝土配合比设计的基本资料

混凝土配合比设计是建立在各种基本资料和设计要求基础上的求解过程，因此必须具备这些基础资料才能正确完成这一设计任务。这些基本资料主要有以下几种。

(1)结构设计对混凝土强度的要求，即混凝土的强度等级。

(2)工程设计对混凝土耐久性的要求，如根据工程环境条件所要求的抗渗等级、抗冻等级等。

(3)原材料品种及其物理力学性质：水泥的品种、实测强度(或强度等级)、密度等；细骨料的品种、表观密度及堆积密度、吸水率及含水率、颗粒级配及粗细程度；粗骨料的品种、表观密度及堆积密度、吸水率及含水率、颗粒级配及最大粒径；拌合水的水质或水源情况；外加剂的品种、名称、特性及最佳掺量；矿物掺合料的品种、名称、特性及掺量。

(4)工程结构与施工条件，包括结构截面最小尺寸及钢筋最小净距、搅拌及运输方式、浇筑与密实工艺所要求的坍落度、施工单位质量管理水平及混凝土强度标准差(σ)等。

4.5.2　普通混凝土配合比设计的方法与步骤

混凝土配合比设计是通过计算与试验相结合的方法来实现的。按照《普通混凝土配合比设

计规程》(JGJ 55—2011)的规定，普通混凝土配合比设计可分为以下几个步骤：首先根据各种原材料的技术性能及工程对混凝土的技术要求进行初步计算，得出“初步配合比”；然后经实验室试配调整，得出满足和易性要求的“基准配合比”；再经强度复核确定出满足设计和施工要求且较为经济合理的“实验室设计配合比”；最后施工单位还需要根据施工现场砂石实际含水情况，进行配合比换算，得出最终用于直接指导混凝土生产的“施工配合比”。

1. 初步配合比计算

按选用的原材料性能及对混凝土的技术要求进行初步配合比的计算，以便得出供试配用的配合比。混凝土初步配合比计算应按下列步骤进行。

(1)配制强度($f_{cu,o}$)的确定。为了使实验室配制的混凝土强度能满足设计的强度等级，还应考虑到实际施工条件与实验室条件的差别。在实际施工中，影响混凝土强度的因素较复杂，混凝土强度难免有波动，为使混凝土强度保证率满足规定的要求，在混凝土配合比设计时，必须使混凝土的配制强度高于设计强度等级。

《普通混凝土配合比设计规程》(JGJ 55—2011)有如下规定。

当混凝土的设计强度等级小于 C60 时，配制强度应按下式确定：

$$f_{cu,o} \geqslant f_{cu,k} + 1.645\sigma \tag{4-25}$$

当混凝土的设计强度等级不小于 C60 时，配制强度应按下式确定：

$$f_{cu,o} \geqslant 1.15 f_{cu,k} \tag{4-26}$$

式中 $f_{cu,o}$——混凝土的配制强度(MPa)；

$f_{cu,k}$——混凝土立方体抗压强度标准值(MPa)，这里取混凝土的设计强度等级；

σ——混凝土强度标准差(MPa)。

混凝土强度标准差应按下列规定确定。

1)当具有近 1 至 3 个月的同一品种、同一强度等级混凝土的强度资料，且试件组数不小于 30 时，其混凝土强度标准差 σ 应按下式计算：

$$\sigma = \sqrt{\frac{1}{n-1}\left(\sum_{i=1}^{n} f_{cu,i}^2 - n m_{f_{cu}}^2\right)} \tag{4-27}$$

式中 $m_{f_{cu}}$——n 组试件的强度平均值(MPa)；

$f_{cu,i}$——第 i 组的试件强度(MPa)；

n——试件组数。

对于强度等级不大于 C30 的混凝土，当混凝土强度标准差计算值不小于 3.0 MPa 时，应按式(4-27)计算结果取值；当混凝土强度标准差计算值小于 3.0 MPa 时，应取 3.0 MPa。

对于强度等级大于 C30 且小于 C60 的混凝土，当混凝土强度标准差计算值不小于 4.0 MPa 时，应按式(4-27)计算结果取值；当混凝土强度标准差计算值小于 4.0 MPa 时，应取 4.0 MPa。

2)当没有近期的同一品种、同一强度等级混凝土强度资料时，混凝土强度标准差 σ 可按表 4-30 选用。

(2)初步确定水胶比(W/B)值。根据已测定的水泥实际强度 f_{ce}(或选用的水泥强度等级)、粗骨料种类及所要求的混凝土配制强度 $f_{cu,o}$，按混凝土强度公式计算出所要求的水胶比(适用于混凝土强度等级小于 C60)：

$$\frac{W}{B} = \frac{\alpha_a \cdot f_{ce}}{f_{cu,o} + \alpha_a \cdot \alpha_b \cdot f_{ce}} \tag{4-28}$$

混凝土的水胶比不但要满足强度要求，而且要满足耐久性要求，为了保证混凝土必要的耐久性，水胶比不得大于表 4-26 规定的最大水胶比值，计算所得的水胶比大于规定的最大水胶比值时，应取规定的最大水胶比值。

对于有特殊要求的混凝土，如抗渗混凝土、耐腐蚀混凝土等，混凝土的水胶比还应符合有关规定。

(3)按设计要求的坍落度(或维勃稠度)及石子最大粒径，选取每 1 m^3 混凝土的用水量(m_{w0})。混凝土的单位用水量应根据施工要求的混凝土流动性及所用骨料的种类、规格确定。单位用水量的确定方法如下。

1)考虑工程种类与施工条件，按表 4-23 确定适宜的坍落度，对于水胶比为 0.4～0.8 的干硬性混凝土和塑性混凝土，可以参考表 4-32、表 4-33 定出每 1 m^3 混凝土的用水量；对于水胶比小于 0.4 的混凝土及采用特殊成型工艺的混凝土用水量，应通过试验确定。

2)对流动性、大流动性混凝土(坍落度大于 90 mm)。未掺外加剂的混凝土用水量，以表 4-33 中坍落度为 75～90 mm 的用水量为基础，按坍落度每增加 20 mm 用水量增加 5 kg 计算；当坍落度增加到 180 mm 以上时，随坍落度相应增加的用水量可减少。

表 4-32 干硬性混凝土的单位用水量 kg/m^3

拌合物稠度		卵石最大公称粒径/mm			碎石最大公称粒径/mm		
项目	指标	10.0	20.0	40.0	16.0	20.0	40.0
维勃稠度	16～20	175	160	145	180	170	155
	11～15	180	165	150	185	175	160
	5～10	185	170	155	190	180	165

表 4-33 塑性混凝土的单位用水量 kg/m^3

拌合物稠度		卵石最大公称粒径/mm				碎石最大公称粒径/mm			
项目	指标	10.0	20.0	31.5	40.0	16.0	20.0	31.5	40.0
坍落度/mm	10～30	190	170	160	150	200	185	175	165
	35～50	200	180	170	160	210	195	185	175
	55～70	210	190	180	170	220	205	195	185
	75～90	215	195	185	175	230	215	205	195

注：1. 本表用水量是采用中砂时的平均取值，采用细砂时，1 m^3 混凝土的用水量可增加 5～10 kg；采用粗砂时，则可减少 5～10 kg。

2. 掺用各种外加剂或掺合料时，用水量应相应调整。

对于掺外加剂混凝土的用水量，计算式为

$$m_{w0}=m'_{w0}\cdot(1-\beta) \tag{4-29}$$

式中 m_{w0}——掺外加剂时，计算配合比 1 m^3 混凝土的用水量(kg/m^3)；

m'_{w0}——未掺外加剂时推定的满足实际坍落度要求的 1 m^3 混凝土的用水量(kg/m^3)；

β——外加剂的减水率(%)，应根据混凝土试验确定。

(4)计算每 1 m^3 混凝土的水泥用量(单位水泥用量)(m_{c0})。根据已确定的每 1 m^3 混凝土的用水量(m_{w0})和计算出的水胶比(W/B)值，可按下式求出水泥用量(m_{c0})：

$$m_{c0}=\frac{m_{w0}}{W/B}$$

再根据使用环境条件的耐久性要求，查表 4-26 得到规定的 1 m³ 混凝土的最小水泥用量。最后取两值中较大者确定为 1 m³ 混凝土的水泥用量。

(5)选取合理的砂率值(β_s)。合理的砂率值应根据骨料的技术指标、混凝土拌合物性能和施工要求，参考既有历史资料确定。

当缺乏砂率历史资料时，混凝土砂率的确定应符合下列规定。

1)坍落度小于 10 mm 的混凝土，一般应通过试验找出合理砂率。

2)坍落度为 10～60 mm 的混凝土，可按骨料品种、规格及混凝土的水胶比，参考表4-34选用合理砂率。

3)坍落度大于 60 mm 的混凝土，砂率可通过试验确定，也可在表 4-34 的基础上，按坍落度每增加 20 mm，砂率增加 1%的幅度予以调整。

表 4-34　混凝土的砂率 %

水胶比	卵石最大公称粒径/mm			碎石最大公称粒径/mm		
	10.0	20.0	40.0	16.0	20.0	40.0
0.40	26～32	25～31	24～30	30～35	29～34	27～32
0.50	30～35	29～34	28～33	33～38	32～37	30～35
0.60	33～38	32～37	31～36	36～41	35～40	33～38
0.70	36～41	35～40	34～39	39～44	38～43	36～41

(6)计算粗、细骨料的用量。粗、细骨料的用量可用体积法或质量法求得。

1)体积法。假定混凝土拌合物的体积等于各组成材料绝对体积和混凝土拌合物中所含空气体积的总和。因此在计算 1 m³ 混凝土拌合物各材料的用量时，可列出下式：

$$\frac{m_{c0}}{\rho_c}+\frac{m_{g0}}{\rho_g}+\frac{m_{s0}}{\rho_s}+\frac{m_{w0}}{\rho_w}+0.01\alpha=1 \tag{4-30}$$

又根据已知的砂率可列出下式：

$$\beta_s=\frac{m_{s0}}{m_{s0}+m_{g0}}\times 100\% \tag{4-31}$$

式中　m_{g0}——计算配合比 1 m³ 混凝土中粗骨料的用量(kg/m³)；

m_{s0}——计算配合比 1 m³ 混凝土中细骨料的用量(kg/m³)；

β_s——砂率(%)；

ρ_c——水泥的密度(kg/m³)，可按《水泥密度测定方法》(GB/T 208—2014)测定，也可取 2 900～3 100 kg/m³；

ρ_g——粗骨料的表观密度(kg/m³)，可按《普通混凝土用砂、石质量及检验方法标准》(JGJ 52—2006)测定；

ρ_s——细骨料的表观密度(kg/m³)，可按《普通混凝土用砂、石质量及检验方法标准》(JGJ 52—2006)测定；

ρ_w——水的密度(kg/m³)，可取 1 000 kg/m³；

α——混凝土的含气量百分数(%)，在不使用引气剂或引气型外加剂时，α 可取为 1。

根据以上两个关系式可求出粗、细骨料的用量。

2)质量法。根据经验，如果原材料情况比较稳定，所配制的混凝土拌合物的表观密度将接近一个固定值，这就可先假设(估计)一个 1 m³ 混凝土拌合物的质量，因此可列出下式：

$$m_{cp}=m_{c0}+m_{g0}+m_{s0}+m_{w0} \tag{4-32}$$

式中　m_{cp}——1 m³ 混凝土拌合物的假定质量，其值可取 2 350～2 450 kg/m³。

由式(4-31)及式(4-32)两个关系式同样可求出粗、细骨料的用量。

通过以上六个步骤便可将水、水泥、砂和石子的用量全部求出，得到混凝土的计算配合比，供试配用。

需要注意的是，以上混凝土配合比计算公式和表格，均以干燥状态骨料为基准(干燥状态骨料是指含水率小于 0.5%的细骨料或含水率小于 0.2%的粗骨料)。

若需要以饱和面干状态骨料为基准进行计算，则应做相应的修改。

2. 配合比的试配、调整与确定

(1)配合比的试配。由于以上求出的各材料的用量，是借助于一些经验公式和数据计算出来的，或是利用经验资料查得的，不一定能够符合实际情况，因而按计算的初步配合比进行试配时，首先应进行试拌，以检查拌合物的和易性是否符合要求。

按初步配合比称取材料进行试拌，混凝土拌合物搅拌均匀后应测定坍落度，并检查其黏聚性和保水性能的好坏。当试拌得出的拌合物坍落度(或维勃稠度)不满足要求，或黏聚性和保水性不好时，应在保持水胶比不变的条件下相应调整用水量或砂率。当坍落度低于设计要求时，可保持水胶比不变，增加适量水泥浆(增加水和水泥用量)。若坍落度太大，可在保持砂率不变的条件下增加砂、石骨料的用量。当出现含砂不足，黏聚性和保水性不良时，可适当增大砂率；反之应减小砂率。

每次调整后再试拌，直到符合要求为止。试拌调整工作完成后，应测出混凝土拌合物的表观密度，然后提出供混凝土强度试验用的基准配合比。

经过和易性调整试验得出的混凝土基准配合比，其水胶比不一定选用恰当，强度不一定符合要求，所以应检验混凝土的强度，且检验时采用三个不同的配合比，其中一个应为经过前面拌合物和易性确定的基准配合比，另外两个配合比的水胶比值，应比基准配合比分别增加及减少 0.05，用水量与基准配合比相同，砂率可分别增加或减少 1%。

每种配合比的混凝土制作一组(三块)试块，标准养护 28 d 试压(在制作混凝土强度试块时，还需检验混凝土拌合物的和易性及测定表观密度，并以此结果作为代表这一配合比的混凝土拌合物的性能)。

在有条件的单位，可同时制作一组或几组试块，供快速检验或较早龄期时试压，这样可以提前定出混凝土配合比，供施工使用，但是以后仍必须以标准养护 28 d 的检验结果为依据调整配合比。

(2)配合比的调整与确定。由于混凝土抗压强度与其灰水比呈直线关系，根据试验得出的三组混凝土强度与其相对应的灰水比(C/W)，用作图法或计算法求出与混凝土配制强度($f_{cu,o}$)相对应的灰水比，并应按下列原则确定每 1 m^3 混凝土的材料用量。

1)用水量(m_w)应在基准配合比用水量的基础上，根据制作强度试件时测得的坍落度或维勃稠度进行调整确定。

2)水泥用量(m_c)应以用水量乘以灰水比(经试验定出的为达到 $f_{cu,o}$ 所必需的灰水比)计算确定。

3)粗骨料和细骨料用量(m_g 和 m_s)应在基准配合比的粗骨料和细骨料用量的基础上，按求出的灰水比进行调整后确定。

(3)混凝土配合比的校正。混凝土配合比经试配、调整确定后，还需根据实测的混凝土表观密度($\rho_{c,t}$)作必要的校正，其步骤如下。

1)应根据前面确定的材料用量按下式计算混凝土的表观密度计算值($\rho_{c,c}$)：

$$\rho_{c,c}=m_c+m_g+m_s+m_w \tag{4-33}$$

式中　m_c、m_s、m_g 和 m_w——每 1 m^3 混凝土的水泥、砂、石、水的用量。

2)计算混凝土配合比校正系数 δ。将混凝土的实测表观密度值($\rho_{c,t}$)除以混凝土的计算表观密度值($\rho_{c,c}$)得出校正系数 δ，即：

$$\delta=\frac{\rho_{c,t}}{\rho_{c,c}} \tag{4-34}$$

3)当混凝土表观密度实测值与计算值之差的绝对值不超过计算值的 2%时，前面确定的配合比即为确定的设计配合比；当两者之差超过 2%时，应将配合比中每项材料用量均乘以校正系数 δ，即为确定的设计配合比。

若混凝土需满足其他技术性能要求(如抗渗等级、抗冻等级、高强、泵送、大体积等)，其配合比设计应按照《普通混凝土配合比设计规程》(JGJ 55—2011)的有关规定执行。

3. 施工配合比的计算

设计配合比是以干燥材料为基准的，而施工工地存放的砂、石材料都含有一定的水分，所以现场材料的实际称量应按工地砂、石的含水情况进行修正，修正后的配合比叫作施工配合比。工地存放的砂、石的含水情况常有变化，应按变化情况，随时加以修正。

现假定工地测出砂的含水率为 W_s、石子的含水率为 W_g，则将上述设计配合比换算为施工配合比，其材料的称量应为

$$m'_c=m_c \tag{4-35}$$

$$m'_s=m_s(1+W_s) \tag{4-36}$$

$$m'_g=m_g(1+W_g) \tag{4-37}$$

$$m'_w=m_w-m_s\cdot W_s-m_g\cdot W_g \tag{4-38}$$

式中　m'_c、m'_s、m'_g 和 m'_w——考虑砂石含水情况后每 1 m^3 混凝土的水泥、砂、石、水的用量。

骨料含水状态可分为干燥状态、气干状态、饱和面干状态和湿润状态四种，如图 4-27 所示。

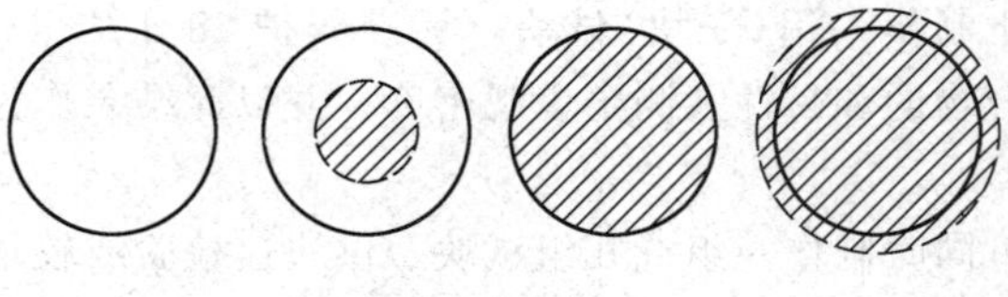

(a)　(b)　(c)　(d)

图 4-27　骨料的含水状态

(a)干燥状态；(b)气干状态；(c)饱和面干状态；(d)湿润状态

(1)干燥状态：含水率等于或接近于零。

(2)气干状态：含水率与大气湿度相平衡。

(3)饱和面干状态：骨料表面干燥而内部孔隙含水率达到饱和。

(4)湿润状态：骨料不仅内部孔隙充满水，而且表面还附有一层表面水。

在拌制混凝土时，由于骨料含水状态不同，将影响混凝土的用水量和骨料用量。骨料在饱和面干状态时的含水率，称为饱和面干吸水率。在计算混凝土中各项材料的配合比时，如果以饱和面干骨料为基准，则不会影响混凝土的用水量和骨料用量，因为饱和面干骨料既不从混凝土中吸取水分，也不向混凝土拌合物中释放水分。因此一些大型水利工程常以饱和面干状态骨料为基准，这样混凝土的用水量和骨料用量的控制就较准确。

在一般工业和民用建筑工程中，混凝土配合比设计常以干燥状态骨料为基准。这是因为坚固骨料的饱和面干吸水率一般不超过 2%，而且在工程施工中，必须经常测定骨料的含水率，以及时调整混凝土组成材料实际用量的比例，从而保证混凝土的质量。

4.5.3 混凝土配合比设计实例

【例 4-1】 某工程现浇混凝土梁，混凝土设计强度等级为C30，采用机械搅拌，施工时要求混凝土坍落度为35～50 mm。使用环境为室内干燥环境，施工单位无该种混凝土的历史统计资料，所用材料情况如下。

普通水泥：强度等级为42.5，实测28d强度为46.0 MPa，表观密度ρ_c为3 100 kg/m³。

中砂：级配合格，M_x为2.7，表观密度ρ_s为2 650 kg/m³，施工用砂的含水率为3%。

碎石：公称粒级5～20 mm，表观密度ρ_g为2 720 kg/m³，施工用碎石的含水率为1%。

水：自来水。

设计要求：(1)混凝土初步配合比；

(2)混凝土施工配合比。

【解】

(1)混凝土初步配合比的确定。

1)确定配制强度($f_{cu,o}$)。查表4-29可知，当混凝土为C30时，σ为5.0 MPa，则

$$f_{cu,o}=f_{cu,k}+1.645\sigma=30+1.645\times5.0=38.2(\text{MPa})$$

2)计算水胶比(W/B)。对于碎石，$\alpha_a=0.53$，$\alpha_b=0.20$，并且已知$f_{ce}=46.0$ MPa，则

$$\frac{W}{B}=\frac{\alpha_a\times f_{ce}}{f_{cu,o}+\alpha_a\times\alpha_b\times f_{ce}}=\frac{0.53\times46.0}{38.2+0.53\times0.20\times46.0}=0.566$$

查表4-26可知，最大水胶比为0.60，所以可取水胶比为0.566。

3)确定单位用水量(m_{w0})。根据混凝土坍落度为35～50 mm，砂子为中砂、石子为5～20 mm的碎石，查表4-33，可选用单位用水量$m_{w0}=195$ kg。

4)计算水泥用量(m_{c0})。

$$m_{c0}=\frac{m_{w0}}{W/B}=\frac{195}{0.566}=345(\text{kg})$$

查表4-26可知，水泥最小用量为280 kg，所以可取水泥用量为345 kg。

5)选取合理的砂率(β_s)。查表4-34，W/B为0.566，碎石最大粒径为20 mm时，可取$\beta_s=36\%$。

6)计算粗、细骨料用量(m_{g0}及m_{s0})。

①质量法。

假定：1 m³混凝土拌合物的质量为2 400 kg，则

$$\begin{cases}345+m_{g0}+m_{s0}+195=2\,400\\[2mm]\dfrac{m_{s0}}{m_{g0}+m_{s0}}=36\%\end{cases}$$

解得砂、石用量分别为$m_{s0}=670$ kg，$m_{g0}=1\,190$ kg。

因此，按质量法算得的该混凝土初步配合比为1 m³混凝土的材料用量：水泥345 kg，水195 kg，砂670 kg，碎石1 190 kg。即各材料之间的比例为

$$m_{c0}:m_{s0}:m_{g0}:m_{w0}=1:1.94:3.45:0.566$$

②体积法。采用体积法，按下面方程组计算：

$$\begin{cases}\dfrac{m_{c0}}{\rho_c}+\dfrac{m_{g0}}{\rho_g}+\dfrac{m_{s0}}{\rho_s}+\dfrac{m_{w0}}{\rho_w}+0.01\alpha=1\\[2mm]\dfrac{m_{s0}}{m_{g0}+m_{s0}}=36\%\end{cases}$$

代入砂、石、水泥、水的表观密度数据，取混凝土拌合物含气量$\alpha=1$，则

$$\begin{cases}\dfrac{345}{3\ 100}+\dfrac{m_{g0}}{2\ 720}+\dfrac{m_{s0}}{2\ 650}+\dfrac{195}{1\ 000}+0.01\times1=1\\ \dfrac{m_{s0}}{m_{g0}+m_{s0}}=36\%\end{cases}$$

解得砂、石用量分别为 $m_{s0}=663$ kg，$m_{g0}=1\ 179$ kg。

因此，按体积法算得的该混凝土初步配合比为 1 m^3 混凝土的材料用量：水泥 345 kg，水 195 kg，砂 663 kg，碎石 1 179 kg。即各材料之间的比例为

$$m_{c0}:m_{s0}:m_{g0}:m_{w0}=1:1.92:3.42:0.566$$

(2)配合比的试配、调整与确定(以体积法计算配合比为例)。

1)配合比的试配。按计算配合比试拌 15 L 混凝土，各材料用量如下。

水泥：0.015×345=5.175(kg)。

水：0.015×195=2.925(kg)。

砂：0.015×663=9.945(kg)。

碎石：0.015×1 179=17.685(kg)。

拌和均匀后，测得坍落度为 25 mm，低于施工要求的坍落度(35～50 mm)，增加水泥浆量 5%，即水泥用量增加到 5.43 kg，水用量增加到 3.07 kg，测得坍落度为 40 mm，混凝土拌合物的黏聚性和保水性良好。经调整后各项材料用量为：水泥 5.43 kg，水 3.07 kg，砂 9.945 kg，碎石 17.685 kg，其总量为 36.13 kg。基准配合比为：

$$m_{c0}:m_{s0}:m_{g0}:m_{w0}=1:1.83:3.26:0.56$$

2)设计配合比的调整与确定。以基准配合比为基础，采用水胶比为 0.51、0.56、0.61 的三个不同配合比，制作强度试验试件(水胶比增加或减少 0.05，砂率相应增加或减少 1%)。其中，水胶比为 0.51 和 0.61 的配合比也应该经和易性调整，保证满足施工要求的和易性。三种不同水胶比混凝土的配合比、实测坍落度、表观密度、28 d 抗压强度可列成表格，见表 4-35。

表 4-35　混凝土配合比的试配结果

编号	混凝土配合比					混凝土实测性能		
	水胶比	水泥/kg	水/kg	砂/kg	石子/kg	坍落度/mm	表观密度/(kg·m⁻³)	28 d 抗压强度/MPa
1	0.51	400.0	204	628.6	1 167.4	45	2 410	44.8
2	0.56	360.7	204	660.6	1 174.8	40	2 402	39.5
3	0.61	334.4	204	685.1	1 166.5	40	2 395	34.5

把强度检验结果绘制成 $f_{cu,o}$-B/W 图，如图 4-28 所示。

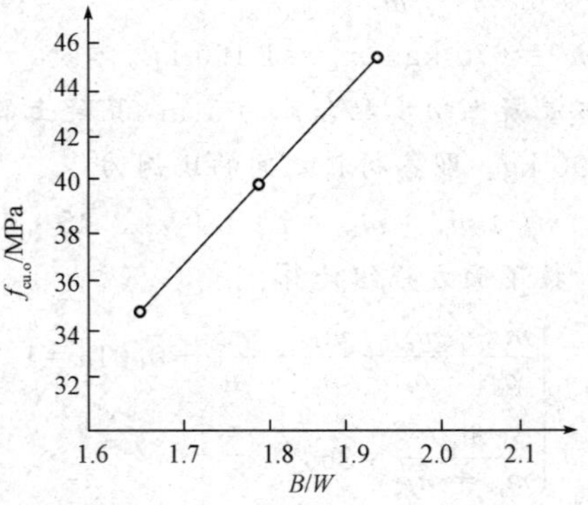

图 4-28　实测抗压强度与胶水比 B/W 的关系

从图4-28可判断，配制强度38.2 MPa对应的胶水比为$B/W=1.75$，即水胶比为$W/B=0.57$。实际工程中，考虑到混凝土组成材料的质量波动，若实测强度能满足配制强度且超强不多，就没有必要重新进行调整；本例由于受耐久性要求的最大水胶比限制，混凝土的水胶比应选定为0.56。

混凝土拌合物的计算表观密度为

$$\rho_{c,c}=360.7+204+660.6+1\,174.8=2\,400.1(\mathrm{kg/m^3})$$

而实测表观密度为2 402 kg/m³，两者基本一致，$\delta=1.000\,8\%<1.02\%$，不再需要调整。所以前面计算的配合比即为确定的设计配合比，水泥为360.7 kg，水为204 kg，砂为660.6 kg，碎石为1 174.8 kg。也可表示为

$$m_{c0}:m_{s0}:m_{g0}:m_{w0}=1:1.83:3.26:0.56$$

3)施工配合比的确定。将设计配合比换算为施工配合比时，用水量应扣除砂、石所含水量，砂、石用量则应增加砂、石所含水量，所以施工配合比为

$$m'_c=m_c=360.7\text{ kg}$$

$$m'_s=m_s(1+W_s)=660.6\times(1+3\%)=680.4(\mathrm{kg})$$

$$m'_g=m_g(1+W_g)=1\,174.8\times(1+1\%)=1\,186.5(\mathrm{kg})$$

$$m'_w=m_w-m_s\cdot W_s-m_g\cdot W_g=204-660.6\times3\%-1\,174.8\times1\%=172.4(\mathrm{kg})$$

4.5.4 掺外加剂混凝土的配合比设计

如果减水剂、引气剂等外加剂的掺量小于5%，应以确定的基准配合比中的水泥用量为基数，按照确定的掺量百分比计算外加剂的掺量，不考虑外加剂的质量和体积。

计算得到的外加剂掺量代表固含量。如果外加剂是水剂，应再按照液态外加剂的固含量、密度计算出水剂的体积，同时还要在用水量中扣除外加剂中所含水分。有些外加剂生产厂家会直接给出按水剂计量的掺量，则可直接计算得出掺量。

1. 掺减水剂

在普通混凝土中掺加减水剂，一般是为了提高混凝土拌合物的流动性，且不致降低混凝土的强度；节约水泥，且保持混凝土的和易性及水胶比不变；提高混凝土的强度及耐久性，且保持拌合物的和易性不变。无论何种考虑，掺减水剂的混凝土配合比设计均可以基准混凝土(未掺减水剂的混凝土)配合比为基础，进行适当的调整而获得。

(1)以节约水泥为主要目的时的配合比设计。若基准混凝土配合比中水泥、水、砂、石子用量分别为m_{c0}、m_{w0}、m_{s0}、m_{g0}，砂率为β_s，混凝土表观密度实测值为$\rho_{c,t}$，假定减水剂的减水率为$\beta(\%)$，掺量为$A\%$，取水胶比不变，则掺减水剂的混凝土中水泥m_{ca}、水m_{wa}、砂m_{sa}、石子m_{ga}、减水剂等用量按以下各式计算：

$$\left.\begin{aligned}&m_{wa}=m_{wo}(1-\beta)\\&m_{ca}=m_{wa}/(W/B)\\&m_{sa}+m_{ga}=\rho_{c,t}-m_{ca}-m_{wa}\\&m_{sa}=(m_{sa}+m_{ga})\beta_s\\&m_{ga}=(m_{sa}+m_{ga})(1-\beta_s)\\&\text{减水剂用量}=m_{ca}\cdot A\%\end{aligned}\right\}\tag{4-39}$$

计算出的结果，经试拌调整后即得设计配合比。

(2)以提高混凝土拌合物的流动性为主要目的时的配合比设计。由于混凝土拌合物流动性增大，其黏聚性及保水性一般会有一些改变(随减水剂的品种而不同)。为了使拌合物黏聚性及

保水性合格，可适当调整砂率，并保持粗、细骨料总用量不变，同时，其他材料用量与基准混凝土相同，即得出各种材料的用量。再经试拌和调整，可确定出设计配合比。

(3)以提高混凝土强度及耐久性为主要目的时的配合比设计。若基准混凝土各种材料用量、配合比参数如前述，取水泥用量不变。因掺入减水剂的混凝土拌合物在流动性不变的情况下降低了水胶比，拌合物黏聚性及保水性得到改善，故砂率可适当降低为 β_s'，则掺减水剂混凝土的各种材料用量按以下公式计算：

$$\left.\begin{aligned}&m_{ca}=m_{c0}\\&m_{wa}=m_{w0}(1-\beta)\\&m_{sa}+m_{ga}=\rho_{c,t}-m_{ca}-m_{wa}\\&m_{sa}=(m_{sa}+m_{ga})\beta_s'\\&m_{ga}=(m_{sa}+m_{ga})(1-\beta_s')\\&\text{减水剂用量}=m_{ca}\cdot A\%\end{aligned}\right\}\tag{4-40}$$

计算出的结果再经试拌和调整，即得混凝土设计配合比。

2. 掺膨胀剂

由于膨胀剂掺量较大，一般为 8%～12%，因此采用内掺方法计算膨胀剂的掺量。即以 1 m^3 混凝土中水泥质量和膨胀剂质量之和作为胶凝材料的总量，按照确定的掺量百分比计算膨胀剂的量，按式(4-41)计算；掺膨胀剂后水泥质量，按式(4-42)计算：

$$m_e=m_{c0}\cdot x\tag{4-41}$$

$$m_{ce}=m_{c0}-m_e\tag{4-42}$$

式中 m_e——1 m^3 混凝土中膨胀剂的掺量(kg)；

x——膨胀剂的掺量(%)；

m_{c0}——基准配合比中 1 m^3 混凝土中水泥的用量(kg)；

m_{ce}——掺膨胀剂后 1 m^3 混凝土中水泥的用量(kg)。

4.5.5 掺矿物掺合料混凝土的配合比设计

先按不掺矿物掺合料计算出混凝土的初步配合比，然后分两种情况计算掺矿物掺合料后混凝土的配合比。

1. 等量取代法

等量取代法又称内掺法，即以水泥和矿物掺合料的质量之和作为胶凝材料总量，矿物掺合料等量取代部分水泥。等量取代法适用于混凝土强度等级要求不高、矿物掺合料的掺量较少，以及矿物掺合料的活性较高等情况。这时按式(4-43)计算矿物掺合料用量；按式(4-44)计算掺矿物掺合料后的水泥用量，其他组分用量不变。这时，水灰比即为水胶比(水与胶凝材料质量之比)，即

$$m_{ad}=m_{c0}\cdot y\tag{4-43}$$

$$m_{cad}=m_{c0}-m_{ad}\tag{4-44}$$

式中 m_{ad}——1 m^3 混凝土中矿物掺合料的掺量(kg)；

y——矿物掺合料的掺量(%)；

m_{c0}——基准配合比中 1 m^3 混凝土中的水泥用量(kg)；

m_{cad}——掺矿物掺合料后 1 m^3 混凝土中的水泥用量(kg)。

2. 超量取代法

先按基本组成材料计算初步配合比，以一定量的矿物掺合料取代少于掺合料质量的水泥，称为超量取代法。此时，要先确定超量系数和取代量。下面以粉煤灰为例，以基准配合比(m_{c0}、m_{w0}、m_{s0}、m_{g0})为基础，按等和易性、等强度原则计算。

(1)选择粉煤灰取代水泥率β_c(%)，其值不得超过表4-36的限值。

表4-36 粉煤灰取代水泥的最大限量

混凝土种类	粉煤灰取代水泥的最大限量/%			
	硅酸盐水泥	普通硅酸盐水泥	矿渣硅酸盐水泥	火山灰质硅酸盐水泥
预应力钢筋混凝土	25	15	10	—
钢筋混凝土 高强混凝土 高抗冻融性混凝土 蒸养混凝土	30	25	20	15
中、低强度混凝土 泵送混凝土 大体积混凝土 水下混凝土 地下混凝土 压浆混凝土	50	40	30	20
碾压混凝土	65	55	45	35

(2)计算掺粉煤灰后1 m^3混凝土的水泥用量m_{cf}：

$$m_{cf}=m_{c0}(1-\beta_c) \tag{4-45}$$

(3)确定粉煤灰超量系数δ_c。粉煤灰超量系数等于粉煤灰掺量与粉煤灰混凝土中水泥减少量的比值，即$\delta_c=m_f/(m_{c0}-m_{cf})$。粉煤灰等级越高，质量越好，超量系数越小。

Ⅰ级灰：$\delta_c=1.0\sim1.4$。Ⅱ级灰：$\delta_c=1.2\sim1.7$。Ⅲ级灰：$\delta_c=1.5\sim2.0$。C25以下取上限，C25以上取下限。

(4)计算1 m^3混凝土中粉煤灰掺量m_f：

$$m_f=\delta_c(m_{c0}-m_{cf}) \tag{4-46}$$

(5)求出粉煤灰超量部分的体积V_f：

$$V_f=\frac{m_f}{\rho_f}-(\frac{m_{c0}-m_{cf}}{\rho_c}) \tag{4-47}$$

式中 ρ_f、ρ_c——粉煤灰、水泥的密度(kg/m^3)。

(6)以粉煤灰超量体积代替同体积的细骨料，则掺粉煤灰后混凝土中的砂用量m_{sf}为

$$m_{sf}=m_{s0}-V_f\cdot\rho'_s \tag{4-48}$$

式中 ρ'_s——砂的视密度(kg/m^3)。

(7)粉煤灰混凝土的用水量m_{wf}及石子用量m_{gf}按基准配合比取用，即

$$m_{wf}=m_{w0}，m_{gf}=m_{g0}$$

(8)混凝土试拌、调整及强度校核等步骤与普通混凝土相同。

4.6 其他品种混凝土

随着科学技术的不断发展及工程需要，通过改变混凝土的配合比，添加不同辅助功能的材

料和外加剂等，各种新品种混凝土不断涌现。这些新品种混凝土都有其特殊的性能和施工方法，适用于某些特殊领域，其中许多已在国内外得到广泛应用。大多数新品种混凝土是在普通混凝土的基础上发展起来的，但又不同于普通混凝土。

4.6.1 抗渗混凝土

配制抗渗性能好的混凝土的方法：一是提高混凝土的密实度，减少毛细孔的数量；二是在配制混凝土时掺入适量的引气剂或发泡剂。

抗渗混凝土又称防水混凝土，是以调整混凝土配合比、掺外加剂或采用新品种水泥等手段提高混凝土密实性、憎水性和抗渗性，使其满足抗渗等级不低于 P6 级(抗渗压力 0.6 MPa)要求的不透水性混凝土。

抗渗混凝土适用范围很广，主要用于工业与民用建筑的地下工程(地下室、地下沟道、交通隧道、城市地铁等)，储水构筑物(水池、水塔等)，江(河)心的取水构筑物，以及处于干湿交替作用或冻融作用下的工程(桥墩、海港、码头、水坝等)。

混凝土渗水的原因主要是内部渗水孔道与微细裂缝的存在。试验证明，只有孔径大于 1 μm 的毛细孔及其他孔隙会造成混凝土渗水，小于 1 μm 的细微孔隙和封闭孔隙不会成为渗水通路。混凝土的抗渗机理就是有意识地调整或破坏混凝土内部的孔隙结构，使相互连通的毛细管孔网最大限度地减少，混凝土的密实度提高，最终达到防水目的。抗渗混凝土的种类及适用范围见表 4-37。

表 4-37 抗渗混凝土的种类及适用范围

<table>
<tr><th colspan="2">种类</th><th>特点</th><th>适用范围</th></tr>
<tr><td colspan="2">普通防水混凝土</td><td>施工方便，材料来源广泛</td><td>一般工业、民用建筑及公共建筑的地下防水工程</td></tr>
<tr><td rowspan="4">外加剂防水混凝土</td><td>引气剂防水混凝土</td><td>抗冻性好</td><td>北方高寒地区，抗冻性要求较高的防水工程及一般防水工程。不适合抗压强度大于 20 MPa 或耐磨性要求较高的防水工程</td></tr>
<tr><td>减水剂防水混凝土</td><td>拌合物流动性好</td><td>钢筋密集或捣固困难的薄壁防水构筑物，以及对混凝土凝结时间和流动性有特殊要求的防水工程</td></tr>
<tr><td>三乙醇胺防水混凝土</td><td>早期强度高，抗渗等级高</td><td>工期紧迫，要求早强和抗渗性较高的防水工程及一般防水工程</td></tr>
<tr><td>氯化铁防水混凝土</td><td>密实性好，抗渗等级高</td><td>水中结构的无筋或少筋厚大防水混凝土工程及一般地下防水工程</td></tr>
<tr><td colspan="2">膨胀水泥防水混凝土</td><td>密实性好，抗裂性好</td><td>地下工程和地上构筑物、山洞、非金属油罐，主要工程后浇缝</td></tr>
</table>

抗渗混凝土所用原材料应符合普通混凝土配合比设计规程规定，同时满足下列要求：①水泥的泌水性小、水化热低，有一定的抗侵蚀性，品种根据使用要求选择，见表 4-38；②粗骨料宜采用连续级配，其最大粒径不宜大于 40 mm，含泥量不得大于 1.0%，泥块含量不得大于 0.5%；③细骨料的含泥量不得大于 3.0%，泥块含量不得大于 1.0%；④外加剂宜采用防水剂、膨胀剂、引气剂、减水剂或引气减水剂；宜掺用矿物掺合料，粉煤灰等级应为Ⅰ级或Ⅱ级。

表 4-38　抗渗混凝土水泥品种选择

水泥品种	普通硅酸盐水泥	火山灰质硅酸盐水泥	矿渣硅酸盐水泥
优点	在低温下强度增长快，泌水性小，干缩率小，抗冻、耐磨性好	水化热低，抗硫酸盐侵蚀能力好	水化热低，抗硫酸盐侵蚀性能优于普通硅酸盐水泥
缺点	抗硫酸盐侵蚀能力比火山灰水泥差	早期强度低，在低温环境下强度增长较慢，干缩变形大，抗冻、耐磨性差	泌水性和干缩变形大，抗冻性、耐磨性均较差
适用范围	一般地下和水中结构和受冻融作用及干湿交替的防水工程，应优先采用。含硫酸盐地下水侵蚀时不宜采用	有硫酸盐侵蚀介质的地下防水工程。受反复冻融及干湿交替作用的防水工程不宜采用	必须采取提高水泥研磨细度或掺入外加剂的办法减小或消除泌水现象后，方可用于一般地下防水工程

抗渗混凝土配合比的计算方法和试配步骤与普通混凝土基本相同，但还须遵守以下规定：①1 m^3 混凝土中的胶凝材料用量不宜小于 320 kg；②砂率宜为 35%～45%；③供试配用的最大水灰比应符合表 4-39 的规定。掺引气剂或引气型外加剂的混凝土还应进行含气量试验，其含气量宜控制在 3%～5%。进行试配时，尚应增加抗渗性能试验，且试配混凝土的抗渗等级应比设计值提高 0.2 MPa。

表 4-39　抗渗混凝土最大水灰比

设计抗渗等级	最大水灰比	
	C20～C30	C30 以上
P6	0.60	0.55
P8～P12	0.55	0.50
＞P12	0.50	0.45

1. 普通防水混凝土

普通防水混凝土是通过调整混凝土的配合比，从材料与施工两个方面抑制和减少混凝土内部孔隙的生成，改善孔隙特征，堵塞渗水通道，即仅靠提高混凝土自身密实性达到防水目的而不依赖其他附加防水措施。具体方法如下：在保证一定施工和易性的前提下，降低水胶比，减小毛细孔的数量和孔径；适当提高水泥用量和砂率，在粗骨料周围形成足够数量和良好质量的砂浆包裹层，使粗骨料彼此隔离，有效地阻隔沿粗骨料互相连通的渗水孔网；采用较小的骨料粒径，减少沉降分层造成的孔隙；保证搅拌、浇筑、振捣和养护的施工质量，防止和减少施工孔隙。

2. 外加剂防水混凝土

外加剂防水混凝土是依靠少量的有机或无机物外加剂来改善混凝土的和易性，提高密实性和抗渗性，以适应工程需要的防水混凝土。

(1)减水剂防水混凝土。在混凝土拌合物中掺入适量的不同类型的减水剂，以提高其抗渗能力为目的的防水混凝土，称为减水剂防水混凝土。

减水剂掺入混凝土后大大降低拌合用水量，从而大幅度降低泌水率，使硬化后混凝土中的孔结构得以改善：孔径小，孔隙率明显减少。混凝土结构致密，抗渗性得到明显提高。

(2)氯化铁防水混凝土。氯化铁防水混凝土是在混凝土拌合物中加入少量氯化铁($FeCl_3$)防水剂拌制而成的具有高密实性、抗渗性的混凝土。

氯化铁防水混凝土是依靠 $FeCl_3$ 在水泥水化过程中的化学反应产物氢氧化铁、氢氧化亚铁和氢氧化铝等胶体的密实填充作用，新生的氯化钙对水泥熟料的激化作用，易溶物转化为难溶物，以及降低析水性等作用而增强混凝土的密实性和提高抗渗性的。例如生成的大量氢氧化铁胶体，使混凝土密实性提高，水、氧难以进入，同时在钢筋周围生成氢氧化铁胶膜保护了钢筋，这是抑制腐蚀的有利因素。再如，生成的氯化钙对混凝土起密实作用，因而这种混凝土早期就具有相当高的抗渗能力，这对于要求施工后很快承受水压的工程，有较大的使用价值。但是，新生氯化铁除与水泥结合外还剩余部分 Cl^-，则是引起腐蚀的因素。

混凝土中掺入适量的氯化铁防水剂，可以配制出抗渗等级高达 40 的防水混凝土、抗渗等级达 30 的抗油混凝土，以及抗渗等级大于 24 的防水砂浆。氯化铁防水混凝土是常用的外加剂防水混凝土中抗渗性最好的一种，大量用于水中结构、无筋或少筋厚大混凝土工程、砂浆修补抹面等工程，如水池、水塔、海港、码头、地下室、人防工程、隧道、油罐等，对接触直流电源的工程及预应力混凝土工程则禁止使用。

(3)引气剂防水混凝土。引气剂防水混凝土是在混凝土拌合物中掺入微量引气剂配制而成。混凝土依靠一定数量的密闭气泡使之在凝结前具有良好的和易性，硬化后具有良好的抗渗性、抗冻性和耐久性，且技术经济效果较好。

引气剂防水混凝土的质量与含气量密切相关。含气量主要取决于引气剂的掺量。掺量过少，气泡大而少，混凝土结构不均匀；掺量过多，气泡聚集且大小不等，疏密不一，混凝土抗渗性会受到影响。一般掺量以控制含气量 3%～5%为宜，此时混凝土内气泡细小均匀，混凝土结构得到改善，抗渗性较高。常用的引气剂有松香酸钠和松香热聚物，以及烷基磺酸钠、烷基苯磺酸钠等。松香酸钠的掺量为 0.1%～0.3%，松香热聚物掺量约为 0.1%。

(4)三乙醇胺防水混凝土。三乙醇胺防水混凝土是在混凝土拌合物中掺入微量的三乙醇胺早强防水剂配制而成。依靠三乙醇胺的催化作用，水泥在早期生成较多的水化产物，部分游离水结合为结晶水，相应地减少了毛细管通路和孔隙，从而提高了混凝土的抗渗性且具有早强作用。当三乙醇胺与氯化钠、亚硝酸钠等无机盐复合时，三乙醇胺不仅促进水泥本身的水化，还促进氯化钠、亚硝酸钠等与水泥的反应，生成氯铝酸盐和亚硝酸铝酸盐等络合物。络合物生成时体积膨胀会堵塞混凝土内部的孔隙并切断毛细管通路，增大混凝土的密实性。

3. 膨胀水泥防水混凝土

膨胀水泥防水混凝土即膨胀混凝土，是以膨胀水泥为胶结材料配制的防水混凝土。它是依靠水泥本身在水化硬化过程中形成大量体积增大的结晶体(如钙矾石、氢氧化钙)并产生一定膨胀能，以减少或消除混凝土的体积收缩，从而提高混凝土的抗裂防渗性能。由于膨胀水泥生产量较小，对施工要求较严，所以目前还不能普遍使用。

4.6.2 抗冻混凝土

抗冻等级在 F50 以上的混凝土称为抗冻混凝土。

1. 抗冻混凝土所用材料

抗冻混凝土所用材料除应与普通混凝土相同外，还应符合下列规定。

(1)应选用硅酸盐水泥或普通水泥(这两种水泥水化热大，不易受冻)，火山灰水泥不宜使用(因为需水量大)，水泥强度等级不应低于 32.5 级。

(2)宜选用连续级配的粗骨料，其含泥量不得大于 1.0%，泥块含量不得大于 0.5%。

(3)细骨料含泥量不得大于 3.0%，泥块含量不得大于 1.0%。

(4)抗冻等级 F100 及以上的混凝土所用的粗骨料和细骨料均应进行坚固性试验，并应符合现行国家标准《建设用卵石、碎石》(GB/T 14685—2022)及《建设用砂》(GB/T 14684—2022)的规定。

(5)抗冻混凝土宜采用减水剂，对抗冻等级 F100 及 F100 以上的混凝土应掺引气剂。引气量以 4%～6%为宜(引气剂在混凝土内部产生互不连通的微细气泡，截断了渗水通道，使水分不易渗入混凝土内部。同时，封闭的气泡有一定的适应变形能力，对结冰时产生的膨胀力有一定的缓冲作用，引气过多会导致混凝土强度下降)。

(6)抗冻混凝土中可以掺入防冻剂，但防冻剂会对混凝土的性能产生较大影响，使用时必须注意。抗冻剂多含有氯盐，无筋混凝土工程对掺入的防冻剂种类没有特别要求，而钢筋混凝土中掺入氯盐类应特别注意，因为氯离子会引起钢筋混凝土中的钢筋锈蚀，从而导致混凝土顺筋开裂。混凝土中掺入氯盐类防冻剂时，应符合下列规定。

1)氯盐的掺量按无水状态计算。对于钢筋混凝土，其掺量不得超过水泥质量的 1%；对于素混凝土，其掺量不得超过水泥质量的 3%。

2)下列钢筋混凝土结构中不得掺用氯盐：

①在高湿度空气环境中使用的结构；

②处于水位升降部位的结构；

③露天结构或经常受水淋的结构；

④与含有酸、碱或硫酸盐等侵蚀性介质相接触的结构；

⑤使用冷拉钢筋或冷拔低碳钢丝的结构；

⑥直接靠近直流电源的结构；

⑦直接靠近高压电源(发电站、变电所)的结构；

⑧预应力混凝土结构。

3)硝酸盐、亚硝酸盐和碳酸盐不得用于预应力混凝土工程，以及与镀锌钢材或与铝铁相接触部位的钢筋混凝土结构。

4)含有六价铬盐、亚硝酸盐等有毒防冻剂，严禁用于饮水工程及与食品接触部位的工程。

5)含有钾、钠离子的防冻剂不得用于有活性骨料的工程，以避免混凝土发生碱-集料反应破坏。

6)目前国产的混凝土防冻剂品种适用于－15～0 ℃的气温，当更低气温下施工时，应采用其他混凝土冬期施工措施。气温低于－5 ℃时，可用热水拌和混凝土，水温高于 65 ℃时，热水应先与骨料拌和，再加入水泥。当气温低于－10 ℃时，骨料可移入暖棚或采取加热措施。骨料结冻成块状时须加热，加热温度不得高于 65 ℃，并应避免灼烧，用蒸气直接加热骨料带入的水，应从拌合水中扣除。

2. 抗冻混凝土配合比的设计

抗冻混凝土配合比设计时，应要求其最大水胶比和最小水泥用量符合表 4-40 的规定，同时应增加抗冻融性能试验。

表 4-40　抗冻混凝土的最大水胶比和最小水泥用量

设计抗冻等级	最大水胶比		最小水泥用量/(kg·m^{-3})
	无引气剂时	掺引气剂时	
F50	0.55	0.60	300

续表

设计抗冻等级	最大水胶比		最小水泥用量/(kg·m^{-3})
	无引气剂时	掺引气剂时	
F100	0.50	0.55	320
不低于 F150	—	0.50	350

4.6.3 高强混凝土

高强混凝土是指由常规材料和常规工艺配制的 C60 及 C60 以上强度等级的混凝土。应该指出的是，由于混凝土技术在不断发展，各个国家的混凝土技术水平也不尽相同，因此混凝土强度类别在不同时代和不同国家有不同的概念和划分。目前，许多国家工程技术人员习惯将 C10～C50 强度等级的混凝土称为普通强度混凝土，C60～C90 的称为高强混凝土，C100 以上的称为超高强混凝土。

1. 高强混凝土的特点

(1)高强混凝土的抗压强度高，可大幅度提高钢筋混凝土拱壳、柱等受压构件的承载能力。

(2)在相同的受力条件下能减小构件体积，降低钢筋用量。

(3)高强混凝土致密坚硬，其抗渗性、抗冻性、耐侵蚀性、抗冲击性等诸方面性能均优于普通混凝土。

(4)高强混凝土的不足之处是脆性比普通混凝土高。

(5)虽然高强混凝土的抗拉、抗剪强度随抗压强度的提高而有所增长，但拉压比和剪压比却随之降低。

2. 高强混凝土的配合比设计原则

(1)对原材料的基本要求。

1)水泥。配制高强混凝土时，应选用质量稳定、强度等级不低于 42.5 级的硅酸盐水泥或普通硅酸盐水泥。混凝土的水泥用量不宜大于 500 kg/m^3。

2)粗骨料。粗骨料宜采用连续级配，其最大粒径不宜大于 25.0 mm；其中，针、片状颗粒含量不宜大于 5.0%；含泥量不应大于 0.5%，泥块含量不宜大于 0.2%；所用粗骨料除进行压碎指标试验外，对碎石还应进行立方体强度试验，因为高强混凝土破坏时骨料往往也被压裂，因此骨料的强度对混凝土的强度有相当大的影响。其他质量指标应符合现行国家标准《建设用卵石、碎石》(GB/T 14685—2022)的规定。

3)细骨料。细骨料宜采用中砂，其细度模数宜在 2.6～3.0，含泥量不应超过 2%，泥块含量不应大于 0.5%。其他质量指标也应符合现行国家标准《建设用砂》(GB/T 14684—2022)的规定。

4)掺合料。配制超高强混凝土一般需掺入硅灰等活性掺合料或专用的特殊掺合料。由于硅灰资源少且价格高，可采用超细矿渣或超细粉煤灰作为超高强混凝土的特殊掺合料。目前国内工程上多采用专用的特殊掺合料配制高强混凝土，专用特殊掺合料已作为独立的产品在市场上销售。

5)外加剂。配制混凝土时，宜选用非引气、坍落度损失小的高效减水剂或缓凝高效减水剂。

(2)配合比设计要点。高强混凝土配合比计算方法、步骤与普通混凝土基本相同，可按《普通混凝土配合比设计规程》(JGJ 55—2011)中的有关规定进行，但应注意以下几点。

1)基准配合比的水胶比，不宜用普通混凝土水胶比公式计算。C60以上的混凝土一般按经验选取基准配合比的水胶比；试配时选用的水胶比间距宜为0.02～0.03。

2)外加剂和掺合料的掺量及其对混凝土性能的影响，应通过试验确定。

3)配合比中砂率可通过试验建立“坍落度-砂率”关系曲线，以确定合理的砂率值。

4)混凝土中胶凝材料用量不宜超过600 kg/m^3。

5)配制C80以上等级的混凝土，宜掺用硅灰或专用特殊掺合料。

3. 高强混凝土的应用

高强混凝土由于其具有强度高、耐久性好、变形小的特点，能适应现代工程结构向大跨度、重载、高耸发展和承受恶劣环境条件的需要，使用高强混凝土可获得明显的工程效益和经济效益。目前，我国应用较广泛的是C60～C80高强混凝土，主要用于桥梁、轨枕、高层建筑的基础和柱、输水管、预应力管桩等。

4.6.4 高性能混凝土

高性能混凝土是指以建设工程设计、施工和使用对混凝土性能特定要求为总体目标，选用优质常规原材料，合理掺加外加剂和矿物掺合料，采用较低水胶比并优化配合比，通过预拌和绿色生产方式以及严格的施工措施，制成具有优异的拌合物性能、力学性能、耐久性能和长期性能的混凝土。它是以工程设计、施工和使用对性能的特定要求为目标的一类混凝土，并对生产方式和施工提出了要求。

按现行国家标准《高性能混凝土技术条件》(GB/T 41054—2021)的规定，高性能混凝土分为常规品高性能混凝土和特制品高性能混凝土。常规品高性能混凝土是指除特制品高性能混凝土外符合高性能混凝土技术要求并常规使用的混凝土，而特制品高性能混凝土是指符合高性能混凝土技术要求的轻骨料混凝土、高强混凝土、自密实混凝土和纤维混凝土。

高性能混凝土的强度等级按立方体抗压强度标准值划分，常规品高性能混凝土有C30、C35、C40、C45、C50、C55六个等级；高强高性能混凝土有C60、C65、C70、C75、C80、C85、C90、C95、C100、C105、C110、C115十二个等级；自密实高性能混凝土有C30、C35、C40、C45、C50、C55、C60、C65、C70、C75、C80、C85、C90、C95、C100、C105、C110、C115十八个等级；钢纤维高性能混凝土有CF35、CF40、CF45、CF50、CF55、CF60、CF65、CF70、CF75、CF80、CF85、CF90、CF95、CF100、CF105、CF110、CF115十七个等级；合成纤维高性能混凝土有C30、C35、C40、C45、C50、C55、C60、C65、C70、C75、C80十一个强度等级；除轻骨料高性能混凝土外，用于预制制品的高性能混凝土强度等级不宜低于C40。

高性能混凝土的耐久性能和长期性能要求为抗冻等级(快冻法)不小于F250或抗冻标号(慢冻法)不小于D150；抗渗等级不小于P12，抗硫酸盐等级不小于KS120；84 d氯离子迁移系数不大于3.0×10^{-12} m^2/s或28 d电通量不大于1 500 C，当高性能混凝土中水泥混合材与矿物掺合料之和超过胶凝材料用量50%时，电通量测试龄期可为56 d；28 d碳化深度不大于15 mm；有特殊抗裂、防渗要求的高性能混凝土180 d干燥收缩率不宜超过0.045%。

对高性能混凝土的原材料应进行优选，水泥宜采用细度适中、水化热较小的硅酸盐水泥或普通硅酸盐水泥，骨料应符合现行行业标准《高性能混凝土用骨料》(JG/T 568—2019)的要求，矿物掺合料、外加剂、纤维和水可按现行国家标准《高性能混凝土技术条件》(GB/T 41054—

2021)的要求选择。配合比设计要重视骨料的品质和骨料体系的设计，在满足拌合物性能和施工要求的情况下，宜尽量增加粗骨料用量，设计较低的拌合物流动性；混凝土中水泥、矿物掺合料、骨料中粒径小于75 μm的石粉、水、气体和外加剂的体积之和与混凝土的体积比(浆体比)，对于C50以下的混凝土宜不大于0.32，对于C50～C60的混凝土宜不大于0.35，对于C60及以上的混凝土宜不大于0.38；配合比参数应根据混凝土的使用环境按现行国家标准《高性能混凝土技术条件》(GB/T 41054—2021)的要求进行控制。

高性能混凝土应采用预拌和绿色生产方式生产，预拌是指在搅拌楼(站)生产、通过运输设备送至使用地点的、交付时为拌合物的生产方式，绿色生产则是指以节能、降耗、减污为目标，以管理和技术为手段，实施生产全过程污染控制，使污染物的产生量最少化的一种综合措施。高性能混凝土需要采取严格的施工措施，才能保证结构中硬化的混凝土达到采用高性能混凝土的目的，高性能混凝土的施工应符合现行国家标准《高性能混凝土技术条件》(GB/T 41054—2021)的规定。

在工程中采用高性能混凝土，对提高工程质量，推动建筑节材，降低工程全寿命周期的综合成本，发展循环经济，促进技术进步，推进混凝土行业结构调整具有重大意义，国家鼓励在土木工程中推广应用高性能混凝土。

4.6.5 泵送混凝土

1. 泵送混凝土的定义及特点

(1)定义。采用混凝土输送泵沿管道输送和浇筑搅拌好的混凝土，称为泵送混凝土。由于施工工艺上的要求，所采用的施工设备和混凝土配合比都与普通施工方法不同。

(2)特点。采用混凝土泵输送混凝土拌合物，可一次连续完成垂直和水平输送，而且可以进行浇筑，因而生产率高，节约劳动力，特别适用于工地狭窄和有障碍的施工现场，以及大体积混凝土结构物和高层建筑。

2. 泵送混凝土的可泵性

(1)可泵性。泵送混凝土是将拌合料在压力下沿管道内进行垂直和水平的输送，它的输送条件与传统的输送有很大的不同。因此对拌合料性能的要求与传统的要求相比，既有相同点也有不同点。按传统方法设计的有良好工作性(流动性和黏聚性)的新拌混凝土，在泵送时却不一定有良好的可泵性，有时会发生泵压陡升和阻泵现象。阻泵和堵泵会造成施工困难。这就要求混凝土学者对新拌混凝土的可泵性做出既科学又实用的阐述，如什么叫可泵性、如何评价可泵性、泵送拌合料应具有什么样的性能、如何设计等；并找出影响可泵性的主要因素和提高可泵性的材料设计措施，从而提高配制泵送混凝土的技术水平。在泵送过程中，拌合料与管壁产生摩擦，在拌合料经过管道弯头处遇到阻力，拌合料必须克服摩擦阻力和弯头阻力方能顺利地流动。因此，简而言之，可泵性就是拌合料在泵压下在管道中移动摩擦阻力和弯头阻力之和的倒数。阻力越小，则可泵性越好。

(2)评价方法。基于目前的研究水平，新拌混凝土的可泵性可用坍落度和压力泌水值双指标来评价。压力泌水值是在一定的压力下，一定量的拌合料在一定的时间内泌出水的总量，以总泌水量(mL)或单位混凝土泌水量(kg/m^3)表示。压力泌水值太大，泌水较多，阻力大，泵压不稳定，可能堵泵；但是如果压力泌水值太小，拌合物黏稠，结构黏度过大，阻力大，也不易泵送。因此，可以得出结论，压力泌水值有一个合适的范围。实际施工现场测试表明，对于高层建筑，坍落度大于160 mm的拌合料，压力泌水值在70～110 mL(40～70 kg/m^3 混凝土)较为合适；对于坍落度为100～160 mm的拌合料，合适的泌水量范围相应还小一些。

3. 坍落度损失

混凝土拌合料从加水搅拌到浇筑要经历一段时间，在这段时间内拌合料逐渐变稠，流动性(坍落度)逐渐降低，这就是所谓的“坍落度损失”。如果这段时间过长，环境气温又过高，坍落度损失可能很大，则将会给泵送、振捣等施工过程带来很大困难，或者造成振捣不密实，甚至出现蜂窝状缺陷。坍落度损失的原因是：水分蒸发；水泥在形成混凝土的最早期开始水化，特别是C_3A水化形成水化硫铝酸钙需要消耗一部分水；新形成的少量水化生成物表面吸附一些水。

这些原因都使混凝土中游离水逐渐减少，致使混凝土流动性降低。

在正常情况下，从加水搅拌开始，最初0.5 h内水化物很少，坍落度降低也只有2～3 cm，随后坍落度以一定速率降低。如果从搅拌到浇筑或泵送的时间间隔不长，环境气温不高(低于30 ℃)，坍落度的正常损失问题还不大，只需略提高预拌混凝土的初始坍落度以补偿运输过程中的坍落度损失。如果从搅拌到浇筑的时间间隔过长，气温又过高，或者出现混凝土早期不正常的稠化凝结，则必须采取措施解决过快的坍落度损失问题。

当坍落度损失成为施工中的问题时，可采取下列措施以减缓坍落度损失。

(1)在炎热季节采取措施降低骨料温度和拌合水温度；在干燥条件下，采取措施防止水分过快蒸发。

(2)在混凝土设计时，考虑掺加粉煤灰等矿物掺合料。

(3)在采用高效减水剂的同时，掺加缓凝剂或引气剂或两者都掺。两者都有延缓坍落度损失的作用，缓凝剂作用比引气剂更显著。

4. 泵送混凝土对原材料的要求

泵送混凝土对原材料的要求较严格，对混凝土配合比要求较高，要求施工组织严密，以保证连续进行输送，避免有较长时间的间歇而造成堵塞。泵送混凝土除根据工程设计所需的强度外，还需要根据泵送工艺所需的流动性、不离析、少泌水的要求进行配制可泵的混凝土混合料。其可泵性取决于混凝土拌合物的和易性。在实际应用中，混凝土的和易性通常根据混凝土的坍落度来判断。许多国家都对泵送混凝土的坍落度做了规定，一般认为8～20 cm较合适，具体的坍落度值要根据泵送距离和气温对混凝土的要求而定。

(1)水泥。

1)最小水泥用量。在泵送混凝土中，水泥砂浆起到润滑输送管道和传递压力的作用。水泥用量过少，混凝土和易性差，泵送压力大，容易产生堵塞；用量过多，水泥水化热高，大体积混凝土由于温度应力作用容易产生温度裂缝，而且混凝土拌合物的黏性增加，也会增大泵送阻力。另外，不利于混凝土结构物的耐久性。

为保证混凝土的可泵性，有一个最少水泥用量的限制。国外对此一般规定为250～300 kg/m^3，我国《混凝土泵送施工技术规程》(JGJ/T 10—2011)规定泵送混凝土的最低水泥用量为300 kg/m^3。在实际工程中，许多泵送混凝土中水泥用量远低于此值，且耐久性良好。但是最佳水泥用量应根据混凝土的设计强度等级、泵压、输送距离等通过试配加以确定。

2)水泥品种。泵送混凝土要求混凝土具有一定的保水性，不同的水泥品种对混凝土的保水性有影响。一般情况下，矿渣硅酸盐水泥由于保水性差，泌水大，不宜配制泵送混凝土，但其可以通过降低坍落度、适当提高砂率，以及掺加优质粉煤灰等措施而被使用。普通硅酸盐水泥和硅酸盐水泥通常优先被选用配制泵送混凝土，但其水化热大，不宜用于大体积混凝土工程。可以通过加入缓凝型引气剂和矿物细掺料来减少水泥用量，进一步降低水泥水化热而用于大体积混凝土工程。

(2)骨料。骨料的形状、种类、粒径和级配对泵送混凝土的性能有较大的影响。

1)粗骨料。

①最大粒径。由于三个石子在同一断面处相遇最容易引起管道阻塞，因此一般泵送高度在50 m以下时，碎石的最大粒径与输送管内径之比不宜大于1∶3.0，对卵石则不宜大于1∶2.5；当泵送高度为50～100 m时，碎石最大粒径与输送管内径之比宜为1∶4.0，对卵石则不宜大于1∶3.0；而当泵送高度在100 m以上时，碎石的最大粒径与输送管内径之比不宜大于1∶5.0，对卵石则不宜大于1∶4.0。

②颗粒级配。对于泵送混凝土，其对颗粒级配尤其是粗骨料的颗粒级配要求较高，以满足混凝土和易性的要求。一般使用连续级配5～20 mm较多。

2)细骨料。细骨料宜采用中砂，通过0.315 mm筛孔的颗粒含量不宜少于15%。实践证明，在骨料级配中，细度模数为2.3～3.2，粒径在0.30 mm以下的细骨料所占比例非常重要，其比例应不小于15%，最好能达到20%，这对改善混凝土的泵送性非常重要。

(3)矿物细掺料——粉煤灰。在混凝土中掺加粉煤灰是提高可泵性的一个重要措施，因为粉煤灰的多孔表面可吸附较多的水，因此可减少混凝土的压力泌水。高质量的Ⅰ级粉煤灰的加入会显著降低混凝土拌合料的屈服剪切应力，从而提高混凝土的流动性，改善混凝土的可泵性，提高施工速度；但是低质量粉煤灰对流动性和黏聚性都不利，在泵送混凝土中掺加的粉煤灰必须满足Ⅱ级以上的质量标准。此外，加入粉煤灰，还有一定的缓凝作用，可降低混凝土的水化热，提高混凝土的抗裂性，有利于大体积混凝土的施工。

5. 泵送混凝土配合比设计基本原则

根据泵送混凝土的工艺特点，确定泵送混凝土配合比设计基本原则如下。

(1)要保证压送后的混凝土能满足所规定的和易性、匀质性、强度及耐久性等质量要求。

(2)根据所用材料的质量、泵的种类、输送管的直径、压送距离、气候条件、浇筑部位及浇筑方法等，经过试验确定配合比。试验包括混凝土的试配和试送。

(3)在混凝土配合成分中，应掺用泵送剂或减水剂等化学外加剂，以降低水胶比，并宜掺用矿物掺合料；适当提高砂率(一般为35%～45%)，改善混凝土可泵性。

4.6.6 轻混凝土

轻混凝土是指干表观密度不大于1 950 kg/m³的混凝土，包括轻骨料混凝土、多孔混凝土(加气混凝土和泡沫混凝土)和大孔混凝土三类。

1. 轻骨料混凝土

用轻粗骨料、轻砂(或普通砂)、水泥和水配制的混凝土称为轻骨料混凝土。粗、细骨料均采用轻质材料配制的混凝土称为全轻混凝土，多用作保温材料或结构保温材料。用轻粗骨料和普通砂配制的混凝土称为砂轻混凝土，可用作承重的结构材料。

(1)轻骨料。堆积密度小于1 000 kg/m³，粒径大于5 mm的骨料称为轻粗骨料；堆积密度小于1 200 kg/m³，粒径小于5 mm的骨料称为轻细骨料。轻骨料按来源可分为工业废料轻骨料，如粉煤灰陶粒、自燃煤矸石、膨胀矿渣珠、煤渣等；天然轻骨料，如浮石、火山渣等；人工轻骨料，如页岩陶粒、黏土陶粒、膨胀珍珠岩、烧结煤矸石等。按其粒形可分为圆球形、普通型和碎石型三种。

轻骨料的制造方法基本可分为烧胀法和烧结法两种。烧胀法是将原料破碎、筛分后经高温烧胀(如膨胀珍珠岩)，或将原料加工成粒再经高温烧胀(如黏土陶粒、圆球形页岩陶粒)，原料中所含水分或气体在高温下发生膨胀，形成内部具有微细气孔结构和表面由一层硬壳包裹的陶粒；烧结法是将原料加入一定量胶粘剂和水，经加工成粒，在高温下烧至部分熔融而成的多孔结构的陶粒，如粉煤灰陶粒。

轻骨料的技术要求主要包括堆积密度、颗粒级配、筒压强度、吸水率四项，同时对耐久性、安定性和有害杂质含量等也有一定要求。

按堆积密度的大小，轻粗骨料可分为300、400、500、600、700、800、900、1 000八个密度等级；轻细骨料也分为500、600、700、800、900、1 000、1 100、1 200八个密度等级。轻骨料堆积密度的大小直接影响所配制混凝土的表观密度。

在轻骨料混凝土中，轻粗骨料强度对混凝土强度的影响很大，是决定混凝土强度的主要因素。表示轻骨料强度高低的指标是筒压强度，采用筒压法测定，方法是将轻骨料装入115 mm×100 mm的标准承压筒中，通过冲压模施加压力，用压入深度为20 mm时的压力值除以承压面积(100 cm^2)即可得到筒压强度(MPa)。

轻骨料的筒压强度并不是它在混凝土中的真实强度，筒压法测定轻粗骨料强度时，荷载传递是通过颗粒间接触点传递，而在混凝土中，骨料被砂浆包裹，处于受周围硬化砂浆约束的状态，硬化砂浆外壳能起拱架作用，所以混凝土中轻骨料的承压强度要比筒压强度高得多。

轻骨料的吸水率比普通砂石大，对混凝土拌合物的和易性、水胶比及强度有显著影响。在轻骨料混凝土配合比设计时，如采用不预湿处理的骨料则需根据轻骨料的吸水率计算出被轻骨料吸收的“附加水量”。附加水量可根据轻骨料的1 h吸水率和含水情况确定，轻骨料1 h吸水率：粉煤灰陶粒应不大于22%；黏土陶粒和页岩陶粒应不大于10%。

(2)轻骨料混凝土的技术性质。

1)和易性。轻骨料具有表观密度小、表面粗糙多孔、吸水性强的特点，轻骨料混凝土拌合物的黏聚性、保水性好，但流动性较差。若加大流动性，则振捣时会出现骨料上浮，造成离析。轻骨料混凝土的拌合用水量由两部分组成，一部分使拌合物获得要求的流动性，称为净用水量；另一部分为轻骨料1 h的吸水量，称为附加水量。

2)表观密度。轻骨料混凝土按其干表观密度共划分为十四个等级，由600～1 900 kg/m^3，每增加100 kg/m^3 为一个等级，每个密度等级有一定的变化范围，如800密度等级的变化范围为760～850 kg/m^3，其余以此类推。

3)抗压强度。根据边长为150 mm的立方体试件，标准养护28 d的抗压强度标准值，将轻骨料混凝土划分为LC5.0、LC7.5、LC10、LC15、LC20、LC25、LC30、LC35、LC40、LC45、LC50、LC55和LC60共十三个强度等级。

虽然轻骨料强度较低，但轻骨料混凝土可达到较高的强度。这是因为轻骨料表面粗糙而内部多孔，早期的吸水作用使水胶比变小，从而提高了轻骨料与水泥石的界面粘结力。混凝土受力破坏时不是沿界面破坏，而是轻骨料本身先遭到破坏。对低强度的轻骨料混凝土，也可能是水泥石先开裂，然后裂缝向骨料延伸。因此轻骨料混凝土的强度主要取决于轻骨料的强度和水泥石的强度。

轻骨料混凝土的弹性模量一般较普通混凝土低25%～65%，有利于改善建筑物的抗震性能和抵抗动荷载的作用。由于轻骨料弹性模量低，不能有效地阻止水泥石收缩，因此轻骨料混凝土的干缩及徐变较大。

4)热工性能。轻骨料混凝土具有较优良的保温性能。由于轻骨料具有较多孔隙，故其隔热性能较好，干燥状态下，导热系数为0.18～1.01 W/(m·K)，随着表观密度和含水率的增加，导热系数增大。

(3)轻骨料混凝土配合比设计及施工要点。

1)轻骨料混凝土的配合比设计，除应满足强度、和易性、耐久性、经济性等要求外，还应满足表观密度要求。

2)轻骨料混凝土的水胶比以净水胶比表示，即不包括轻骨料1 h的吸水量在内的净用水量与水泥用量之比。

3)轻骨料易上浮，不易搅拌均匀，应使用强制式搅拌机，且搅拌时间应比普通混凝土长。

4)拌合物的运输距离应尽量缩短，若出现坍落度损失或离析较严重时，浇筑前宜采用人工二次拌和。

5)轻骨料混凝土拌合物应采用机械振捣成型，对流动性大者，也可采用人工插捣成型，对干硬性拌合物，宜采用振动台和表面加压成型。

6)浇筑成型后，应避免由于表面失水太快引起表面网状裂纹，早期应加强潮湿养护，养护时间一般为7～14 d。若采用蒸汽养护，则升温速度不宜太快，但采用热拌工艺，则允许快速升温。

2. 多孔混凝土

多孔混凝土分为加气混凝土和泡沫混凝土。其中，加气混凝土适合在工厂制作，且性能较好，主要用于建筑工程；泡沫混凝土可以在现场生产制作，可用于土木、水利和建筑等各个领域。下面主要介绍泡沫混凝土。

泡沫混凝土是将水泥浆和泡沫拌和后，经硬化而得的多孔混凝土。常用泡沫混凝土的干表观密度为400～800 kg/m^3。泡沫由泡沫剂通过机械方式(搅拌或喷吹)而得。常用泡沫剂有松香皂泡沫剂和水解血泡沫剂。松香皂泡沫剂是烧碱加水，溶入松香粉熬成松香皂，再加入动物胶液而成。水解血泡沫剂是由新鲜畜血加苛性钠、盐酸、硫酸亚铁及水制成。泡沫剂用水稀释后，经机械方式可以产生稳定泡沫。泡沫混凝土主要用于现场浇筑制作，常采用自然养护。

泡沫混凝土广泛应用于土木建筑工程的各个领域，如在公路改扩建、软基地区的基础处理、建筑保温、防护工程、矿井和坑道填充、水利工程的回填等工程领域。现浇泡沫混凝土可以机械化高效施工，大方量浇筑，效率高。

3. 大孔混凝土

大孔混凝土是以粒径相近的粗骨料、水泥和水等配制而成的混凝土，包括不用砂的无砂大孔混凝土和为提高强度而加入少量砂的少砂大孔混凝土。

大孔混凝土中水泥浆主要起包裹粗骨料的表面和胶结粗骨料的作用，大孔混凝土的体积密度和强度与骨料的品种和级配有很大的关系。采用轻粗骨料配制时，表观密度一般为800～1 500 kg/m^3，抗压强度为1.5～7.5 MPa：采用普通粗骨料配制时，表观密度一般为1 500～1 950 kg/m^3，抗压强度为3.5～30 MPa；采用单一粒级粗骨料配制的大孔混凝土较混合粒级的大孔混凝土的体积密度小、强度低，但均质性好，保温性好。大孔混凝土导热系数较小，吸湿性较小，收缩较普通混凝土小30%～50%，抗冻性可达F15～F25，水泥用量仅为200～450 kg/m^3。

大孔混凝土主要用于透水混凝土铺设路面地坪，也可用于现浇墙体等。南方地区主要使用普通骨料大孔混凝土，北方地区则多使用轻骨料大孔混凝土。

4.6.7 水泥路面混凝土和道路混凝土

水泥路面混凝土要求具有较好的抗冲击性能和耐磨性能。其配合比设计步骤和过程与普通混凝土相同，但强度指标、设计方法和配合比参数的选取与普通混凝土不同。现简要介绍如下。

1. 配制强度

路面混凝土以抗弯拉强度为强度指标，其配制强度($f_{cf,0}$)按下式计算：

$$f_{cf,0}=k\cdot f_{cf,k}$$

式中 $f_{cf,0}$——混凝土的配制抗折强度(MPa)；

$f_{cf,k}$——混凝土的设计抗折强度(MPa)；

k——系数，施工水平较高者 $k=1.10$，一般者 $k=1.15$，或根据强度保证率和混凝土抗折强度变异系数 C_v，按下式计算：

$$k=\frac{1}{1-tC_v}$$

混凝土抗折强度变异系数应按施工单位统计强度偏差系数取值，在无统计数据的情况下可从表 4-41 中选取。

表 4-41 混凝土抗折轻度变异系数 C_v

施工管理水平	优秀	良好	一般	差
变异系数 C_v	<0.10	0.10～0.15	0.15～0.20	>0.20

2. 水胶比

根据混凝土粗骨料品种、水泥抗折强度和混凝土抗折强度等已知参数，按以下混凝土抗折强度统计经验公式估算水胶比：

碎石混凝土： $$\frac{W}{B}=1.5684/(f_{cf,0}+1.0097-0.3485f_{cef})$$

卵石混凝土： $$\frac{W}{B}=1.2618/(f_{cf,0}+1.5492-0.4565f_{cef})$$

式中 f_{cef}——水泥实际抗折强度(MPa)；

W/B——水胶比；

$f_{cf,0}$——混凝土配制抗折强度(MPa)。

以上计算出的水胶比还必须满足耐久性要求的最大水胶比的规定：高速公路、一级公路不应大于 0.44；二、三级公路不应大于 0.48；有抗冻要求的高速公路、一级公路不宜大于 0.42；有抗盐冻要求时的高速公路、一级公路不宜大于 0.40；有抗盐冻要求的二、三级公路不宜大于 0.44。

3. 混凝土的和易性

混凝土的和易性是指混凝土在施工过程中易于操作(搅拌、运输、浇筑、振捣)且保持均匀密实的性能，包括流动性、粘聚性和保水性。主要影响因素有水泥品种与用量、水胶比、骨料性质、砂率、外加剂、时间和温度等。

4. 砂率

根据粗骨料品种、规格(最大粒径)及水胶比等参数，可参考表 4-42 选取。

表 4-42 混凝土拌合物砂碎的范围 %

水胶比	碎石最大粒径/mm		卵石最大粒径/mm	
	20	40	20	40
0.40	29～34	27～32	25～31	24～30
0.50	32～37	30～35	29～34	28～33

注：1. 表中数值为Ⅱ区砂的选用砂率。当采用Ⅰ区砂时，应采用较大砂率；采用Ⅲ区砂时，应采用较小砂率；
2. 当采用滑模施工时，应按滑模施工的技术规程的规定选用砂率。

5. 单位用水量

按如下经验公式计算单位用水量：

碎石混凝土： $W_0 = 104.97 + 0.309H + 11.27\dfrac{B}{W} + 0.61S_p$

卵石混凝土： $W_0 = 86.89 + 0.370H + 11.24\dfrac{B}{W} + 0.61S_p$

式中 W_0——混凝土的单位用水量(kg/m^3)；
H——混凝土拌合物的坍落度(mm)；
B/W——胶水比；
S_p——砂率(%)。

水泥路面混凝土配合比设计中，用水量按骨料为饱和面干状态计算。骨料为干燥状态时应作适当调整，也可采用经验数值；当砂为粗砂或细砂及掺用外加剂或矿物掺合料时，用水量应酌情增减。

6. 水泥用量

路面混凝土应尽量选用铁铝酸四钙含量较高、铝酸三钙含量较低的水泥，以提高混凝土的抗折强度。路面混凝土水泥用量一般不少于 300 kg/m^2，掺用粉煤灰时最小水泥用量不应小于 250 kg/m^3；有抗冰冻性和抗盐冻性要求时，最小水泥用量不应小于 320 kg/m^2，掺用粉煤灰时最小水泥用量不应小于 270 kg/m^3。

7. 粗、细骨料的用量

粗骨料应选择比较坚硬耐磨岩石制造的石子，粗、细骨料的用量按体积法确定，这里不再重述。

8. 配合比的试配、调整与确定

道路路面混凝土配合比的试配、调整与设计配合比的确定方法基本与普通混凝土的方法相同，唯一不同之处是应检验混凝土的抗折强度。为此，应同时配制满足和易性要求的、较计算水胶比大 0.03 和小 0.03 的另外两组混凝土试件，试件尺寸为 150 mm×150 mm×550 mm，最后选取符合抗折强度要求的配合比。

民用机场水泥混凝土道面与公路混凝土道面类似，其混凝土设计强度、原材料要求、配合比设计等应符合现行行业标准《民用机场水泥混凝土道面设计规范》(MH/T 5004—2010)和《民用机场水泥混凝土面层施工技术规范》(MH 5006—2015)的有关规定。

4.6.8 耐热混凝土

耐热混凝土是指能长期在高温(200～900 ℃)作用下保持所要求的物理和力学性能的一种

特种混凝土。耐热混凝土多用于高炉基础、焦炉基础，热工设备基础及围护结构、护衬、烟囱等。

普通混凝土不耐高温，故不能在高温环境中使用。其不耐高温的原因：水泥石中的氢氧化钙及石灰岩质的粗骨料在高温下均要产生分解，石英砂在高温下要发生晶型转变而体积膨胀，加之水泥石与骨料的热膨胀系数不同，这些均导致普通混凝土在高温下产生裂缝，强度严重下降，甚至破坏。

耐热混凝土是由合适的胶凝材料，耐热粗、细骨料及水，按一定比例配制而成。根据所用胶凝材料不同，通常可分为以下几种。

1. 矿渣水泥耐热混凝土

矿渣水泥耐热混凝土是以矿渣水泥为胶结材料，安山岩、玄武岩、重矿渣、黏土碎砖等为耐热粗、细骨料，并以烧黏土、砖粉等做磨细掺合料，再加入适量的水配制而成。耐热磨细掺合料中的二氧化硅和三氧化铝在高温下均能与氧化钙作用，生成稳定的无水硅酸盐和铝酸盐，它们能提高水泥的耐热性。矿渣水泥配制的耐热混凝土，其极限使用温度为 900 ℃。

2. 铝酸盐水泥耐热混凝土

铝酸盐水泥耐热混凝土是采用高铝水泥或硫铝酸盐水泥、耐热粗细骨料、高耐火度磨细掺合料及水配制而成的。这类水泥在 300～400 ℃下强度会发生急剧降低，但残留强度能保持不变。到 1 100 ℃时，其结构水全部脱出而烧结成陶瓷材料，则强度重新提高。常用粗、细骨料有碎镁砖、烧结镁砖、矾土、镁铁矿和烧黏土等。铝酸盐水泥耐热混凝土的极限使用温度为 1 300 ℃。

3. 水玻璃耐热混凝土

水玻璃耐热混凝土是以水玻璃做胶结材料，掺入氟硅酸钠做促硬剂，耐热粗、细骨料可采用碎铁矿、镁砖、铬镁砖、滑石、焦宝石等。磨细掺合料为烧黏土、镁砂粉、滑石粉等。水玻璃耐热混凝土的极限使用温度为 1 200 ℃。施工时严禁加水；养护时也必须保持干燥，严禁浇水养护。

4. 磷酸盐耐热混凝土

磷酸盐耐热混凝土是由磷酸铝和高铝质耐火材料或锆英石等制备的粗、细骨料及磨细掺合料配制而成的，目前更多的是直接采用工业磷酸配制耐热混凝土。这种混凝土具有高温韧性强、耐磨性好、耐火度高的特点，其极限使用温度为 1 500～1 700 ℃。磷酸盐耐热混凝土的硬化需在 150 ℃以上烘干，总干燥时间不少于 24 h，硬化过程中不允许浇水。

4.6.9 耐酸混凝土

能抵抗多种酸及大部分腐蚀性气体侵蚀作用的混凝土称为耐酸混凝土。

1. 水玻璃耐酸混凝土

水玻璃耐酸混凝土由水玻璃做胶结料，氟硅酸钠作促硬剂，与耐酸粉料及耐酸粗、细骨料按一定比例配制而成。耐酸粉料由辉绿岩、耐酸陶瓷碎料、石英质材料磨细而成。耐酸粗、细骨料常用石英岩、辉绿岩、安山岩、玄武岩、铸石等。水玻璃耐酸混凝土的配合比一般为水玻璃：耐酸粉料：耐酸细骨料：耐酸粗骨料＝(0.6～0.7)：1：1：(1.5～2.0)。水玻璃耐酸混凝土养护温度不低于 10 ℃，养护时间不少于 6 d。

水玻璃耐酸混凝土能抵抗除氢氟酸外的各种酸类的侵蚀，特别是对硫酸、硝酸有良好的抗腐性，且具有较高的强度，其 3 d 强度约为 11 MPa，28 d 强度可达 15 MPa，多用于化工车间的地坪、酸洗槽、储酸池等。

2. 硫黄耐酸混凝土

硫黄耐酸混凝土以硫黄为胶凝材料，聚硫橡胶为增韧剂，掺入耐酸粉料和细骨料，经加热(160～170 ℃)熬制成硫黄砂浆，灌入耐酸粗骨料中冷却而成。其抗压强度可达 40 MPa 以上，常用于地面、设备基础、储酸池槽等。

4.6.10 纤维混凝土

纤维混凝土是一种以普通混凝土为基材，外掺各种短切纤维材料而制成的纤维增强混凝土。

常用的短切纤维品种很多，按材质分为钢纤维、碳纤维、玻璃纤维、石棉及合成纤维等；按纤维弹性模量分为高弹性模量纤维(如钢纤维、玻璃纤维、碳纤维等)和低弹性模量纤维(如尼龙纤维、聚乙烯纤维、聚丙烯纤维等)。其中，钢纤维在国内外研究和应用较多，因为钢纤维对抑制混凝土裂缝的形成，提高混凝土抗拉和抗弯强度，增加韧性效果最佳。

众所周知，普通混凝土虽然抗压强度较高，但其抗拉、抗弯、抗裂、抗冲击及韧性等性能均较差。在普通混凝土中掺加纤维制成纤维混凝土的目的是有效地降低混凝土的脆性，提高其抗拉、抗弯、抗冲击、抗裂等性能。纤维混凝土的冲击韧性为普通混凝土的 5～10 倍，初裂抗弯强度提高 2.5 倍，劈裂抗拉强度提高 1.4 倍。混凝土掺入钢纤维后，抗压强度提高不大，但从受压破坏形势来看，破坏时无碎块、不崩裂，基本保持原来的外形，有较大的吸收变形的能力，也改善了韧性，是一种良好的抗冲击材料。

通常，纤维的长径比为 70～120，掺加的体积率为 0.3%～8%。纤维混凝土中，纤维的掺量、长径比、弹性模量、耐碱性等对其性能有很大的影响。例如，低弹性模量纤维能提高冲击韧性，但对抗拉强度影响不大；高弹性模量纤维能显著提高抗拉强度，但对抗压强度提高不大。

纤维混凝土目前主要用于非承重结构及对抗冲击性、耐磨性、抗裂性要求高的工程部位及构件，如高速公路、路面、桥面、飞机跑道、管道、屋面板、墙板、柱头、军事工程等，随着纤维混凝土技术提高，各类纤维性能改善，在今后的土木工程建设中将得到更加广泛的应用。

4.6.11 聚合物混凝土

聚合物混凝土是在混凝土中引入聚合物。按聚合物引入方法的不同可分为聚合物浸渍混凝土(PIC)、聚合物胶结混凝土(PC)和聚合物水泥混凝土(PCC)。聚合物引入后，有机聚合物与无机胶凝材料相结合，对混凝土的密实度、抗拉强度、抗拉应变能力、耐化学腐蚀能力均有所改善，部分解决了普通混凝土脆性大、易开裂等缺点。这样，扩大了混凝土的使用范围，使混凝土材料能应用于一些环境条件严峻恶劣的特殊工程上。

1. 聚合物浸渍混凝土

聚合物浸渍混凝土通过浸渍的方式将聚合物引入混凝土中，即以已硬化的混凝土为基材，经过干燥后浸入有机单体，用加热或放射线(X 射线、γ 射线和电子射线等)照射等方法使渗入混凝土孔隙内的单体聚合，从而使混凝土与聚合物形成整体。

由于聚合物填充了混凝土内部的孔隙和微裂缝(除全部填充水泥浆中的毛细孔外，很可能也大量进入了胶孔)，聚合物与混凝土之间形成连续的空间网络相互穿插结合成整体，增加了混凝土的密实度，提高了浆-骨料间的黏结强度，减少了应力集中，因此，聚合物浸渍混凝土具有高强、耐蚀、抗渗、耐磨、抗冲击等优良的物理力学性能。与混凝土基材相比，抗压强度可提高2～4倍，一般可达150 MPa以上，抗拉强度可高达24.0 MPa。拉压比为1/10，这与普通混凝土相似。

聚合物浸渍混凝土因造价高、工艺复杂，目前只是利用其高强、耐久性好的特性，应用于一些特殊场合，如隧道衬砌、海洋构筑物(海上采油平台)、桥面板等的制作。

2. 聚合物胶结混凝土

聚合物胶结混凝土又称为树脂混凝土，是以液体树脂为胶结材料的混凝土，所用骨料与普通混凝土相同，即用聚合物有机胶凝材料完全取代水泥。常用的树脂有不饱和聚酯树脂、呋喃树脂和环氧树脂等。

与普通混凝土相比，树脂混凝土具有硬化快、强度高、耐化学腐蚀性、耐磨性、耐水性、抗冻性好等优点。由于成本高，仅限用于要求高强、高耐蚀的特殊工程或修补工程，主要用作工程修复材料(如修补路面、桥面等)或制作耐酸储槽、铁路轨枕、核废料容器等。另外，树脂混凝土外表美观，也称人造大理石，也被用于制成桌面、地面砖、浴缸等。

3. 聚合物水泥混凝土

聚合物水泥混凝土是以有机高分子材料替代部分水泥，并与水泥共同作为胶凝材料而制成的混凝土。通常是在水泥混凝土搅拌的同时，掺加一定量的水溶性有机高分子聚合物。水泥的水化与聚合物的固化同时进行，相互填充形成整体结构，但聚合物与水泥之间并不发生化学反应。聚合物的掺入形态有胶乳、粉末和液体树脂等。聚合物种类有天然聚合物(如天然橡胶)和各种合成聚合物(如聚醋酸乙烯、苯乙烯、聚氯乙烯等)。矿物胶凝材料可用普通水泥和高铝水泥。

聚合物水泥混凝土较之普通混凝土，混凝土生产方式相似，便于现场施工，具有更好的抗拉、抗折强度，延性、黏结性和抗渗、抗冲击、耐磨性、耐腐蚀性好，但耐热、耐火、耐候性较差。其多用于铺设无缝地面，也常用于混凝土路面、机场跑道面层、构筑物的防水层、桥面及修补工程中。

扩展阅读

新型混凝土材料

1. 绿色高性能混凝土

绿色高性能混凝土的概念最早是由吴中伟教授提出的，并指出它是混凝土发展的方向。绿色高性能混凝土是指从生产制造、使用到废弃的整个周期中，最大限度地减少资源和能源的消耗，最有效地保护环境，是可以进行清洁、生产和使用的，并且是可再回收循环利用的高质量高性能的绿色建筑材料。

绿色高性能混凝土应具备以下特点。

(1)尽量少用水泥熟料，以减少产生大量的CO_2对大气的污染，降低资源与能源消耗。代之以工业废渣为主的超细活性掺合料。最新技术表明，超细掺合料已可以代替60%～80%水泥熟料，最终水泥将成为少量掺入混凝土的“外加剂”。

(2)尽量多用工业废料，以改善环境，保持混凝土的可持续发展。如粉煤灰、矿渣、硅灰等，它们取代水泥后不仅不降低性能，反而可以得到耐久性好、耐腐蚀、寿命长、性能稳定的高性能混凝土。这样既利用了工业废料又得到了高性能，具有可持续发展性。

(3)使用各种化学矿物外加剂，一方面可提高混凝土质量，减小混凝土构筑物的尺寸，减少资源、能源消耗；另一方面尽量使用无施工缺陷的混凝土，提高使用寿命，特别是在严酷的自然条件下(如寒冷、腐蚀、海水中、潮湿等)的使用寿命。

2. 再生混凝土

再生混凝土是指将废弃的混凝土块经过破碎、清洗、分级后，按一定比例与级配混合，部分或全部代替砂石等天然骨料(主要是粗骨料)，再加入水泥、水等配制而成的新混凝土。再生混凝土按骨料的组合形式可以有以下几种情况：骨料全部为再生骨料；粗骨料为再生骨料、细骨料为天然砂；粗骨料为天然碎石或卵石、细骨料为再生骨料；再生骨料替代部分粗骨料或细骨料。

近几年来，世界建筑业进入高速发展阶段，混凝土作为最大宗的人造材料对自然资源的占用及对环境造成的负面影响引发了可持续发展问题的讨论。全球因建(构)筑物拆除、战争、地震等原因，每年排放废弃混凝土500亿～600亿t，如此巨量的废弃混凝土，除处理费用惊人外，还需占用大量的空地存放，污染环境，浪费耕地，成为城市的一大公害，因此引发的环境问题十分突出，如何处理废弃混凝土将成为一个新的课题。另外，混凝土生产需要大量的砂石、骨料，随着对天然砂石的不断开采，天然骨料资源也趋于枯竭，生产再生混凝土，用到新建筑物上不仅能降低成本，节省天然骨料资源，缓解骨料供需矛盾，还能减轻废弃混凝土对城市环境的污染。

再生骨料含有30%左右的硬化水泥砂浆，这些水泥砂浆绝大多数独立成块，少量附着在天然骨料的表面，所以总体上说再生骨料表面粗糙，棱角较多。另外，混凝土块在解体、破碎过程中使再生骨料内部形成大量微裂纹，因此，再生骨料吸水率较大，同时密度小、强度低。

3. 3D打印混凝土技术

3D打印混凝土技术是将3D打印技术与商品混凝土领域的技术相结合而产生的新型应用技术，其主要原理是将混凝土构件利用计算机进行3D建模和分割生产三维信息，然后将配制好的混凝土拌合物通过挤出装置，按照设定好的程序，通过机械控制，由喷嘴挤出进行打印，最后得到混凝土构件。3D打印混凝土技术在实际施工打印过程中，由于其具有较高的可塑性，在成型过程中的无需支撑，是一种新型的混凝土无模成型技术，具有以下两个优点：既有自密实混凝土无需振捣的优点，也有喷射混凝土便于制造繁杂构件的优点。

工程案例分析

【案例 4-1】

混凝土抗拉强度不足引起破坏

概况：在经过近10年的使用后，某斜拉桥主桥的斜拉板、箱梁等上部主要构件均存在较多的开裂，具体情况如下：斜拉板开裂较多也较重，很多斜拉板由上至下存在较多的裂缝，且开裂部位、裂缝形态等情况基本相同。

分析：由于混凝土抗拉强度远低于其抗压强度，斜拉板在活载、收缩徐变、温差等因素作用下，混凝土板内的拉应力过大而导致斜拉板开裂。

【案例 4-2】

使用受潮水泥

概况：广西百色某车间单层砖房屋盖，采用12 m跨现浇钢筋混凝土大梁，1983年7月工程备料时，把进场工程要求使用的水泥存放于潮湿地方，由于气候原因，工程拖到10月施工，仍按原计划使用该水泥。1984年1月4日上午拆除大梁底模板和支撑，1月4日下午房屋全部倒塌。

分析：事故的主因是使用受潮水泥，水泥受潮后，水泥中的部分熟料已经开始水化，相应的水泥的有效成分含量开始下降，导致搅拌的混凝土实际强度低于按照水泥等级设计的混凝土强度。因此，使用受潮水泥时应事先检测水泥的实际强度，以决定能否使用该水泥。另外，该工程采用人工搅拌，无严格配合比，致使大梁混凝土在倒塌后用回弹仪测定平均抗压强度仅为5 MPa左右，有些地方竟测不出回弹值。此外还存在振捣不实、配筋不足等问题。

【案例 4-3】

砂质量不合格导致混凝土凝结异常

概况：某工厂的钢筋混凝土条形基础，使用强度设计等级C30的混凝土，混凝土浇筑后，第二天检查发现部分硬化结块，部分呈疏松状，未完全硬化，轻轻敲击纷纷落下，混凝土基本无强度，工程被迫停工，从混凝土的形态上可以看出有部分砂粒表面无水泥浆，大部分砂粒间水泥浆较少。

分析：经调查，混凝土用砂含泥量超过标准1倍以上，导致泥粉总面积大幅度增加，需要更多的水泥浆包裹它们。首先，泥粉本身强度低，降低了混凝土的强度。其次，砂子细度模数小，砂率偏高，在质量相同情况下，表面积大大增加，需要更多的水泥浆包裹，而此工程混凝土配合比并没有充分考虑情况，水泥用量偏低，砂粒表面没有被包裹或包裹层太薄，这影响了混凝土的凝结和强度。最后，由于现场砂粒细、含泥量大，砂团不易分散，按常规搅拌时间，不能充分使水泥浆完全包裹砂粒，导致混凝土拌合物不均匀。

【案例 4-4】

骨料含有害杂质引发事故

概况：某厂有一座四层钢筋混凝土框架结构的厂房，梁、柱为现浇混凝土。该厂房于1988年1月开工，工期为10个月，交付使用后一个月就在梁、柱等多处出现爆裂。半年后混凝土柱基、大梁根部等处混凝土也陆续出现爆裂，并导致大梁折断。

分析：事故的原因是使用含有害杂质的工业废渣做骨料。取裂缝处碎片进行X射线分析，发现其中晶体多为方镁石，并含有少量生石灰石，裂缝是由于方镁石、生石灰石水化膨胀造成的。调查发现该厂为节省资金，使用含有MgO和CaO的工业废渣代替部分混凝土骨料，导致了事故的发生。

【案例 4-5】

水中含有糖分，导致混凝土两天不凝结

概况：某糖厂建职工宿舍，施工时所用拌合水为自来水，浇筑后用装过糖料的麻袋盖于混凝土表面，淋水养护。两天后发现混凝土仍未凝结，而水泥经检验无质量问题。

分析：事故的原因是用装过糖料的麻袋盖于混凝土表面，淋水养护，养护水成为糖水，糖水对水泥的凝结有抑制作用，使得混凝土表层两天后仍未凝结。

【案例 4-6】

采用海水做拌合水导致混凝土腐蚀破坏

概况：某海口城市临近出海口建造 7 层综合楼，采用现浇钢筋混凝土框架结构，使用现场挖井取水配制 C20 混凝土，该工程于 1994 年竣工投入使用，至 2000 年住户陆续发现部分柱、梁、板混凝土出现顺筋开裂现象，个别地方混凝土崩落，钢筋外露，锈蚀发展迅速。

分析：由于工程场地紧临出海口，每年秋冬时节就会出现海水倒灌的现象，经调查得知，混凝土拌合用水的氯离子及硫酸根离子超标，这是导致混凝土开裂和钢筋锈蚀的主要原因。由于混凝土界面黏结及界面结构差，形成大量界面裂缝和孔洞，因此促进了有害离子的渗透，加速混凝土劣化及钢筋锈蚀。

【案例 4-7】

氯盐防冻剂导致的钢筋锈蚀问题

概况：北京某大学图书馆于 1993 年建成，在使用 10 年后，工作人员发现地下一层混凝土柱多处出现裂缝，局部凿开混凝土发现钢筋锈蚀，因而确定为钢筋锈蚀造成的锈胀开裂。

分析：经调查发现图书馆在冬期施工时使用了含有大量 NaCl 成分的防冻剂，NaCl 导致混凝土中的钢筋在使用 10 年后出现大面积锈蚀。

【案例 4-8】

外加剂过量导致混凝土凝结异常

概况：某商学院学生公寓楼工程 D 幢三层柱及四层楼面用 C25 混凝土，该批混凝土在浇筑后 50 h 内仍处于松软状态，之后逐渐凝结硬化。

分析：经调查，事故原因为施工人员在拌和混凝土时误将外加剂木钙的掺量多加两倍，导致混凝土长时间不凝结硬化。

【案例 4-9】

掺合料搅拌不均匀致使混凝土强度低

概况：某地一混凝土工程使用等级为 42.5 的普通硅酸盐水泥配制 C25 混凝土，其中采用粉煤灰等量替代水泥，工程采用现场搅拌，为了赶进度故搅拌时间较短。后来拆模后发现混凝土表面不均匀，检测发觉所浇筑的混凝土强度波动大，部分混凝土强度低于所要求的混凝土强度指标。

分析：由于混凝土强度等级较低，而选用的水泥强度等级较高，故在实际施工中往往采用了较多的粉煤灰做掺合料来提高混凝土的经济性和耐久性等。但在此工程中由于搅拌时间较短，粉煤灰与水泥搅拌不够均匀，使得混凝土中部分地方水泥相对浓度低，导致混凝土的早期强度低，混凝土强度波动大，甚至部分混凝土强度未达要求。

【案例 4-10】

砂子细度对混凝土和易性的影响

概况：某混凝土搅拌站原混凝土配方均可生产出性能良好的泵送混凝土。后因供应问题，砂子细度模数由原来的 2.8 降为 2.3。值班人员未引起重视，仍按原配方配制混凝土，后发觉混凝土坍落度明显下降，难以泵送，最后临时现场加水才得以泵送。

分析：因砂子细度模数下降，砂子偏细，表面积增大，在其他材料及配方不变的情况下，水泥浆包裹层变薄，混凝土的坍落度必然有所下降。

【案例 4-11】

骨料针片状含量对混凝土和易性的影响

概况： 北京一家商品混凝土搅拌站，按照原混凝土配方均可生产出性能良好的泵送混凝土。后来从与原来不同的地方进了一批碎石。当班技术人员未引起重视，仍按原配方配制混凝土，事后发觉混凝土坍落度明显下降，难以泵送，临时现场加水才得以泵送。对碎石进行检测发现，该批碎石针片状的含量远大于原来的碎石。

分析： 混凝土坍落度下降的原因主要是碎石针片状增多，浆体流动时内阻力增大，所要求的水泥浆量也相应增多，在其他材料及配方不变的条件下，其坍落度必然下降。当坍落度下降时混凝土就会难以泵送，而简单的现场加水虽可解决泵送问题，但对混凝土的强度及耐久性都有不利影响，且还会引起泌水等问题。

【案例 4-12】

混凝土强度未达到强度要求而引起破坏

概况： 某地一工业厂房，采用预应力混凝土拱形屋架，设计要求混凝土强度达到 100%时，方可进行预应力张拉。混凝土在浇筑并自然养护 28 d 后进行预应力张拉，但在完成第一榀屋架的预应力工序时，发现屋架下弦距端部 5 m 处被压缩破坏，而且上弦在很多处出现折断裂缝。

分析： 混凝土强度未达到强度要求就进行预应力张拉会引起屋架破坏。由于材料运输车曾运过化工厂原料，未进行彻底清理而运输石子，使石子中掺入了红锌矿。红锌矿中 ZnO 水化形成 $Zn(OH)_2$，又与水泥水化物中的 $Ca(OH)_2$ 发生反应生成酸式锌酸钙 $Ca(HZnO_2)_2$，$Ca(HZnO_2)_2$ 附在 $Ca(OH)_2$ 表面，阻碍晶体生长，使得水泥水化反应速度减慢，混凝土强度增长缓慢。经检查，在 35 d 龄期时，试块强度仅为设计强度的 70%，屋架强度不足，最终造成破坏。

【案例 4-13】

因温度导致的混凝土结构开裂

概况： 某跨海大桥承台采用钢筋混凝土预制箱内填充现浇混凝土的结构形式，预制混凝土强度等级为 C50，现浇混凝土强度等级为 C60。在浇筑过程中发现钢筋混凝土预制箱频繁出现开裂现象，且这种开裂均发生在混凝土浇筑后 2～3 d。

分析： 引起钢筋混凝土预制箱频繁开裂的原因是承台内部现浇混凝土温度膨胀变形过大。现场测温发现，混凝土浇筑 3 d 内温度上升超过 40 ℃，内外温差大，此后温度逐渐下降。混凝土表面受到较大拉应力导致钢筋混凝土预制箱开裂。

【案例 4-14】

混凝土早期养护不好导致出现收缩裂缝

概况： 连云港地区某多层住宅，为 7 层砖混结构，混凝土等级均为 C30，该工程于 2002 年 1 月开工，该年 12 月竣工。2004 年 8 月 16 日，六楼住户发现书房及主卧室的墙角处有两道圆弧形的裂缝。8 月 24 日，在铺贴阁楼瓷砖时，在书房处发现其顶板从中间向两边呈 45°开裂。后发现主卧室的顶板也发生明显的开裂现象。该楼层施工气象条件为该地区大气比较寒冷的一段时期，最低气温

3 ℃，最高气温 15℃，相对湿度为 30%～40%，当日的风速很大。施工中虽然采取了多种冬期施工措施，但在作业时仅采用双层草帘覆盖保温，未采取洒水养护和防风措施。

分析：如前所述，特别是风大时，施工完毕后，混凝土正处于初凝期，强度尚未有大的发展，作业又没有防风措施，导致混凝土失去水分过快，引起表面混凝土干缩，产生裂缝。另外，从裂缝绝大多数集中在构件较薄及与外界接触面积最大的楼板上这一现象也可证实，开裂与其使用的材料关系不大，而主要受气象条件影响。与楼板厚度接近的墙体之所以未裂，是因为墙体两面都有模板，不直接受大气的影响。由此可以基本断定，大气因素是导致混凝土现浇板出现干缩裂缝的直接因素。

【案例 4-15】

碳化导致混凝土腐蚀破坏

概况：内地某 4 层住宅楼工程设有 1 层地下室，采用 C20～C25 混凝土，楼板厚 100 mm，该工程于 2014 年主体框架建成后一直裸露在外而未装修使用，直至 2018 年复工时，发现较严重的钢筋锈蚀和混凝土剥落现象.

分析：混凝土表面离析、漏浆、蜂窝、麻面、松散、含水泥量小的现象较为普遍，钢筋裸露现象严重，空气中的 CO_2 和水分极易侵入混凝土保护层，导致钢筋锈蚀。而该房屋长期空置且混凝土结构未做任何表层防护，加剧了混凝土的碳化，从而加快了钢筋的锈蚀膨胀，导致混凝土剥落现象的产生。

【案例 4-16】

海港码头钢筋腐蚀

概况：不少沿海钢筋混凝土因海水腐蚀仅几年已出现明显的钢筋锈蚀，严重影响钢筋混凝土的寿命，试分析其原因，并请思考如何防治钢筋混凝土的海水腐蚀。

分析：由于混凝土本身不够密实，海水中的氯离子含量又高，因此海水中的氯离子渗透到混凝土中到达钢筋的表面，破坏钢筋的钝化保护膜，使钢筋被锈蚀膨胀，从而破坏混凝土保护层，随着裂缝的加大，钢筋的锈蚀加剧，形成恶性循环，最终导致建筑破坏。要防止海水腐蚀，从混凝土的角度来想，应当尽量使混凝土致密，以抵抗氯离子等有害组分的渗入，同时增加混凝土保护层厚度，也有利于保护钢筋。从钢筋的角度来讲，应尽可能使用抗腐蚀能力较强的钢筋。

思考与练习

一、填空题

1. ________是由胶凝材料、粗骨料、细骨料和水(或不加水)按适当的比例配合、拌和制成混合物，经一定时间后硬化而成的人造石材。

2. 砂按产源分为________、________两类。

3. ________是指水泥、外加剂等混凝土组成物及环境中的碱与骨料中碱活性矿物在潮湿环境下缓慢发生并导致混凝土开裂破坏的膨胀反应。

4. 根据《建设用卵石、碎石》(GB/T 14685—2022)的规定，粒径为________的骨料称为粗骨料。

5. 用压碎指标值间接反映粗骨料的强度大小。压碎指标值越________，说明粗骨料抵抗受压破碎能力越________，其强度越________。

6. ________是指在拌制混凝土过程中掺入的用以改善混凝土性能的物质，其掺量一般不大于水泥质量的5%________。

7. ________是指在混凝土搅拌前或在搅拌过程中，与混凝土其他组分一起，直接加入的人造或天然的矿物材料以及工业废料，掺量一般大于水泥质量的5%。

8. 根据拌合物的流动性不同，可分别用________与________和测定混凝土的稠度。

9. 抗冻等级在F50以上的混凝土称为________。

10. ________是指能长期在高温(200～900 ℃)作用下保持所要求的物理和力学性能的一种特种混凝土。

二、选择题

1. 混凝土轴心抗压强度试验标准试件尺寸是(　　)。

A. 150 mm×150 mm×150 mm　　B. 150 mm×150 mm×300 mm

C. 200 mm×200 mm×400 mm　　D. 150 mm×150 mm×400 mm

2. 受弯构件斜截面承载力计算中，通过限制最小截面尺寸的条件是用来防止(　　)。

A. 斜压破坏　　B. 斜拉破坏　　C. 剪压破坏　　D. 弯曲破坏

3.《混凝土结构设计标准(2024年版)》(GB/T 50010—2010)规定，预应力混凝土构件的混凝土强度等级不应低于(　　)。

A. C20　　B. C30　　C. C35　　D. C40

4. 混凝土的强度等级通常按照(　　)来划分。

A. 抗压强度　　B. 抗拉强度　　C. 抗折强度　　D. 抗剪强度

5. 配制有抗渗要求的混凝土时，不宜选用(　　)。

A. 硅酸盐水泥　　B. 普通硅酸盐水泥

C. 矿渣硅酸盐水泥　　D. 火山灰质硅酸盐水泥

6. 有关水泥的叙述，下列不正确的是(　　)。

A. 喷射混凝土以采用普通硅酸盐水泥为宜

B. 有耐磨要求的混凝土，应优先选用火山灰质硅酸盐水泥

C. 道路硅酸盐水泥具有较好的耐磨和抗干缩性能，28 d干缩率不得大于0.1%

D. 快硬硅酸盐水泥应适当增大熟料中C_3S与C_3A的含量，并提高石膏掺量和水泥细度

7. 用于高温车间的混凝土结构，配制混凝土时应优先选用(　　)。

A. 粉煤灰硅酸盐水泥　　B. 矿渣硅酸盐水泥

C. 火山灰质硅酸盐水泥　　D. 普通硅酸盐水泥

8. 混凝土配合比设计选用合理砂率的主要目的是(　　)。

A. 提高混凝土强度　　B. 改善混凝土和易性

C. 减少水泥用量　　D. 降低粗骨料用量

三、名词解释

1. 和易性

2. 水泥的凝结时间

3. 混凝土立方体抗压强度标准值

4. 混凝土轴心抗压强度
5. 混凝土的抗折强度
6. 混凝土配合比
7. 轻骨料混凝土
8. 高强混凝土

四、简答题

1. 对混凝土拌合及养护用水的质量要求有哪些?
2. 常用的混凝土外加剂包括哪些?
3. 常用的混凝土掺合料包括哪些?
4. 影响混凝土拌合物和易性的主要因素有哪些?
5. 混凝土内部的裂缝发展可分为哪几个阶段?
6. 影响混凝土强度的主要因素有哪些?
7. 与普通混凝土相比，硬化轻骨料混凝土有哪些特点?

混凝土初步配合比设计　　**混凝土结构中钢筋及其符号**　　**思考与练习答案**

第 5 章　建筑砂浆

学习提示

本章主要介绍建筑砂浆的组成、技术性质和砌筑砂浆的配合比设计，以及其他品种砂浆。

学习目标

知识目标

通过本章的学习，掌握建筑砂浆的组成及其对原材料的质量要求；掌握砌筑砂浆的技术性质及配合比设计的方法，掌握抹面砂浆的作用和性能；了解防水砂浆、保温砂浆及其他种类砂浆的性质与用途。本章的难点是砌筑砂浆的配合比设计方法；重点是建筑砂浆的技术和应用。

素质目标

通过分析砂浆工程质量缺陷的不良影响，激发学生的专业责任感，引导其建立责任意识和职业道德感，培养其严谨客观的工作态度。

思维导图

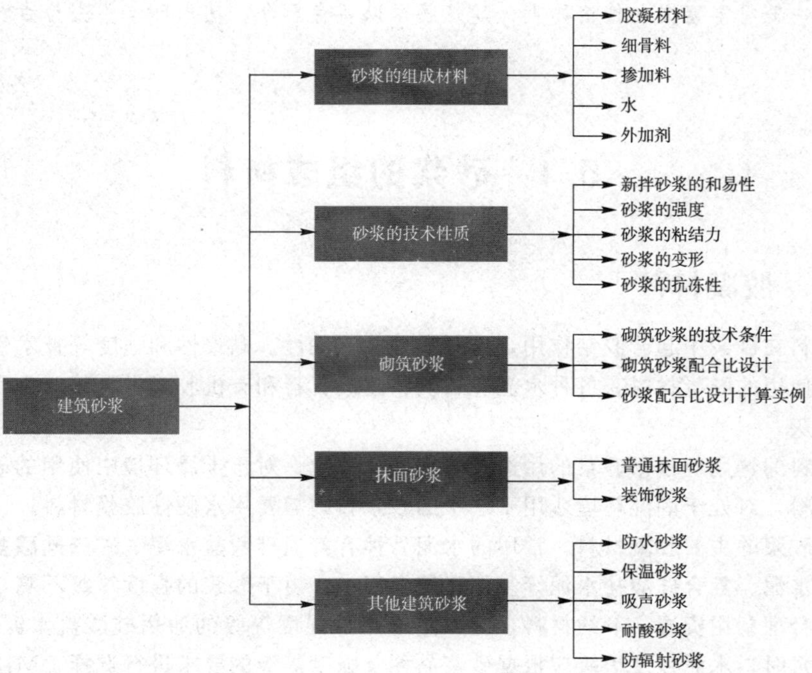

案例导入

糯米砂浆筑长城　屹千年而不倒

巍巍长城，蜿蜒逶迤，从西到东，长达数千千米。历史学家们惊叹于长城之长，但科学家们更在意长城之牢。

长城自西周时期开始，修筑了2 000多年。由于时间久远，大部分长城已面目全非，甚至旧迹难存，唯有明长城依然牢固，保存相对完整。明长城如此，除距今时代较短外，还因为在修建过程中使用了特殊的黏合材料——糯米砂浆。

糯米砂浆是一种超高强度的黏合材料。通常情况下，工匠们将糯米煮烂后，捣成浆汁，然后和三合土搅拌均匀，制成灰浆。明朝的《天工开物》对这一过程介绍得十分详细，"灰一分入河砂，黄土二分，用糯米、羊桃藤汁和匀，经筑坚固，永不隳坏，名曰三合土"。用这种灰浆涂抹砖块或石缝，便能起到很好的黏合效果，堪比现在的水泥。

早在1 500年前，人们就已经掌握了这种技术。泉州现存的唐宋时期建造的诸多砖石建筑的古塔、石桥里面就有糯米的成分。这些建筑经历了时光，也经历了自然灾害，依然牢固如初。

糯米砂浆得到广泛应用是在明代。规模宏大的明城墙，由众多砖头垒砌而成，使用的黏合材料就是糯米砂浆。明朝人马生龙撰写的《凤凰台记事》载"太祖筑京城，用石灰秫粥锢其外"。秫粥，就是高粱粥。但南京民间素有"朱元璋使用石灰、糯米汁和桐油筑城"的说法。后来，科学检测证实了这种说法。

不仅南京城墙，商丘归德府古城城门也采用糯米灰砌筑，故宫使用的也是由糯米和熟石灰以及鸡蛋清混合制成的高级"糯米砂浆"。

时至今日，糯米砂浆已经退出历史舞台，人们只能在古城墙修复中才得以一窥究竟。作为古代石灰基建筑胶黏材料史上的杰作，糯米砂浆代表了古人的智慧，这种智慧不仅本身跨越了时间，还让一批有丰富文化价值的古代建筑物得以留存至今。糯米砂浆不失为古代的重大发明之一。

5.1　砂浆的组成材料

5.1.1　胶凝材料

胶凝材料在砂浆中起着胶结作用，是影响砂浆流动性、黏聚性和强度等技术性质的主要组分。砂浆中使用的胶凝材料有各种水泥、石灰、建筑石膏和有机胶凝材料等。常用的胶凝材料有水泥、石灰。

胶凝材料的选用应根据砂浆的用途及使用环境决定，对于干燥环境中使用的砂浆，可用气硬性胶凝材料，对处于潮湿环境或用于水中的砂浆，则需要用水硬性胶凝材料。

水泥是砂浆的主要胶凝材料，常用的水泥品种有普通硅酸盐水泥、矿渣硅酸盐水泥、火山灰质硅酸盐水泥、复合硅酸盐水泥等。在建筑工程中，由于砂浆的强度等级不高，因此在配制砂浆时，为合理利用资源、节约材料，应尽量选用低强度等级的通用硅酸盐水泥和砌筑水泥。配制砌筑砂浆时，水泥强度等级应根据砂浆品种及强度等级的要求进行选择，M15及以下强度等级的砌筑砂浆宜选用32.5级通用硅酸盐水泥或砌筑水泥；M15以上强度等级的砌筑砂浆宜选用 42.5 级通用硅酸盐水泥。若水泥强度过高，应添加掺加料进行调整。

5.1.2　细骨料

砂浆用细骨料主要为天然砂，应符合混凝土用砂的技术要求。由于砂浆层较薄，对砂子最大粒径应有限制。砌筑毛石砌体用的砂最大粒径应小于砂浆层厚度的 1/5～1/4。砖砌体用砂的最大粒径应不大于 2.5 mm。用于光滑的抹面和勾缝的砂浆，则应采用细砂。用于装饰的砂浆，还可采用彩砂、石碴等。

砂子中的泥对砂浆的和易性、强度、变形性和耐久性均有影响。砂子中含有少量泥，可改善砂浆的黏聚性和保水性，故砂浆用砂的含泥量可比混凝土略高。对强度等级为 M5 以上的砌筑砂浆，砂的含泥量不应超过 5%；强度等级为 M5 的水泥混合砂浆，砂的含泥量不应超过 10%。

当细骨料采用人工砂、山砂、特细砂和炉渣时，应根据经验并经试验，确定其技术指标要求。

5.1.3　掺加料

为改善砂浆的和易性，降低水泥用量，通常在水泥砂浆中掺入部分石灰膏、黏土膏、电石膏、粉煤灰等无机材料。

1. 石灰膏

石灰是使用较早的矿物胶凝材料，砂浆中选用的石灰应符合有关技术指标的要求。石灰在使用时应预先进行消化，“陈伏”一定时间，目的是消除过火石灰带来的危害。当生石灰熟化成石灰膏时，应用孔径不大于 3 mm×3 mm 的网过滤，熟化时间不得小于 7 d，磨细生石灰粉的熟化时间不得小于 2 d，存储石灰膏时，应采取防止干燥、冻结和污染的措施。脱水硬化的石灰膏不但起不到塑化作用，还会影响砂浆强度，因此严禁使用。消石灰粉是未充分熟化的石灰，颗粒太粗，起不到改善和易性的作用，不得直接用于砌筑砂浆中。

2. 黏土膏

在制备黏土膏时，为了使黏土膏达到所需细度，从而起到塑化作用，规定用搅拌机加水搅拌，并通过孔径不大于 3 mm×3 mm 的网过滤；黏土中有机物含量过高会降低砂浆质量，因此，用比色法鉴定黏土中的有机物含量时应浅于标准色。

3. 电石膏

制作电石膏的电石渣应用孔径不大于 3 mm×3 mm 的网过滤，检验时应加热至 70 ℃并保持 20 min，没有乙炔气味后方可使用。

4. 粉煤灰

为节约水泥，改善砂浆的性能，在拌制砂浆时可加入粉煤灰。粉煤灰的品质指标应符合现行国家标准《用于水泥和混凝土中的粉煤灰》(GB/T 1596—2017)的要求。

5.1.4　水

砂浆拌合用水的技术要求与混凝土拌合用水相同，应选用洁净、无杂质的可饮用水来拌制砂浆。为节约用水，经化验分析或试拌验证合格的工业废水也可用于拌制砂浆。

5.1.5　外加剂

为改善或提高砂浆的某些性能，更好地满足施工条件和使用功能的要求，可在砂浆中掺入外加剂。但选择外加剂的品种(引气剂、早强剂、缓凝剂、防冻剂等)和掺量必须通过试验确定。当在配有钢筋的砌体用砂浆中掺加氯盐类外加剂时，氯盐掺量按无水状态计算不得超过水泥质量的1%。

5.2 砂浆的技术性质

5.2.1 新拌砂浆的和易性

新拌砂浆应具有良好的和易性，和易性良好的砂浆易在粗糙的砖、石基面上铺成均匀的薄层，且能与基层紧密黏结。这样，既便于施工操作，提高劳动生产率，又能保证工程质量。砂浆的和易性包括流动性和保水性两个方面的含义。

(1)流动性。砂浆的流动性是指砂浆在自重或外力作用下产生流动的性质，用稠度表示。流动性用砂浆稠度测定仪测定，以标准圆锥体在砂浆内自由沉入10 s的沉入深度(mm)表示。影响砂浆稠度的因素很多，如胶凝材料种类及用量、用水量、砂子粗细和粒形、级配、搅拌时间等。

砂浆稠度的选择与砌体材料及施工气候情况有关。流动性过大，砂浆过稀，不仅铺砌困难，而且硬化后强度降低；流动性过小，砂浆太稠，难以铺平。一般情况下，用于多孔吸水的砌体材料或干热的天气时，流动性应选得大些，用于密实不吸水的材料或湿冷的天气时，流动性应选得小些。砌筑砂浆的施工稠度应按表5-1的规定选择。

表5-1 砌筑砂浆的施工稠度

砌体种类	砂浆稠度/mm
烧结普通砖砌体、粉煤灰砖砌体	70～90
混凝土砖砌体、普通混凝土小型空心砌块砌体、灰砂砖砌体	50～70
烧结多孔砖砌体、烧结空心砖砌体、轻骨料混凝土小型空心砌块砌体、蒸压加气混凝土砌块砌体	60～80
石砌体	30～50

(2)保水性。新拌砂浆保持其内部水分不泌出流失的能力称为保水性。保水性不好的砂浆在存放和施工过程中容易产生泌水与离析，并且当铺抹于基底后，水分易被基面吸走，从而使砂浆干涩，不便于施工，不易铺成均匀密实的砂浆薄层。同时，也影响水泥的正常水化硬化，使强度和粘结力下降。

保水率是衡量砂浆保水性能的指标。砌筑砂浆的保水率应符合表5-2的规定。

表5-2 砌筑砂浆的保水率 %

砂浆种类	保水率
水泥砂浆	≥80
水泥混合砂浆	≥84
预拌砌筑砂浆	≥88

5.2.2 砂浆的强度

砂浆在砌体中主要起传递荷载的作用，并经受周围环境介质作用，因此，砂浆应具有一定的黏结强度、抗压强度和耐久性。试验证明，砂浆的黏结强度、耐久性均随抗压强度的增大而提高，即它们之间有一定的相关性，而且抗压强度的试验方法较为成熟，测试较为简单准确，所以，工程上常以抗压强度作为砂浆的主要技术指标。

砂浆的强度等级一般是以 3 个尺寸为 70.7 mm×70.7 mm×70.7 mm 的立方体带底试模，在标准养护条件[水泥混合砂浆为温度(20±2)℃，相对湿度 90%以上]用标准试验方法测得 28 d 龄期的抗压强度平均值来划分。砌筑砂浆的强度等级有 M30、M25、M20、M15、M10、M7.5、M5 七个等级。

影响砂浆强度的因素较多。用于砌筑不吸水材料(密实材料，如普通天然岩石)的砂浆，其强度主要取决于水泥强度等级和水胶比，可用下式表示。

$$f_{m,0}=0.29f_{ce}\left(\frac{B}{W}-0.4\right) \tag{5-1}$$

式中 $f_{m,0}$——砂浆的 28 d 抗压强度(MPa)；

f_{ce}——水泥 28 d 的实测强度(MPa)；

B/W——砂浆的水胶比。

用于砌筑吸水性强的材料(多孔材料，如烧结普通砖)的砂浆，因砂浆具有一定的保水性，拌合用水量在一定范围波动，块体材料吸水后，砂浆强度与拌合用水量或拌合水胶比无关，而主要取决于水泥强度等级和水泥用量，可用下式表示：

$$f_{m,0}=\alpha f_{ce}Q_c/1\,000+\beta \tag{5-2}$$

式中 Q_c——1 m^3 砂浆中的水泥用量(kg)；

α、β——砂浆的特征系数，其中 $\alpha=3.03$，$\beta=-15.09$。

5.2.3 砂浆的粘结力

砖石砌体是靠砂浆将许多块状的砖石材料黏结成坚固整体的，因此要求砂浆对于砖石具有一定的粘结力。砂浆的粘结力随强度的增大而提高，砂浆的强度等级越高，粘结力越大。此外，砂浆的粘结力还与砖石的表面状态、湿润情况及施工养护条件等有关，所以为提高砂浆与砖之间的粘结力控制砌筑质量，砌筑前要浇水使其湿润，其含水率控制为 10%～15%，表面无泥土。

5.2.4 砂浆的变形

砂浆在承受荷载、温度变化或湿度变化时均会产生变形。如果变形过大或不均匀，则会降低砌体的质量，引起沉陷或裂缝。

5.2.5 砂浆的抗冻性

在某些使用环境下，要求砂浆具有一定的抗冻性。凡按照工程技术要求，具有明确冻融循环次数要求的具体砂浆，经冻融循环后，应同时满足质量损失率小于 5%，强度损失率小于 25%。

5.3　砌筑砂浆

将砖、石、砌块等黏结成砌体的砂浆称为砌筑砂浆。它起着黏结砖、石及砌块，构成砌体，传递荷载，协调变形的作用。砌筑砂浆是砌体的重要组成部分。

5.3.1　砌筑砂浆的技术条件

根据《砌筑砂浆配合比设计规程》(JGJ/T 98—2010)规定，砌筑砂浆应符合以下技术条件。

(1)砌筑砂浆的强度等级划分为 M5、M7.5、M10、M15、M20、M25、M30。

(2)水泥砂浆拌合物的密度不宜小于 1 900 kg/m^3，水泥混合砂浆和预拌砌筑砂浆拌合物的密度不宜小于 1 800 kg/m^3。

(3)砌筑砂浆的稠度、保水率、试配抗压强度应同时满足要求。

(4)水泥砂浆中水泥用量不应小于 200 kg/m^3；水泥混合砂浆中水泥和石灰膏、电石膏材料总量不应小于 350 kg/m^3；预拌砌筑砂浆中水泥和替代水泥的粉煤灰等活性矿物掺加料的总量不应小于 200 kg/m^3。

(5)有抗冻性要求的砌筑工程，砌筑砂浆应进行冻融试验，且当设计对抗冻性有明确要求时，还应符合设计规定。

(6)砌筑砂浆试配时应采用机械搅拌。搅拌时间应自开始加水算起，对水泥砂浆和水泥混合砂浆，搅拌时间不得少于 120 s；对预拌砌筑砂浆和掺有粉煤灰、外加剂、保水增稠材料等的砂浆，搅拌时间不得少于 180 s。

5.3.2　砌筑砂浆配合比设计

砂浆的配合比设计要满足和易性、强度、耐久性，经济性的要求，可通过查阅有关资料或手册来选取或通过计算进行，然后进行试拌调整。根据《砌筑砂浆配合比设计规程》(JGJ/T 98—2010)规定，砂浆的配合比以质量比表示。本书以计算法为例介绍砂浆的配合比设计。

1. 水泥混合砂浆配合比设计

(1)确定砂浆的试配强度。

$$f_{m,0}=kf_2 \tag{5-3}$$

式中　$f_{m,0}$——砂浆的试配强度(MPa)，精确至 0.1 MPa；

f_2——砂浆强度等级值(MPa)，精确至 0.1 MPa；

k——系数，按表 5-3 的规定取值。

表 5-3　砂浆强度标准差 σ 及 k

强度等级 \ 施工水平	强度标准差 σ/MPa							k
	M5	M7.5	M10	M15	M20	M25	M30	
优良	1.00	1.50	2.00	3.00	4.00	5.00	6.00	1.15
一般	1.25	1.88	2.50	3.75	5.00	6.25	7.50	1.20
较差	1.50	2.25	3.00	4.50	6.00	7.50	9.00	1.25

砂浆强度标准差的确定应符合下列规定。

1)当有统计资料时，砂浆强度标准差应按下式计算：

$$\sigma=\sqrt{\frac{\sum_{i=1}^{n}f_{m,i}^{2}-n\mu_{fm}^{2}}{n-1}} \tag{5-4}$$

式中　$f_{m,i}$——统计周期内同一品种砂浆第 i 组试件的强度(MPa)；

μ_{fm}——统计周期内同一品种砂浆 n 组试件强度的平均值(MPa)；

n ——统计周期内同一品种砂浆试件的总组数，$n \geqslant 25$。

2)当无统计资料时，砂浆强度标准差可按表 5-3 的规定取值。

(2)计算水泥用量。每立方米砂浆中的水泥用量应按下式计算：

$$Q_c=1\,000(f_{m,0}-\beta)/(\alpha\cdot f_{ce}) \tag{5-5}$$

式中　Q_c——每立方米砂浆的水泥用量(kg)，应精确至 1 kg；

f_{ce}——水泥的实测强度(MPa)，应精确至 0.1 MPa；

α、β ——砂浆的特征系数，其中 $\alpha=3.03$，$\beta=-15.09$。

注：各地区也可用本地区试验资料确定 α、β 值，统计用的试验组数不得少于 30 组。

在无法取得水泥的实测强度值时，可按下式计算：

$$f_{ce}=\gamma_c\cdot f_{ce,k} \tag{5-6}$$

式中　$f_{ce,k}$——水泥强度等级值(MPa)；

γ_c——水泥强度等级值的富余系数，宜按实际统计资料确定，无统计资料时可取 1.0。

(3)计算石灰膏用量。石灰膏用量应按下式计算：

$$Q_D=Q_A-Q_c \tag{5-7}$$

式中　Q_D——每立方米砂浆的石灰膏用量(kg)，应精确至 1 kg(石灰膏使用时的稠度宜为 120 mm±5 mm)；

Q_c——每立方米砂浆的水泥用量(kg)，应精确至 1 kg；

Q_A——每立方米砂浆中水泥和石灰膏总量，应精确至 1 kg，可为 350 kg。

(4)确定砂子用量。每立方米砂浆中的砂子用量，应按干燥状态(含水率小于 0.5%)的堆积密度值作为计算值(kg)。

(5)确定用水量。每立方米砂浆的用水量可根据砂浆稠度等要求选用 210～310 kg。应注意混合砂浆中的用水量，不包括石灰膏中的水；当采用细砂或粗砂时，用水量分别取上限或下限；稠度小于 70 mm 时，用水量可小于下限；施工现场气候炎热或干燥季节，可酌量增加用水量。

2. 水泥砂浆配合比选用

水泥砂浆材料用量可按表 5-4 的规定选用。

表 5-4　每立方米水泥砂浆材料用量　kg/m^3

强度等级	水泥	砂	用水量
M5	200～230	砂的堆积密度	270～330
M7.5	230～260		
M10	260～290		
M15	290～330		
M20	340～400		
M25	360～410		
M30	430～480		

续表

注：1. M15 及 M15 以下强度等级水泥砂浆，水泥强度等级为 32.5 级；M15 以上强度等级水泥砂浆，水泥强度等级为 42.5 级。
2. 当采用细砂或粗砂时，用水量分别取上限或下限。
3. 稠度小于 70 mm 时，用水量可小于下限。
4. 施工现场如遇气候炎热或干燥季节，可酌量增加用水量。

水泥粉煤灰砂浆材料用量可按表 5-5 选用。

表 5-5 每立方米水泥粉煤灰砂浆材料用量 kg/m^3

强度等级	水泥和粉煤灰总量	粉煤灰	砂	用水量
M5	210～240	粉煤灰掺量可占胶凝材料总量的 15%～25%	砂的堆积密度值	270～330
M7.5	240～270			
M10	270～300			
M15	300～330			

注：1. 表中水泥强度等级为 32.5 级。
2. 当采用细砂或粗砂时，用水量分别取上限或下限。
3. 稠度小于 70 mm 时，用水量可小于下限。
4. 施工现场如遇气候炎热或干燥季节，可酌量增加用水量。

3. 砂浆配合比的试配、调整与确定

(1)按计算或查表所得配合比，采用工程实际使用的材料进行试拌后，测定其拌合物的稠度和保水率，当不能满足要求时，应调整材料用量，直到符合要求为止，然后确定为试配时的砂浆基准配合比。

(2)试配时至少应采用三个不同的配合比。其中一个为基准配合比，其他配合比的水泥用量应按基准配合比分别增加和减少 10%。在保证稠度、保水率合格的条件下，可将用水量或掺加料用量进行相应调整。

(3)对三个不同配合比进行调整后，应按现行的行业标准规定成型试件，测定砂浆的表观密度和强度，并应选定符合试配强度及和易性要求且水泥用量最低的配合比作为砂浆配合比。砂浆配合比确定后，当原材料有变更时，其配合比必须通过试验重新确定。

5.3.3 砂浆配合比设计计算实例

【例 5-1】 某砌筑工程用水泥石灰混合砂浆，要求砂浆的配制强度等级为 M5，稠度为 70～90 mm。原材料为水泥用复合水泥 32.5 级。实测强度为 36.0 MPa，中砂，堆积密度为 1 450 kg/m^3，含水率为 1%，石灰膏的稠度为 120 mm，施工水平一般，试计算砂浆的配合比。

【解】(1)确定试配强度 $f_{m,0}$。

查表 5-3 可得 $k=1.20$。

$$f_{m,0}=kf_2=1.20\times5=6.0(\text{MPa})$$

(2)计算水泥用量 Q_c。

其中 $\alpha=3.03$，$\beta=-15.09$，$f_{ce}=36.0\text{MPa}$。

$$Q_c=1\,000(f_{m,0}-\beta)/(\alpha\cdot f_{ce})=193(\text{kg})$$

(3)计算石灰膏用量 Q_D。

取 $Q_A=350$ kg，则 $Q_D=Q_A-Q_c=350-193=157$(kg)。

(4)确定砂子用量 Q_S。

由于砂的含水率为 1%，则 $Q_S=1\,450\times(1+1\%)=1\,464.5$(kg)。

(5)确定砂浆用水量 Q_W。

可选取用水量 260 kg，扣除砂中的用水量，拌合用水量为

$$Q_W=260-1\,450\times1\%=245.5(\text{kg})$$

砂浆的配合比设计为

$$Q_c:Q_D:Q_S:Q_W=193:157:1\,464.5:245.5$$
$$=1:0.81:7.59:1.27$$

扩展阅读

砌筑砂浆的要求

在土木工程中，要求砌筑砂浆具有以下性质。

(1)新拌砂浆应具有良好的和易性。新拌砂浆应容易在砖、石及砌体表面上铺砌成均匀的薄层，以利于砌筑施工和砌筑材料的黏结。

(2)硬化砂浆应具有一定的强度、良好的粘结力等力学性质。一定的强度可保证砌体强度等结构性能。良好的粘结力有利于砌块与砂浆之间的黏结。

(3)硬化砂浆应具有良好的耐久性。耐久性良好的砂浆有利于保证其自身不发生破坏，并对砌体结构的耐久性具有重要的影响。

5.4　抹面砂浆

凡涂抹在建筑物或建筑构件表面的砂浆，统称为抹面砂浆。抹面砂浆也称为抹灰砂浆，兼有保护基层、满足使用要求和增加美观的作用。

5.4.1　普通抹面砂浆

1. 普通抹面砂浆的组成材料

抹面砂浆主要由水泥、石灰或石膏及天然砂等材料组成，这些原材料的质量要求与砌筑砂浆相似，但根据抹面砂浆的使用特点，对其主要技术要求不是抗压强度，而是和易性及其与基层材料的粘结力。为此，常需多用一些胶结材料，并加入适量的有机聚合物来增加粘结力。另外，为减少抹面砂浆因收缩而引起开裂，常在砂浆中加入一定量的纤维材料。

在工程中配制抹面砂浆和装饰砂浆时，常在水泥砂浆中掺入占水泥质量 10%左右的 108 胶或聚醋酸乙烯乳液等。它们的作用是提高面层强度；增加涂层的柔韧性，减少开裂；加强涂层与基层之间的黏结性能，不易爆皮剥落；便于涂抹，且颜色匀实。

砂浆常用的纤维增强材料有麻刀、纸筋、稻草、玻璃纤维等。它们加入抹面灰浆中可提高抹灰层的抗拉强度，增加抹灰层的弹性和耐久性，使抹灰层不易开裂脱落。

2. 普通抹面砂浆的种类及选用

抹面砂浆有石灰砂浆、水泥混合砂浆、水泥砂浆、麻刀石灰浆(简称麻刀灰)、纸筋石灰砂

浆(简称纸筋灰)等。

为了保证砂浆与基层黏结牢固，表面平整，防止灰层开裂，应采用分层薄涂的方法，通常分为底层抹面、中层抹面和面层抹面施工。各层抹面的作用和要求不同，所以，每层所选用的砂浆也不同。同时，基层材料的特性和工程部位不同，对砂浆技术性能要求也不同，这也是选择砂浆种类的主要依据。

底层抹灰的作用是使砂浆与基面能牢固地黏结。中层抹灰主要是为了找平，有时可省略。面层抹灰是为了获得平整光洁的表面效果。用于砖墙的底层抹灰，多为石灰砂浆；有防水、防潮要求时用水泥砂浆。用于混凝土基层的底层抹灰，多为水泥混合砂浆。中层抹灰多用水泥混合砂浆或石灰砂浆。面层抹灰多用水泥混合砂浆、麻刀灰或纸筋灰。水泥砂浆不得涂抹在石灰砂浆层上。

在容易碰撞或潮湿部位，应采用水泥砂浆，如墙裙、踢脚板、地面、雨篷、窗台、水池、水井等处。在硅酸盐砌块墙面上做砂浆抹面或粘贴饰面材料时，最好在砂浆层内夹一层事先固定好的钢丝网，以免日后剥落。

3. 抹面砂浆的配合比

确定抹面砂浆组成材料及配合比的主要依据是工程使用部位及基层材料的性质。常用抹面砂浆配合比及应用范围见表 5-6。

表 5-6 常用抹面砂浆配合比及应用范围

抹面砂浆组成材料	配合比(体积比)	应用范围
石灰：砂	1：3	砖石墙面打底找平(干燥环境)
石灰：砂	1：1	墙面石灰砂浆面层
水泥：石灰：砂	1：1：6	内外墙面混合砂浆打底找平
水泥：石灰：砂	1：0.3：3	墙面混合砂浆面层
水泥：砂	1：2	地面、顶棚或墙面水泥砂浆面层
水泥：石膏：砂：锯末	1：1：3：5	吸声粉刷
石灰膏：麻刀	100：2.5(质量比)	木板条顶棚底层
石灰膏：麻刀	100：1.3(质量比)	木板条顶棚面层
石灰膏：纸筋	100：3.8(质量比)	木板条顶棚底层
石灰膏：纸筋	1 m^3 石灰掺 3.6 kg 纸筋	较高级墙面及顶棚

5.4.2 装饰砂浆

1. 石碴类饰面

涂抹在建筑物内、外墙表面，以增加建筑物美观效果的砂浆称为装饰砂浆。装饰砂浆与抹面砂浆的主要区别在面层。装饰砂浆的面层应选用具有一定颜色的胶凝材料和骨料并采用特殊的施工操作方法，以使表面呈现出各种不同的色彩线条和花纹等装饰效果。

装饰砂浆常用的胶凝材料有白水泥和彩色水泥，以及石灰、石膏等。骨料常用大理石、花岗石等带颜色的细石碴或玻璃、陶瓷碎粒等。几种常用装饰砂浆的工艺做法如下。

(1)水磨石。水磨石是一种人造石，用普通水泥、白色水泥或彩色水泥拌和各种色彩的大理石碴作面层，硬化后用机械磨平抛光表面。水磨石多用于地面装饰，可事先设计图案和色彩，抛光后更具艺术效果，除可用作地面外，还可预制做成楼梯踏步、窗台板、柱面、踢脚板和地面板等多种建筑构件。水磨石一般都用于室内。

(2)水刷石。水刷石是一种假石饰面，原料与水磨石相同，用颗粒细小(约为 5 mm)的石碴所拌成的砂浆作面层，在水泥初始凝固时，即喷水冲刷表面，使其石碴半露而不脱落。水刷石多用于建筑物的外墙装饰，具有一定的质感，经久耐用。

(3)干粘石。原料同水刷石，也是一种假石饰面层。在水泥浆面层的整个表面上，黏结粒径为 5 mm 以下的彩色石碴小石子、彩色玻璃碎粒。要求石碴黏结牢固、不脱落。干粘石的装饰效果与水刷石相同，而且避免了湿作业，施工效率高，也节约材料。

(4)斩假石。斩假石又称为剁斧石，是一种假石饰面，将掺入石屑及石粉的水泥砂浆，涂抹在建筑物表面，硬化后用斩凿的方法使其成为有纹路的石面样式。

2. 灰浆类饰面

在建筑工程中，常用的灰浆饰面有以下几种。

(1)拉毛灰。拉毛灰是用铁抹子，将罩面灰轻压后顺势用力拉起，形成一种凹凸质感很强的饰面层。拉细毛时用棕刷蘸着灰浆拉成细凹凸花纹。拉毛灰兼具装饰和吸声作用，多用于外墙面及影剧院等公共建筑的室内墙壁和天棚的饰面。

(2)甩毛灰。甩毛灰是用竹丝刷等工具将罩面灰浆甩涂在墙面上，形成大小不一而又有规律的云朵状毛面饰面层。

(3)假面砖。假面砖是在采用掺有氧化铁系颜料(红、黄)的水泥砂浆抹面的墙面上，用特制的铁钩和靠尺，按设计要求的尺寸进行分格划块(铁钩需划到底)，沟纹清晰，表面平整，酷似贴面砖饰面，多用于外墙装饰。

(4)喷涂。喷涂多用于外墙饰面，是用挤压式砂浆泵或喷斗，将掺有聚合物的水泥砂浆喷涂在墙面基层或底灰上，形成饰面层，最后在表面再喷涂一层甲基硅醇钠或甲基硅树脂疏水剂，以提高饰面层的耐久性和减少墙面污染。根据饰面层的质感，喷涂可分为波面喷涂、颗粒喷涂和花点喷涂等几种。

(5)弹涂。弹涂是用电动弹力器，将掺有 803 胶的各种水泥色浆，分次弹涂到墙面上，形成 1～3 mm 的圆状色点。通常采用的色浆有 2～3 种，不同色点在墙面上相互交错、衬托，构成色彩调和的饰面层，最后刷一道树脂罩面层，以起防护作用。弹涂可用于内墙或外墙饰面。

(6)拉条抹灰。拉条抹灰又称为条形粉刷，是在面层砂浆抹好后，用一凹凸状轴辊做模具，在砂浆表面由上而下滚压出条纹，条纹分半圆形、波纹形、梯形等多种，条纹可粗可细，间距可大可小。拉条饰面立体感强，线条挺拔，适用于会场、大厅等内墙饰面。

5.5 其他建筑砂浆

在建筑工程中，除前两节所介绍的砌筑砂浆和抹面砂浆外，还有一些用于满足某种特殊功能要求的砂浆，常用的有以下几种。

5.5.1 防水砂浆

用作防水层的砂浆，称为防水砂浆，这种防水层也称为刚性防水层。其施工方法有两种：一种是喷浆法，即利用高压喷枪将砂浆以每秒约 100 m 的高速喷至建筑物表面，砂浆被高压空气强烈压实，密实度大，抗渗性好；另一种是人工多层抹压法，即将砂浆分几层抹压，以减少内部连通毛细孔，增大密实度，达到防水效果。这种防水层做法，对施工操作的技术要求较高。随着防水剂产品日益增多、性能提高，在普通水泥砂浆中掺入一定量的防水剂而制得的防水砂浆，是目前应用最广泛的防水砂浆品种。

配制防水砂浆应选择强度等级为42.5及以上的普通硅酸盐水泥和微膨胀水泥。砂子应选用洁净的中砂，水泥与砂的体积配合比一般控制在1∶2.5～1∶3，水胶比应为0.50～0.55。防水剂掺量按生产厂推荐的最佳掺量掺入，最后需经试配确定。每层厚度为5 mm左右，人工涂抹时一般分四至五层抹压，为20～30 mm。一、三层可用防水水泥净浆，二、四、五层用防水水泥砂浆。在涂抹前先在湿润清洁的底面上抹一层纯水泥浆，然后抹一层5 mm厚的防水砂浆。在初凝前用木抹子压实一遍，第二、三、四层都是同样的操作方法，最后一层要压光。抹完后应加强养护。

由防水砂浆构成的刚性防水层仅适用于不受震动和具有一定刚度的混凝土或砖、石砌体工程，应用于地下室、水塔、水池等防水工程。对于变形较大或可能发生不均匀沉陷的工程，都不宜采用刚性防水层。

5.5.2 保温砂浆

保温砂浆是以水泥、石灰膏、石膏等胶凝材料与膨胀珍珠岩砂、膨胀蛭石、火山渣或陶砂等轻质多孔骨料按一定比例配制成的砂浆，具有轻质、保温等特性。

常用的保温砂浆有水泥膨胀珍珠岩砂浆、水泥膨胀蛭石砂浆、水泥石灰膨胀蛭石砂浆等。水泥膨胀珍珠岩砂浆宜采用普通硅酸盐水泥，水泥与轻质骨料的体积比为1∶12，可用于砖及混凝土内墙表面抹灰或喷涂。水泥石灰膨胀蛭石砂浆的体积比为

水泥∶石灰膏∶膨胀蛭石＝1∶5∶8

保温砂浆可用于平屋顶保温层及顶棚、内墙抹灰。

5.5.3 吸声砂浆

在轻骨料配制成的保温砂浆，一般均具有良好的吸声性能，故也可作吸声砂浆用。另外，还可用水泥、石膏、砂、锯末配制成吸声砂浆。若石灰、石膏砂浆中掺入玻璃纤维、矿物棉等松软纤维材料也能获得吸声效果。吸声砂浆用于有吸声要求的室内墙壁和顶棚的抹灰。

5.5.4 耐酸砂浆

在用水玻璃和氟硅酸钠配制的耐酸涂料中，掺入适量由石英岩、花岗石、铸石等制成的粉及细骨料，可拌制成耐酸砂浆。耐酸砂浆用于耐酸地面和耐酸容器的内壁防护层。

5.5.5 防辐射砂浆

在水泥浆中掺入重晶石粉、重晶石砂可配制成具有防辐射能力的砂浆。其配合比为

水泥∶重晶石粉∶重晶石砂＝1∶0.25∶(4～5)

在水泥浆中掺加硼砂、硼酸等可配制成具有防中子辐射能力的砂浆。这类砂浆用于射线防护工程中。

扩展阅读

新型建筑砂浆

新型建筑砂浆主要包括混凝土小型空心砌块的砌筑砂浆、自流平砂浆、无机保温砂浆、聚合物砂浆及干混抹灰砂浆等。

1. 混凝土小型空心砌块的砌筑砂浆

混凝土小型空心砌块砌筑砂浆是砌块建筑专用的砂浆。与使用传统的砌筑砂浆相比，专用砂浆砌筑，可使砌体砌缝饱满，黏结性能好，减少墙体开裂和渗漏，提高砌块建筑质量。

混凝土小型空心砌块的砌筑砂浆用 Mb 标记，按抗压强度分为 Mb5.0、Mb7.5、Mb10.0、Mb15.0、Mb20.0、Mb25.0 和 Mb30.0 共 7 个等级。其抗压强度指标相当于 M5.0、M7.5、M10.0、M15.0、M20.0、M25.0 和 M30.0 等级的一般砌筑砂浆抗压强度指标。

2. 自流平砂浆

自流平砂浆是由特种水泥、精选骨料及多种添加剂组成的，与水混合后形成一种流动性强、高塑性的自流平地基材料，包括水泥基自流平砂浆、自流平砂浆、找平砂浆等，其科技含量高，是技术环节比较复杂的产品。它是由多种活性成分组成的干混型粉状材料，现场拌水即可使用。

自流平砂浆使用安全、无污染、美观、快速施工与投入使用是自流平水泥的特色。

3. 无机保温砂浆

无机保温砂浆是一种用于建筑物内外墙粉刷的新型保温节能砂浆，以无机类的轻质保温颗粒作为轻骨料，加入由胶凝材料、抗裂添加剂及其他填充料等组成的干粉砂浆。

无机保温砂浆均为灰色粉体，精选进口可再生分散胶粉、无机胶凝材料、优质骨料及具有保水、增温、蓄变、抗裂等功能的助剂预混干拌而成。对多种保温材料均具有良好的粘结力，且具有良好的柔性、耐水性和耐候性。使用时，可在现场直接加水调和使用，不仅方便操作，而且具有安全、环保等特点。

4. 聚合物砂浆

聚合物砂浆是指在建筑砂浆中添加聚合物胶粘剂，使砂浆性能得到很大改善的一种新型建筑材料。其中的聚合物胶粘剂作为有机黏结材料与砂浆中的水泥或石膏等无机黏结材料完美地组合在一起，大大提高了砂浆与基层的黏结强度、砂浆的可变形性及柔性、砂浆的内聚强度等性能。

5. 干混抹灰砂浆

干混抹灰砂浆是由水泥、掺合料、干砂、外加剂和改性助剂配合比均匀混合而成的，具有黏结强度高，保水性好，施工滑爽，不空鼓、不开裂、不掉粉，现场加水搅拌即可施工，省工、省料等特点，是特别为现代装饰装修工程开发的新型建筑材料。

工程案例分析

【案例 5-1】

选用水泥不当造成砂浆抹灰层开裂

概况：某六层商用综合楼为混凝土框架整体式楼(屋)盖结构。结构构件处于潮湿大气环境中，为防止冷凝结露而带来危害，现浇混凝土楼板顶棚面层厚度为 20 mm，1∶3 水泥砂浆抹灰，涂料二度刷白。水泥砂浆采用 42.5R 普通硅酸盐水泥及当地优质河砂(中砂)。顶棚抹灰层在施工后 1 周内普遍开裂，不规则裂缝宽度为 0.2～0.6 mm 不等，裂缝间距为 40～60 cm，且有通长裂缝。

分析：经观察和分析，裂缝只出现在抹灰层，且无一定规则，因此，可以排除因地基沉陷、结构变形、构件挠度、错位等引起的开裂。经检验，工程选用42.5R普通硅酸盐水泥。其特点是凝结硬化快，早期强度高，收缩大，易使抹灰层产生收缩裂缝。加之在抹灰后浇水养护不够，收缩加剧，最终造成砂浆抹灰层开裂。

【案例5-2】

以硫铁矿渣配制建筑砂浆的质量问题

概况：上海市某中学教学楼为五层内廊式砖混结构，工程交工验收时质量良好。但使用半年后，发现砖砌体出现裂缝，墙面抹灰层起壳。继续观察一年后发现，建筑物裂缝严重，以致成为危房不能使用。该工程砂浆采用硫铁矿渣代替建筑砂，硫铁矿渣中含硫量较高，有的高达4.6%。

分析：由于硫铁矿渣中的三氧化硫和硫酸根离子会与水泥或石灰膏反应，生成水化硫铝酸钙或硫酸钙，产生体积膨胀，导致砖砌体开裂，墙面抹灰层开裂。又因为硫铁矿渣中硫含量较多，所以会在砂浆硬化后不断生成此类体积膨胀的水化产物，致使建筑物裂缝越来越严重。

【案例5-3】

砂浆质量问题

概况：某工地现场配制M10砌筑砂浆时，将水泥直接倒在砂堆上，人工搅拌。拌和后发现该砂浆的和易性和粘结力都较差。

分析：首先，砂浆的均匀性有问题。将水泥直接倒在砂堆上，采用人工搅拌的方式往往会导致水泥和砂混合不够均匀，使强度波动大，应加入搅拌机中搅拌。其次，仅以水泥与砂配制强度等级较低(如本案例M10)的砌筑砂浆时，一般只需要少量水泥就可满足强度要求，但这样使胶凝材料量不足，砂浆的流动性和保水性较差，粘结力较低。通常可掺入少量石灰膏、石灰粉或微沫剂等以改善砂浆和易性，提高粘结力。

【案例5-4】

抹面砂浆裂缝问题

概况：图5-1中的地面基层抹灰砂浆层上有很多裂纹。抹灰砂浆的配合比为水泥：砂：水＝1：1：0.65，请分析抹灰砂浆层开裂的原因。

分析：用于地面基层的抹灰砂浆中的水泥用量不宜多，一般可采取水泥：砂＝1：2～1：3的配合比，因为水泥用量高不仅多消耗水泥，而且砂浆的干缩量大。此外，该砂浆水灰比较大，用水量较多也是导致裂缝产生的另一原因。

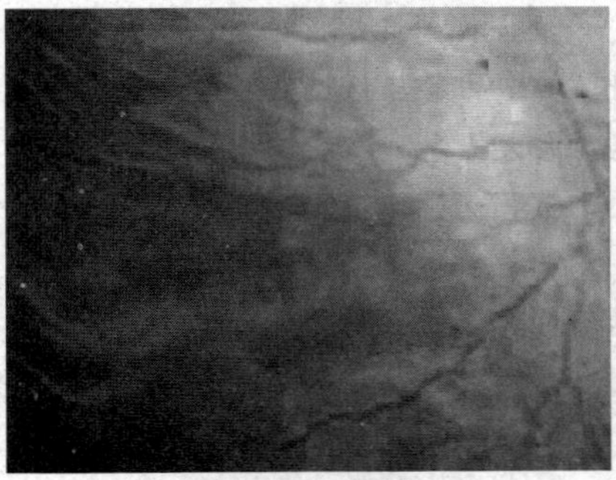

图5-1　某抹面砂浆裂缝

思考与练习

一、填空题

1. 胶凝材料在砂浆中起着胶结作用，它是影响砂浆流动性、黏聚性和强度等技术性质的主要组分，常用的胶凝材料有________、________。

2. 砂浆用细骨料主要为________，它应符合混凝土用砂的技术要求．由于砂浆层较薄，对砂子________应有限制。

3. ________是指砂浆在自重或外力作用下产生流动的性质，砂浆的流动性用稠度表示。

4. 新拌砂浆保持其内部水分不泌出流失的能力称为________。

二、选择题

1. 建筑砂浆的流动性是指砂浆在自重或外力作用下流动的性能，用(　　)表示。

A. 流动性　　B. 坍落度　　C. 稠度　　D. 和易性

2. 用于配制砌筑砂浆的石灰膏应在储灰池中熟化，熟化时间不应少于(　　) d。

A. 3　　B. 7　　C. 15　　D. 30

3. 用于配制砌筑砂浆的磨细生石灰粉的熟化时间不应少于(　　) d。

A. 2　　B. 3　　C. 7　　D. 15

4. 砌筑砂浆的保水性可以用保水率表示，要求砌筑水泥砂浆的保水率不小于(　　)。

A. 80%　　B. 84%　　C. 88%　　D. 90%

5. 根据《砌筑砂浆配合比设计规程》(JGJ/T 98—2011)规定，(　　)和试配抗压强度 3 项技术指标是砌筑砂浆必检项目。

A. 稠度、保水率　　B. 稠度、吸水率

C. 稠度、扩展度　　D. 扩展度、保水率

6. 砌筑烧结普通砖砌体时，砌筑砂浆的稠度宜为(　　)mm。

A. 30～50　　B. 40～60　　C. 50～70　　D. 70～90

7. 影响砌筑砂浆流动性的因素较多，其中最主要的影响因素是(　　)。

A. 水泥用量　　B. 砂的细度模数　　C. 用水量　　D. 搅拌时间

8. 用于砌筑普通页岩砖砌体的砂浆，砂的最大粒径不宜大于(　　) mm。

A. 2.0　　B. 2.5　　C. 3.0　　D. 1.6

9. 抹灰砂浆宜用中砂，不得含有有害杂质，砂的含泥量不应超过(　　)。

A. 3.0%　　B. 5.0%　　C. 7.0%　　D. 10.0%

10. 根据《砌筑砂浆配合比设计规程》(JGJ/T 98—2011)规定，砌筑砂浆的强度保证率为(　　)。

A. 75%～80%　　B. 80%～85%　　C. 85%～90%　　D. 90%～95%

11. 计算砌筑砂浆配合比时，砂浆生产质量一般，则砂浆生产质量系数 k 取值为(　　)。

A. 1.10　　B. 1.15　　C. 1.20　　D. 1.25

12. 根据预拌砂浆标准，预拌砌筑砂浆的保水率应不小于(　　)。

A. 80%　　B. 84%　　C. 88%　　D. 90%

三、名词解释

1. 砌筑砂浆
2. 抹面砂浆
3. 装饰砂浆

四、简答题

1. 石灰在使用时应预先进行消化，“陈伏”一定时间的目的是什么？
2. 简述普通抹面砂浆的种类及选用。
3. 装饰砂浆常用的胶凝材料有哪些？

砂的细度与颗粒级配　　思考与练习答案

第 6 章　建筑钢材

学习提示

钢材的性能包括两大部分，一是力学性能；二是工艺性能。钢的组织和化学成分对钢材性能具有重要的影响。近年来，钢材的防火问题越来越引起人们的关注。建筑钢材的品种包括钢筋混凝土结构用钢筋、钢丝、钢绞线和钢结构用各种型钢。

学习目标

知识目标

通过本章的学习，了解钢的冶炼方法和分类；掌握钢材的力学性能和工艺性能；掌握钢的组织和化学成分对钢材性能的影响；了解钢材的锈蚀机理和防治措施及防火方法；掌握钢筋混凝土结构用钢筋、钢丝、钢绞线和钢结构用各种型钢的技术性质与应用；了解铝合金的种类、特性和应用。

素质目标

结合钢筋冷加工相关知识的教学，强化学生遵纪守法意识，培养学生严谨客观的工作态度，引导其树立实事求是、勇于创新的科学态度。

思维导图

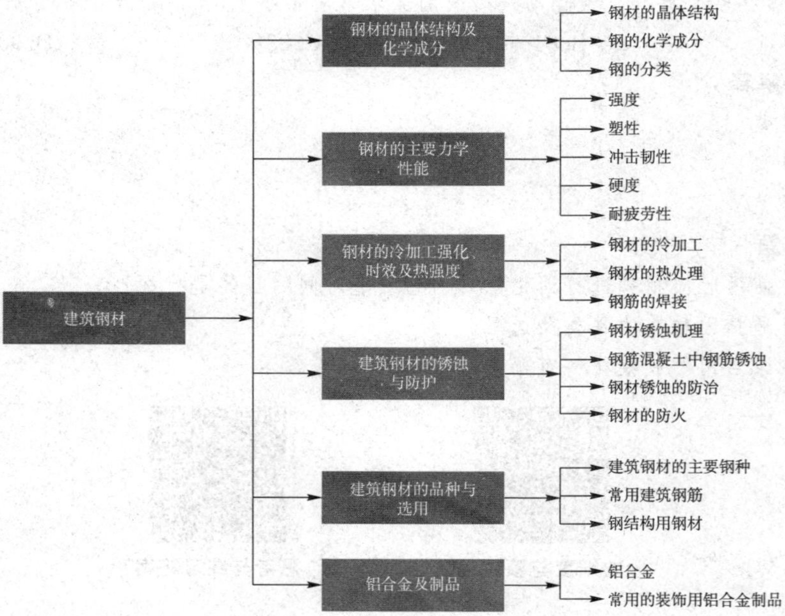

案例导入

国家体育场(鸟巢)是2008年北京奥运会的主场馆，是中国现代建筑的标志。鸟巢的主体结构使用高强度钢材建造，支撑其独特的网状外观。钢材的高强度和可塑性使其能够实现复杂的建筑设计。鸟巢所使用的钢材类型为Q460EZ235，这是一种顶级建筑用钢。其中，“460”指的是钢材的强度，其屈服强度达到460 MPa，是普通钢材的2倍，能够满足鸟巢结构对于高强度的需求。同时，“E”指的是负40度的冲击韧性指标，表明这种钢材具有出色的韧性。而“Z235”则表明鸟巢钢材的性能等级达到最高标准。Q460EZ235钢材的厚度达到110 mm，能够满足鸟巢大跨度、重载荷的结构需求。此外，这种钢材还具有良好的抗震性、抗低温性、可焊性等特点，能够在极端环境下保持结构的稳定性和安全性。

6.1 钢材的晶体结构及化学成分

6.1.1 钢材的晶体结构

钢材是铁-碳合金晶体，其晶体结构中，各个原子以金属键相互结合在一起，这种结合方式就决定了钢材具有很高的强度和良好的塑性。

描述晶体结构的最小单元是晶格，钢的晶格有两种构架，即体心立方晶格和面心立方晶格。前者是原子排列在一个正六面体的中心从各个顶点而构成的空间格子；后者是原子排列在一个正六面体的各个顶点及六个面的中心而构成的空间格子。碳素钢从液态变成固态晶体结构时，随着温度的降低，其晶格要发生两次转变，即在大于1 390 ℃以上的高温时，形成体心立方晶格，称为α-Fe；温度由1 390 ℃降至910 ℃的中温范围时，则转变为面心立方晶格，称为γ-Fe，此时伴随产生体积收缩；继续降至910 ℃以下的低温时，又转变成体心立方晶格，这时将产生体积膨胀。

借助于现代先进的测试方法对金属的微观结构进行深入研究，可以发现钢材的晶格并不都是完好无缺的规则排列，而是存在许多缺陷，它们将显著地影响钢材的性能，这也是钢材的实际强度远比其理论强度小的根本原因。其主要的缺陷有以下三种。

(1)点缺陷——空位、间隙原子，如图6-1(a)所示。空位减弱了原子间的结合力，使钢材强度降低；间隙原子使钢材强度有所提高，但塑性降低。

(2)线缺陷——刃形位错，如图6-1(b)所示。刃形位错是使金属晶体成为不完全弹性体的主要原因之一，它使杂质易于扩散。

(3)面缺陷——晶界面上原子排列紊乱，如图6-1(c)所示。它使钢材强度提高而塑性下降。

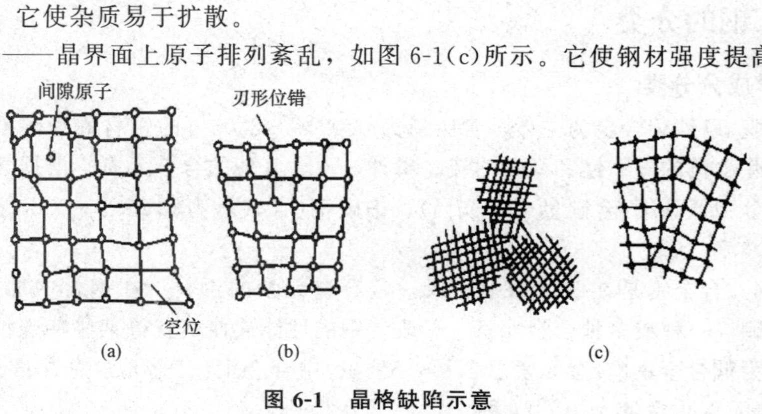

图6-1 晶格缺陷示意

(a)点缺陷；(b)线缺陷；(c)面缺陷

6.1.2 钢的化学成分

钢是铁碳合金，除铁、碳外，还含有少量的硅、锰、磷、硫、氧、氮、钛、钒等元素。这些元素主要来自原料、燃料和冶炼过程，虽然含量少，但是对钢材的性能产生一定的影响。

(1)碳(C)。碳是决定钢材性质的主要元素。随着含碳量的增加，钢材的强度和硬度相应提高，而塑性和韧性相应降低。当含碳量(质量分数)超过1%时，钢材的极限强度开始下降。另外，含碳量过高还会增加钢的冷脆性和时效敏感性，降低抗大气腐蚀性和可焊性。

(2)硅(Si)。硅是我国钢材中的主要合金元素，它的主要作用是提高钢的强度，而对钢的塑性及韧性影响不大，特别是当含量(质量分数)较低(小于1%)时，对塑性和韧性基本无影响。

(3)锰(Mn)。锰是我国低合金钢的主要合金元素，含量(质量分数)在1%～2%。锰可提高钢的强度和硬度，还可以起到去硫脱氧作用，从而改善钢的热加工性质。但锰含量较高时，将显著降低钢的可焊性。

(4)磷(P)。磷与碳相似，能使钢的屈服点和抗拉强度提高，塑性和韧性下降，显著增加钢的冷脆性。磷的偏析较严重，焊接时焊缝容易产生冷裂纹，因此，磷是降低钢材可焊性的元素之一，但磷可使钢的耐磨性和耐腐蚀性提高。

(5)硫(S)。硫在钢中以FeS形式存在。FeS是一种低熔点化合物，当钢材在红热状态下进行加工或焊接时，FeS已熔化，使钢的内部产生裂纹，这种在高温下产生裂纹的特性称为热脆性。热脆性大大降低了钢的热加工性和可焊性。另外，硫偏析较严重，降低了冲击韧性、疲劳强度和抗腐蚀性，因此，在碳钢中，要严格限制硫含量。

(6)氧(O)。氧是钢中的有害元素，主要存在于非金属夹杂物内，能降低钢的力学性能，特别是韧性。随着氧含量的增加，钢材的强度有所提高，但塑性、闭合性显著降低，可焊性变差。氧的存在会造成钢材的热脆性。

(7)氮(N)、氢(H)。氮和氢是钢中的有害元素。氮对钢材性能的影响与碳、磷相似。随着氮含量的增加，钢材的强度提高，塑性、韧性显著降低，可焊性变差，冷脆性加剧。氮在铝、铌、钒等元素的配合下可以减少其不利影响，改善钢材性能，可作为低合金钢的合金元素使用。钢中溶有氢会引起钢内部出现裂纹和白点(圆圈状的断裂面)，断口有白点的钢一般不能用于建筑结构。

(8)铝(Al)、钒(V)、钛(Ti)。铝、钒、钛是钢中常见的合金元素，能够细化晶粒，提高钢材强度，改善韧性和可焊性。

6.1.3 钢的分类

1. 按化学成分分类

(1)碳素钢。以铁碳合金为主体，含碳量为0.02%～2.06%的钢材称为碳素钢。其重要成分为铁和碳，除少量的硅、锰和微量的硫、磷外，不含其他的合金元素。根据含碳量的高低不同，碳素钢可分为低碳钢(含碳量<0.25%)、中碳钢(含碳量为0.25%～0.60%)、高碳钢(含碳量>0.60%)3种。

(2)合金钢。合金钢是在碳素钢中加入一定合金元素的钢材。在钢材中加入硅、锰、钛、钒、铬、镍、硼等一种或多种合金元素，可改善钢的性能或使其获得某些特殊性能。按合金元素总含量可分为低合金钢(合金元素总含量<5%)、中合金钢(合金元素总含量为5%～10%)、高合金钢(合金元素总含量>10%)3种。

2. 按冶炼时脱氧过程不同分类

在冶炼过程中，部分铁被氧化为氧化铁，将严重影响钢材的质量。因此，在浇铸钢锭之前，首先要进行脱氧，常用的脱氧剂有锰铁、硅铁和铝锭。根据脱氧程度不同，钢可分为沸腾钢、镇静钢和特殊镇静钢。

(1)沸腾钢。沸腾钢是脱氧不完全的钢，经脱氧处理之后，在钢液中尚存有较多的氧化铁。当钢液注入锭模后，氧化铁与碳继续发生反应，生成大量 CO 气体，气泡外逸便引起钢液“沸腾”，故称为沸腾钢，其代号为“F”。沸腾钢化学成分不均匀，气泡含量多，密实性差，因而钢质较差，但成本较低，产量高，可广泛用于一般土木结构工程中。

(2)镇静钢。镇静钢是用锰铁、硅铁和铝锭进行充分脱氧的钢。钢液在铸锭时不产生气泡，在锭模内能够平静地凝固，故称为镇静钢，其代号为“Z”。镇静钢的组织致密，化学成分均匀，机械性能好，因而钢质较好，但成本较高，主要用于承受冲击荷载作用或其他重要的结构工程。

(3)特殊镇静钢。特殊镇静钢的脱氧程度比镇静钢还要充分彻底，故钢的质量最好，其代号为“TZ”，主要用于特别重要的结构工程。

3. 按品质(杂质含量)分类

根据硫、磷等有害杂质含量(质量分数)的不同，钢材可分为以下几类。

(1)普通钢：硫含量不大于 0.050％，磷含量不大于 0.045％。

(2)优质钢：硫含量不大于 0.035％，磷含量不大于 0.035％。

(3)高级优质钢：硫含量不大于 0.025％，磷含量不大于 0.025％。

(4)特级优质钢：硫含量不大于 0.025％，磷含量不大于 0.015％。

4. 按用途分类

按钢的用途可分为结构钢、工具钢、特殊性能钢三大类。

(1)结构钢。结构钢包括两种类型：一是用作各种机器零件的钢，包括渗碳钢、调质钢、弹簧钢及滚动轴承钢；二是用作工程结构的钢，包括碳素钢中的甲、乙、特类钢及普通低合金钢。

(2)工具钢。工具钢是用于制造各种工具的钢。根据工具用途不同，可分为刃具钢、模具钢与量具钢。

(3)特殊性能钢。特殊性能钢是具有特殊物理化学性能的钢，可分为不锈钢、耐热钢、耐磨钢、磁钢等。

扩展阅读

钢材的生产

钢材的生产大致可分为钢的冶炼、铸锭和压力加工三个过程。

1. 钢材的冶炼

钢是由生铁冶炼而成的。钢与生铁的主要区别是含碳量的多少，含碳量小于 2.06％的铁碳合金称为钢；含碳量大于 2.06％的铁碳合金称为生铁。

钢的冶炼：将生铁在熔融状态下进行氧化，将含碳量降低到 2.06％以下，使磷、硫等其他杂质也降到某一规定数值，再加入脱氧剂(锰铁、硅铁、铝等)进行脱氧冶炼而成。冶炼方法不同，可以得到质量不同的钢材。钢材的主要冶炼方法有氧气转炉炼钢法、平炉炼钢法、电炉炼钢法。

2. 钢材的脱氧

在冶炼钢材的过程中，由于氧化作用使部分铁被氧化，并残留在钢水中，降低了钢的质量。因此，在炼钢后期精炼时，要进行脱氧处理。在炉内或钢包中加入脱氧剂(锰铁、硅铁、铝锭等)进行脱氧，使氧化铁还原为金属铁，这种操作工艺称为脱氧。

3. 热压力加工

钢锭(坯)经过冷、热机械加工而得到的各种定型产品即钢材。建筑钢材主要经热压力加工而成。

热压力加工是将钢锭加热至塑性状态(再结晶温度以上)，依靠外加压力来改变形状的加工方法，常用的方式有锻造、热压、轧制等。铸成的钢锭晶粒粗细不均，存在着成分偏析、气孔及裂纹。钢锭经热压力加工后，不仅得到形状和尺寸符合要求的钢材，而且还在高温和压力作用下，使内部的气泡和裂纹焊合、疏松组织密实、晶粒细化及成分均化，钢材质量得以提高。碾轧的次数越多，强度提高的程度越大，故同成分的小截面钢材比大截面钢材强度高。沿一个方向进行热压力加工轧制出的钢材具有各向异性，如单向轧制成的轧边钢板，强度沿轧制方向的高于非轧制方向的，使用时应加以注意。停轧温度高，则钢材强度稍低。

6.2 钢材的主要力学性能

力学性能又称为机械性能，是钢材最重要的使用性能。在建筑结构中，对承受静荷载作用的钢材，要求具有一定力学强度，并要求所产生的变形不致影响结构的正常工作和安全使用；对承受动荷载作用的钢材，还要求具有较高的韧性而不致发生断裂。

6.2.1 强度

在外力作用下，材料抵抗变形和断裂的能力称为强度。测定钢材强度的主要方法是拉伸试验，钢材受拉时，在产生应力的同时，相应地产生应变。应力和应变的关系反映出钢材的主要力学特征。低碳钢受拉时的应力-应变曲线(图 6-2)具有典型的意义。根据材料变形的性质，曲线可以细分为比例弹性阶段($O\rightarrow p$)、非比例弹性阶段($p\rightarrow e$)、弹塑性阶段($e\rightarrow s$)、塑性阶段或屈服阶段($s\rightarrow s'$)、应变强化阶段($s'\rightarrow b$)、颈缩破坏阶段($b\rightarrow f$)六个阶段。

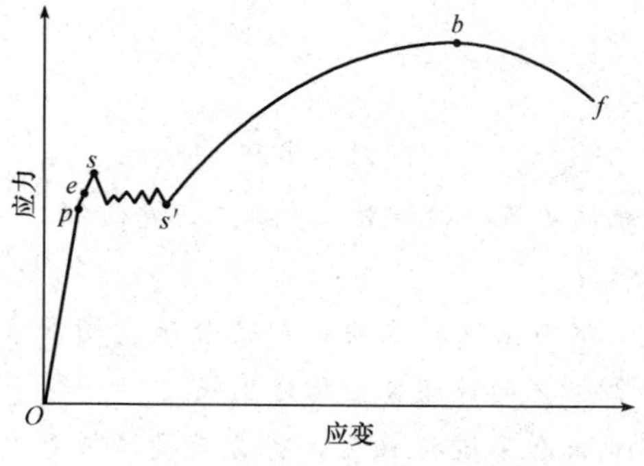

图 6-2 低碳钢单轴拉伸应力-应变示意

(1)弹性模量和比例极限。钢材受力初期，应力与应变呈正比例增长，应力与应变之比为常数，称为弹性模量，即 $E=\sigma/\varepsilon$。这个阶段的最大应力（p 点对应值）称为比例极限 σ_p。

弹性模量反映了材料受力时抵抗弹性变形的能力，即材料的刚度。它是钢材在静荷载作用下计算结构变形的一个重要指标。E 值越大，抵抗弹性变形的能力越大；在一定荷载作用下，E 值越大，材料发生的弹性变形量越小。一些对变形要求严格的构件，为了把弹性变形控制在一定限度内，应选用刚度大的钢材。

（2）弹性极限。应力超过比例极限后，应力-应变曲线略有弯曲，应力与应变不再呈正比例关系，但卸去外力时，试件变形仍能立即消失，此阶段产生的变形是弹性变形。不产生残留塑性变形的最大应力（e 点对应值）称为弹性极限 σ_e。事实上，σ_p 与 σ_e 相当接近。

（3）屈服强度。当应力超过弹性极限后，变形增加较快，此时除产生弹性变形外，还产生部分塑性变形。当应力达到 s 点后，塑性应变急剧增加，曲线出现一个波动的小平台，这种现象称为屈服。这一阶段的最大、最小应力分别称为上屈服点和下屈服点。由于下屈服点的数值较为稳定，因此以它作为材料抗力的指标，称为屈服点或屈服强度，用 σ_s 表示。有些钢材无明显的屈服现象，通常以发生微量塑性变形（0.2%）时的应力作为该钢材的屈服强度，称为条件屈服强度（$\sigma_{0.2}$），如图 6-3 所示。

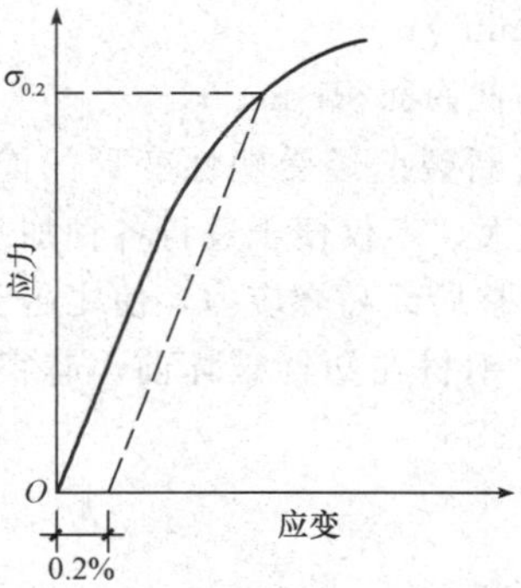

图 6-3　条件屈服强度示意

屈服点是钢材力学性质最重要的指标。如果钢材在屈服点以上工作，虽然没有断裂，但会产生不允许的结构变形，一般不能满足使用上的要求。因此，在结构设计时，屈服点是确定钢材容许应力的主要依据。

（4）极限强度。当钢材屈服到一定程度后，由于内部晶粒重新排列，其抵抗变形能力重新提高，此时变形虽然发展快，但是只能随着应力的提高而提高，直至应力达最大值。此后，钢材抵抗变形的能力明显降低，并在最薄弱处发生较大塑性变形，此处试件截面迅速缩小，出现颈缩现象，直至断裂破坏（f 点）。

钢材受拉断裂前的最大应力值（b 点对应值）称为强度极限或抗拉强度 σ_b。抗拉强度虽然是材料抵抗断裂破坏能力的一个重要指标，可是在结构设计中却不能利用。然而屈服点与抗拉强度之比（屈强比）却具有一定的意义。屈强比越小，则结构安全度越大，不易发生脆性断裂和局部超载引起的破坏。若屈强比太小，则不能充分发挥钢材的强度水平。通常情况下，屈强比为 0.60～0.75 比较合适。

拉伸试验测得的是钢材的抗拉强度，而钢材同样具有高的抗压强度和抗弯强度。与混凝土、砖石的相应强度进行比较，钢材各种强度的高强程度不尽相同。钢材抗压强度仅比混凝土大十几倍，但抗拉强度要高数百倍。相对于其他材料，钢材高强的显著性顺序为抗拉强度＞抗弯强度＞抗压强度。从这一点来看，把钢材用于抗拉、抗弯构件，更能发挥其特性。

6.2.2 塑性

塑性表示钢材在外力作用下产生塑性变形而不破坏的能力，它是钢材的一个重要性能指标。钢材的塑性通常用拉伸试验时的伸长率或断面收缩率表示。

(1)伸长率(δ)。伸长率用下式计算：

$$\delta=\frac{L_1-L_0}{L_0}\times 100\% \tag{6-1}$$

式中 L_0——试件原始标距长度(mm)；

L_1——断裂试件拼合后标距的长度(mm)。

由于试件颈缩断裂处变形较大，因而原标距与原直径之比越大，则计算伸长率就越小。所以，规定$L_0=5d_0$ 或 $L_0=10d_0$，对应的伸长率记为 δ_5 和 δ_{10}。对同一钢材，δ_5 大于 δ_{10}。

(2)断面收缩率(ψ)。断面收缩率计算如下：

$$\psi=\frac{A_0-A_1}{A_0}\times 100\% \tag{6-2}$$

式中 A_0——试件原始截面面积(mm^2)；

A_1——试件拉断后颈缩处的截面面积(mm^2)。

伸长率和断面收缩率表示钢材断裂前经受塑性变形的能力。伸长率越大或断面收缩率越高，说明钢材塑性越大。钢材塑性大，不仅便于进行各种加工，而且能保证钢材在建筑上的安全使用。因为钢材的塑性变形能调整局部高峰应力，使之趋于平缓，以免引起建筑结构的局部破坏及其所导致的整个结构破坏；钢材在塑性破坏前，有很明显的变形和较长的变形持续时间，便于人们发现和补救。

6.2.3 冲击韧性

冲击韧性是指钢材抵抗冲击荷载的能力。钢材的冲击韧性用冲断试样所需能量的多少来表示。钢材的冲击韧性试验是采用中间开有 V 形缺口的标准弯曲试样，置于冲击试验机的底座上，并使切槽位于受拉的一侧，如图 6-4 所示。当试验机的重摆从一定高度自由落下将试件冲断时，试件所吸收的能量等于重摆所做的功(W)。以试件在缺口处的最小横截面面积(A)除所做的功(W)，则得

$$\alpha_k=\frac{W}{A}$$

其中，α_k 称为冲击韧性，其单位为 J/cm^2。α_k 越大，表示钢材抵抗冲击的能力越强。

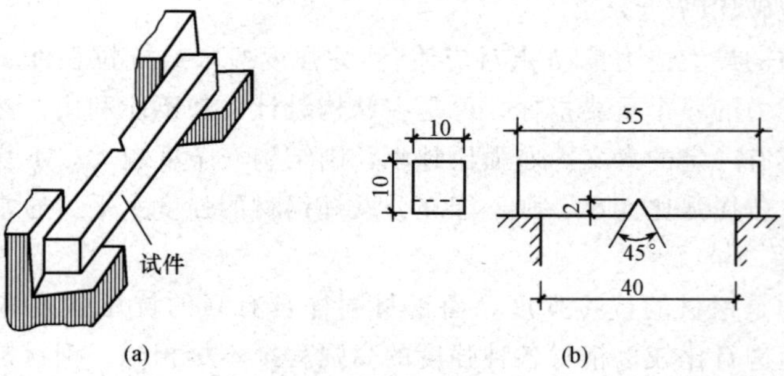

图 6-4 冲击韧性试验

(a)试件装置；(b)V 形缺口试件

钢材的冲击韧性受很多因素的影响，主要影响因素如下。

(1)化学成分。钢材中有害元素磷和硫较多时，α_k 下降。

(2)冶炼质量。脱氧不完全、存在偏折现象的钢，α_k 较小。

(3)冷加工及时效。钢材经冷加工及时效后，冲击韧性降低。

钢材的时效是指随时间的延长，钢材强度逐渐提高而塑性、韧性不断降低的现象。钢材完成时效变化过程，在通常自然条件下需要经过数十年，但当钢材承受振动或反复荷载作用时，时效迅速发展，从而使其冲击韧性的降低加快，钢材因时效而导致其性能改变的程度称为时效敏感性。为了保证使用安全，在设计承受动荷载和反复荷载的重要结构(如吊车梁、桥梁等)时，应选用时效敏感性小的钢材。

(4)环境温度影响。钢材的冲击韧性随环境温度的降低而下降，其规律是一开始冲击韧性随温度的降低而缓慢下降，但当温度降至一定范围(狭窄的温度区间)时，钢材的冲击韧性骤然下降很多而呈脆性，此称为钢材的冷脆性。这时的温度称为脆性转变温度，如图 6-5 所示。脆性转变温度越低，表明钢材的低温冲击韧性越好。为此，负温下使用的结构，设计时必须考虑钢材的冷脆性，应选用脆性转变温度低于使用温度的钢材，并满足规范规定的在－20 ℃或－40 ℃下冲击韧性指标的要求。

6.2.4　硬度

钢材的硬度是指其表面抵抗硬物压入产生局部变形的能力。

测定钢材硬度的方法很多，有布氏法、洛氏法和维氏法等。建筑钢材常用硬度指标为布氏硬度值，其代号为 HB。

布氏法的测定原理是利用直径为 D(mm)的淬火钢球，以荷载 P(N)将其压入试件表面，经规定的持荷时间后卸去荷载，得到直径为 d(mm)的压痕，以压痕表面积A(mm^2)除荷载 P，所得应力值的 MPa 数即试件的布氏硬度值 HB，此值无量纲。如图 6-6 所示为布氏硬度测定示意。

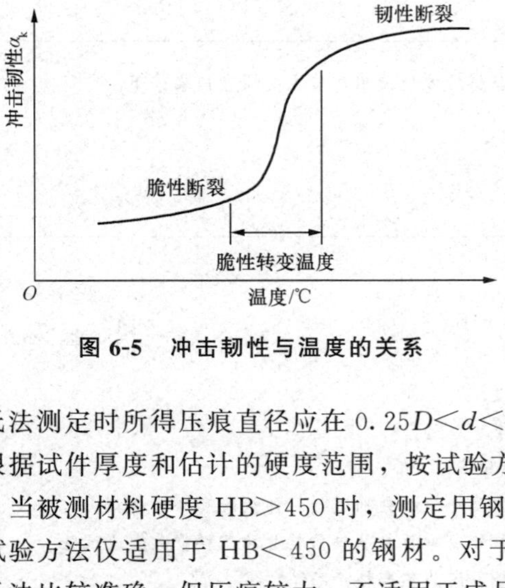

图 6-5　冲击韧性与温度的关系

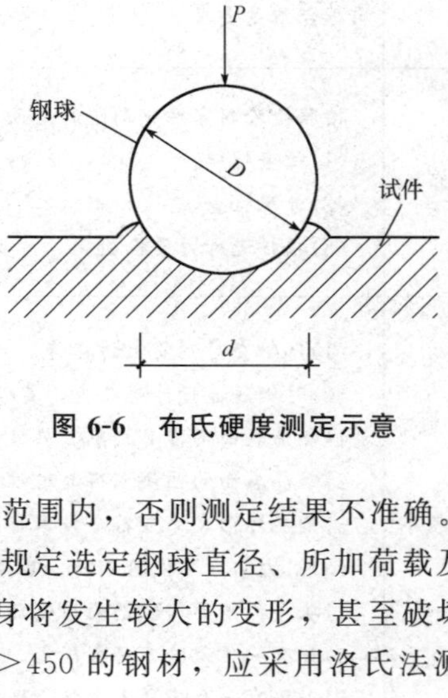

图 6-6　布氏硬度测定示意

布氏法测定时所得压痕直径应在 $0.25D<d<0.6D$ 范围内，否则测定结果不准确。故在测定前应根据试件厚度和估计的硬度范围，按试验方法的规定选定钢球直径、所加荷载及荷载持续时间。当被测材料硬度 HB＞450 时，测定用钢球本身将发生较大的变形，甚至破坏。故这种硬度试验方法仅适用于 HB＜450 的钢材。对于 HB＞450 的钢材，应采用洛氏法测定其硬度。布氏法比较准确，但压痕较大，不适用于成品检验。

洛氏法是用 120°的锥形金刚石压头，以不同荷载压入试件，根据其压痕深度确定洛氏硬度值 HR。洛氏法压痕小，常用于判断工件的热处理效果。

钢材的布氏硬度与其力学性能之间有着较好的相关性。试验证明，碳素钢的 HB 与其抗拉

强度 σ_b 之间存在以下关系：当 HB＜175 时，$\sigma_b \approx 3.6\text{HB}$；当 HB＞175 时，$\sigma_b \approx 3.5\text{HB}$。

由此，当已知钢材的硬度时，即可利用上式估算钢材的抗拉强度。

6.2.5 耐疲劳性

钢材承受交变荷载反复作用时，可能在最大应力远低于屈服强度的情况下突然破坏，这种破坏称为疲劳破坏。疲劳破坏的危险应力用疲劳极限(或称疲劳强度)表示，是指疲劳试验中试件在交变应力作用下，在规定的周期内不发生断裂所能承受的最大应力。

一般认为，钢材的疲劳破坏是由拉应力引起的，抗拉强度高，其疲劳极限也较高。在设计承受交变荷载作用的结构时，应了解所用钢材的疲劳极限。钢材的疲劳极限与其内部组织和表面质量有关。

扩展阅读

钢筋的检验

钢筋质量的优劣直接影响构件的安全性和使用寿命。为此，在构件的施工中加强对钢筋原材料的检验，就显得尤其重要。钢筋的检验要求及操作顺序见表 6-1。

表 6-1　钢筋的检验要求及操作顺序

项目	总体说明
检验要求	对钢筋混凝土结构中所使用的钢筋，其验收要求如下。 (1)所有钢筋均须附带出厂时的质量证明书或试验报告单，以确保其质量符合相关标准和要求。 (2)每捆(或盘)钢筋都应配备有明确的标牌，标牌上应包含钢筋的规格、型号、生产日期等关键信息，以便于识别和追溯。 (3)钢筋在进场时，需按照其批号和直径进行分批验收。每批钢筋的质量不得超过 60 t，以确保验收过程的准确性和高效性。同时，这也便于对钢筋进行质量检测和追踪，确保施工现场使用的钢筋均符合质量要求
检验内容	按照检验内容对钢筋进行全面检查，合格后才能使用，其主要检查内容如下。 (1)核查标牌。 (2)外观检查。 (3)抽样进行力学检验
检验操作顺序	(1)仔细查对钢筋上的标牌。 (2)对钢筋进行外观检查，其检查要求如下。 1)钢筋表面不得有结疤、裂缝和褶皱。 2)钢筋表面的凸块不得超过螺纹的高度。 3)钢筋外形尺寸应符合技术标准的要求。 (3)用力学方法检验钢筋，其操作步骤如下。 1)从每批钢筋中任选两根钢筋，每根取两个试样分别进行拉伸试验和冷弯试验。 2)如有一项试验不符合规定，则从同批钢筋中再抽取双倍数量的试样重做上述试验。 3)如仍有一个试样不合格，则将该批钢筋定为不合格产品

6.3　钢材的冷加工强化、时效及热强度

6.3.1　钢材的冷加工

1. 冷加工强化

将钢材在常温下进行冷加工(如冷拉、冷拔或冷轧)，使之产生塑性变形，从而提高屈服强度，但钢材的塑性、韧性及弹性模量则会降低，这个过程称为冷加工强化处理。

建筑工地或预制构件厂常用的方法是冷拉和冷拔。

(1)冷拉是在常温条件下，以超过原来钢筋屈服点强度的拉应力，强行拉伸钢筋，使钢筋产生塑性变形以达到提高钢筋屈服点强度和节约钢材的目的，但同时钢材经冷拉后屈服阶段将会缩短，伸长率降低，材质也会变硬。

(2)冷拔是将光面圆钢筋通过硬质合金拔丝模孔强行拉拔，每次拉拔断面缩小应在10%以下。钢筋在冷拔过程中，不仅受拉，同时还受到挤压作用。因而，冷拔的作用比纯冷拉作用强烈。

经过一次或多次冷拔后的钢筋，表面光洁度高，屈服强度提高 40%～60%，但塑性大大降低，具有硬钢的性质。

2. 时效处理

钢材经冷加工后，在常温下存放 15～20 d，称为自然时效，适用于强度较低的钢材。对强度较高的钢材，可将冷加工后的钢材加热至100～200 ℃，保持2 h左右，称为人工时效。经时效处理后的钢材，其屈服强度、抗拉强度及硬度进一步提高，而塑性及韧性继续降低。

钢材经冷加工及时效处理后，其性质变化的规律，可明显地在应力-应变图上得到反映，如图 6-7 所示。图中 $OABCD$ 为未经冷拉和时效处理试件的 R-e 曲线。当试件冷拉至超过屈服强度的任意一点 K，卸去荷载，此时由于试件已产生塑性变形，则曲线沿 KO'下降，KO'大致与 AO 平行。如立即再拉伸，则 R-e 曲线将成为 $O'KCD$，屈服强度由 B 点提高到 K 点，如在 K 点卸荷后进行时效处理，然后拉伸，则 R-e 曲线将成为 $O'K_1C_1D_1$，这表明冷拉时效以后，屈服强度和抗拉强度均得到提高，但塑性和韧性则相应降低。

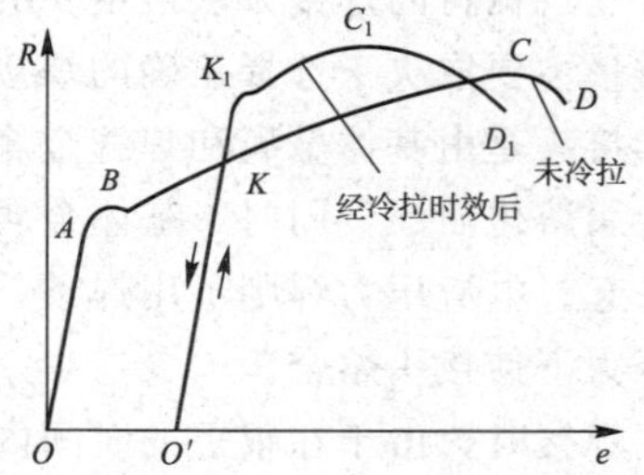

图 6-7　钢材冷加工及时效应力-应变曲线图

3. 质量偏差

钢材经冷加工处理后，其横截面面积将产生一定程度的收缩，单位长度的实际质量降低。因此，应检查质量偏差，可按标准要求截取一定数量的钢材，逐支测量长度，称量总质量，按下式计算质量偏差：

$$质量偏差=\frac{试样实际总质量-试样总长度\times理论质量}{试样总长度\times理论质量}\times100\%$$

6.3.2　钢材的热处理

热处理是指将钢材按一定规则加热、保温和冷却，以改变其组织，从而获得所需要性能的一种工艺措施。热处理的方法有退火、正火、淬火和回火。建筑钢材一般只在生产厂完成热处理工艺，在施工现场，有时须对焊接件进行热处理。

(1)退火。退火是将钢加热到一定温度并保温一段时间，然后使它慢慢冷却。钢的退火是将钢加热到发生相变或部分相变的温度，经过保温后缓慢冷却的热处理方法。退火的目的是消除组织缺陷，使内部成分均匀化及细化晶粒，提高钢的力学性能，减少残余应力；同时可降低硬度，提高塑性和韧性，改善切削加工性能。退火既为了消除和改善前道工序遗留的组织缺陷与内应力，又为后续工序做准备，故退火属于半成品热处理，又称预先热处理。

(2)正火。正火是将钢加热到临界温度以上，使钢全部转变为均匀的奥氏体，然后在空气中自然冷却的热处理方法。它能消除过共析钢的网状渗碳体，同时可细化亚共析钢的晶格，提高综合力学性能，对要求不高的零件用正火代替退火工艺是比较经济的。

(3)淬火。淬火是将钢加热到临界温度以上，保温一段时间，然后很快放入淬火剂中，使其温度骤然降低，以大于临界冷却速度的速度急速冷却，而获得以马氏体为主的不平衡组织的热处理方法。淬火能增加钢的强度和硬度，但要减少其塑性。淬火中常用的淬火剂有水、油、碱水和盐类溶液等。

(4)回火。回火是将已经淬火的钢重新加热到一定温度，再用一定的方法冷却。其目的是消除淬火产生的内应力，降低硬度和脆性，以取得预期的力学性能。回火可分为高温回火、中温回火和低温回火 3 类。

6.3.3 钢筋的焊接

焊接连接是钢结构的主要连接方式，在工业与民用建筑的钢结构中，焊接结构占 90%以上。在钢筋混凝土结构中，焊接大量应用于钢筋接头、钢筋网、钢筋骨架和预埋件之间的连接，以及装配式构件的安装。

建筑钢材的焊接方法最主要的是钢结构焊接用的电弧焊和钢筋连接用的电渣压力焊。焊件的质量主要取决于选择正确的焊接工艺和适当的焊接材料，以及钢材本身的可焊性。电弧焊的焊接接头是由基体金属和焊缝金属熔合而成的。焊缝金属是在焊接时电弧的高温作用下，由焊条金属熔化而成，同时，基体金属的边缘也在高温下部分熔化，两者通过扩散作用均匀地熔合在一起。电渣压力焊则不用焊条，而是通过电流所形成的高温使钢筋接头处局部熔化，并在机械压力下使接头熔合。

焊接时，由于在很短的时间内达到很高的温度，基体金属局部熔化的体积很小，故冷却速度很快，因此在焊接处必然产生剧烈的膨胀和收缩，易产生变形、内应力和内部组织的变化，因而形成焊接缺陷。焊缝金属的缺陷主要有裂纹、气孔、夹杂物等。基体金属热影响区的缺陷主要有裂纹、晶粒粗大和析出脆化(碳、氮等原子在焊接过程中形成碳化物和氮化物，于缺陷处析出，使晶格畸变加剧所引起的脆化)。由于焊接件在使用过程中所要求的主要力学性能是强度、塑性、韧性和耐疲劳性，因此，对性能最有影响的缺陷是裂纹、缺口、塑性和韧性的下降。

钢材的可焊性是指钢材在一定的焊接工艺条件下，焊缝及热影响区的材料性质是否具有与母体相近的性能。与钢材的化学成分、晶粒度、硬度、热影响区、氢脆及焊接工艺等因素有关。钢材的化学成分对可焊性具有重要的影响，如果硫、磷等元素含量过高，容易产生气孔、裂纹等缺陷，可焊性降低。由于细小的晶粒有利于保证焊接接头的强度和韧性，通常晶粒度较小的钢材可焊性更好；过高的硬度会导致焊接接头发生脆性断裂，同样会降低可焊性。焊接在热影响区会引起组织和性能的变化，如硬化、退火等，从而影响焊接接头的性能。氢脆是指在焊接过程中因进入过多氢气而导致焊接接头变脆的现象，适当的预热处理、合理选择钢材品种和焊接方法可以减少氢脆，提高钢材的可焊性，确保焊接接头具有优异性能。

焊接质量的检验方法主要有取样试件试验和原位非破损检测两类。取样试件试验是指在结构焊接部位切取试样，然后在实验室进行各种力学性能的对比试验，以观察焊接的影响。非破损检测则是在不损及结构物使用性能的前提下，直接在结构原位，采用超声、射线、磁力、荧光等物理方法，对焊缝进行缺陷探伤，从而间接推定力学性能的变化。

扩展阅读

钢筋的进场验收

(1)钢筋的鉴别方法见表 6-2。

表 6-2　钢筋的鉴别方法

项目	具体操作说明
涂色鉴别	为了使品种繁多的钢筋，在运输保管的过程中不产生混淆，除根据外形鉴别外，外形相似的钢筋可以在端部涂色标记。具体鉴别方法如下。 HPB300 级钢筋：涂红色，外形为圆形。 HRB400 级钢筋：涂白色，外形为月牙纹。 HRB500 级钢筋：涂黄色，外形为等高肋
火花试验鉴别	如钢筋经过多次运输或其他原因，造成标记涂色不清，难以分辨时，可以用火花试验加以区别。方法：将被试验的钢筋放在砂轮上，在一定的压力下打出火花，通过火花的形状、流线、颜色等的不同，来鉴别钢筋的品种

(2)钢筋的进场验收项目。

1)钢筋出厂质量标准合格证的验收。钢筋质量合格证是由钢筋生产厂质量检验部门提供给用户单位，用以证明其产品质量的证件。其内容包括钢种、钢号、规格、数量、化学成分、机械性能的数据及结论，出厂日期、检验部门的印章、合格证的编号等。其样式见表 6-3。

表 6-3　钢筋质量合格证

钢种	钢号	规格	数量	化学成分/%					机械性能			
				碳	硅	锰	磷	硫	屈服点/MPa	抗拉强度/MPa	伸长率/MPa	冷弯

供应单位：　　　备注：　　　厂检验部门：　　　签章：　　　日期：　　年　　月　　日

钢筋的质量关系到建筑物的安全使用，所以合格证必须填写齐全，不得漏填或错填。钢筋进场，经外观检验合格后，由技术员、材料员分别在合格证上签字，注明使用部位后交资料员保管。

2)进场钢筋的外观质量检验。钢筋的外观质量每批抽取 5% 的钢筋进行检查，检查结果应符合相关标准的要求。

3)钢筋试验。钢筋的外观项目包括物理试验(拉力试验和冷弯试验)和化学试验(主要分析碳、硫、磷、锰、硅的含量)。

6.4 建筑钢材的锈蚀与防护

6.4.1 钢材锈蚀机理

钢材表面与周围介质发生作用而引起破坏的现象称为锈蚀(腐蚀)。钢材锈蚀的现象普遍存在，如在大气中生锈，特别是当环境中有各种侵蚀性介质或湿度较大时，情况就更为严重。锈蚀不仅使钢材有效截面面积均匀减小，还会产生局部锈坑，引起应力集中；锈蚀会显著降低钢的强度、塑性、韧性等力学性能。

根据钢材与环境介质的作用原理，锈蚀可分为化学锈蚀和电化学锈蚀。

(1)化学锈蚀。化学锈蚀是指钢材与周围的介质(如氧气、二氧化碳、二氧化硫和水等)直接发生化学作用，生成疏松的氧化物而引起的锈蚀。在干燥环境中，化学锈蚀的速度缓慢，但在温度高和湿度较大时，锈蚀速度大大加快。

(2)电化学锈蚀。钢材由不同的晶体组织构成并含有杂质，由于这些成分的电极电位不同，因此当有电解质溶液(如水)存在时，就会在钢材表面形成许多微小的局部原电池。整个电化学锈蚀过程如下。

阳极区：$Fe=Fe^{2+}+2e$(铁溶解，即铁被锈蚀，并放出电子)。

阴极区：$2H_2O+2e+\frac{1}{2}O_2=2OH^-+H_2O$(消耗电子，氧被还原)。

溶液区：$Fe^{2+}+2OH^-=Fe(OH)_2$(生成铁锈，体积膨胀)。

$4Fe(OH)_2+O_2+2H_2O=4Fe(OH)_3$(进一步氧化，体积再膨胀)。

水是弱电解质溶液，而溶有 CO_2 的水则成为有效的电解质溶液，从而加速电化学锈蚀的过程。钢材在大气中的锈蚀，实际上是化学锈蚀和电化学锈蚀共同作用所致，但以电化学锈蚀为主。

6.4.2 钢筋混凝土中钢筋锈蚀

普通混凝土为强碱性环境，pH 值为 12.5 左右，使之对埋入其中的钢筋形成碱性保护。在碱性环境中，阴极过程难于进行。即使有原电池反应存在，但生成的 $Fe(OH)_2$ 也能稳定存在，并成为钢筋的保护膜。所以，用普通混凝土制作的钢筋混凝土，只要混凝土表面没有缺陷，里面的钢筋是不会锈蚀的。

但是，普通混凝土制作的钢筋混凝土有时也会发生钢筋锈蚀现象。其主要原因有以下几个方面：一是混凝土不密实，环境中的水和空气能进入混凝土内部；二是混凝土保护层厚度小或发生了严重的碳化，使混凝土失去了碱性保护作用；三是混凝土内 Cl^- 含量过大，使钢筋表面的保护膜被氧化；四是预应力钢筋存在微裂缝等缺陷，引起应力锈蚀。

加气混凝土碱度较低，电化学腐蚀过程能顺利进行，同时这种混凝土多孔，外界的水和空气易深入内部，所以，加气混凝土中的钢筋在使用前必须进行防腐处理。

轻骨料混凝土和粉煤灰混凝土的护筋性能，经过多年试验研究和应用，证明是良好的，其耐久性不低于普通混凝土。

综上所述，对于普通混凝土、轻骨料混凝土和粉煤灰混凝土，为了防止钢筋锈蚀，应保证混凝土的密实度及钢筋保护层的厚度。在二氧化碳浓度高的工业区采用硅酸盐水泥或普通水泥，限制含氯盐外加剂的掺量并使用混凝土用钢筋防锈剂(如亚硝酸钠)。预应力混凝土应禁止使用含氯盐的骨料和外加剂。对于加气混凝土等，可以通过在钢筋表面涂环氧树脂或镀锌等方法来防止。

6.4.3 钢材锈蚀的防治

钢材的锈蚀既有内因(材质)，又有外因(环境介质的作用)，因此要防止或减少钢材的腐蚀可以从改变钢材本身的易锈蚀性、隔离环境中的侵蚀性介质或改变钢材表面的电化学过程三个方面入手。具体措施有采用耐候钢、金属覆盖、非金属覆盖等。

1. 采用耐候钢

耐候钢即耐大气锈蚀钢。耐候钢是在碳素钢和低合金钢中加入少量铜、铬、镍、钼等合金元素而制成的。这种钢在大气作用下，能在表面形成一种致密的防锈保护层，起到耐锈蚀作用，同时保持钢材良好的焊接性能。耐候钢的强度级别与常用碳素钢和低合金钢一致，技术指标也相近，但其耐锈蚀能力却高出数倍。耐候钢的牌号、化学成分、力学性能和工艺性能可参见《耐候结构钢》(GB/T 4171—2008)。

2. 金属覆盖

用耐锈蚀性好的金属，以电镀或喷镀的方法覆盖在钢材表面，提高钢材的耐锈蚀能力。常用的方法有镀锌(如镀锌薄钢板)、镀锡(如马口铁)、镀铜和镀铬等。金属覆盖根据防锈的作用原理可分为阴极覆盖和阳极覆盖。

(1)阴极覆盖。阴极覆盖采用电位比钢材高的金属覆盖，如镀锡。所覆金属膜仅为机械的保护钢材，当保护膜破裂后，反而会加速钢材在电解质中的腐蚀。

(2)阳极覆盖。阳极覆盖采用电位比钢材低的金属覆盖，如镀锌。所覆金属膜因电化学作用而保护钢材。

3. 非金属覆盖

在钢材表面用非金属材料作为保护膜，与环境介质隔离，以避免或减缓锈蚀，如喷涂涂料、搪瓷和塑料等。

涂料通常分为底漆、中间漆和面漆。底漆要求有比较好的附着力和防锈能力；中间漆为防锈漆；面漆要求有较好的牢度和耐候性以保护底漆不受损伤或风化。一般应用两道底漆(或一道底漆和一道中间漆)与两道面漆，要求高时可增加一道中间漆或面漆。使用防锈涂料时，应注意钢构件表面的除锈及底漆、中间漆和面漆的匹配。

常用的底漆有红丹底漆、环氧富锌漆、云母氧化底漆、铁红环氧底漆等；中间漆有红丹防锈漆、铁红防锈漆等；面漆有灰铅漆、醇酸磁漆和酚醛磁漆等。

6.4.4 钢材的防火

钢是不燃性材料，但这并不表明钢材能够抵抗火灾。耐火试验与火灾案例表明：以失去支持能力为标准，无保护层时钢柱和钢屋架的耐火极限只有0.25 h，而裸露钢梁的耐火极限为0.15 h。温度在200 ℃以内，可以认为钢材的性能基本不变；超过300 ℃以后，弹性模量、屈服点和极限强度均开始显著下降，应变急剧增大；达到600 ℃时已经失去承载能力。所以，没有防火保护层的钢结构是不耐火的。

钢结构防火保护的基本原理是采用绝热或吸热材料，阻隔火焰和热量，推迟钢结构的升温速率。防火方法以包覆法为主，即以防火涂料、不燃性板材或混凝土和砂浆将钢构件包裹起来。

1. 防火涂料

防火涂料按受热时的变化可分为膨胀型(薄型)和非膨胀型(厚型)两种。

(1)膨胀型防火涂料的涂层厚度一般为 2～7 mm，附着力较强，有一定的装饰效果。由于其内含膨胀组分，遇火后会膨胀增厚 5～10 倍，形成多孔结构，从而起到良好的隔热防火作用，根据准备层厚度，可使构件的耐火极限为 0.5～1.5 h。

(2)非膨胀型防火涂料的涂层厚度一般为 8～50 mm，呈粒状面，密度小、强度低，喷涂后需再用装饰面层隔护，耐火极限为 0.5～3.0 h。为使防火涂料牢固地包裹钢构件，可在涂层内埋设钢丝网，并使钢丝网与钢构件表面的净距离保持在 6 mm 左右。

2. 不燃性板材

常用的不燃性板材有石膏板、硅酸钙板、蛭石板、珍珠岩板、矿棉板、岩棉板等，可通过胶粘剂或钢钉、钢箍等固定在钢构件上。

3. 实心包裹法

实心包裹法一般采用混凝土，将钢结构浇筑在其中。

6.5 建筑钢材的品种与选用

土木工程用钢有钢结构用钢和钢筋混凝土用钢两类。前者主要应用有型钢、钢板和钢管；后者主要应用有钢筋、钢丝和钢绞线，两种钢制品所用的原料多为碳素钢、合金钢和低合金钢。其技术标准及选用方法如下。

6.5.1 建筑钢材的主要钢种

(一)碳素结构钢

1. 碳素结构钢的牌号

根据现行国家标准《碳素结构钢》(GB/T 700—2006)规定，碳素结构钢牌号由字母和数字组合而成，按顺序为屈服点符号、屈服极限值、质量等级及脱氧程度，共有四个牌号——Q195、Q215、Q235、Q275；按质量等级分为 A、B、C、D 四级；按脱氧程度分为沸腾钢(F)、镇静钢(Z)、半镇静钢(b)、特殊镇静钢(TZ)四类，Z 和 TZ 在钢的牌号中可省略。

例如：Q235—A·F 表示屈服点为 235 MPa、质量等级为 A 级的沸腾钢；Q235－A 表示屈服点为 235 MPa、质量等级为 A 级的镇静钢。

2. 碳素结构钢的主要技术要求

碳素结构钢的主要技术要求包括力学性能、工艺性能和化学成分要求三个方面。各牌号钢的主要力学性能见表 6-4。

表 6-4　碳素结构钢力学性能要求

牌号	等级	拉伸试验													冲击试验(V形缺口)	
		屈服点 R_{eL}/MPa						抗拉强度 R_m/MPa	伸长率 A/%						温度/℃	冲击吸收功(纵向)/J
		钢材厚度(直径)/mm							钢材厚度(直径)/mm							
		≤16	>16～40	>40～60	>60～100	>100～150	>150～200		≤40	>40～60	>60～100	>100～150	>150～200			
		不小于							不小于							不小于
Q195	—	195	185	—	—	—	—	315～430	33	—	—	—	—		—	—

续表

牌号	等级	拉伸试验：屈服点 R_{eL}/MPa，钢材厚度（直径）/mm，不小于						拉伸试验：抗拉强度 R_m/MPa	拉伸试验：伸长率 A/%，钢材厚度（直径）/mm，不小于					冲击试验（V 形缺口）	
		≤16	>16～40	>40～60	>60～100	>100～150	>150～200		≤40	>40～60	>60～100	>100～150	>150～200	温度/℃	冲击吸收功（纵向）/J 不小于
Q215	A	215	205	195	185	175	165	335～450	31	30	29	27	26	—	—
	B													20	27
Q235	A	235	225	215	215	195	185	370～500	26	25	24	22	21	—	—
	B													20	
	C													0	27
	D													−20	
Q275	A	275	265	255	245	225	215	410～540	22	21	20	18	17	—	—
	B													20	
	C													0	27
	D													−20	

注：牌号 Q195 的屈服点仅供参考，不作为交货条件。

冷弯性能应符合表 6-5 的要求。

表 6-5　碳素结构钢冷弯性能的要求

牌号	试样方向	冷弯试验（$B=2a$，180°）钢材厚度（直径）/mm ≤60 弯心直径 d	冷弯试验（$B=2a$，180°）钢材厚度（直径）/mm >60～100 弯心直径 d
Q195	纵	0	—
	横	$0.5a$	
Q215	纵	$0.5a$	$1.5a$
	横	a	$2a$
Q235	纵	a	$2a$
	横	$1.5a$	$2.5a$
Q275	纵	$1.5a$	$2.5a$
	横	$2a$	$3a$

注：B 为试样宽度，a 为钢材厚度（直径）；钢筋厚度（直径）大于 100 mm 时，弯曲试验由双方协商决定。

钢的牌号和化学成分(熔炼分析)应符合表 6-6 的规定。

表 6-6 碳素结构钢的化学成分

<table>
<tr><th rowspan="2">牌号</th><th rowspan="2">等级</th><th rowspan="2">厚度(直径)/mm</th><th colspan="5">化学成分/%，不大于</th><th rowspan="2">脱氧方法</th></tr>
<tr><th>C</th><th>Mn</th><th>Si</th><th>S</th><th>P</th></tr>
<tr><td>Q195</td><td>—</td><td>—</td><td>0.12</td><td>0.50</td><td>0.30</td><td>0.040</td><td>0.035</td><td>F, Z</td></tr>
<tr><td rowspan="2">Q215</td><td>A</td><td rowspan="2">—</td><td rowspan="2">0.15</td><td rowspan="2">1.20</td><td rowspan="2">0.35</td><td>0.050</td><td rowspan="2">0.045</td><td rowspan="2">F, Z</td></tr>
<tr><td>B</td><td>0.045</td></tr>
<tr><td rowspan="4">Q235</td><td>A</td><td rowspan="4">—</td><td>0.22</td><td rowspan="4">1.40</td><td rowspan="4">0.35</td><td>0.050</td><td rowspan="2">0.045</td><td rowspan="2">F, Z</td></tr>
<tr><td>B</td><td>0.20</td><td>0.045</td></tr>
<tr><td>C</td><td rowspan="2">0.17</td><td>0.040</td><td>0.040</td><td>Z</td></tr>
<tr><td>D</td><td>0.035</td><td>0.035</td><td>TZ</td></tr>
<tr><td rowspan="5">Q275</td><td>A</td><td>—</td><td>0.24</td><td rowspan="5">1.50</td><td rowspan="5">0.35</td><td>0.050</td><td>0.045</td><td>F, Z</td></tr>
<tr><td rowspan="2">B</td><td>≤40</td><td>0.21</td><td rowspan="2">0.045</td><td rowspan="2">0.045</td><td rowspan="2">Z</td></tr>
<tr><td>>40</td><td>0.22</td></tr>
<tr><td>C</td><td rowspan="2">—</td><td rowspan="2">0.20</td><td>0.040</td><td>0.040</td><td>Z</td></tr>
<tr><td>D</td><td>0.035</td><td>0.035</td><td>TZ</td></tr>
<tr><td colspan="9">注：经需方同意，Q235—B 的碳含量可小于 0.22%。</td></tr>
</table>

从表 6-4～表 6-6 可以看出，碳素结构钢随牌号递增而含碳量提高，强度提高，塑性和冷弯性能降低。

3. 碳素结构钢的特性及应用

碳素结构钢依牌号增大，含碳量增加，其强度增大，但塑性和韧性降低。不同牌号的碳素结构钢在土木工程中有不同的应用。

(1)Q195 钢强度不高，塑性、韧性、加工性能与焊接性能较好，主要用于轧制薄板和盘条等。

(2)Q215 钢用途与 Q195 钢基本相同，由于其强度稍高，还大量用作管坯和螺栓等。

(3)Q235 钢既有较高的强度，又有较好的塑性和韧性，可焊性也好，在土木工程中应用最广泛，大量用于制作钢结构用钢、钢筋和钢板等。其中 Q235—A 级钢，一般仅适用于承受静荷载作用的结构，Q235—C 和 Q235—D 级钢可用于重要的焊接结构。另外，由于 Q235—D 级钢含有足够的形成细晶粒结构的元素，同时对硫、磷有害元素控制严格，故其冲击韧性好，有较强的抵抗振动、冲击荷载的能力，尤其适用于负温条件下。

(4)Q255 钢强度高、塑性和韧性稍差，不易冷弯加工，可焊性较差，主要用于做铆接或栓接结构，以及钢筋混凝土的配筋。

(5)Q275 钢强度、硬度较高，耐磨性较好，但塑性、冲击韧性和可焊性差。不宜用于建筑结构，主要用于制作机械零件和工具等。

4. 碳素结构钢选用原则

在结构设计时，对于用作承重结构的钢材，应根据结构的重要性、荷载特征(动荷载或静荷载)、连接方法(焊接或铆接)、工作温度(正温或负温)等不同情况选择其牌号和材质。下列情况下的承重结构不宜采用沸腾钢。

(1)焊接结构。重级工作制吊车梁、吊车桁架或类似结构;设计冬季计算温度等于或低于−20 ℃时的轻、中级工作制的吊车梁、吊车桁架或类似结构;设计冬季计算温度等于或低于−30 ℃时的其他承重结构。

(2)非焊接结构。设计冬季计算温度等于或低于−20 ℃时的重级工作制吊车梁、吊车桁架或类似的结构。

(二)低合金高强度结构钢

在碳素结构钢基础上掺入少量(掺量小于5%)的合金元素(如锰、钒、钛、铌、镍等)即成为低合金高强度结构钢。

1. 低合金高强度结构钢的牌号

根据《低合金高强度结构钢》(GB/T 1591—2018)规定,低合金高强度结构钢按力学性能和化学成分分为Q355、Q390、Q420、Q460、Q500、Q550、Q620、Q690八个牌号,每个牌号有根据其所含硫、磷等有害物质的含量,分为B、C、D、E、F五个质量等级。交货状态为热轧时,交货状态代号AR或WAR可省略;交货状态为正火或正火轧制状态时,交货状态代号均为N表示。例如,Q420ND的含义为最小上屈服强度数值为420 MPa,交货状态为正火的D级钢材;Q355MB的含义为最小上屈服强度数值为355 MPa的热机械轧制B级钢材。

2. 合金高强度结构钢的主要技术要求

按现行国家标准《低合金高强度结构钢》(GB/T 1591—2018)的规定,低合金高强度结构钢的化学成分、拉伸性能、夏比(V形)冲击试验温度和冲击吸收能量及弯曲试验的要求见表6-7~表6-15。

3. 低合金高强度结构钢的性能及应用

由于合金元素的细晶强化和固溶强化等作用,低合金钢不仅具有较高的强度,而且也具有较好的塑性、韧性和可焊性。因此,它是综合性能较为理想的建筑钢材。低合金高强度结构钢主要用于轧制各种型钢(角钢、槽钢、工字钢)、钢板、钢管及钢筋,广泛应用于钢结构和钢筋混凝土结构中,特别是大型结构、重型结构、大跨度结构、高层建筑、桥梁工程、承受动荷载和冲击荷载的结构。

表 6-7　热轧钢的牌号及化学成分

牌号		化学成分（质量分数）/%														
钢级	质量等级	C^a 以下公称厚度或直径/mm ≤40[b]	>40	Si	Mn	P^c	S^c	Nb^d	V^e	Ti^e	Cr	Ni	Cu	Mo	N^f	B
		不大于		不大于												
Q355	B	0.24		0.55	1.60	0.035	0.035	—	—	—	0.30	0.30	0.40	—	0.012	—
	C	0.20	0.22			0.030	0.030									
	D	0.20	0.22			0.025	0.025								—	
Q390	B	0.20		0.55	1.70	0.035	0.035	0.05	0.13	0.05	0.30	0.50	0.40	0.10	0.015	—
	C					0.030	0.030									
	D					0.025	0.025									
Q420[g]	B	0.20		0.55	1.70	0.035	0.035	0.05	0.13	0.05	0.30	0.80	0.40	0.20	0.015	—
	C					0.030	0.030									
Q460[g]	C	0.20		0.55	1.80	0.030	0.030	0.05	0.13	0.05	0.30	0.80	0.40	0.20	0.015	0.004

a 公称厚度大于 100 mm 的型钢，碳含量可由供需双方协商确定。

b 公称厚度大于 30 mm 的钢材，碳含量不大于 0.22%。

c 对于型钢和棒材，其磷和硫含量上限值可提高 0.005%。

d Q390、Q420 最高可到 0.07%，Q460 最高可到 0.11%。

e 最高可到 0.20%。

f 如果钢中酸溶铝 Als 含量不小于 0.015%或全铝 Alt 含量不小于 0.020%，或添加了其他固氮合金元素，氮元素含量不作限制，固氮元素应在质量证明书中注明。

g 仅适用于型钢和棒材。

表 6-8　正火、正火轧制钢的牌号及化学成分

牌号		化学成分（质量分数）/%													
钢级	质量等级	C	Si	Mn	P[a]	S[a]	Nb	V	Ti[c]	Cr	Ni	Cu	Mo	N	Als[d]
		不大于			不大于					不大于					不小于
Q355N	B	0.20	0.50	0.90～1.65	0.035	0.035	0.005～0.05	0.01～0.12	0.006～0.05	0.30	0.50	0.40	0.10	0.015	0.015
	C				0.030	0.030									
	D				0.030	0.025									
	E	0.18			0.025	0.020									
	F	0.16			0.020	0.010									
Q390N	B	0.20	0.50	0.90～1.70	0.035	0.035	0.01～0.05	0.01～0.20	0.006～0.05	0.30	0.50	0.40	0.10	0.015	0.015
	C				0.030	0.030									
	D				0.030	0.025									
	E				0.025	0.020									
Q420N	B	0.20	0.60	1.00～1.70	0.035	0.035	0.01～0.05	0.01～0.20	0.006～0.05	0.30	0.80	0.40	0.10	0.015	0.015
	C				0.030	0.030									
	D				0.030	0.025								0.025	
	E				0.025	0.020									
Q460N[b]	C	0.20	0.60	1.00～1.70	0.030	0.030	0.01～0.05	0.01～0.20	0.006～0.05	0.30	0.80	0.40	0.10	0.015	0.015
	D				0.030	0.025								0.025	
	E				0.025	0.020									

钢中应至少含有铝、铌、钒、钛等细化晶粒元素中一种，单独或组合加入时，应保证其中至少一种合金元素含量不小于表中规定含量的下限。

a 对于型钢和棒材，磷和硫含量上限值可提高 0.005%。

b V+Nb+Ti≤0.22%，Mo+Cr≤0.30%。

c 最高可到 0.20%。

d 可用全铝 Alt 替代，此时全铝最小含量为 0.020%。当钢中添加了铌、钒、钛等细化晶粒元素且含量不小于表中规定含量的下限时，铝含量下限值不限。

表 6-9　热机械轧制钢的牌号及化学成分

牌号		化学成分（质量分数）/%														
钢级	质量等级	C	Si	Mn	P[a]	S[a]	Nb	V	Ti[b]	Cr	Ni	Cu	Mo	N	B	Als[c]
		不大于														不小于
Q355M	B	0.14[d]	0.50	1.60	0.035	0.035	0.01～0.05	0.01～0.10	0.006～0.05	0.30	0.50	0.40	0.10	0.015	—	0.015
	C				0.030	0.030										
	D				0.030	0.025										
	E				0.025	0.020										
	F				0.020	0.010										
Q390M	B	0.15[d]	0.50	1.70	0.035	0.035	0.01～0.05	0.01～0.12	0.006～0.05	0.30	0.50	0.40	0.10	0.015	—	0.015
	C				0.030	0.030										
	D				0.030	0.025										
	E				0.025	0.020										
Q420M	B	0.16[d]	0.50	1.70	0.035	0.035	0.01～0.05	0.01～0.12	0.006～0.05	0.30	0.80	0.40	0.20	0.015	—	0.015
	C				0.030	0.030										
	D				0.030	0.025								0.025		
	E				0.025	0.020										
Q460M	C	0.16[d]	0.60	1.70	0.030	0.030	0.01～0.05	0.01～0.12	0.006～0.05	0.30	0.80	0.40	0.20	0.015	—	0.015
	D				0.030	0.025								0.025		
	E				0.025	0.020										
Q500M	C	0.18	0.60	1.80	0.030	0.030	0.01～0.11	0.01～0.12	0.006～0.05	0.60	0.80	0.55	0.20	0.015	0.004	0.015
	D				0.030	0.025								0.025		
	E				0.025	0.020										

续表

牌号		化学成分（质量分数）/%														
钢级	质量等级	C	Si	Mn	P[a]	S[a]	Nb	V	Ti[b]	Cr	Ni	Cu	Mo	N	B	Als[c]
		不大于														不小于
Q550M	C	0.18	0.60	2.00	0.030	0.030	0.01～0.11	0.01～0.12	0.006～0.05	0.80	0.80	0.80	0.30	0.015	0.004	0.015
	D				0.030	0.025								0.025		
	E				0.025	0.020										
Q620M	C	0.18	0.60	2.60	0.030	0.030	0.01～0.11	0.01～0.12	0.006～0.05	1.00	0.80	0.80	0.30	0.015	0.004	0.015
	D				0.030	0.025								0.025		
	E				0.025	0.020										
Q690M	C	0.18	0.60	2.60	0.030	0.030	0.01～0.11	0.01～0.12	0.006～0.05	1.00	0.80	0.80	0.30	0.015	0.004	0.015
	D				0.030	0.025								0.025		
	E				0.025	0.020										

钢中应至少含有铝、铌、钒、钛等细化晶粒元素中一种，单独或组合加入时，应保证其中至少一种合金元素含量不小于表中规定含量的下限。

a 对于型钢和棒材，磷和硫含量可以提高 0.005%。

b 最高可到 0.20%。

c 可用全铝 Alt 替代，此时全铝最小含量为 0.020%。当钢中添加了铌 、钒、钛等细化晶粒元素且含量不小于表中规定含量的下限时，铝含量下限值不限。

d 对于型钢和棒材，Q355M、Q390M、Q420M 和、Q460M 的最大碳含量可提高 0.02%。

表 6-10　热轧钢材的拉伸性能

牌号		上屈服强度 R_{eH}[a] /MPa，不小于									抗拉强度 R_m/MPa			
钢级	质量等级	公称厚度或直径/mm												
		≤16	>16～40	>40～63	>63～80	>80～100	>100～150	>150～200	>200～250	>250～400	≤100	>100～150	>150～250	>250～400
Q355	B、C	355	345	335	3225	315	295	285	275	—	470～630	450～600	450～600	—
	D									265[b]				600[b]
Q390	B、C、D	390	380	360	340	340	320	—	—	—	490～650	470～620	—	—
Q420[c]	B、C	420	410	390	370	370	350	—	—	—	520～680	500～650	—	—
Q460[c]	C	460	450	430	410	410	390	—	—	—	550～720	530～700	—	—

a 当屈服不明显时，可用规定塑性延伸强度 $R_{p0.2}$ 代替上屈服强度。

b 只适用于质量等级为 D 的钢板。

c 只短适用于型钢和棒材。

表 6-11　热轧钢材的伸长率

牌号		断后伸长率 A/% 不小于						
钢级	质量等级	公称厚度或直径/mm						
		试样方向	≤40	>40～63	>63～100	>100～150	>150～250	>250～400
Q355	B、C、D	纵向	22	21	20	18	17	17[a]
		横向	20	19	18	18	17	17[a]
Q390	B、C、D	纵向	21	20	20	19	—	—
		横向	20	19	19	18	—	—
Q420[b]	B、C	纵向	20	19	19	19	—	—
Q460[b]	C	纵向	18	17	17	17	—	—

a 只适用于质量等级为 D 的钢板。

b 适用于开型钢和棒材。

表 6-12　正火、正火轧制钢材的拉伸性能

牌号		上屈服强度 R_{eH}[a]/MPa 不小于								抗拉强度 R_m/MPa			断后伸长率 A/% 不小于					
钢级	质量等级	公称厚度或直径/mm																
		≤16	>16～40	>40～63	>63～80	>80～100	>100～150	>150～200	>200～250	≤100	>100～200	>200～250	≤16	>16～40	>40～63	>63～80	>80～200	>200～250
Q355N	B、C、D、E、F	355	345	335	325	315	295	285	275	470～630	450～600	450～600	22	22	22	21	21	21
Q390N	B、C、D、E	390	380	360	340	340	320	310	300	490～650	470～620	470～620	20	20	20	19	19	19
Q420N	B、C、D、E	420	400	390	370	360	340	330	320	520～680	500～650	500～650	19	19	19	18	18	18
Q460N	C、D、E	460	440	430	410	400	380	370	370	540～720	530～710	510～690	17	17	17	17	17	16

注：正火状态包含正火加回火状态。

a 当屈服不明显时，可用规定塑性延伸强度 $R_{p0.2}$代替上屈服强度 R_{eH}。

表 6-13 热机械轧制（TMCP）钢材的拉伸性能

牌号		上屈服强度 R_{eH}[a]/MPa 不小于						抗拉强度 R_m/MPa					断后伸长率 A/% 不小于
钢级	质量等级	公称厚度或直径/mm											
		≤16	>16~40	>40~63	>63~80	>80~100	>100~120	≤40	>40~63	>63~80	>80~100	>100~120[b]	
Q355M	B、C、D、E、F	355	345	335	325	325	320	470~630	450~610	440~600	440~600	430~590	22
Q390M	B、C、D、E	390	380	360	340	340	335	490~650	480~640	470~630	460~620	450~610	20
Q420M	B、C、D、E	420	400	390	380	370	365	520~680	500~660	480~640	470~630	460~620	19
Q460M	C、D、E	460	440	430	410	400	385	540~720	530~710	510~690	500~680	490~660	17
Q500M	C、D、E	500	490	480	460	450	—	610~770	600~760	590~750	540~730	—	17
Q550M	C、D、E	550	540	530	510	500	—	670~830	620~810	600~790	590~780	—	16
Q620M	C、D、E	620	610	600	580	—	—	710~880	690~880	670~860	—	—	15
Q690M	C、D、E	690	680	670	650	—	—	770~740	750~920	730~900	—	—	14

注：热机械轧制（TMCP）状态包含机械轧制（TMCP）加回火状态。

a 当屈服不明显时，可用规定塑性延伸强度 $R_{p0.2}$ 代替上屈服强度 R_{eH}。

b 对于型钢和棒材，厚度和直径不大于 150 mm。

表 6-14　夏比（V 型缺口）冲击试验的温度和冲击吸收能量

牌号		以下试验温度的冲击吸收能量最小值 KV_2/J									
钢级	质量等级	20 ℃		0 ℃		−20 ℃		−40 ℃		−60 ℃	
		纵向	横向	纵向	横向	纵向	横向	纵向	横向	纵向	横向
Q355、Q390、Q420	B	34	27	—	—	—	—	—	—	—	—
Q355、Q390、Q420、Q460	C	—	—	34	27	—	—	—	—	—	—
Q355、Q390	D	—	—	—	—	34[a]	27[a]	—	—	—	—
Q355N、Q390N、Q420N	B	34	27	—	—	—	—	—	—	—	—
Q355N、Q390N、Q420N、Q460N	C	—	—	34	27	—	—	—	—	—	—
	D	55	31	47	27	40[b]	20	—	—	—	—
	E	63	40	55	34	47	27	31[c]	20[c]	—	—
Q355N	F	63	40	55	34	47	27	31	20	27	16
Q355M、Q390M、Q420M	B	34	27	—	—	—	—	—	—	—	—
Q355M、Q390M、Q420M、Q460M	C	—	—	34	27	—	—	—	—	—	—
	D	55	31	47	27	40[b]	20	—	—	—	—
	E	63	40	55	34	47	27	31[c]	20[c]	—	—
Q355M	F	63	40	55	34	47	27	31	20	27	16
Q500M、Q550M、Q620M、Q690M	C	—	—	55	34	—	—	—	—	—	—
	D	—	—	—	—	47[b]	27	—	—	—	—
	E	—	—	—	—	—	—	31[c]	20[c]	—	—

当需方未指定试验温度时，正火、正火轧制和热机械轧制的 C、D、E、F 级钢材分别做 0 ℃、−20 ℃、−40 ℃、−60 ℃冲击。

冲击试验取纵向试样，经供需双方协商，也可取横向试样。

a 仅适用于厚度大于 250 mm 的 Q355D 钢板。

b 当需方指定时，D 级钢可做−30 ℃冲击试验时，冲击吸收能量纵向不小于 27 J。

c 当需指定时，E 级钢可做−50 ℃冲击时，冲击吸收能量纵向不小于 27 J、横向不小于 16 J。

表 6-15 弯曲试验

试验方向	180°弯曲试验 D——弯曲压头直径，a——试样厚度或直径	
	公称厚度或直径/mm	
	≤16	>16～100
对于公称宽度不小于 600 mm 的钢板及钢带，取横向试样；其他钢材的取纵向试样	$D=2a$	$D=3a$

6.5.2 常用建筑钢筋

1. 热轧钢筋

热轧钢筋根据其表面特征不同可分为光圆钢筋和带肋钢筋。带肋钢筋横肋一般为月牙肋，其纵肋分为有肋和无肋两种。

(1)热轧直条光圆钢筋。按照《钢筋混凝土用钢 第 1 部分：热轧光圆钢筋》(GB 1499.1—2024)的规定，热轧光圆钢筋牌号用 HPB 和屈服强度的特征值表示，牌号为 HPB300。

(2)热轧带肋钢筋。根据《钢筋混凝土用钢 第 2 部分：热轧带肋钢筋》(GB 1499.2—2024)的规定，热轧带肋钢筋可分为普通热轧带肋钢筋和细晶粒热轧带肋钢筋两种。普通热轧带肋钢筋的牌号由 HRB 和屈服强度特征值表示，牌号分别为 HRB400、HRB500、HRB600、HRB400E、HRB500E；细晶粒热轧带肋钢筋的牌号由 HRBF 和屈服强度特征值表示，牌号分别为 HRBF400、HRBF500、HRBF400E、HRBF500E。热轧钢筋的性能见表 6-16 和表 6-17。

表 6-16 钢筋的力学性能

牌号	下屈服强度 R_{eL}/MPa	抗拉强度 R_m/MPa	断后伸长率 A/%	最大力总延伸率 A_{gt}/%	弯曲试验
	不小于				
HPB300	300	420	25	10.0	$D=d$

注：D 为弯曲压头直径，d 为钢筋公称直径。

表 6-17 热轧带肋钢筋的力学性能、工艺性能

牌号	下屈服强度 R_{eL}/MPa	抗拉强度 R_m/MPa	断后伸长率 A/%	最大力总延伸率 A_{gt}/%	R_m^o/R_{eL}^o	R_{eL}^o/R_{eL}
	不小于					不大于
HRB400 HRBF400	400	540	16	7.5	—	—
HRB400E HRBF400E			—	9.0	1.25	1.30
HRB500 HRBF500	500	630	15	7.5	—	—
HRB500E HRBF500E			—	9.0	1.25	1.30
HRB600	600	730	14	7.5	—	—

注：R_m^o 为钢筋实测抗拉强度；R_{eL}^o 为钢筋实测下屈服强度。

热轧光圆钢筋具有塑性好、伸长率高、便于弯折成型、容易焊接等特点，可用作构件和结构的构造钢筋，中、小型钢筋混凝土结构的主要受力钢筋，钢、木结构的拉杆等，还可作为冷

拔低碳钢丝的原料。

普通热轧带肋钢筋强度较高，塑性较好，焊接性能比较理想，钢筋表面粗糙带肋，可加强钢筋与混凝土之间的黏结，适用于大、中型钢筋混凝土结构的受力钢筋，还可作为预应力混凝土用热处理钢筋的原料。

细晶粒热轧带肋钢筋是在热轧过程中控制轧制温度和冷却速度，得到细晶体组织，从而在不增加合金含量的基础上大幅提高钢材的性能，因此它可节约资源，降低生产成本，为在我国推广 400 级、500 级高强度钢筋开辟了新的途径，是当前国家的研究热点。

2. 冷轧带肋钢筋

冷轧带肋钢筋是采用热轧圆盘条为母材，经冷轧减径后在其表面冷轧成带有沿长度方向均匀分布的二面或三面横肋的钢筋。肋呈月牙形，二面或三面肋均应沿钢筋横截面周圈上均匀分布，且其中有一面的肋必须与另一面或另两面的肋反向。冷轧带肋钢筋是热轧圆盘钢筋的深加工产品，是一种新型高效的建筑钢材。

根据《冷轧带肋钢筋》(GB 13788—2024)的规定，其按抗拉强度最小值可分为四级牌号，即 CRB550、CRB600H、CRB650、CRB800、CRB800H 五个牌号。CRB550、CRB600H 为普通钢筋混凝土用钢筋，CRB650、CRB800、CRB800H 为预应力混凝土用钢筋。其中 C、R、B、H 分别表示“冷轧”“带肋”“钢筋”“高延性”的英文首位字母，后面的数字代表抗拉强度特征值。

冷轧带肋钢筋中 CRB550 钢筋的公称直径范围为 4～12 mm，CRB600H 钢筋的公称直径范围为 4～16 mm，CRB650 及以上牌号钢筋的公称直径为 4 mm、5 mm、6 mm。

冷轧带肋钢筋的力学性能、工艺性能应符合表 6-18、表 6-19 的规定。

表 6-18 冷轧带肋钢筋的力学性能和工艺性能

分类	牌号	规定塑性延伸强度 $R_{p0.2}$/MPa 不小于	抗拉强度 R_m/MPa 不小于	$R_m/R_{p0.2}$ 不小于	断后伸长率/% 不小于		最大力总延伸率/% 不小于	弯曲试验[a]	反复弯曲次数	应力松弛/% 不大于
					A	$A_{100\ mm}$	A_{gt}			1 000 h
普通钢筋混凝土用	CRB550	500	550	1.05	12.0	—	2.5	$D=3d$	—	—
	CRB600H	540	600	1.05	14.0	—	5.0		—	—
预应力混凝土用	CRB650	585	650	1.05	—	4.0	4.0	—	3	8
	CRB800	720	800	1.05	—	4.0	4.0	—	3	8
	CRB800H	720	800	1.05	—	7.0	4.0	—	4	5

[a] D 为弯曲压头直径，d 为钢筋公称直径。

表 6-19 冷轧带肋钢筋反复弯曲试验的弯曲半径 mm

钢筋公称直径	4	5	6
弯曲半径	10	15	15

冷轧带肋钢筋具有强度高、塑性好、综合力学性能优良、握裹力强等优点，既可以节约钢材，又可以提高结构整体强度和抗震能力。CRB550、CRB650、CRB800H 为普通钢筋混凝土钢

筋，其他牌号为预应力混凝土用钢筋。

3. 余热处理钢筋

余热处理钢筋是热轧后利用热处理原理进行表面控制冷却，并利用芯部余热自身完成回火处理所得的成品钢筋。其特点是塑性降低不大，但强度提高很多，综合性能比较理想，特别适用于预应力混凝土构件的配筋。但其对应力腐蚀及缺陷敏感性强，使用时应防止腐蚀及刻痕等。根据《钢筋混凝土用余热处理钢筋》(GB/T 13014—2013)规定，余热处理钢筋的牌号用RRB、屈服强度特征值及焊接英文缩写表示，可划分为RRB400、RRB500，RRB400W(W为焊接英文单词缩写)三个牌号。余热处理钢筋的力学性能见表6-20。

表 6-20 余热处理钢筋的力学性能

牌号	R_{eL}/MPa	R_a/MPa	A/%	A_{gt}/%
	不小于			
RRB400	400	540	14	5.0
RRB500	500	630	13	5.0
RRB400W	430	570	16	7.5

4. 冷拔低碳钢丝

冷拔低碳钢丝是将低碳钢热轧圆盘条通过截面小于钢筋截面的钨合金拔丝模而制成。

冷拔钢丝不仅受拉，而且同时还受挤压作用。经受一次或多次的拔制而得的钢丝，其屈服强度可提高40%～60%，而塑性显著降低。根据《混凝土制品用冷拔低碳钢丝》(JC/T 540—2006)规定，冷拔低碳钢丝按强度分为甲级和乙级。甲级钢丝普遍用作预应力钢筋；乙级钢丝主要用作焊接骨架、焊接网、箍筋和构造钢筋。冷拔低碳钢丝的力学性能见表6-21。

表 6-21 冷拔低碳钢丝的力学性能

钢丝级别	公称直径/mm	抗拉强度(不小于)/MPa	伸长率(标距100 mm，不小于)/%	180°反复弯曲次数(不小于)
甲级	5	650	3.0	4
		600		
	4	700	2.5	
		650		
乙级	3、4、5、6	550	2.0	

注：1. 甲级钢丝应采用符合Ⅰ级热轧钢筋标准的圆盘条拔制。
2. 预应力冷拔低碳钢丝经机械调直后，抗拉强度标准值应降低50 MPa。

5. 预应力混凝土用钢丝及钢绞线

预应力混凝土用钢丝及钢绞线是用优质碳素结构钢经冷加工、再回火、冷轧或绞捻等加工而成的专用产品，也称为优质碳素钢丝及钢绞线。

根据《预应力混凝土用钢丝》(GB/T 5223—2014)规定，预应力混凝土用钢丝按加工状态分为消除应力钢丝和冷拉钢丝两种；按外形可分为光圆、螺旋肋和刻痕3种。钢丝直径有4～12 mm多种规格，抗拉强度为1 470～1 860 MPa。

根据《预应力混凝土用钢绞线》(GB/T 5224—2023)规定，钢绞线按结构可分为九类：用两根钢丝捻制的钢绞线(1×2)，用三根钢丝捻制的钢绞线(1×3)，用三根刻痕钢丝捻制的钢绞线

(1×3Ⅰ)，用七根钢丝捻制的标准型钢绞线(1×7)，用六根刻痕钢丝和一根光圆中心钢丝捻制的钢绞线(1×7Ⅰ)，用六根含有螺旋肋钢丝和一根冷拉光圆中心钢丝捻制成的螺旋肋钢绞线(1×7H)，用七根钢丝捻制又经模拔的钢绞线(1×7C)，用 19 根钢丝捻制的 1+9+9 西鲁式钢绞线(1×19S)，用 19 根钢丝捻制的 1+6+6/6 瓦林吞式钢绞线(1×19W)。钢绞线直径为 5～28.6 mm，抗拉强度为 1 470～1 960 MPa。

钢丝和钢绞线均具有强度高、塑性好、使用时不需要接头等优点，尤其适用于需要曲线配筋的预应力混凝土结构、大跨度或重荷载的屋架等。

扩展阅读

钢筋的运输与存放

钢筋的运输与存放要求见表 6-22。

表 6-22　钢筋的运输与存放要求

序号	运输与存放要求
1	每捆(盘)钢筋均应有标牌，标明钢筋级别、直径、炉罐批号及钢筋垛码号等。在运输和储存时，必须保留标牌
2	钢筋存放场地应排水良好，下垫垫木支撑，与地面距离不少于 200 mm，以利于通风，不得直接堆放在地面上，防止钢筋锈蚀和污染
3	钢筋应按构件、规格、型号分别挂牌堆放，不能将几项工程的钢筋混放在一起，以免引起混乱，造成工程质量事故或影响工程进度
4	钢筋堆垛之间应留出通道，以利于查找、取运和存放
5	预应力钢筋在运输的过程中必须用油布遮盖，存放时应架空堆积在有遮盖的仓库或料棚内，其周围环境不得有腐蚀介质

6. 钢筋的保管

钢筋运输到使用地点后，必须妥善保存和加强管理，否则会造成极大的浪费和损失。

钢筋入库时，材料管理人员要详细检查和验收；在分捆发料时，一定要防止钢筋窜捆。分捆后应随时复制标牌并及时捆扎牢固，以避免使用时错用。

6.5.3　钢结构用钢材

钢结构用钢材主要是热轧成型的钢板和型钢等；薄壁轻型钢结构中主要采用薄壁型钢、圆钢和小角钢；钢材所用的母材主要是普通碳素结构钢及低合金高强度结构钢。

1. 热轧型钢

钢结构常用的型钢有工字钢、H 型钢、T 型钢、槽钢、等边角钢、不等边角钢等。型钢由于截面形式合理，材料在截面上分布对受力最为有利，且构件间连接方便，所以它是钢结构中采用的主要钢材。型钢的规格通常以反映其断面形状的主要轮廓尺寸来表示，型钢的标记方式通常为

$$\text{型钢名称}\frac{\text{型钢规格—型钢标准号}}{\text{原材牌号—原材标准号}}$$

(1)工字钢。工字钢是截面为Ⅰ形、腿部内侧有 1∶6 斜度的长条钢材(图 6-8)。工字钢的规

格既可以“腰高度×腿宽度×腰厚度”(mm)表示，也可用“腰高度#”(cm)表示；规格范围为10#～63#。若同一腰高的工字钢，有几种不同的腿宽和腰厚，则在其后标注 *a*、*b*、*c* 表示相应规格。工字钢广泛应用于各种建筑结构和桥梁，主要用于承受横向弯曲(腹板平面内受弯)的杆件，但不宜单独用作轴心受压构件或双向弯曲的构件。

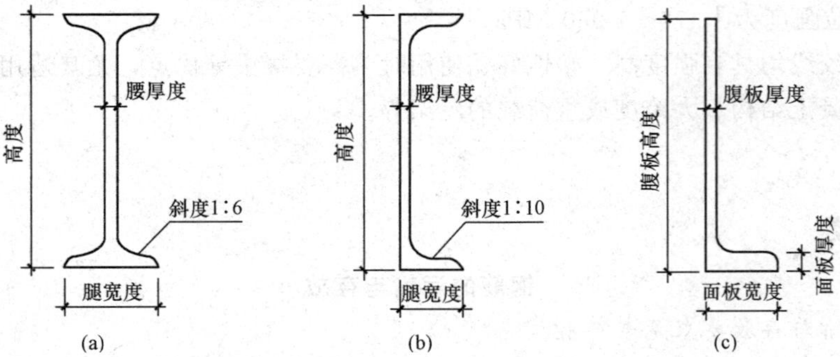

图 6-8　热轧型钢截面示意(一)

(a)工字钢；(b)槽钢；(c)L 型钢

(2)H 型钢和 T 型钢。H 型钢由工字钢发展而来，优化了截面的分布。与工字钢相比，H 型钢具有翼缘宽，侧向刚度大，抗弯能力强，翼缘两表面相互平行、连接构造方便、省劳力，自重小、节省钢材等优点。H 型钢(图 6-9)分为宽翼缘(代号为 HW)H 型钢、中翼缘(HM)H 型钢和窄翼缘(HN)H 型钢以及 H 型钢桩(HP)几种。宽翼缘 H 型钢和中翼缘 H 型钢适用于钢柱等轴心受压构件，窄翼缘 H 型钢适用于钢梁等受弯构件。H 型钢的规格型号以“代号腹板高度×翼板宽度×腹板厚度×翼板厚度”(mm)表示，也可用“代号腹板高度×翼板宽度”表示。对于同样高度的 H 型钢，宽翼缘 H 型钢的腹板和翼板厚度最大，中翼缘 H 型钢次之，窄翼缘 H 型钢最小。H 型钢的规格范围为 HW100×100～HW400×400，HM150×100～HM600×300，HN100×50～HN900×300，HP200×200～HP500×500。H 型钢截面形状经济合理，力学性能好，常用于要求承载力大、截面稳定性好的大型建筑(如高层建筑)。

T 型钢由 H 型钢对半剖分而成，可分为宽翼缘(代号为 TW)、中翼缘(TM)和窄翼缘(TN)三类。

(3)槽钢。槽钢是截面为凹槽形、腿部内侧有 1∶10 斜度的长条钢材。规格以“腰高度×腿宽度×腰厚度”(mm)或“腰高度#”(cm)表示。同一腰高的槽钢，若有几种不同的腿宽和腰厚，则在其后标注 *a*、*b*、*c* 表示该腰高度下的相应规格。槽钢的规格范围为 5#～40#。槽钢可用作承受轴向力的杆件、承受横向弯曲的梁及连系杆件，主要用于建筑钢结构、车辆制造等。

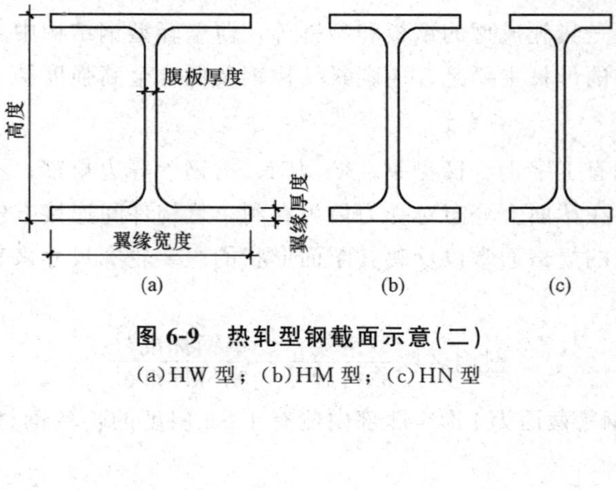

图 6-9　热轧型钢截面示意(二)

(a)HW 型；(b)HM 型；(c)HN 型

(4)L 型钢。L 型钢是截面为 L 型的长条钢材，规格以“腹板高度×面板宽度×腹板厚度×面板厚度”(mm)表示，规格范围为 L250×90×9×13～L500×120×13.5×35。

(5)角钢。角钢是两边互相垂直成直角形的长条钢材，主要用作承受轴向力的杆件和支撑杆件，也可作为受力构件之间的连接零件。

1)等边角钢的两个边宽相等。规格以“边宽度×边宽度×厚度”(mm)或“边宽#”(cm)表示。规格范围为 20×20×(3～4)～200×200×(14～24)。

2)不等边角钢的两个边宽不相等。规格以“长边宽度×短边宽度×厚度”(mm)或“长边宽度/短边宽度”(cm)表示。规格范围为 25×16×(3～4)～200×125×(12～18)。

2. 冷弯薄壁型钢

(1)结构用冷弯空心型钢。空心型钢是用连续辊式冷弯机组生产的，按形状可分为方形空心型钢(代号为 F)和矩形空心型钢(代号为 J)。方形空心型钢的规格表示方法为 F 边长×壁厚(mm)，规格范围为 F25×(1.2～2.0)～F160×(4.0～8.0)。矩形空心型钢的规格表示方法为 J 长边长度×短边长度×壁厚(mm)，规格范围为 J50×25×(1.2～1.5)～J200×100×(4.0～8.0)。

(2)通用冷弯开口型钢。冷弯开口型钢是用可冷加工变形的冷轧或热轧钢带在连续辊式冷弯机组上生产的，按形状可分为八种(图 6-10)，即冷弯等边角钢、冷弯不等边角钢、冷弯等边槽钢、冷弯不等边槽钢、冷弯内卷边槽钢、冷弯外卷边槽钢、冷弯 Z 型钢、冷弯卷边 Z 型钢。

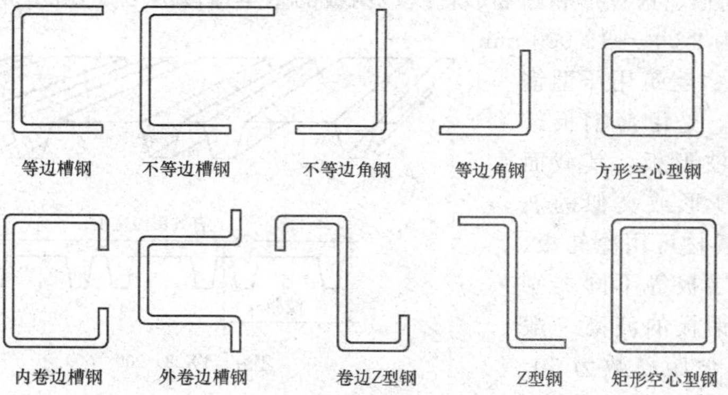

图 6-10　冷弯型钢截面示意

3. 棒材

(1)六角钢和八角钢。热轧六角钢和八角钢是截面为六角形和八角形的长条钢材，规格以“对边距离”表示。热轧六角钢的规格范围为 8～70 mm；热轧八角钢的规格范围为16～40 mm。建筑钢结构的螺栓常以此种钢材为坯材。

(2)扁钢。热轧扁钢是截面为矩形并稍带钝边的长条钢材，规格以“厚度×宽度”表示，规格范围为 3×10～60×150(mm)。扁钢在建筑上用作房架构件、扶梯、桥梁和栅栏等。

(3)圆钢和方钢。热轧圆钢的规格以“直径”(mm)表示，规格范围为 5.5～250 mm；热轧方钢的规格以“边长”(mm)表示，规格范围为 5.5～200 mm。圆钢和方钢在普通钢结构中很少采用；圆钢可用于轻型钢结构，用作一般杆件和连接件。

4. 钢管

钢结构中常用热轧无缝钢管和焊接钢管。钢管在相同截面面积下，刚度较大，因而是中心受压杆的理想截面；流线型的表面使其承受风压小，用于高耸结构十分有利。在建筑结构上，钢管多用于制作桁架、塔桅等构件，也可用于制作钢管混凝土。钢管混凝土是指在钢管中浇筑混凝土而形成的构件，可使构件承载力大大提高，且具有良好的塑性和韧性，经济效果显著，施工简单、工期短。钢管混凝土可用于厂房柱、构架柱、地铁站台柱、塔柱和高层建筑等。

(1)结构用无缝钢管。结构用无缝钢管是以优质碳素钢和低合金高强度结构钢为原材料，采用热轧(挤压、扩)和冷拔(轧)无缝方法制造而成的。热轧(挤压、扩)钢管以热轧状态或热处理状态交货。冷拔(轧)钢管以热处理状态交货。钢管规格的表示方法为外径×壁厚(mm)；热轧钢管的规格范围为32×(2.5～8)～530×(9～75)～630×(9～24)(mm)；冷拔钢管的规格范围为6×(0.25～2.0)～200×(4.0～12)(mm)。

(2)焊缝钢管。焊缝钢管由优质或普通碳素钢钢板卷焊而成，价格相对较低，分为直缝电焊钢管和螺旋焊钢管，适用于各种结构、输送管道等用途。

5. 板材

(1)钢板。钢板是矩形平板状的钢材，可直接轧制或由宽钢带剪切而成，按轧制方式可分为热轧钢板和冷轧钢板。钢板规格表示方法为宽度×厚度×长度(mm)。

钢板分厚板(厚度>4 mm)和薄板(厚度≤4 mm)两种。厚板主要用于结构；薄板主要用于屋面板、楼板和墙板等。在钢结构中，单块钢板不能独立工作，必须用几块板组合成I形、箱形等结构来承受荷载。

(2)花纹钢板。花纹钢板是表面轧有防滑凸纹的钢板，主要用于平台、过道及楼梯等的铺板。花纹钢板有菱形、扁豆形和圆豆形花纹。钢板的基本厚度为2.5～8.0 mm，宽度为600～1 800 mm，长度为2 000～12 000 mm。

(3)压型钢板。建筑用压型钢板简称压型钢板，是由薄钢板经辊压冷弯而成的波形板，其截面呈梯形、V形、U形或类似的波形(图6-11)，原板材可用冷轧板、镀锌板、彩色涂层板等不同类别的薄钢板。压型钢板的波高一般为21～173 mm，波距模数为50、100、150、200、250、300(mm)，有效覆盖宽度的尺寸系列为300、450、600、750、900、1 000(mm)，板厚为0.35～1.6 mm。压型钢板的型号表示方法为YX波高—波距—板宽。

图6-11 两种型号压型钢板示意

压型钢板曲折的板形大大增加了钢板在其平面外的惯性矩、刚度和抗弯能力，具有自重小、强度大、刚度大、施工简便和美观等优点。在建筑上，压型钢板主要用作屋面板、墙板、楼板和装饰板等。

(4)彩色涂层钢板。彩色涂层钢板是以薄钢板为基底，表面涂有各类有机涂料的产品。彩色涂层钢板按用途可分为建筑外用(JW)、建筑内用(JN)和家用电器(JD)，按表面状态可分为涂层板(TC)、印花板(YH)、压花板(YaH)。彩色涂层钢板可以用多种涂料和基底板材制作。彩色涂层钢板主要用于建筑物的围护和装饰。

6.6　铝合金及制品

铝为银白色轻金属，纯铝的密度为 2.7 g/cm^3，约为钢的 1/3。铝的性质活泼，在空气中能与氧结合形成致密坚固的氧化铝薄膜，覆盖在下层金属表面，阻止其继续腐蚀。因此，铝在大气中有良好的抗蚀能力。

6.6.1　铝合金

由于纯铝的强度低而限制了它的应用范围，工业生产中常采用合金化的方式，即在铝中加入一定量的合金元素，如铜、镁、锰、锌和硅等来提高强度和耐蚀性。铝合金由于一般力学性能明显提高并仍保持铝密度小的固有特性，所以使用价值也大为提高，在建筑装饰中得到广泛的应用。常用的铝合金有防锈铝合金(LF)、硬铝合金(LY)、超硬铝合金(LC)和锻铝合金(LD)。

防锈铝合金中主要合金元素是锰和镁。锰的主要作用是提高合金的抗腐蚀能力，起到固溶强化作用。在铝中加入镁也可以起到固溶强化作用。硬铝合金主要是铝铜镁合金，这类合金的强度高但其抗腐蚀性差。超硬铝合金抗蚀性差，在高温下软化快。锻铝合金在铝中加入了镁、硅及铜等元素。这类合金具有良好的热塑性并有较好的机械性能，常用来制造建筑型材。

按应用又可将铝合金分为以下三类。

(1)一类结构以强度为主要因素的受力构件，如屋架等。

(2)二类结构是指不承力构件或承力不大的构件，如建筑工程的门、窗、卫生设备、管系、通风管、挡风板、支架、流线型罩壳及扶手等。

(3)三类结构主要是各种装饰品和绝热材料。

铝合金由于延伸性好、硬度低、易加工，因此目前较广泛地用于各类房屋建筑中。

6.6.2　常用的装饰用铝合金制品

1. 铝合金门窗

在现代建筑装饰工程中，尽管铝合金门窗比普通门窗的造价高 3～4 倍，但由于其长期维修费用低、性能好、美观和节约能源等优势，故在世界范围内仍得到广泛应用。与普通木门窗、钢门窗相比，铝合金门窗具有如下特点。

(1)密度小。铝合金门窗用材省，密度小，每平方米耗用铝型材 8～12 kg，比用钢木门窗的质量减小 50%左右。

(2)性能好。如气密性、水密性、隔声性、隔热性均比普通门窗好，故对安装空调设备的建筑、相对防尘、隔声、保温隔热等有特殊要求的建筑，更适宜采用铝合金门窗。

(3)色泽美观。制作铝合金门窗框料的型材，表面可经过氧化着色处理，可着银白色、古铜色、暗红色、黑色等柔和的颜色或带色的花纹，还可以涂装聚丙烯酸树脂膜使表面光亮，增加了建筑物的立面和内部的美观。

(4)使用维修方便。铝合金门窗不须涂漆，不褪色、不脱落，表面不须维修。铝合金门窗强度较高，刚性好，坚固耐用，零部件经久不坏，开关灵活轻便，无噪声。

(5)便于工业化生产。铝合金门窗的加工、制作、装配、试验都可在工厂进行大批量工业化生产，有利于实现产品设计标准化、系列化，零配件通用化，以及产品的商品化。

2. 铝合金装饰板及吊顶

铝合金装饰板是现代较为流行的建筑装饰板材，具有密度小、不燃烧、耐久性好、施工方便、装饰效果好等特点。在装饰工程中用得较多的铝合金板材有以下几种。

(1)铝合金花纹板及浅纹板。它是采用防锈铝合金材料，用特殊的花纹机辊轧而成的。其花纹美观大方，筋高适中，不易磨损，防滑性好，防腐蚀性强，便于冲洗，通过表面处理可以得到各种不同的颜色。花纹板板材平整，裁剪尺寸精确，便于安装。它广泛用于现代建筑墙面装饰及楼梯、踏板等处。铝合金浅花纹板，其花纹精巧别致，色泽美观大方，同普通铝合金相比，刚度提高 20%，抗污垢、防划伤、耐擦伤能力均有提高，是优良的建筑装饰材料之一。

(2)铝合金压型板。它的特点是密度小、外形美观、耐腐蚀、经久耐用、安装容易和施工快速等，经表面处理可得到各种优美的色彩，是现代广泛应用的一种新型建筑材料，主要用作墙面和屋面。

(3)铝合金穿孔平板。它是用各种铝合金平板经机械穿孔而成的。孔型根据需要有圆孔、方孔、长方孔、三角孔和大小组合孔等，是近年来开发的一种吸声并兼有装饰效果的新产品。铝合金穿孔板具有良好的防腐蚀性，光洁程度好，有一定的强度，易加工成各种形状、尺寸，有良好的防震、防水、防火性能及良好的消声效果，广泛用于宾馆、饭店、剧场、影院、播音室等公共建筑和中高级民用建筑。

(4)铝合金波纹板。铝合金波纹板有银白色等多种颜色，主要用于墙面装饰，也可用作屋面，有很强的反射阳光的能力，且经久耐用，在大气中使用 20 年不需要更换。更换拆卸后的花纹板仍可使用，所以得到了广泛应用。

(5)铝合金吊顶。铝合金吊顶具有密度小、不燃烧、耐腐蚀、施工方便和装饰华丽等特点。

工程案例分析

【案例 6-1】

概况：某市一大型钢结构工程，由我国某知名钢结构公司承建。该工程主要包括主厂房、办公楼、宿舍楼等建筑物，总建筑面积约为 10 万平方米。工程于 2019 年 5 月正式开工，预计 2020 年 6 月竣工。在工程吊装过程中，由于吊装作业人员操作失误，导致一根重达 20 t 的钢梁从吊装设备上脱落，造成现场人员伤亡和财产损失。

分析：在事故发生前，吊装作业人员已对吊装设备进行了检查，确认设备运行正常。吊装方案已编制完毕，并经相关部门审批。吊装作业现场已布置完毕，安全警示标志已设置到位。事故当天，吊装作业人员按照吊装方案进行操作。在吊装一根重达 20 t 的钢梁时，由于吊装人员操作失误，导致钢梁从吊装设备上脱落。钢梁在坠落过程中，击中下方正在作业的工人，造成 1 人死亡，2 人重伤。

【案例 6-2】

钢结构吊装事故

概况：2024 年 6 月 21 日上午 10 时 2 分左右，安徽省淮南市潘集区一处钢结构厂房发生二层局部坍塌事故。

分析：经详尽调查，此次事故的直接原因如下：在厂房建设过程中，未能遵循相关国家标准进行设计和施工，导致工程质量不达标。在察觉到钢结构厂房二层存在次梁弯曲形变的安全隐患时，未能及时采取有效措施消除这一潜在风险。随着工人在该区域持续堆载货物，坍塌区域的货物总质量最终超出了该区域结构的极限承载能力，从而引发了瞬间的坍塌事故。

【案例 6-3】

钢桥热脆性断裂

概况： 某钢桥为焊接腰板多跨结构，在使用 15 个月后，当一辆载重为 45 t 的大卡车驶过其中一跨时，突然破坏，下挠达 300 mm，导致结构失效。

分析： 裂缝是由加劲肋与下翼缘的接头处及下翼缘的盖板母材开始的，属于脆性断裂，且裂缝起始于热影响区，顺着应力集中区和构件厚度突变处展开，横向发展。经检验，钢材含硫量高、热脆性差是钢桥断裂的主要原因。

【案例 6-4】

钢桥疲劳破坏

概况： 某钢桥中段 50 m 长的桥体像被刀切一样坠入河中，当时正值交通繁忙期，多数车辆掉入河里，造成多人死亡。

分析： 经调查，采用疲劳性能很差的劣质钢材进行施工是引发事故的直接原因。用相同材料进行疲劳试验表明，大桥支撑材料的疲劳寿命仅为 12 年，即在 12 年后就会因疲劳而破坏。大型汽车在类似桥上反复行驶的试验结果也表明，这些支撑材料约在 8.5 年后开始损坏，最终发展为桥体坍塌。

【案例 6-5】

钢材焊接质量低导致钢屋架倒塌

概况： 某市某厂四楼会议室屋顶五榀梭形轻型钢屋架突然倒塌。当时有人在室内开会，造成 42 人死亡、179 人受伤的特大工程质量事故。经济损失达 430 多万元，其中直接经济损失达 230 万元。

分析： 事故分析报告表明，导致事故的原因涉及设计、施工和管理各个方面。其中，焊接质量低劣(存在大量气孔、夹渣、未焊透、未融合现象)是造成事故发生的一个重要原因。

思考与练习

一、填空题

1. 钢材的________是指在静载荷作用下，当应力达到某一值时，材料开始产生塑性变形，但应力不再增加，这个应力值称为屈服点。

2. 建筑钢材的________是指在拉伸过程中，钢材断裂前的最大伸长量与原始标距长度之比的百分数。

3. 根据脱氧程度不同，钢可分为________、________和________。

4. 按钢的用途可分为________、________、________三大类。

5. 建筑工地或预制构件厂常用的方法是________和________。

6. 根据钢材与环境介质的作用原理，锈蚀可分为________和________。

7. 热轧钢筋根据其表面特征不同可分为________和________。

二、选择题

1. 建筑钢材的主要性能指标包括(　　)。

A. 屈服强度　　B. 抗拉强度　　C. 伸长率　　D. 以上都是

2. 建筑钢材随着钢号的增大，其抗拉强度(　　)。

A. 逐渐提高　　B. 逐渐降低　　C. 保持不变　　D. A 和 B

3. 下列钢中质量最好的是(　　)。

A. 半镇静钢　　B. 镇静钢　　C. 沸腾钢　　D. A和B

4. 钢筋冷拉后，主要提高了(　　)。

A. 抗拉强度　　B. 屈服强度

C. 抗拉强度和屈服强度　　D. 抗压强度

5. 对低碳钢进行冷拉时，应将低碳钢拉至(　　)。

A. 弹性阶段　　B. 屈服阶段　　C. 强化阶段　　D. 颈缩阶段

6. 在碳素钢中，含碳量增加时，降低的性能是(　　)。

A. 硬度　　B. 塑性　　C. 强度　　D. 脆性

7. 在碳素钢中掺入少量合金元素的主要目的是(　　)。

A. 改善塑性、韧性　　B. 提高强度、硬度

C. 改善性能、提高强度　　D. 延长使用寿命

8. 热轧钢筋随着等级的增大，其性能中(　　)。

A. 强度降低，伸长率降低　　B. 强度提高，伸长率增大

C. 强度提高，伸长率降低　　D. 强度降低，伸长率增大

三、名词解释

1. 余热处理钢筋

2. 冷拔低碳钢丝

3. 预应力混凝土用钢丝及钢绞线

四、简答题

1. 简述钢材的生产过程。

2. 什么是冷弯性能？建筑用钢材要求有较好的冷弯性能，评价钢材冷弯性能好坏的主要两个指标是什么？

3. 低碳钢受拉至拉断会经历哪几个阶段？各阶段中有何特点？可测得钢材的哪些重要指标？

4. 试述热轧钢筋的冷拉和时效过程，并指出其相应的性质变化。

5. 钢材热处理的方法有哪几种？

6. 钢材防止锈蚀的措施有哪些？

7. 钢结构常用的型钢有哪些？

思考与练习答案

第7章 墙体材料

学习提示

烧结普通砖是我国传统的墙体材料，应用广泛、用量大。为了环境保护、可持续发展、建筑节能等，我国鼓励使用蒸压蒸养砖(灰砂砖、粉煤灰砖和炉渣砖)和砌块(普通混凝土小型砌块，轻骨料混凝土空心砌块和加气混凝土砌块等)。建筑的砌块化已成为一种发展趋势。

学习目标

知识目标

通过本章的学习，熟练掌握烧结普通砖的性质与应用特点，掌握烧结多孔砖、烧结空心砖、蒸压蒸养砖、砌块的性质与应用特点。

素质目标

通过介绍烧结普通砖的发展历程，增强学生的民族自豪感；结合新型装配式墙板等知识的教学，培养学生树立与时俱进、勇于创新的精神。

思维导图

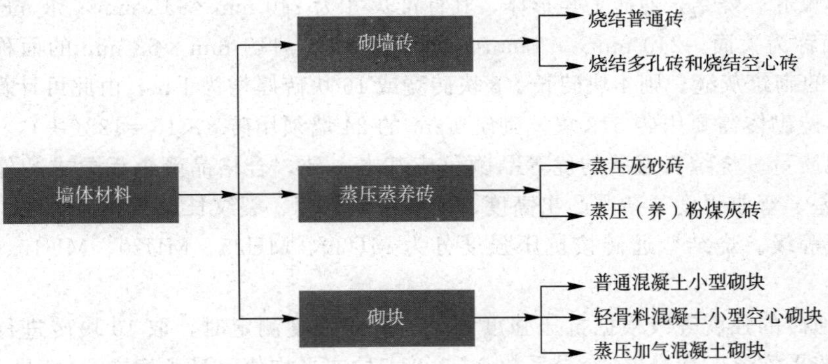

案例导入

在上海某老旧小区改造项目中，针对原有砖混结构老房的墙体进行了创新性改造，采用加气混凝土砌块替代部分老旧墙体。加气混凝土砌块以其低导热系数和优异的保温性能，显著提升了建筑的节能效果，有效降低了冬季采暖和夏季制冷的能耗需求。此外，其轻质特性减轻了建筑自重，避免了对原有结构造成过大的荷载压力，进一步增强了建筑的安全性和耐久性。综合来看，加气混凝土砌块在老旧小区改造中展现出卓越的性能，不仅提升了建筑的节能与保温效果，还兼具环保和经济优势，成为老旧小区改造的理想材料选择。

7.1 砌 墙 砖

砌墙砖是指以黏土、工业废料及其他地方资源为主要原料，由不同工艺制成的，在建筑中用来砌筑墙体的砖。其按制作工艺可分为烧结砖和非烧结砖；前者是以黏土和各种工业废渣为原材料经烧结制成的砌墙砖；后者主要是以活性的硅铝质材料与钙质材料发生水热反应或以水泥作为胶结料黏结骨料而制成的一类砌墙砖。按砖的规格孔洞率、孔的尺寸大小和数量，砌墙砖又可分为普通砖、多孔砖和空心砖。

7.1.1 烧结普通砖

烧结普通砖是以黏土、页岩、粉煤灰、煤矸石为主要原料，经焙烧制成的孔洞率小于15%的砖。

烧结砖的生产工艺为原料配制→制坯→干燥→焙烧→成品。其中原料对制砖工艺性能和砖的质量性能起着决定性的作用，焙烧则是重要的工艺环节。当焙烧窑中为氧化气氛时，黏土中含铁的氧化物被氧化，生成红色的高价氧化铁(Fe_2O_3)，烧得的砖为红色，称红砖；若窑内为还原气氛，高价的氧化铁被还原为青灰色的低价氧化亚铁(FeO)，即得青砖。青砖较红砖结实、耐碱和耐久，但生产效率低，浪费能源，价格较高。

烧结成品中往往会出现不合格品——过火砖和欠火砖。过火砖颜色深，敲击时声音清脆，强度高，吸水率小，耐久性好，易出现弯曲变形；欠火砖颜色浅，敲击时声音暗哑，强度低，吸水率大，耐久性差。

1. 主要技术性质

根据现行国家标准《烧结普通砖》(GB/T 5101—2017)的规定，烧结普通砖的主要技术要求包括外形尺寸、外观质量、强度等级、泛霜、石灰爆裂、抗风化性能和抗冻性。

(1)外形尺寸。烧结普通砖为矩形体，其标准尺寸为240 mm×115 mm×53 mm。240 mm×115 mm的面称为大面，240 mm×53 mm的面称为条面，115 mm×53 mm的面称为顶面。考虑10 mm厚的砌筑灰缝，则4块砖长、8块砖宽或16块砖厚均为1 m，由此可计算墙体用砖数量，如1 m^3 砖砌体需要用砖512块，砌筑1 m^2 的24墙须用砖8×16=128(块)。

(2)外观质量。烧结普通砖的优等品颜色应基本一致，合格品颜色无要求。外观质量包括两条面高度差、弯曲程度、杂质凸出高度、缺棱掉角程度、裂纹长度和完整面数。

(3)强度等级。烧结普通砖按抗压强度分为MU30、MU25、MU20、MU15、MU10五个强度等级。

烧结普通砖的强度等级根据抗压强度划分。抗压强度测定时，取10块砖进行试验，根据试验结果，按平均值—标准差(变异系数 $\delta \leqslant 0.21$ 时)或平均值—最小值方法(变异系数 $\delta > 0.21$ 时)评定砖的强度等级，见表7-1。

表7-1 强度等级 MPa

强度等级	抗压强度平均值 $\overline{f} \geqslant$	强度标准值 $f_k \geqslant$
MU30	30.0	22.0
MU25	25.0	18.0
MU20	20.0	14.0
MU15	15.0	10.0
MU10	10.0	6.5

烧结普通砖的抗压强度标准值按下式计算。

$$f_k = \overline{f} - 1.8s \tag{7-1}$$

$$S = \sqrt{\frac{1}{9}\sum_{i=1}^{10}(f_i - \overline{f})^2} \tag{7-2}$$

式中　f_i——单块砖样的抗压强度测定值(MPa)；

$\overline{f}$——10 块砖样的抗压强度平均值(MPa)；

f_k——砖样的抗压强度标准值(MPa)；

s——10 块砖样的抗压强度标准差(MPa)。

(4)泛霜。当砖的原料中含有硫、镁等可溶性盐类时，砖在使用过程中，这些盐类会随着砖内水分蒸发而在砖表面产生盐析现象，一般为白色粉末，常在砖表面形成絮团状斑点，严重时会起粉、掉角或脱皮。通常，轻微泛霜就能对清水砖墙建筑外观产生较大影响。中等程度泛霜的砖用于建筑中的潮湿部位时，7～8 年后因盐析结晶膨胀将使砖砌体表面产生粉化剥落，在干燥环境中使用约 10 年以后也将开始剥落。严重泛霜对建筑结构的破坏性则更大。国家标准规定，优等品砖应无泛霜现象，一等品砖不得出现中等泛霜，合格品砖不得出现严重泛霜。

(5)石灰爆裂。石灰爆裂是指生产烧结砖的原料中夹有石灰石等杂物，焙烧时被烧成生石灰块等物质。使用时，体积显著膨胀，导致砖块出现裂缝甚至崩溃。石灰爆裂不仅造成砖的外观缺陷和强度降低，严重时还能使砌体的强度降低、破坏。

石灰爆裂对砖砌体影响较大，轻者影响外观，重者导致强度降低直至破坏。标准规定：优等品砖不允许出现最大破坏尺寸大于 2 mm 的爆裂区域；一等品砖最大破坏尺寸大于 2 mm 且小于等于 10 mm 的爆裂区域，每组砖样不得多于 15 处，不允许出现最大破坏尺寸大于 10 mm 的爆裂区域；合格品砖最大破坏尺寸大于 2 mm，且小于等于 15 mm 的爆裂区域，每组砖样不得多于 15 处，其中大于 10 mm 的不得多于 7 处，不允许出现最大破坏尺寸大于 15 mm 的爆裂区域。

(6)抗风化性能和抗冻性。抗风化性能是指在干湿变化、温度变化、冻融变化等物理因素作用下，材料长期不被破坏并保持原有性质的能力。我国按照风化指数分为严重风化区(风化指数≥12 700)和非严重风化区(风化指数＜12 700)。

风化指数是指日气温降至负温或从负温升至正温的每年平均天数与每年从霜冻之日起至消失霜冻之日止这一期间降雨总量(以 mm 计)的平均值的乘积。我国风化区的划分见表 7-2。用于非严重风化区和严重风化区的烧结普通砖，其 5 h 沸煮吸水率与饱和系数见表 7-3。

表 7-2　风化区划分

严重风化区		非严重风化区	
1. 黑龙江省	8. 青海省	1. 山东省	10. 湖南省
2. 吉林省	9. 陕西省	2. 河南省	11. 福建省
3. 辽宁省	10. 山西省	3. 安徽省	12. 台湾省
4. 内蒙古自治区	11. 河北省	4. 江苏省	13. 广东省
5. 新疆维吾尔自治区	12. 北京市	5. 湖北省	14. 广西壮族自治区
6. 宁夏回族自治区	13. 天津市	6. 江西省	15. 海南省
7. 甘肃省	14. 西藏自治区	7. 浙江省	16. 云南省
		8. 四川省	17. 上海市
		9. 贵州省	18. 重庆市

表 7-3　烧结普通砖的抗风化性能

<table>
<tr><th rowspan="3">项目</th><th colspan="4">严重风化区</th><th colspan="4">非严重风化区</th></tr>
<tr><th colspan="2">5 h 沸煮吸水率/% ≤</th><th colspan="2">饱和系数 ≤</th><th colspan="2">5 h 沸煮吸水率/% ≤</th><th colspan="2">饱和系数 ≤</th></tr>
<tr><th>平均值</th><th>单块最大值</th><th>平均值</th><th>单块最大值</th><th>平均值</th><th>单块最大值</th><th>平均值</th><th>单块最大值</th></tr>
<tr><td>黏土砖、建筑渣土砖</td><td>18</td><td>20</td><td rowspan="2">0.85</td><td rowspan="2">0.87</td><td>19</td><td>20</td><td rowspan="2">0.88</td><td rowspan="2">0.90</td></tr>
<tr><td>粉煤灰砖</td><td>21</td><td>23</td><td>23</td><td>25</td></tr>
<tr><td>页岩砖</td><td rowspan="2">16</td><td rowspan="2">18</td><td rowspan="2">0.74</td><td rowspan="2">0.77</td><td rowspan="2">18</td><td rowspan="2">20</td><td rowspan="2">0.78</td><td rowspan="2">0.80</td></tr>
<tr><td>煤矸石砖</td></tr>
<tr><td colspan="9">注：粉煤灰掺入量(体积比)小于 30%时，抗风化性能按黏土砖规定检测</td></tr>
</table>

严重风化区中的 1～5 地区的砖必须做抗冻性试验；其他风化区的砖的吸水率与饱和系数指标若能达到表 7-3 的要求，可不再进行冻融试验。否则，必须进行冻融试验。冻融试验后，每块砖不允许出现裂缝、分层、掉皮、缺棱、掉角等现象，质量损失不得大于 2%。

2. 烧结普通砖的应用

烧结普通砖具有良好的绝热性、透气性、耐久性和热稳定性等特点，在建筑工程中主要用作墙体材料，其中优等品可用于清水墙建筑，一等品和合格品用于混水墙建筑。中等泛霜的砖不得用于潮湿部位。烧结普通砖可用于砌筑柱、拱、烟囱、窑身、沟道及基础等；可与轻混凝土、加气混凝土等隔热材料复合使用，砌成两面为砖，中间填充轻质材料的复合墙体；在砌体中配置适当钢筋和钢筋网成为配筋砖砌体，可代替钢筋混凝土柱、过梁等。

由于砖砌体的强度不仅取决于砖的强度，而且受砂浆性质的影响很大。故在砌筑前砖应进行浇水湿润，同时应充分考虑砂浆的和易性及铺砌砂浆的饱满度。

值得指出的是，在众多墙体材料中，由于黏土砖可就地取材，使用方便，在过去相当长一段时间内是各国墙体材料的主要品种，但黏土砖的生产对土地资源及能源消耗巨大，自重大，尺寸小，施工效率低，抗震能力差，因此黏土砖已被禁止使用，取而代之的是空心砖、工业废渣砖、砌块及轻质板材等。

7.1.2　烧结多孔砖和烧结空心砖

烧结多孔砖和烧结空心砖均以黏土、页岩、煤矸石为主要原料，经焙烧而成。孔洞率大于或等于 15%、孔的尺寸小而数量多、常用于承重部位的砖称为多孔砖；孔洞率大于或等于 35%、孔的尺寸大而数量少、常用于非承重部位的砖称为空心砖。

1. 烧结多孔砖与空心砖的特点与应用

烧结多孔砖和空心砖的原料及生产工艺与烧结普通砖基本相同，但对原料的可塑性要求较高。烧结多孔砖为大面有孔洞的砖，孔多而小，表观密度为 1 400 kg/m^3 左右，强度较高。使用时孔洞垂直于承压面，主要用于砌筑六层以下的承重墙。空心砖为顶面有孔洞的砖，孔大而少，表观密度为 800～1 100 kg/m^3，强度低，使用时孔洞平行于受力面，用于砌筑非承重墙。

与烧结普通砖相比，生产多孔砖和空心砖，可节省黏土 20%～30%，节约燃料 10%～20%，且砖坯焙烧均匀，烧成率高。采用多孔砖或空心砖砌筑墙体，可减小自重 1/3 左右，工效提高 40%左右，同时能有效改善墙体热工性能。因此，发达国家早已十分重视发展多孔或空心黏土制品，目前，欧美等国家生产的多孔砖和空心砖已占其砖产量的 80%～90%，并且发展了高强空心砖、微孔砖等。近年来，为了节约土地资源和减少能源消耗，多孔砖和空心砖发展也十分迅速，国家和各地方政府的有关部门都制定了限制生产和使用实心砖的政策，鼓励生产和使用多孔砖及空心砖。

2. 烧结多孔砖与空心砖的主要技术要求

根据《烧结多孔砖和多孔砌块》(GB 13544—2011)和《烧结空心砖和空心砌块》(GB/T 13545—2014)的规定，其主要技术要求如下。

(1)形状与规格尺寸。烧结多孔砖和烧结空心砖均为直角六面体，它们的形状如图 7-1 和图 7-2 所示，其中烧结多孔砖和砌块的长度、宽度、高度尺寸应符合下列要求。

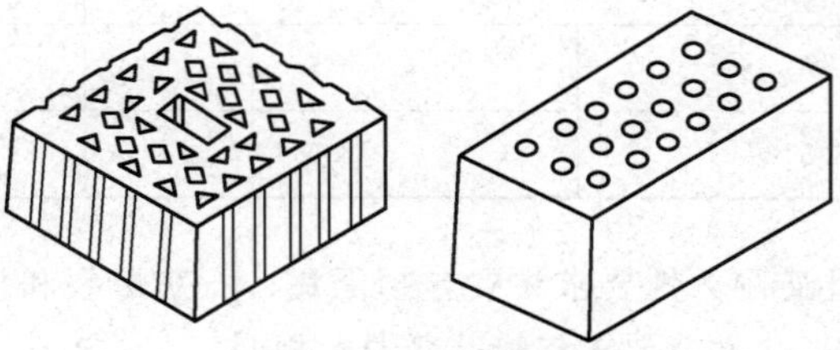

图 7-1　烧结多孔砖

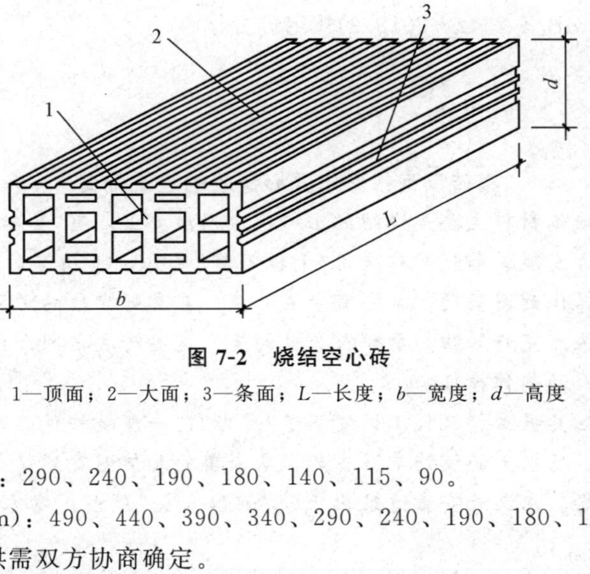

图 7-2　烧结空心砖

1—顶面；2—大面；3—条面；L—长度；b—宽度；d—高度

砖规格尺寸(mm)：290、240、190、180、140、115、90。

砌块规格尺寸(mm)：490、440、390、340、290、240、190、180、140、115、90。

其他规格尺寸由供需双方协商确定。

(2)强度等级。烧结多孔砖根据其抗压强度分为 MU30、MU25、MU20、MU15、MU10 五个强度等级。各强度等级的具体指标要求见表 7-4。

表 7-4　烧结多孔砖强度等级　　MPa

强度等级	抗压强度平均值 $\bar{f}\geqslant$	强度标准值 $f_k\geqslant$
MU30	30.0	22.0
MU25	25.0	18.0
MU20	20.0	14.0
MU15	15.0	10.0
MU10	10.0	6.5

烧结空心砖和空心砌块根据抗压强度分为 MU10.0、MU7.5、MU5.0、MU3.5 四个强度

等级，按其体积密度分为800、900、1 000、1 100(kg/m³)四个密度级别。各强度等级具体指标要求见表7-5。

表7-5 烧结空心砖和空心砌块的强度等级

强度等级	抗压强度/MPa		
	抗压强度平均值 $\bar{f}\geqslant$	变异系数 $\delta\leqslant0.21$	变异系数 $\delta>0.21$
		强度标准值 $f_k\geqslant$	单块最小抗压强度值 $f_{min}\geqslant$
MU10.0	10.0	7.0	8.0
MU7.5	7.5	5.0	5.8
MU5.0	5.0	3.5	4.0
MU3.5	3.5	2.5	2.8

(3)耐久性。烧结多孔砖耐久性要求主要包括泛霜、石灰爆裂和抗风化性能，各质量等级砖的泛霜、石灰爆裂和抗风化性能要求与烧结普通砖相同。

烧结多孔砖和烧结空心砖的技术要求，如尺寸允许偏差、外观质量、强度和耐久性等，均按《砌墙砖试验方法》(GB/T 2542—2012)的规定进行检测。

扩展阅读

秦砖汉瓦：千年匠心铸就的建筑传奇

在我国，传统的墙体材料主要是烧结黏土砖，应用历史上，有“秦砖汉瓦”之说。秦砖的制作工艺堪称一绝。考古发现，秦代制砖采用“千锤百炼”之法，将精选的黏土反复捶打、揉捏，再经高温烧制而成。砖体致密坚硬，敲击有金石之声。在秦始皇陵的考古发掘中，出土的秦砖历经两千余年风雨，依然完好如初。更令人惊叹的是，这些砖块之间严丝合缝，不用灰浆也能紧密贴合，展现了惊人的制作精度。

汉瓦的制作同样独具匠心。汉代工匠发明了“瓦当”这一建筑构件，不仅具有实用功能，更成为艺术创作的载体。瓦当上的纹饰丰富多彩，从简单的几何图案到精美的文字、画像，无不展现着汉代工匠的巧思。在汉长安城遗址出土的“长乐未央”瓦当，字体遒劲有力，布局严谨，堪称书法艺术的精品。

这些秦砖汉瓦不仅是建筑材料，更是古代工匠智慧的结晶。它们见证了中国古代建筑从实用性向艺术性的跨越，展现了秦汉时期建筑工艺的精湛水平。今天，当我们凝视这些古老的砖瓦时，仿佛能看到两千年前的工匠们，以精益求精的匠人精神，将普通建筑材料升华为永恒的艺术品。这种追求卓越的工匠精神，正是中华文明生生不息的重要源泉。

7.2 蒸压蒸养砖

蒸压蒸养砖(又称硅酸盐砖)是以硅质材料和石灰为主要原料，必要时加入骨料和适量石膏，经压制成型，湿热处理制成的建筑用砖，根据所用硅质材料不同，有灰砂砖、粉煤灰砖、炉渣砖等。

7.2.1　蒸压灰砂砖

蒸压灰砂砖(简称灰砂砖)是以石灰和砂为主要原料，经坯料制备、压制成型、蒸压养护而成的实心砖。

《蒸压灰砂实心砖和实心砌块》(GB/T 11945—2019)规定，按抗压强度和抗折强度划分为MU30、MU25、MU20、MU15、MU10五个强度等级，各等级强度值见表7-6。彩色产品的颜色应基本一致，无明显色差。对本色产品不做规定。砖的吸水率应不大于12%，碳化系数应不小于0.85，软化系数不小于0.85。

表 7-6　蒸压灰砂砖的强度等级　　MPa

强度等级	抗压强度	
	平均值	单个最小值
MU10	≥10.0	≥8.5
MU15	≥15.0	≥12.8
MU20	≥20.0	≥17.0
MU25	≥25.0	≥21.2
MU30	≥30.0	≥25.5

灰砂砖中的MU30、MU25、MU20、MU15的砖可用于基础和其他建筑；MU10的砖可用于防潮层以上的建筑，但不得用于长期受热200 ℃以上、受急冷急热和有酸性侵蚀的建筑部位，也不适用于有流水冲刷的部位。

7.2.2　蒸压(养)粉煤灰砖

蒸压(养)粉煤灰砖是以粉煤灰、石灰和水泥为主要原料，掺加适量石膏和骨料经坯料制备、压制成型、高压或常压蒸汽养护而成的实心砖。

根据行业标准《蒸压粉煤灰砖》(JC/T 239—2014)规定，粉煤灰砖根据抗压强度和抗折强度分为MU30、MU25、MU20、MU15、MU10五个强度级别，各强度等级值见表7-7。砖的尺寸为240 mm×115 mm×53 mm。

线性干燥收缩体率不大于0.50 mm/m；碳化系数不小于0.85；吸水率不大于20%。

粉煤灰砖可用于工业与民用建筑的墙体和基础，但用于基础或用于易受冻融和干湿交替作用的建筑部位，必须使用MU15及以上强度等级的砖。粉煤灰砖不得用于长期受热(200 ℃)、受急冷急热和有酸性介质侵蚀的建筑部位。

表 7-7　蒸压灰砂砖的强度等级　　MPa

强度等级	抗压强度		抗折强度	
	平均值	单块最小值	平均值	单块最小值
MU10	≥10.0	≥8.0	≥2.5	≥2.0
MU15	≥15.0	≥12.0	≥3.7	≥3.0
MU20	≥20.0	≥16.0	≥4.0	≥3.2
MU25	≥25.0	≥20.0	≥4.5	≥3.6
MU30	≥30.0	≥24.0	≥4.8	≥3.8

7.3 砌　　块

砌块是用于砌墙的尺寸较大的人造块材，外形多为六面直角体，也有多种异形体，按产品主规格的尺寸可分为大型砌块(高度大于 980 mm)、中型砌块(高度为 380～980 mm)和小型砌块(高度为 115～380 mm)。砌块高度一般不大于长度或宽度的 6 倍，长度不超过高度的 3 倍．砌体具有适应性强，原料来源广，制作简单及施工方便等特点。常见的砌块有普通混凝土小型砌块、轻骨料混凝土小型空心砌块、蒸压加气混凝土砌块和石膏砌块等。

7.3.1 普通混凝土小型砌块

混凝土小型空心砌块是以水泥为胶结材料，砂、碎石或卵石、煤矸石、炉渣为骨料，加水搅拌，经振动加压或冲压成型，养护而成的小型空心砌块，如图 7-3 所示。

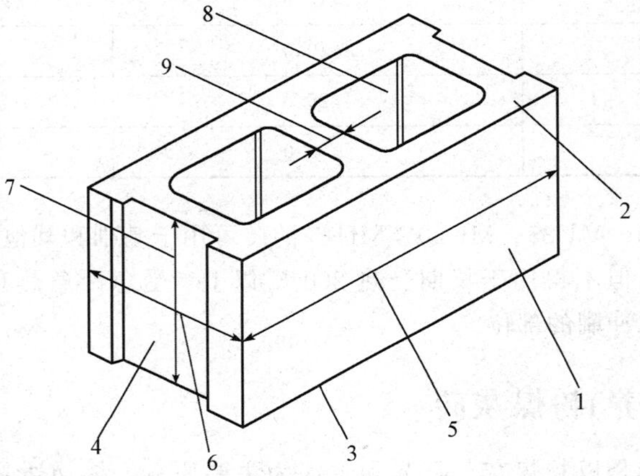

图 7-3　混凝土小型空心砌块

1—条面；2—坐浆面(肋厚较小的面)；3—铺浆面(肋厚较大的面)；
4—顶面；5—长度；6—宽度；7—高度；8—壁；9—肋

《普通混凝土小型砌块》(GB/T 8239—2014)规定：砌块主规格尺寸为 390 mm×190 mm×190 mm，砌块按空心率分为空心砌块(空心率不小于 25%)和实心砌块(空心率小于 25%)，按使用时砌筑墙体的结构和受力情况分为承重结构用砌块和非承重结构用砌块，按抗压强度分为 MU5.0、MU7.5、MU10、MU15、MU20、MU25、MU30、MU35、MU40。

普通混凝土小型砌块的强度等级应符合表 7-8 的规定；吸水率、线性干燥收缩率、碳化系数和软化系数应符合表 7-9 的规定；抗冻性应符合表 7-10 的规定。

表 7-8　普通混凝土小型砌块的各等级的抗压强度

强度级别		MU5.0	MU7.5	MU10	MU15	MU20	MU25	MU30	MU35	MU40
抗压强度/MPa	平均值≥	5.0	7.5	10.0	15.0	20.0	25.0	30.0	35.0	40.0
	单块最小值≥	4.0	6.0	8.0	12.0	16.0	20.0	24.0	28.0	32.0

表 7-9 普通混凝土小型砌块吸水率、线性干燥收缩率、碳化系数和软化系数

类型	吸水率/%	线性干燥收缩率/(mm · m^{-1})	碳化系数	软化系数
承重用砌块	≤10	≤0.45	≥0.85	≥0.85
非承重用砌块	≤14	≤0.65		

表 7-10 普通混凝土小型砌块抗冻性

使用条件	抗冻指标	质量损失率	强度损失率
夏热冬暖地区	D15	平均值≤5% 单块最大值≤10%	平均值≤20% 单块最大值≤30%
夏热冬冷地区	D25		
寒冷地区	D35		
严寒地区	D50		

普通混凝土小型砌块具有强度较高、自重较小、耐久性好、外表尺寸规整等优点，部分类型的混凝土砌块还具有美观的饰面以及良好的保温隔热性能，适用于建造各种居住、公共、工业、教育、国防和安全性质的建筑，包括高层与大跨度的建筑，以及围墙、挡土墙、桥梁、花坛等市政设施，应用范围十分广泛。混凝土砌块施工方法与普通烧结砖相近，在产品生产方面还具有原材料来源广泛、不毁坏良田、能利用工业废渣、生产能耗较低、对环境的污染程度较小、产品质量容易控制等优点。

7.3.2 轻骨料混凝土小型空心砌块

用轻骨料混凝土制成的小型空心砌块称为轻骨料混凝土小型空心砌块，按其孔的排数分为单排孔、双排孔、三排孔和四排孔等。主规格尺寸为 390 mm×190 mm×190 mm。

根据《轻骨料混凝土小型空心砌块》(GB/T 15229—2011)的规定，混凝土小型空心砌块根据抗压强度分为 MU2.5、MU3.5、MU5.0、MU7.5、MU10.0 五个等级。

轻骨料混凝土小型空心砌块的密度等级应符合表 7-11 的要求；强度等级应符合表 7-12 的要求。吸水率应不大于 18%，干燥收缩率应不大于 0.065%，相对含水率应符合表 7-13 的规定；抗冻性应符合表 7-14 的要求；加入粉煤灰等火山灰质掺合料的小砌块，其碳化系数应不小于 0.8，软化系数应不小于 0.8。

表 7-11 轻骨料混凝土小型空心砌块密度等级

密度等级	干燥表观密度的范围/(kg · m^{-3})	密度等级	干燥表观密度的范围/(kg · m^{-3})
700	≥610，≤700	1 100	≥1 010，≤1 100
800	≥710，≤800	1 200	≥1 110，≤1 200
900	≥810，≤900	1 300	≥1 210，≤1 300
1 000	≥910，≤1 000	1 400	≥1 310，≤1 400

表 7-12 轻骨料混凝土小型空心砌块强度等级

强度等级	抗压强度/MPa		密度等级范围/(kg · m^{-3})
	平均值	最小值	
MU2.5	≥2.5	≥2.0	≤800
MU3.5	≥3.5	≥2.8	≤1 000

续表

强度等级	抗压强度/MPa		密度等级范围/(kg·m⁻³)
	平均值	最小值	
MU5.0	≥5.0	≥4.0	≤1 200
MU7.5	≥7.5	≥6.0	≤1 200[a] ≤1 300[b]
MU10.0	≥10.0	≥8.0	≤1 200[a] ≤1 400[b]
注：当砌块的抗压强度同时满足两个强度等级或两个以上强度等级要求时，应以满足要求的最高强度等级为准。 a. 除自燃煤矸石掺量不小于砌块质量35%以外的其他砌块； b. 自燃煤矸石掺量不小于砌块质量35%的砌块			

表 7-13　轻骨料混凝土小型空心砌块干燥收缩率和相对含水率　%

干燥收缩率	相对含水率		
	潮湿地区	中等湿度地区	干燥地区
<0.03	≤45	≤40	≤35
≥0.03，≤0.045	≤40	≤35	≤30
>0.045，≤0.065	≤35	≤30	≤25
注：关于"潮湿""中等"和"干燥"的规定要求同普通混凝土小型空心砌块			

表 7-14　轻骨料混凝土小型空心砌块抗冻性　%

环境条件	抗冻等级	质量损失率	强度损失率
温和与夏热冬暖地区	D15	≤5	≤25
夏热冬冷地区	D25		
寒冷地区	D35		
严寒地区	D50		
注：环境条件应符合《民用建筑热工设计规范》(GB 50176—2016)的规定			

轻骨料混凝土小型砌块以其轻质、高强、保温隔热性能好和抗震性能好等特点，在各种建筑的墙体中得到广泛应用，特别是在保温隔热要求较高的围护结构上进行应用。

7.3.3　蒸压加气混凝土砌块

蒸压加气混凝土砌块是以钙质材料(水泥、石灰等)和硅质材料(矿渣和粉煤灰)加入铝粉作加气剂，经蒸压养护而成的多孔轻质块体材料，简称加气混凝土砌块。

《蒸压加气混凝土砌块》(GB/T 11968—2020)规定：砌块长度为600 mm，宽度为100 mm、120 mm、125 mm、150 mm、180 mm、200 mm、240 mm、250 mm、300 mm或200 mm、240 mm、250 mm、300 mm。按抗压强度有A1.5、A2.0、A2.5、A3.5、A5.0五个级别，各等级加气混凝土砌块的抗压强度和干密度要求见表7-15。按干密度可划分为B03、B04、B05、B06、B07五个级别，加气混凝土砌块的导热系数要求见表7-16。

表 7-15 加气混凝土砌块的抗压强度和干密度要求

强度级别	抗压强度/MPa		干密度级别	平均干密度/(kg·m^{-3})
	平均值	最小值		
A1.5	≥1.5	≥1.2	B03	≤350
A2.0	≥2.0	≥1.7	B04	≤450
A2.5	≥2.5	≥2.1	B04	≤450
			B05	≤550
A3.5	≥3.5	≥3.0	B04	≤450
			B05	≤550
			B06	≤650
A5.0	≥5.0	≥4.2	B05	≤550
			B06	≤650
			B07	≤750

表 7-16 加气混凝土砌块的导热系数要求

干密度级别	B03	B04	B05	B06	B07
导热系数(干态)/[W·(m·K)$^{-1}$]	≤0.10	≤0.12	≤0.14	≤0.16	≤0.18

蒸压加气混凝土砌块常用品种有加气粉煤灰砌块和蒸压矿渣砂加气混凝土砌块。其具有表观密度小、保温及耐火性好、易加工、抗震性好、施工方便等优点。蒸压加气混凝土适用于低层建筑的承重墙，多层和高层建筑的隔离墙、填充墙及工业建筑物的维护墙体和绝热材料。

扩展阅读

变废为宝——铁尾矿蒸压加气混凝土砌块

冶金工业产生的大量铁尾矿是我国当前面临的主要污染源之一，其大量堆积不仅占用了宝贵的耕地资源，还对环境造成了严重污染。因此，将铁尾矿转化为有价值的资源，是一项既符合当代需求又惠及子孙后代的伟大事业。近年来，全国各大专院校和建材科研机构经过不懈努力，在利用铁尾矿生产加气混凝土砌块方面取得了许多成熟的经验和实际应用成果，并带来了显著的经济效益和社会效益。

铁尾矿蒸压加气混凝土砌块是以铁尾矿、石灰、水泥等为主要原料，加入发泡剂，经过配料、搅拌、浇注、发气、切割、高压蒸养等工序制成的一种多孔轻质建筑材料。这种砌块不仅具有成本低、质量轻的优点，还具备保温、隔热、防火、吸声等多种性能。在施工过程中，可以现场进行锯、刨、钻、钉等操作，极大地方便了施工。

工程案例分析

【案例 7-1】

泛霜影响美观

概况：某工程采用普通黏土砖砌筑清水墙，在砖的表面出现白色粉状物，影响建筑物的美观。

分析：经耐久性泛霜试验，发现该工程使用的砖含有过量的可溶盐。

【案例 7-2】

灰砂砖墙体严重开裂事故

概况：新疆某石油基地库房砌筑采用蒸压灰砂砖，由于工期紧，灰砂砖亦紧俏，出厂四天的灰砂砖即砌筑完成。8 月完工后，发现墙体有较多垂直裂缝，至 11 月底裂缝基本固定。

分析：经调查，工程原设计采用红砖 MU7.5，因红砖供应短缺，改用 MU10 灰砂砖。而对灰砂砖的性能未进行深入了解，只是按等强度替换。经检验，灰砂砖的抗压性能与普通黏土砖相当，但抗剪强度的平均值只有普通黏土砖的 80%。由于灰砂砖供应紧张，砖出厂到上墙时间太短，而且在使用前猛浇水，灰砂砖含水量大，其水分挥发速率较普通黏土砖慢，20 多天后才基本稳定，灰砂砖砌筑前后干缩变形大。此外施工时正值 7、8 月间，砌筑时气温高，砌筑后气温明显下降，温差导致温度变形，从而造成墙体大面积开裂。

【案例 7-3】

温度差引起的裂缝

概况：如图 7-4 所示，某工程采用普通混凝土小型空心砌块砌筑墙体，在顶层两端砌体部位出现裂缝。

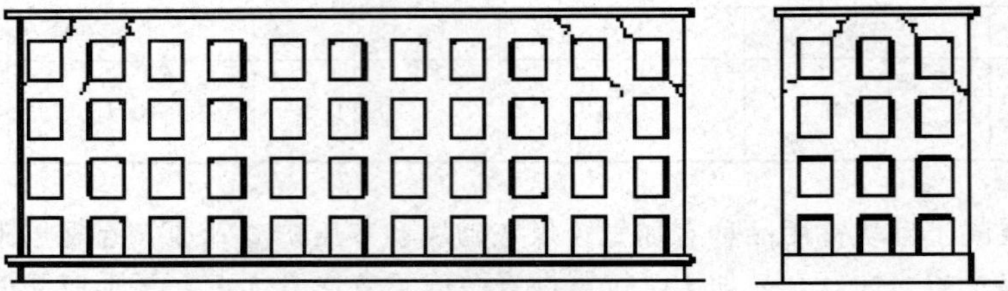

图 7-4　某砌块砌筑墙体

分析：温度变化，砌体产生伸缩变形。由于砌体长度过长，砌体在墙体上层部分受到的约束作用比基础处小，伸缩变形较大，产生不均匀变形，从而引起开裂。

思考与练习

一、填空题

1. 砌墙砖按其制作工艺可分为________和________。

2. 烧结普通砖按抗压强度分为________、________、________、________、________五个强度等级。

3. 墙体材料的热导率越小，其保温性能________。

4. 砌块按产品主规格的尺寸可分为________、________和________。

二、选择题

1. 使用过程中砖含有的可溶盐(如硫酸钠)随水分蒸发在砖表面析出的现象称为(　　)。

A. 析晶　　B. 泛霜　　C. 泛碱　　D. 风化

2. 墙体材料的品种主要有砖、砌块和(　　)3 大类。

A. 实心砖　　B. 空心砖　　C. 板材　　D. 空心砌块

3. 砌墙砖按有无孔洞和孔洞率大小分为实心砖、空心砖和(　　)3 种。

A. 开孔砖　　B. 闭孔砖　　C. 烧结砖　　D. 多孔砖

4. 砌墙砖按生产制造工艺不同分为(　　)、蒸养砖、蒸压砖和免烧免蒸砖。

A. 烧结砖　　B. 加气砖　　C. 灰砂砖　　D. 压制砖

5. 实心砖又称为普通砖，其孔洞率小于(　　)。

A. 15%　　B. 20%　　C. 25%　　D. 30%

6. 砖坯在(　　)条件下焙烧并出窑时，生产出红砖。

A. 碳化气氛　　B. 氧化气氛　　C. 高温烧结　　D. 还原气氛

7. 达到红砖烧结温度后浇水闷窑，使窑内形成(　　)气氛，制得青砖。

A. 碳化　　B. 氧化　　C. 还原　　D. 蒸压

8. 屋面材料主要起(　　)、保温隔热、防渗漏等作用。

A. 承重　　B. 防水　　C. 遮阳　　D. 围护

9. 蒸养砖、蒸压砖可用于工业与民用建筑的墙体和基础，不得用于长期受热(200 ℃以上)以及(　　)侵蚀的建筑部位。

A. 急冷急热和酸性介质　　B. 潮湿和酸性介质

C. 高温和酸性介质　　D. 碱性或酸性介质

三、名词解释

1. 砌墙砖
2. 烧结普通砖
3. 烧结多孔砖
4. 蒸压蒸养砖

四、简答题

1. 简述烧结普通砖的生产工艺。

2. 何为泛霜和石灰爆裂？它们对砌筑工程有何不利影响？

3. 某工地露天堆放了一批烧结普通砖，尚未砌筑施工就发现这批砖自行裂成碎块，试解释产生这种现象的原因。这批砖能否用于砌筑工程？

思考与练习答案

第 8 章　沥青及沥青混合料

学习提示

沥青通过改性可使其耐低温性能、耐高温性能和黏附力等显著提高，沥青混合料设计与配制是本章的重点和难点。

学习目标

知识目标

通过本章的学习，掌握石油沥青的组成和结构；掌握石油沥青的技术性质和技术标准；了解煤沥青、乳化沥青、改性沥青等其他沥青；掌握沥青混合料的组成结构；掌握沥青混合料的技术性质和技术标准；掌握沥青混合料组成材料技术要求并会选用沥青混合料，学会沥青混合料的配合比设计方法。

素养目标

通过介绍沥青在复杂环境下的稳定性和耐久性，培养学生在顺境中不骄不躁、在逆境中不屈不挠的意志品质，使其在学习和实践中始终坚守本心，既不因外界的赞誉而迷失自我，也不因一时的困境而动摇信念。

思维导图

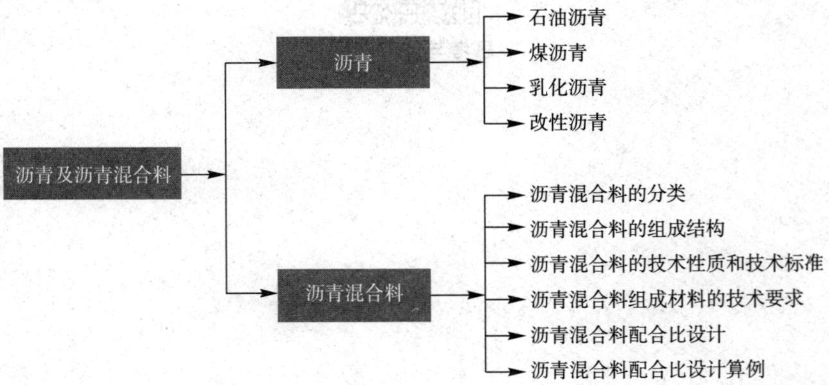

案例导入

北京—上海高速公路(简称京沪高速)是中国东部地区最重要的交通干线之一，连接了中国的政治中心北京和经济中心上海。该高速公路全长约 1 200 km，途经多个省市，交通流量大，重载车辆多，对路面的承载能力、耐久性和行车舒适性提出了极高的要求。为了确保高速公路的长期稳定运行，京沪高速在沥青路面技术的选择和应用上采用了多项先进的技术。京沪高速公路路面采用改性沥青和高性能骨料，确保路面具有良好的高温稳定性、低温抗裂性和抗疲劳性能，能够适应中国东部地区的气候条件。在重载交通路段，采用高黏度改性沥青，进一步提高路面的抗车辙能力和耐久性。并且通过合理的路面结构设计，确保路面具有足够的承载能力和耐久性。从材料选择到施工过程，全程进行严格的质量控制，确保路面质量符合设计要求。

8.1　沥　　青

8.1.1　石油沥青

石油沥青是石油原油经蒸馏提炼出各种轻质油(如汽油、煤油和柴油等)及润滑油以后的残留物，或再经加工而得到的产品。

1. 石油沥青的组成与结构

(1)石油沥青的组分。石油沥青是由多种碳氢化合物及其非金属(氧、硫和氮)衍生物组成的混合物。它的组分主要是碳(80%～87%)和氢(10%～15%)，其余是非烃元素，如氧、硫、氮等(<3%)。此外，尚有一些微量的金属元素，如镍、钡、铁、锰、钙、镁、钠等。石油沥青化学组成十分复杂，对其进行化学成分分析十分困难，同时化学组成还不能反映沥青物理性质的差异。因此从工程使用角度，将沥青中化学成分和物理性质相近并且具有某些共同特征的部分划分为若干组，这些组即称为组分。在沥青中各组分的含量多寡，与沥青的技术性质有着直接的关系。通常将石油沥青分为油分、树脂和地沥青质三个主要组分，其主要特征如下。

1)油分。油分为淡黄色至红褐色的油状体，是沥青中分子量最小和密度最小的组分，密度为 0.7～1 g/cm^3。在 170 ℃下加热较长时间，油分可以挥发。油分能溶于石油醚、二硫化碳、三氯甲烷、苯、四氯化碳和丙酮等有机溶剂中，但不溶于酒精。油分赋予沥青以流动性。油分在一定条件下可以转化为树脂甚至沥青质。

2)树脂。树脂为黄色至黑褐色黏稠状物质(半固体)，分子量比油分大(600～1 000)，密度为 1.0～1.1 g/cm^3。沥青树脂大部分属于中性树脂。中性树脂能溶于三氯甲烷、汽油和苯等有机溶剂中，但在酒精和丙酮中难溶解或溶解度很低，它赋予沥青以良好的黏结性、塑性和可流动性。此外，沥青树脂还含有少量酸性树脂，即地沥青酸和地沥青酸酐。它易溶于酒精、氯仿而难溶于石油醚和苯，是沥青中的表面活性物质，可提高对碳酸盐类岩石的黏附性，并有利于石油沥青的可乳化性。

3)地沥青质。地沥青质为深褐色至黑色固态无定形物质，分子量比树脂更大(1 000 以上)，密度大于 1 g/cm^3，不溶于酒精、正戊烷，但溶于三氯甲烷和二硫化碳，染色力强，对光的敏感性强，感光后不能溶解。地沥青质决定沥青的粘结力、黏度和温度稳定性。

此外，石油沥青中还含有 2%～3%的沥青碳和似碳物，它能降低石油沥青的粘结力。

石油沥青中还含蜡，它会降低石油沥青的黏结性和塑性，同时对温度特别敏感，即温度稳定性差。现有研究认为，沥青中蜡的存在在高温时易使沥青发软，导致沥青路面高温稳定性降低，出现车辙。同样，在低温时会使沥青变得脆硬，导致路面低温抗裂性降低，出现裂缝。此外，蜡会使沥青与石料的黏附性降低，在有水的情况下，会使路面石子产生剥落现象，造成路面破坏。更严重的是，含蜡沥青会使沥青路面的抗滑性降低，影响路面的行车安全。

(2)石油沥青的胶体结构。

1)胶体结构的形成。胶体理论认为，油分、树脂和地沥青质是石油沥青中的三大主要组分。油分和树脂可以互相溶解，树脂能浸润地沥青质，而在地沥青质的超细颗粒表面形成树脂薄膜。所以，石油沥青的结构是以地沥青质为核心，周围吸附部分树脂和油分，构成胶团，无数胶团分散在油分中形成胶体结构。在这个分散体系中，分散相为吸附部分树脂的地沥青质，分散介质为溶有树脂的油分。在沥青胶体内，从地沥青质到油分是逐渐递变的，无明显界面。

2)胶体结构的分类。

①溶胶型结构。当油分和树脂较多时，胶团外膜较厚，胶团之间相对运动较自由，这种胶体结构的石油沥青，称为溶胶型石油沥青。溶胶型石油沥青的特点是流动性和塑性较好，开裂后自行愈合能力较强，而对温度的敏感性强，即对温度的稳定性较差，温度过高会流淌。

②凝胶型结构。当油分和树脂含量较少时，胶团外膜较薄，胶团靠近、聚集，相互吸引力增大，胶团间相互移动比较困难。这种胶体结构的石油沥青称为凝胶型石油沥青。凝胶型石油沥青的特点是弹性和黏性较高，温度敏感性较小，开裂后自行愈合能力较差，流动性和塑性较低。在工程性能上，虽具有较好的温度稳定性，但低温变形能力较差。

③溶凝胶型结构。当地沥青质不如凝胶型石油沥青中的多，而胶团间靠得又较近，相互间有一定的吸引力时，形成一种介于溶胶型和凝胶型两者之间的结构，称为溶凝胶型结构。溶凝胶型石油沥青的性质也介于溶胶型和凝胶型两者之间。这类沥青在高温时具有较低的感温性，低温时又具有较好的形变能力。修筑现代高等级公路用的沥青，都属于这类胶体结构类型。

溶胶型、溶凝胶型和凝胶型胶体结构的石油沥青如图 8-1 所示。

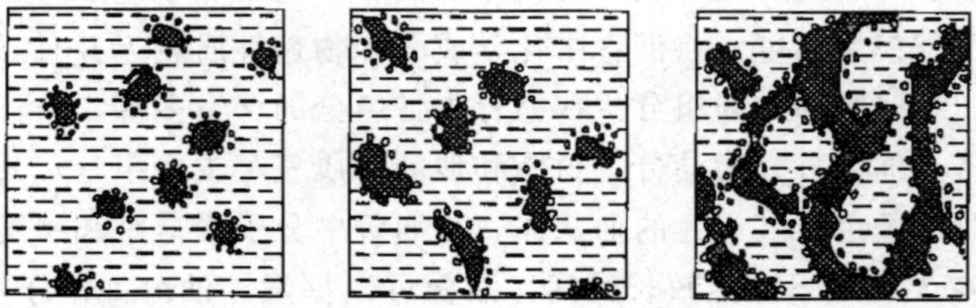

(a)　　(b)　　(c)

图 8-1　沥青的胶体结构示意图

(a)溶胶型结构；(b)溶凝胶型结构；(c)凝胶型结构

2. 石油沥青的技术性质

(1)黏滞性。石油沥青的黏滞性是反映沥青材料内部阻碍其相对流动的一种特性，以绝对黏度表示，是沥青性质的重要指标。沥青黏滞性的大小与组分及温度有关。当沥青质含量较高，同时又有适量树脂，而油分含量较少时，黏滞性较大。在一定温度范围内，当温度升高时，黏滞性随之降低；反之，则黏滞性随之增大。

沥青的黏度测定方法可分为两类：一类为绝对黏度法；另一类为相对黏度法。工程上常采用相对黏度(条件黏度)来表示。测定沥青相对黏度的主要方法是用标准黏度计和针入度仪。黏稠石油沥青的相对黏度用针入度来表示，如图 8-2 所示。针入度是反映石油沥青抵抗剪切变形的能力。针入度值越小，表明黏度越大。黏稠石油沥青的针入度是在规定温度 25 ℃条件下以规定质量 100 g 的标准针，经过规定时间 5 s 贯入试样中的深度，以 1/10 mm 为单位表示，符号为 P(25 ℃，100 g，5 s)。

液体石油沥青或较稀的石油沥青的相对黏度，可用标准黏度计测定的标准黏度来表示，如图 8-3 所示。标准黏度是在规定温度(20 ℃、25 ℃、30 ℃或 60 ℃)、规定直径(3 mm、5 mm

或 10 mm)的孔口流出 50 mL 沥青所需的时间秒数，常用符号“C_d^tT”表示，d 为流孔直径，t 为试样温度，T 为流出 50 mL 沥青所需的时间。

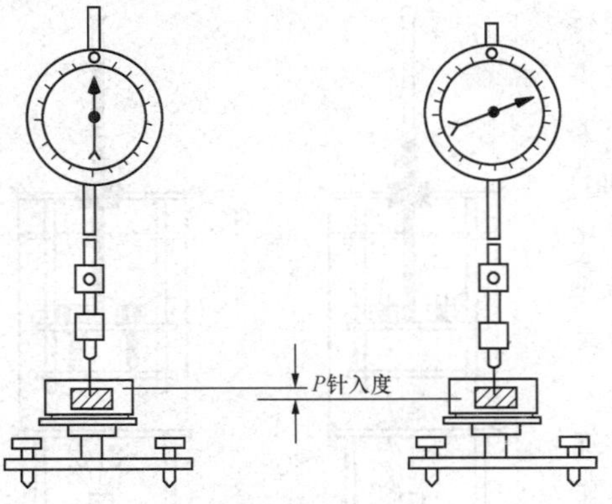

图 8-2　黏稠沥青针入度测试示意图

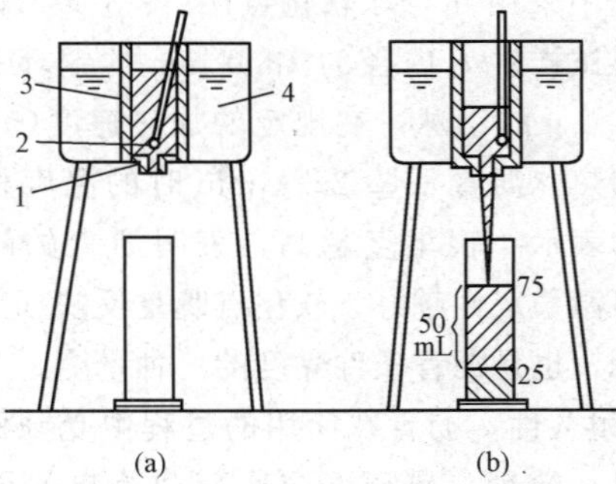

图 8-3　液体沥青标准黏度测定示意图

1—沥青；2—活动球杆；3—流孔；4—水

(2)低温性能。沥青的低温性能与沥青路面的低温抗裂性有密切关系。沥青的低温延性与低温脆性是重要的路用性能指标，它们多通过沥青的低温延度试验和脆点试验来确定。

1)延性。沥青的延性是指当其受到外力的拉伸作用时，所能承受的塑性变形的总能力，是对沥青内聚力的衡量，通常用延度作为条件延性指标来表征。

延度试验方法是将沥青试样制成∞字形的标准试件(最小截面面积为 1 cm^2)，在规定拉伸速度(5 cm/min)和规定温度(25 ℃、15 ℃、10 ℃或 5 ℃)下拉断时的长度(以 cm 计)。沥青的延度采用延度仪来测定，如图 8-4 所示，以 cm 为单位表示。

研究表明，当沥青化学组分不协调，胶体结构不均匀及含蜡量增加时，都会使沥青的延度值相对降低。而通常延度值大的沥青不易产生裂缝，并可减少摩擦时产生的噪声。

2)脆性。沥青材料在低温下受到瞬时荷载作用时，常表现为脆性破坏。通常采用弗拉斯脆点试验确定。实际工程中，通常要求沥青具有较高的软化点和较低的脆点，否则沥青材料在夏季容易发生流淌，或是在冬季容易变脆甚至开裂。脆点是指沥青从黏弹性体转到弹脆体(玻璃态)过程中的某一规定状态的相应温度，该指标主要反映沥青的低温变形能力。

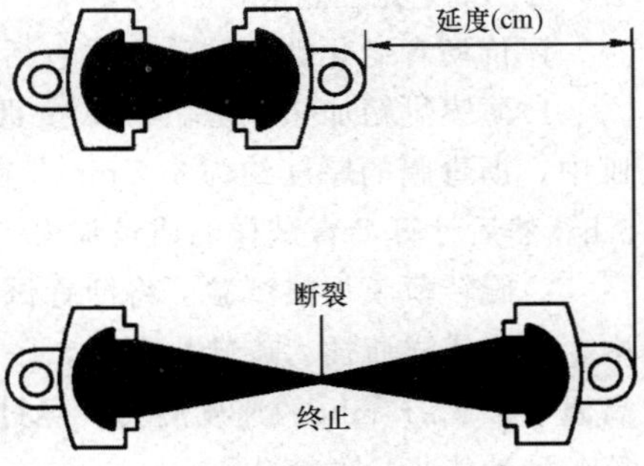

图 8-4　沥青延度测试

(3)感温性。沥青是复杂的胶体结构，黏度随温度的不同而产生明显的变化，这种黏度随温度变化的感应性称为感温性。对于路用沥青，温度和黏度的关系是极其重要的性能。首先，因沥青存在感温性才使其在高温下的黏度显著降低，才有可能实现沥青与矿质混合料均匀拌合以及沥青混合料碾压成型。其次，在沥青路面运营过程中，又要求沥青在使用温度范围内保持较小的感温性，以保障沥青路面高温不软化、低温不断裂。

评价沥青的感温性指标很多，常用的方法有针入度指数(PI)法、针入度-黏度指数(PVN)法等，在沥青的常规试验方法中，软化点试验是作为反映沥青温度敏感性的方法之一。

沥青软化点是反映沥青温度敏感性的重要指标。沥青是一种非晶质高分子材料，没有明确的固化点或液化点，它由液态凝结为固态，或由固态熔化为液态时，通常采用条件的硬化点和滴落点来表示。当沥青材料处于硬化点至滴落点之间的温度区间时，是一种黏滞流动状态，通常取固化点到滴落点温度间隔的87.21%作为软化点。

软化点的数值随采用的仪器不同而异，我国现行试验规程中采用环与球软化点法(图8-5)。该法是将黏稠沥青试样注入内径为18.9 mm的铜环中，环上置一个3.5 g的钢球，在规定的加热速度(5 ℃/min)下进行加热，沥青下坠25.4 mm时的温度称为软化点，以℃表示。软化点越高，表明沥青的耐热性越好，即高温稳定性越好。软化点既是反映沥青热稳定性的指标，也是沥青条件黏度的一种量度。

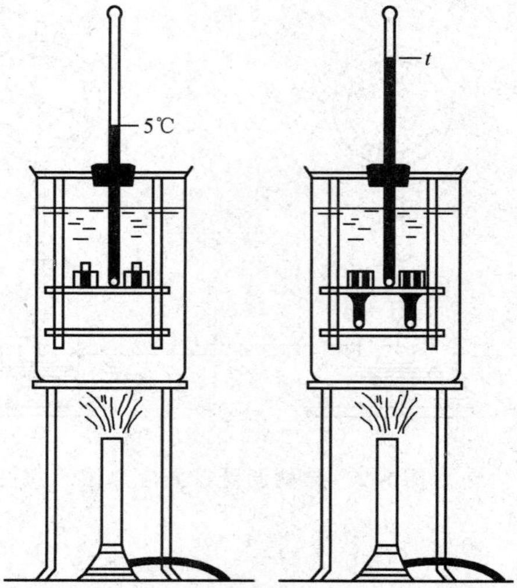

图8-5　环与球软化点法

(4)耐久性。沥青在使用的过程中受到储运、加热、拌合、摊铺、碾压、交通荷载及自然因素的作用，而使沥青发生一系列的物理化学变化，逐渐改变了其原有的性能(黏度、低温性能)而变硬、变脆，这种变化称为沥青的老化。沥青路面应有较长的使用年限，因此要求沥青材料有较好的抗老化性能，即耐久性。影响沥青耐久性的因素，主要有大气(氧)、日照(光)、温度(热)、雨雪(水)、环境(氧化剂)及交通荷载(应力)等。

在阳光、氧、水、空气和热的综合作用下，沥青各组分会不断递变。低分子化合物将逐步转变成高分子物质，即油分和树脂逐渐减少，而地沥青质逐渐增多。试验表明，树脂转变为地沥青质比油分变为树脂的速度快很多(约50%)。因此，石油沥青随着时间的变化其硬脆性逐渐增大，直至脆裂，可用抗老化性能来表征。

评价沥青老化性的试验方法包括薄膜烘箱加热试验和旋转薄膜加热试验。

1)薄膜烘箱加热试验。将50 g沥青试样放入直径为140 mm、深为9.5 mm的不锈钢盛样皿中，沥青膜的厚度约为3.2 mm，在163 ℃通风烘箱的条件下以5.5 r/min的速率旋转，经过5 h。然后计算沥青试样的质量损失，并测试针入度等指标的变化。

2)旋转薄膜加热试验。将沥青试样35 g装入高为140 mm、直径为64 mm的开口玻璃瓶中，并将盛样瓶插入旋转烘箱中，一边接受4 000 mL/min流量吹入的热空气，一边在163 ℃高温下以15 r/min的速度旋转，经过75 min的老化后，测定沥青的质量损失及针入度、黏度等各种性能指标的变化。

(5)黏附性。黏附性是指沥青与其他材料的界面黏结性能和抗剥落性能。沥青与骨料的黏附性直接影响沥青路面的使用质量和耐久性，所以黏附性是评价道路沥青技术性能的重要指标。沥青裹覆骨料后的抗水性(抗剥性)不仅与沥青的性质有密切关系，而且也与骨料性质有关。

评价沥青与骨料黏附性的方法常采用水煮法和水浸法。我国现行试验规程规定，沥青与粗骨料黏附性试验，根据沥青混合料的最大粒径决定，大于13.2 mm者采用水煮法；小于(或等于)13.2 mm者采用水浸法。水煮法是选取13.2～19 mm形状接近正立方体的规则骨料5个，经沥青裹覆后，在蒸馏水中沸煮3 min，按沥青膜剥落的情况分为5个等级来评价沥青与骨料的黏附性。水浸法是选取9.5～13.2 mm的骨料100 g与5.5 g的沥青在规定温度条件下拌合，配制成沥青-骨料混合料，冷却后浸入80 ℃的蒸馏水中保持30 min，然后按剥落面积百分率来评定沥青与骨料的黏附性。

(6)施工安全性。闪点(也称闪火点)是指加热沥青至挥发出的可燃气体和空气的混合物，在规定条件下与火焰接触，初次闪火(有蓝色闪光)时的沥青温度(℃)。

燃点或称着火点，是指加热沥青产生的气体和空气的混合物，与火焰接触能持续燃烧 5 s 以上时，此时沥青的温度即为燃点(℃)。燃点温度比闪点温度约高 10 ℃。沥青质组分多的沥青相差较多，液体沥青由于轻质成分较多，闪点和燃点的温度相差很小。

闪点和燃点的高低表明沥青引起火灾或爆炸的可能性大小，它关系到运输、存储和加热、使用等方面的安全。石油沥青在熬制时，一般温度为 150～200 ℃，因此通常控制沥青的闪点应大于 260 ℃。但为安全起见，沥青加热时还应与火焰隔离。

(7)防水性。石油沥青是憎水性材料，几乎不溶于水，而且本身构造致密，加之它与矿物材料表面有很好的粘结力，能紧密黏附于矿物材料表面。同时，它还具有一定的塑性，能适应材料或构件的变形。所以，石油沥青具有良好的防水性，广泛用作土木工程中的防潮、防水材料。

3. 石油沥青的技术标准

石油沥青按用途可分为建筑石油沥青、道路石油沥青和普通石油沥青三种。在土木工程中使用的主要是建筑石油沥青和道路石油沥青。

(1)建筑石油沥青。建筑石油沥青按针入度不同划分为 10 号、30 号和 40 号三个牌号，每一牌号的沥青还应保证相应的延度、软化点、溶解度、蒸发损失、蒸发后针入度比和闪点等。建筑石油沥青的技术要求见表 8-1。

表 8-1　建筑石油沥青的技术要求

项目		质量指标			试验方法
		10 号	30 号	40 号	
针入度(25 ℃，100 g，5 s)/(10 mm)$^{-1}$		10～25	26～35	36～50	GB/T 4509—2010
针入度(46 ℃，100 g，5 s)/(10 mm)$^{-1}$		报告[a]	报告[a]	报告[a]	
针入度(0 ℃，200 g，5 s)/(10 mm)$^{-1}$	不小于	3	6	6	
延度(25 ℃，5 cm/min)/cm	不小于	1.5	2.5	3.5	GB/T 4508—2010
软化点(环球法)/℃	不低于	95	75	60	GB/T 4507—2014
溶解度(三氯乙烯)/%	不小于	99.0			GB/T 11148—2008
蒸发后质量变化(163℃，5h)/%	不大于	1			GB/T 11964—2008
蒸发后 25 ℃针入度比[b]/%	不小于	65			GB/T 4509—2010
闪点(开口杯法)/℃	不低于	260			GB 267—1988

a. 报告应为实测值。
b. 测定蒸发损失后样品的 25 ℃针入度与原 25 ℃针入度之比乘以 100%后，所得的百分比，称为蒸发后针入度比

(2)道路石油沥青。为适应高等级公路建设的需要，《公路沥青路面施工技术规范》(JTG F 40—2004)对沥青的技术指标做了较大的改动。一方面，取消了原有的中、轻交通道路石油沥青品种，取而代之的是道路石油沥青。另一方面修订了沥青等级划分方法，并增补了新的沥青技术指标，以求更全面、充分地反映沥青技术性能。在这个标准中，沥青等级划分除了根据针入度的大小外，还要以沥青路面使用的气候条件为依据，在同一气候分区内根据道路等级和交通特点将沥青划分为 1～3 个不同的针入度等级；同时，在技术指标中增加了反映沥青感温性的指标——针入度指数，沥青高温性能指标——60 ℃动力黏度等，并选择较低温度时的研读指标评价沥青的低温性能，详见表 8-2。

在技术标准中，依据表 8-2 中不同的技术指标，将沥青再划分成三个等级，不同等级的沥青具有不同的适用范围，详见表 8-3。

道路石油沥青标号较多，宜按照公路等级、气候条件、交通条件、路面类型及在结构层中的层位及受力特点、施工方法等，结合当地的使用经验，经技术论证后确定。

表 8-2　道路石油沥青技术要求

指标	单位	等级	沥青标号																	试验方法[1]
			160 号[4]	130 号[4]	110 号			90 号					70 号[3]					50 号[3]	30 号[4]	
针入度（25 ℃，5 s，100 g）	dmm		140～200	120～140	100～120			80～100					60～80					40～60	20～40	T0604
适用的气候分区[6]			注［4］	注［4］	2－1	2－2	3－2	1－1	1－2	1－3	2－2	2－3	1－3	1－4	2－2	2－3	2－4	1－4	注［4］	附录 A
针入度指数 PI[2]		A	－1.5～＋1.0																	T0604
		B	－1.8～＋1.0																	
软化点　不小于	℃	A	38	40	43			45			44		46		45			49	55	T0606
		B	36	39	42			43			42		44		43			46	53	
		C	35	37	41			42					43					45	50	
60 ℃动力黏度[2]　不小于	Pa·s	A	—	60	120			160			140		180		160			200	260	T0620
10 ℃延度[2]　不小于	cm	A	50	50	40			45	30	20	30	20	20	15	25	20	15	15	10	T0605
		B	30	30	30			30	20	15	20	15	15	10	20	15	10	10	8	
15 ℃延度　不小于	cm	A、B	100															80	50	
		C	80	80	60			50					40					30	20	
蜡含量（蒸馏法）　不大于	%	A	2.2																	T0615
		B	3.0																	
		C	4.5																	
闪点　不小于	℃		230					245					260							T0611
溶解度　不小于	%		99.5																	T0607
密度（15 ℃）	g/cm³		实测记录																	T0603
TFOT（或 RTFOT）后[5]																				T0610 或 T0609
质量变化　不大于	%		±0.8																	
残留针入度比　不小于	%	A	48	54	55			57					61					63	65	T0604
		B	45	50	52			54					58					60	62	
		C	40	45	48			50					54					58	60	
残留延度（10 ℃）　不小于	cm	A	12	12	10			8					6					4	—	T0605
		B	10	10	8			6					4					2	—	
残留延度（15 ℃）　不小于	cm	C	40	35	30			20					15					10	—	T0605

注：[1] 试验方法按照现行《公路工程沥青及沥青混合料试验规程》（JTG E20—2011）规定的方法执行。用于仲裁试验求取 PI 时的 5 个温度的针入度关系的相关系数不得小于 0.997。
[2] 经建设单位同意，表中 PI、60℃动力黏度、10℃延度可作为选择性指标，也可不作为施工质量检验指标。
[3] 70 号沥青可根据需要要求供应商提供针入度范围为 60～70 或 70～80 的沥青，50 号沥青可要求提供针入度范围为 40～50 或 50～60 的沥青。
[4] 30 号沥青仅适用于沥青稳定基层。130 号和 160 号沥青除寒冷地区可直接在中低级公路上直接应用外，通常用作乳化沥青、稀释沥青、改性沥青的基质沥青。
[5] 老化试验以 TFOT 为准，也可以 RTFOT 代替。
[6] 气候分区见《公路沥青路面施工技术规范》（JTG F 40—2004）附录 A

表 8-3　道路石油沥青的适用范围

沥青等级	适用范围
A 级沥青	各个等级的公路，适用于任何场合和层次
B 级沥青	①高速公路、一级公路沥青下面层及以下的层次，二级及二级以下公路的各个层次； ②用作改性沥青、乳化沥青、改性乳化沥青、稀释沥青的基质沥青
C 级沥青	三级及三级以下公路的各个层次

(3)沥青的掺配。某一种牌号的石油沥青往往不能满足工程技术要求，因此需要不同牌号的沥青进行掺配。

在进行掺配时，为了不使掺配后的沥青胶体结构破坏，应选用表面张力相近和化学性质相似的沥青。试验证明，同产源的沥青容易保证掺配后的沥青胶体结构的均匀性。所谓同产源，是指同属石油沥青，或同属煤沥青(或煤焦油)。

两种沥青掺配的比例可用下式估算。

$$Q_1=\frac{T_2-T}{T_2-T_1}\times 100\% \tag{8-1}$$

$$Q_2=100\%-Q_1 \tag{8-2}$$

式中　Q_1——较软沥青用量(%)；

Q_2——较硬沥青用量(%)；

T——掺配后的沥青软化点(℃)；

T_1——较软沥青软化点(℃)；

T_2——较硬沥青软化点(℃)。

【例 8-1】　某工程须用软化点为 85 ℃的石油沥青，现有 10 号及 60 号两种，应如何掺配以满足工程需要？

【解】由试验测得 10 号石油沥青软化点为 95 ℃；60 号石油沥青软化点为 45 ℃。估算掺配用量：

60 号石油沥青用量＝(95－85)/(95－45)×100%＝20%

10 号石油沥青用量＝100%－20%＝80%

根据估算的掺配比例和在其邻近的比例(5%～10%)进行试配(混合熬制均匀)，测定掺配后沥青的软化点，然后绘制“掺配比-软化点”曲线，即可从曲线上确定所需要求的掺配比例。另外，可采用针入度指标按上述方法进行估算及试配。

若石油沥青过于黏稠需要进行稀释，通常可以采用石油产品系统的轻质油类，如汽油、煤油和柴油等。

8.1.2　煤沥青

煤焦油是生产焦炭和煤气的副产物，它大部分用于化工，而小部分用于制作建筑防水材料和铺筑道路路面材料。

烟煤在密闭设备中加热干馏，此时烟煤中挥发物质气化逸出，冷却后仍为气体的可作煤气，冷凝下来的液体除去氨及苯后，即为煤焦油。因为干馏温度不同，生产出来的煤焦油品质也不同。炼焦及制煤气时干馏温度为 800～1 300 ℃，这样得到的为高温煤焦油；当低温(600 ℃以下)干馏时，所得到的为低温煤焦油。高温煤焦油含碳较多，密度较大，含有多量的芳香族碳氢化合物，工程性质较好。低温煤焦油含碳少，密度较小，含芳香族碳氢化合物少，主要含蜡族和环烷族及不饱和碳氢化合物，还含较多的酚类，工程性质较差。故多用高温煤焦油制作焦油类建筑防水材料，或煤沥青，或作为改性材料。

煤沥青是将煤焦油再进行蒸馏，蒸去水分和所有的轻油及部分中油、重油和蒽油后所得的残渣。分馏温度在170 ℃以下时为轻油；温度为170～270 ℃时为中油；温度为270～300 ℃时为重油；温度为300～360 ℃时为蒽油。有的残渣太硬还可加入蒽油调整其性质，使所生产的煤沥青便于使用。

1. 煤沥青的化学组成

(1)元素组成。煤沥青的组成主要是芳香族碳氢化合物及其氧、硫和氮的衍生物的混合物。其元素组成主要为C、H、O、S和N。

(2)化学组分。按E.J.狄金松法，煤沥青可分离为油分、树脂A、树脂B、游离碳C_1和游离碳C_2等组分。

煤沥青中各组分的性质简述如下。

1)游离碳，又称为自由碳，是高分子有机化合物中的固态碳质微粒，不溶于苯。其加热不熔，但高温分解。煤沥青的游离碳含量增加，可提高其黏度和温度稳定性，但随着游离碳含量增加其低温脆性也增加。

2)树脂，为环心含氧碳氢化合物。它分为A：硬树脂，类似石油沥青中的沥青质；B：软树脂，赤褐色黏塑性物，溶于氯仿，类似石油沥青中的树脂。

3)油分，是液态碳氢化合物。

此外，煤沥青的油分中还含有萘、蒽和酚等，萘和蒽能溶解于油分中，在含量较高或低温时能呈固态晶状析出，影响煤沥青的低温变形能力。酚为苯环中含羟物质，能溶于水，且易被氧化。煤沥青中酚、萘均为有害物质，对其含量必须加以限制。

2. 煤沥青的技术性质

煤沥青与石油沥青相比，在技术性质上有以下差异。

(1)温度稳定性较低。因含可溶性树脂较多，由固态或黏稠态转变为黏流态(或液态)的温度间隔较窄，夏天易软化流淌而冬天易脆裂。

(2)与矿质骨料的黏附性较好。在煤沥青组成中含有较多的极性物质，它们赋予煤沥青高的表面活性，所以它与矿质骨料具有较好的黏附性。

(3)大气稳定性较差，含挥发性成分和化学稳定性差的成分较多，在热、阳光和氧气等长期综合作用下，煤沥青的组成变化较大，易硬脆。

(4)塑性差，含有较多的游离碳，容易变形而开裂。

(5)耐腐蚀性强。因含酚、蒽等有毒物质，防腐蚀能力较强，故适用于木材的防腐处理。又因酚易溶于水，故防水性不及石油沥青。

3. 煤沥青与石油沥青简易鉴别

石油沥青与煤沥青掺混时，将发生沉渣变质现象而失去胶凝性，故不宜掺混使用。两者简易鉴别方法见表8-4。

表8-4 煤沥青与石油沥青的简易鉴别方法

鉴别方法	石油沥青	煤沥青
密度法	近似于1.0 g/cm³	大于1.10 g/cm³
锤击法	声哑，有弹性，韧性好	声脆，韧性差
燃烧法	烟无色，基本无刺激性臭味	烟为黄色，有刺激性臭味
溶液比色法	用30～50倍汽油或煤油溶解后，将溶液滴于滤纸上，斑点呈棕色	溶解方法同左。斑点有两圈，内黑外棕

8.1.3　乳化沥青

乳化沥青是将黏稠沥青加热到流态，经机械作用在有乳化剂、稳定剂的水中分散成微小液滴(粒径 2～5 μm)，而形成的稳定乳状液。

1. 组成材料

乳化沥青由沥青、水、乳化剂及稳定剂组成。

(1)沥青。沥青是乳化沥青中的基本成分，在乳化沥青中占总质量的 55%～70%。沥青的化学组成与结构对乳化沥青的制作和性质有重要影响。一般认为，沥青中活性组分较高者较易乳化；含蜡量较高的沥青较难乳化，且乳化后存储稳定性差。相同油源和工艺的沥青，针入度较大者易于形成乳液。

(2)水。水是乳化沥青中的第二大组分，水的 pH 值和钙、镁等离子都会影响乳化沥青的形成。乳化沥青一般要求水质不应太硬，并且不含有其他杂质。

(3)乳化剂。乳化剂是乳化沥青的关键组分，其含量虽低，但对乳化的形成起关键作用。乳化剂分为无机和有机两类。常用的无机乳化剂有膨润土、高岭土、石灰膏等；有机乳化剂一般为表面活性剂，常用的有十二烷基磺酸钠、十八烷基三甲基氯化铵、十六烷基三甲基溴化铵等。

(4)稳定剂。稳定剂可改善沥青乳液的均匀性，减缓颗粒之间的凝聚速度，提高乳液的稳定性，增强与石料的黏附能力。掺加稳定剂还可降低乳化剂的使用剂量。稳定剂分为无机和有机两类。常用无机稳定剂有氯化钙、氯化镁和氯化铵等，有机稳定剂有聚乙烯醇、聚丙烯酰胺、糊精等。

2. 乳化机理

水是极性分子，沥青是非极性分子，两者表面张力不同，一般情况下不能互相融合。当高速搅拌使沥青以小颗粒分散在水中时，形成的沥青-水分散体系是不稳定的，因为颗粒间的相互碰撞会自动聚结，最后同水分离。当加入一定量的乳化剂时，乳化剂是表面活性物质，会在两相界面上产生强烈的吸附作用，形成吸附层。吸附层中的分子有一定取向，极性基团指向水，与水分子牢固结合，形成水膜；非极性基团指向沥青，形成乳化膜。当沥青颗粒互相碰撞时，由水膜和乳化膜共同组成的保护膜能阻止颗粒的聚结，使乳液获得稳定。

3. 特点与应用

乳化沥青具有无毒、无臭、不燃、干燥快、粘结力强等特点。特别是在潮湿基层上使用，于常温下作业，不需加热，不污染环境，避免了操作人员受沥青挥发物的危害，同时加快了施工速度。

在建筑防水工程中，采用乳化沥青黏结防水卷材做防水层，造价低、用量省，可减小防水层质量，有利于防水构造的改革。在道路建筑工程中，乳化沥青可与湿骨料黏附，粘结力强，且施工和易性好，易于拌合，可节约沥青用量，它是一种有广阔发展前景的筑路材料。道路用乳化沥青类型应根据使用目的、矿料种类、气候条件选用。对于酸性石料，或石料处于潮湿状态，或在低温下施工时，宜采用阳离子乳化沥青；对于碱性石料，或石料处于干燥状态，或与水泥、石灰、粉煤灰共同使用时，宜采用阴离子乳化沥青。乳化沥青制成后应及时使用。

8.1.4　改性沥青

在工程中使用的沥青应具有一定的物理性质和黏附性。在低温条件下应有较好的弹性和塑性；在高温条件下要有足够的强度和稳定性；在加工和使用条件下具有抗“老化”能力；还应与各种矿料和结构表面有较强的黏附力；对变形的适应性和耐疲劳性。通常，石油加工厂制备的沥青不一定能全面满足这些要求，因此常掺入橡胶、树脂和矿物填料等改性剂对沥青进行改性。橡胶、树脂和矿物填料等通称为石油沥青的改性材料。

1. 橡胶改性沥青

橡胶是沥青的重要改性材料。它和沥青有较好的混溶性，并能使沥青具有橡胶的很多优点，如高温变形性小，低温柔性好。由于橡胶的品种不同，掺入的方法也有所不同，而各种橡胶沥青的性能也有差异。现将常用的几种分述如下。

(1)氯丁橡胶改性沥青。沥青中掺入氯丁橡胶后，可使其气密性、低温柔性、耐化学腐蚀性和耐气候性等得到改进。氯丁橡胶改性沥青的生产方法有溶剂法和水乳法。溶剂法是先将氯丁橡胶溶于一定的溶剂中形成溶液，然后掺入沥青中，混合均匀即成。水乳法是将橡胶和石油沥青分别制成乳液，再混合均匀即可使用。氯丁橡胶改性沥青可用于路面的稀浆封层和制作密封材料和涂料等。

(2)丁基橡胶改性沥青。丁基橡胶改性沥青的配制方法与氯丁橡胶沥青类似，而且较简单一些。将丁基橡胶碾切成小片，在搅拌条件下把小片加到 100 ℃的溶剂中(不得超过 110 ℃)，制成浓溶液。同时将沥青加热脱水熔化成液体状沥青。通常在 100 ℃左右把两种液体按比例混合搅拌均匀进行浓缩 15～20 min，达到要求性能指标。丁基橡胶在混合物中的含量一般为 2%～4%。同样也可以分别将丁基橡胶和沥青制备成乳液，然后按比例将两种乳液混合。丁基橡胶改性沥青具有优异的耐分解性，并有较好的低温抗裂性能和耐热性能，多用于道路路面工程和制作密封材料和涂料。

(3)SBS 改性沥青。SBS 是热塑性弹性体苯乙烯-丁二烯嵌段共聚物，它兼有橡胶和树脂的特性，常温下具有橡胶的弹性，高温下又能像树脂那样熔融流动，成为可塑的材料。SBS 改性沥青具有良好的耐高温性、优异的低温柔性和耐疲劳性，是目前应用最成功和用量最大的一种改性沥青。SBS 改性沥青可采用胶体磨法或高速剪切法生产，SBS 的掺量一般为 3%～10%，主要用于制作防水卷材和铺筑高等级公路路面等。SBS 改性沥青具有以下特点。

1)弹性好，延伸率大，延度可达 2 000%。

2)低温柔性大大改善，冷脆点降至－40 ℃。

3)热稳定性提高，耐热温度为 90～100 ℃。

4)耐候性好。

2. 树脂改性沥青

用树脂改性石油沥青，可以改进沥青的耐寒性、耐热性、黏结性和不透气性。由于石油沥青中含芳香性化合物很少，故树脂和石油沥青的相容性较差，而且可用的树脂品种也较少。常用的树脂有聚乙烯、乙烯-乙酸乙烯共聚物(EVA)、无规聚丙烯(APP)等。

(1)聚乙烯树脂改性沥青。在沥青中掺入 5%～10%的低密度聚乙烯，采用胶体磨法或高速剪切法即可制得聚乙烯树脂改性沥青。聚乙烯树脂改性沥青的耐高温性和耐疲劳性有显著改善，低温柔性也有所改善。一般认为，聚乙烯树脂与多蜡沥青的相容性较好，对多蜡沥青的改性效果较好。

(2)APP 改性沥青。APP 是聚丙烯的一种，根据甲基的不同排列，聚丙烯分为无规聚丙烯、等规聚丙烯和间规聚丙烯三种。APP 即无规聚丙烯，其甲基无规则地分布在主链两侧。

无规聚丙烯为黄白色塑料，无明显熔点，加热到 150 ℃后才开始变软。它在 250 ℃左右熔化，并可以与石油沥青均匀混合。APP 改性沥青与石油沥青相比，其软化点高，延度大，冷脆点降低，黏度增大，具有优异的耐热性和抗老化性，尤其适用于气温较高的地区，主要用于制造防水卷材。

3. 橡胶和树脂改性沥青

橡胶和树脂同时用于改善沥青的性质，使沥青同时具有橡胶和树脂的特性，同时树脂比橡胶便宜，橡胶和树脂又有较好的混溶性，故效果较好。

橡胶、树脂和沥青在加热融熔状态下，沥青与高分子聚合物之间发生相互侵入和扩散，沥青分子填充在聚合物大分子的间隙内，同时聚合物分子的某些链节扩散进入沥青分子中，形成凝聚的网状混合结构，故可以得到较优良的性能。

配制时，采用的原材料品种、配比和制作工艺不同，可以得到很多性能各异的产品，主要有卷材、片材，密封材料，防水涂料等。

4. 矿物填充料改性沥青

为了提高沥青的黏结能力和耐热性，降低沥青的温度敏感性，通常加入一定数量的矿物填充料。

(1)矿物填充料的品种。常用的矿物填充料大多是粉状的和纤维状的，主要有滑石粉、石灰石粉、硅藻土、石棉绒或石棉粉等。

1)滑石粉。主要化学成分是含水硅酸镁($3MgO \cdot 4SiO_2 \cdot H_2O$)，亲油性好(憎水)，易被沥青润湿，可直接混入沥青中，以提高沥青的机械强度和抗老化性能，可用于具有耐酸、耐碱、耐热和绝缘性能的沥青制品中。

2)石灰石粉。主要成分为碳酸钙，属亲水性的岩石，但其亲水程度比石英粉弱，而最重要的是石灰石粉与沥青有较强的物理吸附力和化学吸附力，故是较好的矿物填充料。

3)硅藻土。它是软质多孔而轻的材料，易磨成细粉，耐酸性强，是制作轻质、绝热、吸声的沥青制品的主要填料。膨胀珍珠岩粉有类似的作用，故也可作这类沥青制品的矿物填充料。

4)石棉绒或石棉粉。它的主要成分为钠、钙、镁、铁的硅酸盐，呈纤维状，富有弹性，具有耐酸、耐碱和耐热性能，是热和电的不良导体，内部有很多微孔，吸油(沥青)量大，掺入后可提高沥青的抗拉强度和热稳定性。

此外，白云石粉、磨细砂、粉煤灰、水泥、高岭土粉和白垩粉等也可作沥青的矿物填充料。

(2)矿物填料的作用机理。沥青掺入矿物填料后，矿物填料能被沥青包裹形成稳定的混合物。

一般具有共价键或分子键结合的矿物属憎水性，即亲油性的，如滑石粉等，对沥青的亲和力大于对水的亲和力。故滑石粉颗粒表面所包裹的沥青即使在水中也不会被水所剥离。

另外，具有离子键结合的矿物如碳酸盐、硅酸盐等，属亲水性矿物。但是，沥青中含有的酸性树脂是一种表面活性物质，能够与矿物颗粒表面产生较强的物理吸附作用。如石灰石粉颗粒表面上的钙离子和碳酸根离子，对树脂的活性基团有较大的吸附力，还能与沥青酸或环烷酸发生化学反应形成不溶于水的沥青酸钙或环烷酸钙，产生化学吸附力，故石灰石粉与沥青也可形成稳定的混合物。

从以上分析可以看出，由于沥青对矿物填料的润湿和吸附作用，沥青可能呈单分子状排列在矿物颗粒(或纤维)表面，形成结合力牢固的沥青薄膜，有的将它称为结构沥青。结构沥青具有较高的黏性和耐热性等。因此，沥青中掺入的矿物填充料的数量要适当，以形成恰当的结构沥青膜层。

扩展阅读

石油沥青的选用

通常情况下，建筑石油沥青多用于建筑屋面工程和地下防水工程；道路石油沥青多用来拌制沥青砂浆和沥青混凝土，用于路面、地坪、地下防水工程和制作油纸等；防水防潮石油沥青的技术性质与建筑石油沥青相近，而质量更好，适用于建筑屋面、防水防潮工程。

选择屋面沥青防水层的沥青牌号时，主要考虑其黏度、温度敏感性和大气稳定性。常以软化点高于当地历年来屋面温度 20 ℃以上为主要条件，并适当考虑屋面坡度。对于夏季气温高，而坡度大的屋面，常选用 10 号或 30 号石油沥青，或者 10 号与 30 号或 60 号掺配调整性能的混合沥青。但在严寒地区一般不宜直接使用 10 号石油沥青，以防冬季出现冷脆破裂现象。

对于地下防潮、防水工程，一般对软化点要求不高，但要求其塑性好，粘结力较大，使沥青层与建筑物黏结牢固，并能适应建筑物的变形而保持防水层完整。

8.2 沥青混合料

沥青混合料是矿料(包括碎石、石屑、砂)和填料与沥青经混合拌制而成的混合料的总称。其中矿料起骨架作用，沥青与填料起胶结填充作用。沥青混合料经摊铺、压实成型后就成为沥青路面。

随着我国公路等级的提高，沥青路面已成为高等级道路路面中占主要地位的路面结构。它具有优良的力学性能、良好的耐久性和抗滑性等特点，并便于分期修筑及再生利用，且修成的路面具有晴天少尘、雨天不泞、减振吸声、行车舒适等多方面优点。

8.2.1 沥青混合料的分类

沥青混合料是由矿料与沥青结合料拌合而成的混合料的总称。根据不同的分类方法，沥青混合料可分成五个不同的大类。

(1)按沥青类型分类。

1)石油沥青混合料：以石油沥青为结合料的沥青混合料。

2)焦油沥青混合料：以煤焦油为结合料的沥青混合料。

(2)按施工温度分类。

1)热拌热铺沥青混合料：沥青与矿料经加热后拌合，并在一定的温度下完成摊铺和碾压施工过程的混合料。

2)常温沥青混合料：以乳化沥青或液态沥青在常温下与矿料拌合，并在常温下完成摊铺、碾压过程的混合料。

(3)按矿质骨料级配类型分类。

1)连续级配沥青混合料：沥青混合料中的矿料是按级配原则，从大到小各级粒径都有，按比例互相搭配组成的连续级配混合料。典型代表是密级配沥青混凝土，以 AC 表示。

2)间断级配沥青混合料：矿料级配中缺少若干粒级所形成的沥青混合料。典型代表是沥青玛琋脂碎石混合料，以 SMA 表示。

(4)按混合料密实度分类。

1)连续密级配沥青混凝土混合料：采用连续密级配原理设计组成的矿料与沥青拌合而成。

其中包括以下内容：

①密实型沥青混凝土混合料：设计空隙率为 3%～6%(重载交通道路 4%～6%；行人道路 2%～5%)，以 DAC 表示。

②密级配沥青稳定碎石：设计空隙率仍为 3%～6%，以 ATB 表示。

这两种密实型沥青混合料的区别：特粗型以下的是 DAC 型(公称最大粒径为 26.5 mm)；特粗型属 ATB，公称最大粒径达到 37.5 mm。

2)连续半开级配沥青混合料：又称为沥青稳定碎石，由适当比例的粗骨料、细骨料及少量填料(或不加填料)与沥青结合料拌合而成，压实后剩余空隙率为 6%～12%，用 AM 表示。

3)开级配沥青混合料：矿料主要由粗骨料组成，细骨料和填料较少，采用高黏度沥青结合料黏结形成，压实后空隙率在 18%以上。代表类型有排水式沥青磨耗层混合料，以 OGFC 表示；另有排水式沥青稳定碎石基层，以 ATPB 表示。

4)间断级配沥青混合料：矿料级配中缺少 1 个或几个粒级而形成的级配不连续的沥青混合料，空隙率控制在 3%～4%。典型代表是沥青玛瑞脂碎石混合料，以 SMA 表示。

(5)按矿料的最大粒径分类。

1)特粗式沥青混合料：矿料最大粒径为 37.5 mm。

2)粗粒式沥青混合料：矿料最大粒径分别为 26.5 mm 或 31.5 mm。

3)中粒式沥青混合料：矿料最大粒径分别为 16 mm 或 19 mm。

4)细粒式沥青混合料：矿料最大粒径分别为 9.5 mm 或 13.2 mm。

5)砂粒式沥青混合料：矿料最大粒径不大于 4.75 mm。

热拌沥青混合料种类见表 8-5。

表 8-5　热拌沥青混合料种类

混合料类型	密级配			开级配		半开级配	公称最大粒径/mm	最大粒径/mm
	连续级配		间断级配	间断级配		沥青稳定碎石		
	沥青混凝土	沥青稳定碎石	沥青玛琋脂碎石	排水式沥青磨耗层	排水式沥青碎石基层			
特粗式	—	ATB—40	—	—	ATPB—40	—	37.5	53.0
粗粒式	—	ATB—30	—	—	ATPB—30	—	31.5	37.5
	AC—25	ATB—25	—	—	ATPB—25	—	26.5	31.5
中粒式	AC—20	—	SMA—20	—	—	AM—20	19.0	26.5
	AC—16	—	SMA—16	OGFC—16	—	AM—16	16.0	19.0
细粒式	AC—13	—	SMA—13	OGFC—13	—	AM—13	13.2	16.0
	AC—10	—	SMA—10	OGFC—10	—	AM—10	9.5	13.2
砂粒式	AC—5	—	—	—	—	AM—5	4.75	9.5
设计空隙率/%	3～5	3～6	3～4	>18	>18	6～12	—	—
注：设计孔獠率可按配合比设计要求适当调整								

目前，我国在沥青路面中采用最多的类型是以石油沥青作为结合料，采用连续级配的密实式热拌热铺型沥青混凝土。

8.2.2 沥青混合料的组成结构

在以沥青作为胶结材料的沥青混合料中，由粗骨料、细骨料、矿粉(填料)组成一定类型的级配，其中粗骨料分布在由细骨料和沥青组成的沥青砂浆中，而细骨料又分布在沥青与矿粉构成的沥青胶浆中，形成具有一定内摩阻力和黏聚力的多级空间网络结构。由于各组成材料用量比例的不同，压实后沥青混合料内部的矿料颗粒分布状态、剩余空隙率也会呈现出不同的特点，形成不同的组成结构，而具有不同组成结构特点的沥青混合料在使用时则会表现出不同的性质。

1. 悬浮密实结构

在采用连续密级配矿料配制的沥青混合料中，一方面矿料的颗粒由大到小连续分布，并通过沥青胶结作用形成密实结构。另一方面，较大一级的颗粒只有留出充足的空间才能容纳下一级较小的颗粒，这样粒径较大的颗粒就往往会被较小一级的颗粒挤开，造成粗颗粒之间不能直接接触，也就不能相互支撑形成嵌挤骨架结构，而是彼此分离悬浮于较小颗粒和沥青胶浆中间，这样就形成了悬浮密实结构的沥青混合料，其结构组成如图 8-6(a)所示。工程中常用的 DAC 型沥青混凝土就是这种结构的典型代表。

2. 骨架空隙结构

当采用连续开级配矿料与沥青组成沥青混合料时，由于矿料大多集中在较粗的粒径上，所以粗粒径的颗粒可以相互接触，彼此相互支撑，形成嵌挤的骨架。但因很少含有细颗粒，粗颗粒形成的骨架空隙无法填充，从而压实后在混合料中留下较多的空隙，形成骨架空隙结构，其结构组成如图 8-6(b)所示。在工程实践中使用的沥青稳定碎石(AM)和排水式沥青磨耗层(OGFC)就是典型的骨架空隙型结构。

3. 骨架密实结构

当采用间断型密级配矿料与沥青组成沥青混合料时，由于矿料颗粒集中在级配范围的两端，缺少中间颗粒，所以一端的粗颗粒相互支撑嵌挤形成骨架，另一端较细的颗粒填充于骨架留下的空隙中间，使整个矿料结构呈现密实状态，形成骨架密实结构，其结构组成如图 8-6(c)所示。沥青玛瑞脂碎石混合料(SMA)是一种典型的骨架密实型结构。

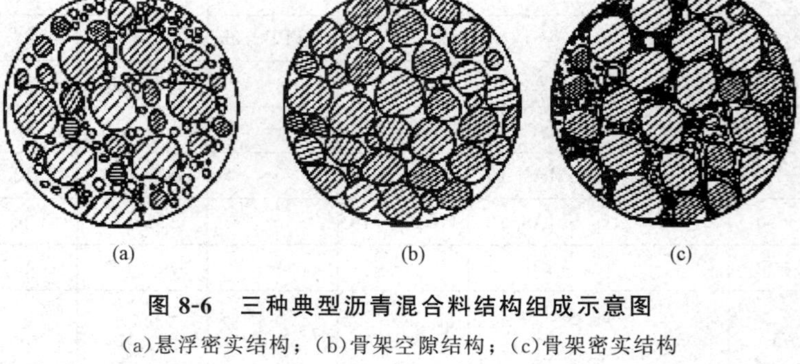

图 8-6 三种典型沥青混合料结构组成示意图

(a)悬浮密实结构；(b)骨架空隙结构；(c)骨架密实结构

三种具有不同结构特点的沥青混合料，在路用性能上呈现出不同的特点。悬浮密实结构的沥青混合料密实程度高，空隙率低，从而能够有效地阻止使用期间水的浸入，降低不利环境因素的直接影响。因此，悬浮密实结构的沥青混合料具有水稳性好、低温抗裂性和耐久性好的特点。但由于该结构是一种悬浮状态，整个混合料缺少粗骨料颗粒的骨架支撑作用，所以在高温使用条件下，因沥青结合料黏度的降低而导致沥青混合料产生过多的变形，形成车辙，造成高温稳定性的下降。

骨架空隙结构的特点与悬浮密实结构的特点正好相反。在骨架空隙结构中，粗骨料之间形成的骨架结构对沥青混合料的强度和稳定性(特别是高温稳定性)起着重要作用。依靠粗骨料的骨架结构，能够有效地防止高温季节沥青混合料的变形，以减缓沥青路面车辙的形成，因而具有较好的高温稳定性。但由于整个混合料缺少细颗粒部分，压实后留有较多的空隙，在使用过程中，水易于进入混合料中引起沥青和矿料黏附性变差，不利的环境因素也会直接作用于混合料，引起沥青老化或将沥青从骨料表面剥离，使沥青混合料的耐久性下降。

当采用间断密级配矿料形成骨架密实结构时，在沥青混合料中既有足够数量的粗骨料形成骨架，对夏季高温防止沥青混合料变形、减缓车辙的形成起到积极的作用；同时又因具有数量合适的细骨料及沥青胶浆填充骨架空隙，形成高密实度的内部结构，不仅很好地提高了沥青混合料的抗老化性，而且在一定程度上还能减缓沥青混合料在冬季低温时的开裂现象。因而，这种结构兼具了悬浮密实结构、骨架空隙结构的优点，是一种优良的路用结构类型。

8.2.3　沥青混合料的技术性质和技术标准

沥青混合料作为沥青路面材料，在使用过程中要承受行驶车辆荷载的反复作用，以及环境因素的长期影响。所以沥青混合料在具备一定承载能力的同时，还必须具有良好的抵抗自然因素作用的耐久性，也就是说，要能表现出高温环境下足够的稳定性、低温状况下的抗裂性、良好的水稳定性、持久的抗老化性和利于安全的抗滑性等诸多技术特点，以保证沥青路面良好的服务功能。

1. 沥青混合料的技术性质

(1)高温稳定性。沥青混合料是一种典型的黏-弹-塑性材料，它的承载能力随温度的变化而改变，温度升高，承载力下降。特别是在高温条件下或长时间承受荷载作用时，沥青混合料会产生明显的变形，变形中的一些不可恢复的部分累积成为车辙，或以波浪和拥包的形式表现在路面上。所以，沥青混合料的高温稳定性是指在高温条件下，沥青混合料能够抵抗车辆反复作用，不会产生显著永久变形，保证沥青路面平整的特性。

沥青混合料的高温稳定性，在实际工作中通过马歇尔稳定度试验和车辙试验进行测定和评价。

1)马歇尔稳定度试验：该试验用来测定沥青混合料试样在一定条件下承受破坏荷载能力的大小和承载时变形量的多少。稳定度是指在规定温度和加荷速度下，标准尺寸试件的破坏荷载(kN)；流值是最大破坏荷载时，试件的垂直变形(以 0.1 mm 计)。

2)车辙试验：该试验用来模拟车辆轮胎在路面上行驶时所形成的车辙深度的多少，是对沥青混合料高温稳定性进行评价的一种试验方法。该试验采用标准成型方法，制成 300 mm×300 mm×50 mm 的沥青混合料试件，在 60 ℃的温度条件下，以一定荷载的轮子在同一轨迹上做一定时间的反复行走，形成一定的车辙深度，然后计算试件变形 1 mm 所需试验车轮行走次数，即为动稳定度，并以次/mm 表示。显然，动稳定度值越大，相应沥青混合料高温稳定性越好。

影响沥青混合料高温稳定性的主要因素有沥青的用量、沥青的黏度、矿料的级配、矿料的尺寸和形状等。使用沥青过量，不仅降低了沥青混合料的内摩阻力，而且在夏季容易产生泛油现象。因此，适当减少沥青的用量，可以使矿料颗粒更多地以结构沥青的形式相连接，增加混合料黏聚力和内摩阻力，提高沥青的黏度，增加沥青混合料抗剪变形的能力。由合理矿料级配组成的沥青混合料，可以形成骨架密实结构，这种混合料的黏聚力和内摩阻力都比较大。在矿料的选择上，应挑选粒径大的、有棱角的矿料颗粒，以提高混合料的内摩擦角。另外，还可以加入一些外加剂，来改善沥青混合料的性能。所有这些措施，都是为了提高沥青混合料的抗剪强度和减少塑性变形，从而增强沥青混合料的高温稳定性。

(2)低温抗裂性。与高温变形相对应，冬季低温时沥青混合料将产生体积收缩，但在周围材料的约束下，沥青混合料不能自由收缩，从而在结构层内部产生温度应力。由于沥青材料具有一定的应力松弛能力，当降温速率较为缓慢时，所产生的温度应力会随时间逐渐松弛减小，不会对沥青路面产生明显的消极影响。但当气温骤降时产生的温度应力就来不及松弛，当温度应力超过沥青混合料允许应力值时，沥青混合料被拉裂，导致沥青路面出现裂缝，造成路面的破坏。因此，要求沥青混合料具备一定的低温抗裂性能，即要求沥青混合料具有较高的低温强度或较大的低温变形能力。

目前用于研究和评价沥青混合料低温性能的方法有三类：预估沥青混合料的开裂温度、评价沥青混合料的低温变形能力或应力松弛能力和评价沥青混合料断裂能力等。

(3)耐久性。耐久性是指沥青混合料在使用过程中抵抗环境不利因素的能力及承受行车荷载反复作用的能力，主要包括沥青混合料的抗老化性、水稳定性、抗疲劳性等几个方面。沥青混合料的老化主要是受到空气中氧、水、紫外线等因素的作用，引发沥青材料多种复杂的物理化学变化，逐渐使沥青变硬、发脆，最终导致沥青老化，产生裂纹或裂缝等与老化有关的病害。水稳定性问题是因为水的影响，促使沥青从骨料表面剥离而降低沥青混合料的黏结强度，最终造成混合料松散被车轮带走，形成大小不等的坑槽等水损害现象。

影响沥青混合料耐久性的因素很多，一个很重要的因素是沥青混合料的空隙率。空隙率的大小取决于矿料的级配、沥青材料的用量及压实程度等。沥青混合料中的空隙率小，环境中易造成老化的因素介入的机会就少，所以从耐久性考虑，要求沥青混合料的空隙率尽可能小一些。但沥青混合料中还必须留有一定的空隙，以备夏季沥青材料的膨胀变形之用。另外，沥青含量的多少，也是影响沥青混合料耐久性的一个重要因素。当沥青用量较正常用量减少时，沥青膜变薄，则混合料的延伸能力降低，脆性增加；同时因沥青用量偏少，混合料空隙率增大，沥青暴露于不利环境因素的可能性加大，加速老化，同时还增加了水浸入的机会，造成水损害。综上所述，我国现行规范采用空隙率、饱和度和残留稳定度等指标来表征沥青混合料的耐久性。

(4)抗滑性。抗滑性是保障公路交通安全的一个重要因素，特别是行驶速度很高的高速公路，确保沥青路面的抗滑性要求显得尤为重要。

沥青路面的抗滑性主要取决于矿料自身或级配形成的表面构造深度、颗粒形状与尺寸、抗磨光性等方面。因此，用于沥青路面表层的粗骨料应选用表面粗糙、坚硬、耐磨、抗冲击性好、磨光值大的碎石或破碎的碎砾石骨料。同时，沥青用量对抗滑性也有非常大的影响，当沥青用量超过最佳用量的0.5%时，就会使沥青路面的抗滑性指标有明显的降低，所以对沥青路面表层的沥青用量要严格控制。

(5)施工和易性。沥青混合料应具备良好的施工和易性，要求在整个施工的各个工序中，尽可能使沥青混合料的骨料颗粒以设计级配要求的状态分布，骨料表面被沥青膜完整覆盖，并能被压实到规定的密度，这是保证沥青混合料实现上述路用性能的必要条件。

影响沥青混合料施工和易性的因素首先是材料组成。当组成材料确定后，矿料级配和沥青用量都会对和易性产生一定影响。如采用间断级配的矿料，当粗细骨料颗粒尺寸相差过大，缺乏中间尺寸颗粒时，沥青混合料容易离析。又如，当沥青用量过少时，混合料疏松且不易压实；但当沥青用量过多时，混合料容易黏结成团，不易摊铺。另一个影响和易性的因素是施工条件，例如施工时的温度控制，当温度不够时，沥青混合料就难以拌合充分，而且不易达到所需的压实度；但当温度偏高时，则会引起沥青老化，严重时将会显著影响沥青混合料的路用性能。

2. 沥青混合料的技术标准

《公路沥青路面施工技术规范》(JTG F 40—2004)规定了沥青混合料的有关技术指标。

(1)沥青路面使用性能气候分区，详见表 8-6。

表 8-6　沥青路面使用性能气候分区

气候分区指标	气候分区			
高温气候区	1	2		3
气候区名称	夏炎热区	夏热区		夏凉区
最热月平均最高气温/℃	＞30	20～30		＜20
低温气候区	1	2	3	4
气候区名称	冬严寒区	冬寒区	冬冷区	冬温区
极端最低气温/℃	＜－37.0	－37.0～－21.5	－21.5～－9.0	＞－9.0
雨量气候区	1	2	3	4
气候区名称	潮湿区	湿润区	半干区	干旱区
年降雨量/mm	＞1 000	1 000～500	500～250	＜250

(2)密级配沥青混凝土混合料马歇尔试验技术标准，详见表 8-7。

表 8-7　密级配沥青混凝土混合料马歇尔试验技术标准

(本表适用于公称最大粒径≤26.5 mm 的密级配沥青混凝土混合料)

试验指标		单位	高速公路、一级公路				其他等级公路	行人道路
			夏炎热区(1－1、1－2、1－3、1－4 区)		夏热区及夏凉区(2－1、2－2、2－3、2－4、3－2 区)			
			中轻交通	重载交通	中轻交通	重载交通		
击实次数(双面)		次	75				50	50
试件尺寸		mm	ϕ101.6×63.5					
空隙率 *VV*	深约 90 mm 以内	%	3～5	4～6	2～4	3～5	3～6	2～4
	深约 90 mm 以下	%	3～6		2～4	3～6	3～6	—
稳定度 *MS* 不小于		kN	8				5	3
流值 *FL*		mm	2～4	1.5～4	2～4.5	2～4	2～4.5	2～5
矿料间隙率 *VMA* /% 不小于	设计空隙率/%		相应于以下公称最大粒径(mm)的最小 *VMA* 及 *VFA* 技术要求/%					
			26.5	19	16	13.2	9.5	4.75
	2		10	11	11.5	12	13	15
	3		11	12	12.5	13	14	16
	4		12	13	13.5	14	15	17
	5		13	14	14.5	15	16	18
	6		14	15	15.5	16	17	19
沥青饱和度 *VFA*/%			55～70	65～75			70～85	

注：1. 对空隙率大于 5% 的夏炎热区重载交通路段，施工时应至少提高压实度 1%。

2. 当设计的空隙率不是整数时，由内插确定要求的 *VMA* 最小值。

3. 对改性沥青混合料，马歇尔试验的流值可适当放宽

(3)沥青混合料的高温稳定性指标。对用于高速公路、一级公路和城市快速路、主干路沥青路面上面层和中面层的沥青混合料进行配合比设计时，应进行车辙试验检验。沥青混合料的动稳定度应符合表 8-8 的要求。对于交通量特别大，超载车辆特别多的运煤专线、厂矿道路，可以通过提高气候分区等级来提高对动稳定度的要求。对于以轻型交通为主的旅游区道路，可以根据情况适当降低要求。

表 8-8　沥青混合料车辙试验动稳定度技术要求

气候条件与技术指标	相应于下列气候分区所要求的动稳定度/(次·mm^{-1})									试验方法
七月平均最高气温/℃及气候分区	>30				20～30				<20	
	夏炎热区				夏热区				夏凉区	
	1－1	1－2	1－3	1－4	2－1	2－2	2－3	2－4	3－2	
普通沥青混合料　不小于	800		1 000		600	800			600	T 0719
改性沥青混合料　不小于	2 400		2 800		2 000	2 400			1 800	
SMA混合料　非改性　不小于	1 500									
SMA混合料　改性　不小于	3 000									
OGFC 混合料	1 500(一般交通路段)、3 000(重交通量路段)									

注：1. 如果其他月份的平均最高气温高于七月，可使用该月平均最高气温；
2. 在特殊情况下，如钢桥面铺装、重载车特别多或纵坡较大的长距离上坡路段、厂矿专用道路，可酌情提高动稳定度的要求；
3. 对因气候寒冷确需使用针入度很大的沥青(如大于 100)，动稳定度难以达到要求，或因采用石灰岩等不很坚硬的石料，改性沥青混合料的动稳定度难以达到要求等特殊情况，可酌情降低要求；
4. 为满足炎热地区及重载车要求，在配合比设计时采取减少最佳沥青用量的技术措施时，可适当提高试验温度或增加试验荷载进行试验，同时增加试件的碾压成型密度和施工压实度要求；
5. 车辙试验不得采用二次加热的混合料，试验必须检验其密度是否符合试验规程的要求；
6. 如需要对公称最大粒径等于或大于 26.5 mm 的混合料进行车辙试验，可适当增加试件的厚度，但不宜作为评定合格与否的依据

(4)沥青混合料的低温抗裂性指标。为了提高沥青路面的低温抗裂性，应对沥青混合料进行低温弯曲试验，试验温度为－10℃，加载速度为 50 mm/min。沥青混合料的破坏应变应满足表 8-9 的要求。

表 8-9　沥青混合料低温弯曲试验破坏应变技术要求

气候条件与技术指标	相应于下列气候分区所要求的破坏应变/$\mu\varepsilon$									试验方法
年极端最低气温/℃及气候分区	<－37.0		－21.5～－37.0			－9.0～－21.5		>－9.0		
	冬严寒区		冬寒区			冬冷区		冬温区		
	1－1	2－1	1－2	2－2	3－2	1－3	2－3	1－4	2－4	
普通沥青混合料　不小于	2 600		2 300			2 000				T 0715
改性沥青混合料　不小于	3 000		2 800			2 500				

(5)沥青混合料的水稳定性指标。沥青混合料应具有良好的水稳定性，在进行沥青混合料配合比设计及性能评价时，除对沥青与石料的黏附性等级进行检验外，还应在规定条件下进行沥青混合料的浸水马歇尔试验和冻融劈裂试验。残留稳定度和冻融劈裂残留强度比应满足表 8-10 的要求。

表 8-10　沥青混合料水稳定性检验技术要求

气候条件与技术指标		相应于下列气候分区的技术要求/%				试验方法
年降雨量/mm 及气候分区		>1 000	500～1 000	250～500	<250	
		潮湿区	湿润区	半干区	干旱区	
浸水马歇尔试验残留稳定度/%，不小于						
普通沥青混合料		80		75		T 0709
改性沥青混合料		85		80		
SMA 混合料	普通沥青	75				
	改性沥青	80				
冻融劈裂试验的残留强度比/%，不小于						
普通沥青混合料		75		70		T 0729
改性沥青混合料		80		75		
SMA 混合料	普通沥青	75				
	改性沥青	80				

8.2.4　沥青混合料组成材料的技术要求

沥青混合料的技术性质取决于组成材料的性质、组成配合的比例和混合料的制备工艺等因素。为保证沥青混合料的技术性质，首先应正确选择符合质量要求的组成材料。

1. 沥青材料

不同型号的沥青材料，具有不同的技术指标，适用于不同等级、不同类型的路面。在选择沥青材料的时候，宜按照公路等级、气候条件、交通条件、路面类型及在结构层中的层位及受力特点、施工方法等，结合当地的使用经验，参考表 8-2、表 8-3 选用，并经技术论证后确定。

对高速公路、一级公路，夏季温度高、高温持续时间长、重载交通、山区及丘陵区上坡路段、服务区、停车场等行车速度慢的路段，尤其是汽车荷载剪应力大的层次，宜采用稠度大、60 ℃黏度大的沥青，也可提高高温气候分区的温度水平选用沥青等级；对冬季寒冷的地区或交通量小的公路、旅游公路，宜选用稠度小、低温延度大的沥青；对日温差、年温差大的地区，宜选用针入度指数大的沥青。当高温要求与低温要求发生矛盾时，应优先考虑满足高温性能的要求。

当缺乏所需标号的沥青时，可采用不同标号掺配的调和沥青，其掺配比例由试验决定，掺配后的沥青质量应符合表 8-2 的要求。

2. 粗骨料

沥青混合料的粗骨料一般是由各种岩石经过轧制而成的碎石组成的。在石料紧缺的情况下，也可利用卵石经轧制破碎而成；或利用某些冶金矿渣，如碱性高炉矿渣等，但应确认其对沥青混凝土无害，才可使用。

沥青混合料的粗骨料要求洁净、干燥、无风化、无杂质，并且具有足够的强度和耐磨性，其各项质量要求应符合表 8-11。对路面抗滑表层的粗骨料应选用坚硬、耐磨、抗冲击性好的碎石或破碎砾石，不可使用筛选砾石、矿渣及软质骨料。高速公路、一级公路沥青路面的表面层(或磨耗层)的磨光值应符合表 8-12 的要求。粗骨料与沥青的黏附性应符合表 8-12 的要求，当使用不符合要求的粗骨料时，可采用下列抗剥离措施，使其对沥青的黏附性符合表 8-12 的要求。

表 8-11　沥青混合料用粗骨料质量技术要求

指标		单位	高速公路及一级公路		其他等级公路	试验方法
			表面层	其他层次		
石料压碎值	不大于	%	26	28	30	T 0316
洛杉矶磨耗损失	不大于	%	28	30	35	T 0317
表观相对密度	不小于	t/m^3	2.60	2.50	2.45	T 0304
吸水率	不大于	%	2.0	3.0	3.0	T 0304
坚固性	不大于	%	12	12	—	T 0314
针片状颗粒含量(混合料)	不大于	%	15	18	20	T 0312
其中粒径大于 9.5 mm	不大于	%	12	15	—	
其中粒径小于 9.5 mm	不大于	%	18	20	—	
水洗法<0.075 mm 颗粒含量	不大于	%	1	1	1	T 0310
软石含量	不大于	%	3	5	5	T 0320

注：1. 坚固性试验可根据需要进行；

2. 用于高速公路、一级公路时，多孔玄武岩的视密度可放宽至 2.45 t/m^3，吸水率可放宽至 3%，但必须得到建设单位的批准，且不得用于 SMA 路面；

3. 对 S14 即 3～5 规格的粗骨料，针片状颗粒含量可不予要求，<0.075 mm 含量可放宽到 3%

表 8-12　粗骨料与沥青的黏附性、磨光值的技术要求

雨量气候区[1]	潮湿区	湿润区	半干区	干旱区	试验方法
年降雨量/mm	>1 000	500～1 000	250～500	<250	附录 A
粗骨料的磨光值 *PSV*　不小于 高速公路、一级公路表面层	42	40	38	36	T 0321
粗骨料与沥青的黏附性　不小于					
高速公路、一级公路表面层	5	4	4	3	T 0616
高速公路、一级公路的其他层次及其他等级公路的各个层次	4	4	3	3	T 0663

[1]同表 8-2 注[6]

(1)用干燥的生石灰或消石灰粉、水泥作为填料的一部分，其用量宜为矿料总量的 1%～2%。

(2)在沥青中掺加抗剥离剂。

(3)将粗骨料用石灰浆处理后使用。

粗骨料的粒径规格应满足表 8-13 的要求，如粗骨料不符合表 8-13 的规格，但确认与其他材料配合后的级配符合各类沥青混合料矿料级配表 8-18 的要求时，可以使用。

表 8-13　沥青混合料用粗骨料规格

规格名称	公称粒径/mm	通过下列筛孔(mm)的质量百分率/%												
		106	75	63	53	37.5	31.5	26.5	19.0	13.2	9.5	4.75	2.36	0.6
S1	40～75	100	90～100	—	—	0～15	—	0～5						
S2	40～60		100	90～100	—	0～15	—	0～5						

续表

规格名称	公称粒径/mm	通过下列筛孔(mm)的质量百分率/%												
		106	75	63	53	37.5	31.5	26.5	19.0	13.2	9.5	4.75	2.36	0.6
S3	30～60		100	90～100	—	—	0～15	—	0～5					
S4	25～50			100	90～100	—	—	0～15	—	0～5				
S5	20～40				100	90～100	—	—	0～15	—	0～5			
S6	15～30					100	90～100	—	—	0～15	—	0～5		
S7	10～30					100	90～100	—	—	—	0～15	0～5		
S8	10～25						100	90～100	—	0～15	—	0～5		
S9	10～20							100	90～100	—	0～15	0～5		
S10	10～15								100	90～100	0～15	0～5		
S11	5～15								100	90～100	40～70	0～15	0～5	
S12	5～10									100	90～100	0～15	0～5	
S13	3～10									100	90～100	40～70	0～20	0～5
S14	3～5										100	90～100	0～15	0～3

3. 细骨料

热拌沥青混合料的细骨料一般采用天然砂或机制砂，在缺少砂的地区，也可以用石屑代替。

(1)天然砂：岩石经风化、搬运等作用后形成的粒径小于 2.36 mm 的颗粒部分。

(2)机制砂：由碎石及砾石反复破碎加工至粒径小于 2.36 mm 的部分，亦称人工砂。

(3)石屑：采石场加工碎石时通过规格为 4.75 mm 的筛子筛下部分骨料的统称。

采用石屑全部或部分代替砂拌制沥青混合料的做法在我国甚为普遍，这样可以节省造价，充分利用碎石场下脚料。但应注意，石屑与人工砂有本质区别，石屑大部分为石料破碎过程中表面剥落或撞下的棱角，强度很低且边扁片含量及碎土比例很大，用于沥青混合料时势必影响质量，在使用过程中也易进一步压碎细粒化，因此对于高等级公路的面层或抗滑表层，石屑的用量不宜超过砂的用量。细骨料同样应洁净、干燥、无风化、无杂质，并且与沥青具有良好的粘结力。细骨料的技术要求见表 8-14。

表 8-14 沥青混合料用细骨料质量要求

项目		单位	高速公路、一级公路	其他等级公路	试验方法
表观相对密度	不小于	t/m^3	2.50	2.45	T 0328
坚固性(>0.3 mm 部分)	不小于	%	12	—	T 0340
含泥量(小于 0.075 mm 的含量)	不大于	%	3	5	T 0333
砂当量	不小于	%	60	50	T 0334
亚甲蓝值	不大于	g/kg	25	—	T 0346
棱角性(流动时间)	不小于	s	30	—	T 0345
注：坚固性试验可根据需要进行					

对细骨料的级配而言，天然砂宜按表 8-15 中粗砂、中砂或细砂的规格选用，石屑宜按表 8-16 的规格选用。但细骨料的级配在沥青混合料中的适用性，应以其与粗骨料和填料配制成矿质混合料后，判定其是否符合矿质混合料的级配要求来决定。当一种细骨料不能满足级配要求时，可采用两种或两种以上的细骨料掺和使用。

表 8-15　沥青混合料用天然砂规格

筛孔尺寸/mm	通过各孔筛的质量百分率/%		
	粗砂	中砂	细砂
9.5	100	100	100
4.75	90～100	90～100	90～100
2.36	65～95	75～90	85～100
1.18	35～65	50～90	75～100
0.6	15～30	30～60	60～84
0.3	5～20	8～30	15～45
0.15	0～10	0～10	0～10
0.075	0～5	0～5	0～5

表 8-16　沥青混合料用机制砂或石屑规格

规格	公称粒径/mm	水洗法通过各筛孔的质量百分率/%							
		9.5	4.75	2.36	1.18	0.6	0.3	0.15	0.075
S15	0～5	100	90～100	60～90	40～75	20～55	7～40	2～20	0～10
S16	0～3	—	100	80～100	50～80	25～60	8～45	0～25	0～15
注：当生产石屑采用喷水抑制扬尘工艺时，应特别注意含粉量不得超过表中要求									

4. 填料

填料是指在沥青混合料中起填充作用的粒径小于 0.075 mm 的矿质粉末。

沥青混合料的填料宜采用石灰岩或岩浆岩中的强基性(憎水性)岩石磨制而成，也可以由石灰、水泥、粉煤灰代替，但用这些物质做填料时，其用量不宜超过矿料总量的 2%。其中粉煤灰的用量不宜超过填料总量的 50%。粉煤灰的烧失量应小于 12%，塑性指数应小于 4%，其余质量要求与矿粉相同。高速公路、一级公路的沥青面层不宜采用粉煤灰做填料。在工程中，还可以利用拌合机中的粉尘回收来做矿粉使用，其量不得超过填料总量的 50%，并且要求粉尘干燥，掺有粉尘的填料的塑性指数不得大于 4%。

矿粉要求洁净、干燥，并且与沥青具有较好的黏结性。为提高矿粉的憎水性，可加入 1.5%～2.5%的矿粉活化剂。矿粉的其他质量要求应符合表 8-17 的要求。对粉煤灰、粉尘等有同样的要求。

表 8-17　沥青混合料用矿粉质量要求

项目		单位	高速公路、一级公路	其他等级公路	试验方法
表观相对密度	不小于	t/m^3	2.50	2.45	T 0352
含水率	不大于	%	1	1	T 0103 烘干法
粒度范围	<0.6 mm	%	100	100	T 0351
	<0.15 mm	%	90～100	90～100	
	<0.075 mm	%	75～100	70～100	
外观			无团粒结块		
亲水系数			<1		T 0353
塑性指数			<4		T 0354
加热安定性			实测记录		T 0355

8.2.5 沥青混合料配合比设计

沥青混合料配合比设计的任务就是通过确定粗骨料、细骨料、填料和沥青之间的比例关系，使沥青混合料的各项指标达到工程要求。

沥青混合料配合比设计包括目标配合比设计、生产配合比设计和试拌试铺配合比调整三个阶段。本节主要介绍目标配合比设计。

目标配合比设计分为矿质混合料组成设计和沥青最佳用量确定两部分。

1. 矿质混合料的配合比组成设计

矿质混合料配合比组成设计的目的是选配一个具有足够密实度并且有较高内摩阻力的矿质混合料，可以根据级配理论，计算出需要的矿质混合料的级配范围。但是为了应用已有的研究成果和实践经验，通常采用规范推荐的矿质混合料级配范围来确定。按现行规范，沥青路面工程的混合料设计级配范围由工程设计文件或招标文件规定，密级配沥青混合料的设计级配宜在表8-18规定的级配范围内，根据公路等级、工程性质、气候条件、交通条件、材料品种等因素，通过对条件大体相当的工程使用情况进行调查研究后调整确定，必要时允许超出规范级配范围。密级配沥青稳定碎石混合料可直接以表8-18规定的级配范围作工程设计级配范围使用。

(1)确定沥青混合料类型。沥青混合料类型根据道路等级、路面类型、所处的结构层位，按表8-19选定。

(2)确定矿质混合料的级配范围。各国对沥青混合料的最大粒径(D)同路面结构层最小厚度(h)的关系均有规定，我国研究表明：随h/D增大，耐疲劳性提高，但车辙量增大；相反，h/D减小，车辙量也减小，但耐久性降低，特别是在$h/D<2$时，耐疲劳性、耐久性急剧下降。《公路沥青路面施工技术规范》(JTG F 40—2004)中提出，对热拌沥青混合料，沥青层每层的压实厚度不宜小于骨料公称最大粒径的2.5～3倍，对SMA和OGFC等嵌挤型混合料，不宜小于公称最大粒径的2～2.5倍。

所以，实际设计中考虑矿料最大粒径和路面结构层厚度之间的匹配关系，针对道路等级、路面结构层位，根据设计要求的路面结构层厚度选择适宜的矿料类型，再根据表8-18确定相应混合料的矿料级配范围，经技术经济论证后确定。

(3)矿质混合料配合比例计算。

1)组成材料的原始数据测定。根据现场取样，对粗骨料、细骨料和矿粉进行筛析试验。同时测出各组成材料的相对密度，以供计算物理常数备用。

2)计算组成材料的配合比。根据各组成材料的筛析试验资料，采用图解法或电算法，计算符合要求级配范围的各组成材料用量比例。

3)调整配合比。计算得到的合成级配应根据下列要求作必要的配合比调整。

①通常情况下，合成级配曲线宜尽量接近级配中限，尤其应使0.075 mm、2.36 mm和4.75 mm筛孔的通过量尽量接近级配范围中限。

②对高速公路、一级公路、城市快速路、主干路等交通量大、轴载重的道路，宜偏向级配范围的下(粗)限。对一般道路、中小交通量或人行道路等宜偏向级配范围的上(细)限。

③合成的级配曲线应接近连续或有合理的间断级配，不得有过多的犬牙交错，且在0.3～0.6 mm范围内不出现“驼峰”。当经过再三调整，仍有两个以上的筛孔超过级配范围时，必须对原材料进行调整或更换原材料并重新设计。

表 8-18 沥青混合料矿料级配及沥青用量范围（方孔筛）

级配类型			通过下列筛孔（方孔，mm）的质量百分率/%															沥青用量/%
			53.0	37.5	31.5	26.5	19.0	16.0	13.2	9.5	4.75	2.36	1.18	0.6	0.3	0.15	0.075	
沥青混凝土	粗粒	AC－30 Ⅰ		100	90～100	79～92	66～82	59～77	52～72	43～63	32～52	25～42	18～32	13～25	8～18	5～13	3～7	4.0～6.0
		Ⅱ		100	90～100	65～85	52～70	45～65	35～58	30～50	18～38	12～28	8～20	4～14	3～11	2～7	1～5	3.0～5.0
		AC－25 Ⅰ			100	95～100	75～90	62～80	53～73	43～63	32～52	25～42	18～32	13～25	8～18	5～13	3～7	4.0～6.0
		Ⅱ			100	90～100	65～85	52～70	42～62	32～52	20～40	13～30	9～23	6～16	4～12	3～8	2～5	3.0～5.0
	中粒	AC－20 Ⅰ				100	95～100	75～90	62～80	52～72	38～58	28～46	20～34	15～27	10～20	6～14	4～8	4.0～6.0
		Ⅱ				100	90～100	65～85	52～70	40～60	26～45	16～33	11～25	7～18	4～13	3～9	2～5	3.5～5.5
		AC－16 Ⅰ					100	95～100	75～90	58～78	42～63	32～50	22～37	16～28	11～21	7～15	4～8	4.0～6.0
		Ⅱ					100	90～100	65～85	50～70	30～50	18～35	12～26	7～19	4～14	3～9	2～5	3.5～5.5
	细粒	AC－13 Ⅰ						100	95～100	70～88	48～68	36～53	24～41	18～30	12～22	8～15	4～8	4.5～6.5
		Ⅱ						100	90～100	60～80	34～52	22～38	14～28	2～20	5～14	3～10	2～6	4.0～6.0
		AC－10 Ⅰ							100	95～100	55～75	38～58	26～43	17～33	10～24	6～16	4～9	5.0～7.0
		Ⅱ							100	90～100	40～60	20～42	15～30	9～22	6～15	4～10	2～6	4.5～6.5
	砂粒	AC－5 Ⅰ								100	95～100	55～75	35～55	20～40	12～28	7～18	5～10	6.0～8.0
沥青碎石	特粗	AM－40	100	90～100	50～80	40～65	30～54	25～50	20～45	13～38	5～25	2～15	0～10	0～8	0～6	0～5	0～4	2.5～4.0
		AM－30		100	90～100	50～80	38～65	32～57	25～50	17～42	8～30	2～20	0～15	0～10	0～8	0～5	0～4	2.5～4.5
	粗粒	AM－25			100	90～100	50～80	43～73	38～65	25～55	4～32	2～20	0～14	0～10	0～8	0～6	0～5	3.0～4.5
		AM－20				100	90～100	60～85	50～75	40～65	15～40	5～22	2～16	1～12	0～10	0～8	0～5	3.0～4.5
	中粒	AM－16					100	90～100	60～85	45～68	18～42	6～25	3～18	1～14	0～10	0～8	0～5	3.0～4.5
		AM－13						100	90～100	50～80	20～45	8～28	4～20	2～16	0～10	0～8	0～6	3.0～4.5
	细粒	AM－10							100	85～100	35～65	10～35	5～22	2～16	0～12	0～9	0～5	3.0～4.5
抗滑表层		AK－13A						100	90～100	60～80	30～53	20～40	15～30	10～23	7～18	5～12	4～8	3.5～5.5
		AK－13B						100	85～100	50～70	18～40	10～30	8～22	5～15	3～12	3～9	2～6	3.5～5.5
		AK－16					100	90～100	60～82	45～70	25～45	15～35	10～25	8～18	6～13	4～10	3～7	3.5～5.5

表 8-19　沥青混合料类型

结构层次	高速公路、一级公路、城市快速路、主干路		其他等级公路		一般城市道路及其他道路工程	
	三层式沥青混凝土路面	两层式沥青混凝土路面	沥青混凝土路面	沥青碎石路面	沥青混凝土路面	沥青碎石路面
上面层	AC—13 AC—16 AC—20	AC—13 AC—16 AC—13	AC—16 AC—13	— AC—5	AC—10 AC—13	AM—5 AM—10
中面层	AC—20 AC—25	— —	— —	— —	— —	— —
下面层	AC—25 AC—25 AC—30	AC—20 AC—25 AC—30	AC—20 AM—30 AC—30 AM—25 AM—30	AM—25 AM—25	AC—20 AM—30 AM—25 AM—30	AC—25 AM—40

2. 通过马歇尔试验确定沥青混合料的最佳沥青用量

沥青混合料的最佳沥青用量可以通过各种理论计算的方法求得。由于实际材料性质的差异，按理论公式计算得到的最佳沥青用量仍然要通过试验方法修正，因此理论方法只能得到一个供试验参考的数据。采用试验方法确定沥青最佳用量，目前最常用的方法有维姆法和马歇尔法。下面主要讲述马歇尔法。

(1)制备试样。

1)按确定的矿质混合料配合比计算各种矿质材料的用量。

2)根据经验确定沥青大致用量或依据表 8-18 推荐的沥青用量范围，在该用量范围内制备一批沥青用量不同且沥青用量等差变化的若干组(通常为 5 组)马歇尔试件，并要求每组试件数量不少于 4 个。

按已确定的矿质混合料类型，计算某个沥青用量条件下一个马歇尔试件或一组试件中各种规格骨料的用量(实践中一个标准马歇尔试件矿料总量大多为 1 200 g 左右)。

确定一个或一组马歇尔试件的沥青用量(通常采用油石比)，按要求将沥青和矿料拌制成沥青混合料，并按规范规定的击实次数和操作方法成型马歇尔试件。

(2)测定物理、力学指标。首先，测定沥青混合料试件的密度，并计算试件的理论最大密度、空隙率、沥青饱和度、矿料间隙率等参数。在测试沥青混合料密度时，应根据沥青混合料类型及密实程度选择测试方法。在工程中，吸水率小于 0.5%的密实型沥青混合料试件应采用水中重法测定；较密实的沥青混合料试件应采用表干法测定；吸水率大于 2%的沥青混合料、沥青碎石等不能用表干法测定时，应采用蜡封法测定；空隙率较大的沥青碎石混合料、开级配沥青混合料可采用体积法测定。

1)沥青混合料试件的实测密度。对于密实的沥青混凝土试件，其骨料的吸水率不大时，采用水中重法测定：

$$\rho_s=\frac{m_a}{m_a-m_w}\times\rho_w \tag{8-3}$$

式中　ρ_s——试件实测密度(g/cm^3)；

m_a——干燥试件在空气中的质量(g)；

m_w——试件在水中的质量(g)；

ρ_w——常温水的密度(约为 1 g/cm³)。

对于表面较粗但较密实的沥青混凝土试件，其吸水率小于2%时，采用表干法测定：

$$\rho_s = \frac{m_a}{m_f - m_w} \times \rho_w \tag{8-4}$$

式中 m_f——试件的表干质量(g)；

ρ_s，m_a，m_w，ρ_w 意义同前。

对于吸水率大于2%的沥青混凝土试件，采用蜡封法测定：

$$\rho_s = \frac{m_a}{m_p - m_c - \frac{(m_p - m_a)}{\gamma_p}} \times \rho_w \tag{8-5}$$

式中 m_p——蜡封试件在空气中的质量(g)；

m_c——蜡封试件在水中的质量(g)；

γ_p——常温下石蜡与水的相对密度；

ρ_s，m_a，ρ_w 意义同前。

2)沥青混合料试件的理论密度。假定沥青混合料被压至绝对密实，而不考虑其内部空隙时试件的密度为理论密度。

①采用油石比(沥青与矿料的质量比)计算时，试件理论密度为

$$\rho_t = \frac{100 + p_a}{\frac{p_1}{\gamma_1} + \frac{p_2}{\gamma_2} + \cdots + \frac{p_n}{\gamma_n} + \frac{p_a}{\gamma_b}} \times \rho_w \tag{8-6}$$

式中 ρ_t——理论密度(g/cm³)；

p_1，…，p_n——各种矿料的配合比(%)(矿料总和为 $\sum_{i=1}^{n} p_i = 100$)；

γ_1，…，γ_n——各种矿料的相对密度；

p_a——油石比(%)；

γ_b——沥青的相对密度；

ρ_w——常温水的密度(g/cm³)。

②采用沥青含量(沥青质量占沥青混合料总质量的百分率)计算时，试件理论密度为

$$\rho_t = \frac{100}{\frac{p'_1}{\gamma_1} + \frac{p'_2}{\gamma_2} + \cdots + \frac{p'_n}{\gamma_n} + \frac{p_b}{\gamma_b}} \times \rho_w \tag{8-7}$$

式中 p'_1，p'_2，…，p'_n——各种矿料的配合比(%)(矿料与沥青之和 $\sum_{i=1}^{n} p'_i + p_b = 100$)；

p_b——沥青含量(%)；

ρ_t，γ_b，ρ_w，γ_1，…，γ_n 意义同前。

3)沥青混合料试件的空隙率。

$$VV = \left(1 - \frac{\rho_s}{\rho_t}\right) \times 100\% \tag{8-8}$$

式中 VV——试件的空隙率(%)；

ρ_t——试件的理论密度(g/cm³)；

ρ_s——试件的实测密度(g/cm³)。

4)沥青混合料试件的饱和度。沥青混合料试件的饱和度也称沥青填隙率，即沥青体积占矿

料以外体积的百分率。饱和度过小，沥青难以充分裹覆矿料，影响沥青混合料的黏聚性，降低沥青混凝土的耐久性；饱和度过大，减少了沥青混凝土的空隙率，妨碍夏季沥青体积膨胀，引起路面泛油，降低沥青混凝土的高温稳定性，因此，沥青混合料要有适当的饱和度。

$$VFA=\frac{VA}{VMA}\times 100\% \tag{8-9}$$

$$VMA=VA+VV \tag{8-10}$$

式中　VFA——试件的沥青饱和度(%)；

VMA——矿料间隙率(%)；

VA——试件的沥青体积百分率(%)；

VV——试件空隙率(%)。

沥青体积百分率是指沥青体积占试件体积的百分率。

①当试件采用油石比计算时，沥青体积百分率：

$$VA=\frac{100\%\times p_a\times \rho_s}{(100+p_a)\times \gamma_b\times \rho_w} \tag{8-11}$$

式中，VA，p_a，ρ_s，γ_b，ρ_w 意义同前。

②当试件采用沥青含量计算时，沥青体积百分率：

$$VA=\frac{p_b\times \rho_s}{\gamma_b\times \rho_w}\times 100\% \tag{8-12}$$

式中，VA，p_b，ρ_s，γ_b，ρ_w 意义同前。

随后，在马歇尔试验仪上，按照标准方法测定沥青混合料试件的马歇尔稳定度和流值。

(3)马歇尔试验结果分析。

1)以油石比或沥青用量为横坐标，以马歇尔试验的各项指标为纵坐标，将试验结果绘制成沥青用量与各项指标的关系曲线，如图 8-7 所示。确定均符合规范规定的沥青混合料技术标准的沥青用量范围 $OAC_{min}\sim OAC_{max}$。

2)根据试验曲线的走势，按下列方法确定沥青混合料的最佳沥青用量 OAC_1。

①在曲线图上求取相应于密度最大值、稳定度最大值、目标空隙率(或中值)、沥青饱和度范围中值的沥青用量 a_1、a_2、a_3、a_4。按式(8-13)取平均值作为 OAC_1。

$$OAC_1=\frac{a_1+a_2+a_3+a_4}{4} \tag{8-13}$$

②如果所选择的沥青用量范围未能涵盖沥青饱和度的要求范围，按式(8-14)求取三者的平均值作为 OAC_1。

$$OAC_1=\frac{a_1+a_2+a_3}{3} \tag{8-14}$$

3)以各项指标均符合技术标准(不含 VMA)的沥青用量范围 $OAC_{min}\sim OAC_{max}$ 的中值作为 OAC_2。

$$OAC_2=\frac{OAC_{min}+OAC_{max}}{2} \tag{8-15}$$

4)通常情况下取 OAC_1 及 OAC_2 的中值作为计算的最佳沥青用量 OAC。

$$OAC=\frac{OAC_1+OAC_2}{2} \tag{8-16}$$

按式(8-16)计算的最佳油石比 OAC，从图 8-7 中得出所对应的空隙率和 VMA 值，检验是否能满足关于最小矿料间隙率(VMA)的要求。检查图 8-7 中相应于此 OAC 的各项指标是否均符合马歇尔试验技术标准。

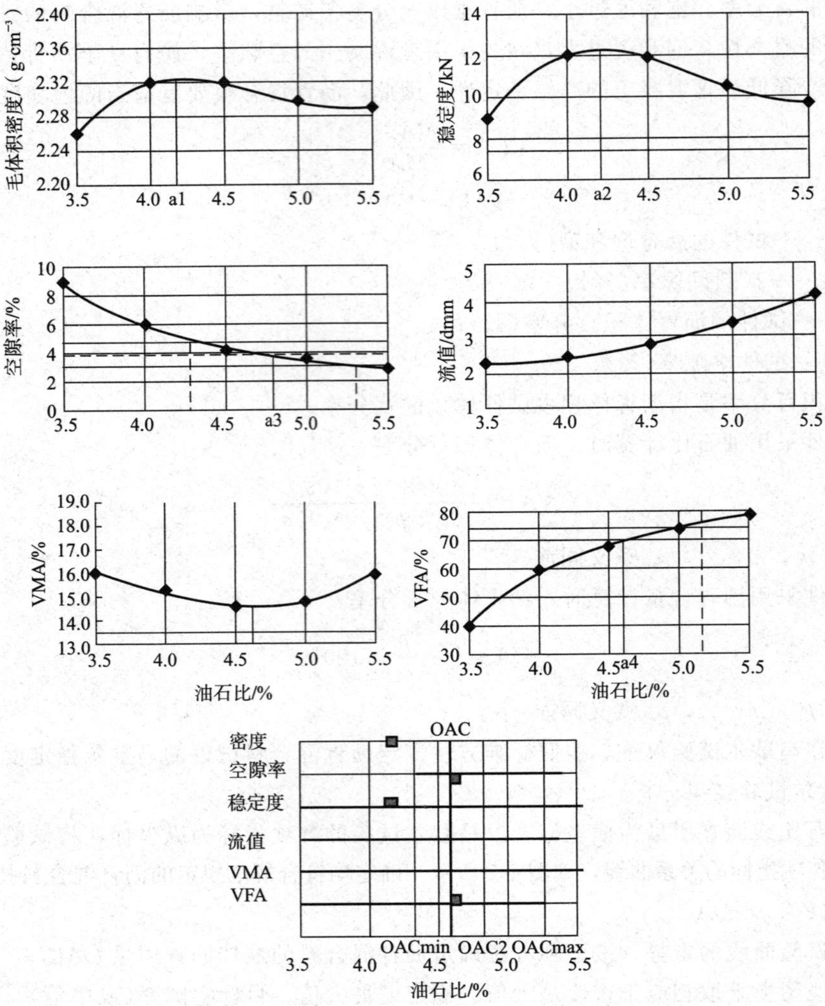

图 8-7 沥青用量与各项指标关系曲线图示例

(4)根据实践经验和公路等级、气候条件、交通情况，调整确定最佳沥青用量 OAC。

1)调查当地各项条件相接近的工程沥青用量及使用效果，论证适宜的最佳沥青用量。检查计算得到的最佳沥青用量是否相近，如相差甚远，应查明原因，必要时重新调整级配，进行配合比设计。

2)对炎热地区公路及车辆渠化交通的高速公路、一级公路的重载交通路段，山区公路的长大坡度路段，预计有可能产生较大车辙时，可以在中限值 OAC_2 与下限值 OAC_{min} 的范围内决定最佳沥青用量，但一般不宜小于 $OAC_2-0.5\%$。

3)对寒区公路、旅游公路、交通量很少的公路，最佳沥青用量可以在中限值 OAC_2 与上限值 OAC_{max} 范围内决定，但一般不宜大于 $OAC_2+0.3\%$。

3. 沥青混合料的性能检验

通过马歇尔试验和结果分析，得到的最佳沥青用量 OAC(必要时应包括 OAC_1 和 OAC_2)还需进一步的试验检验，以验证沥青混合料的关键性能是否满足路用技术要求。

(1)沥青混合料的水稳定性检验。按最佳沥青用量 OAC 制作马歇尔试件进行浸水马歇尔试验或冻融劈裂试验，检验其残留稳定度或冻融劈裂强度是否满足要求。若不满足要求，应重新进行配合比设计，或采用掺加抗剥剂的方法来提高水稳定性。

(2)沥青混合料的高温稳定性检验。按最佳沥青用量 OAC 制作车辙试验试件，采用规定的方法进行车辙试验，检验设计的沥青混合料的高温抗车辙能力是否达到规定的动稳定度指标(表 8-8)。当动稳定度不符合要求时，应对矿料级配或沥青用量进行调整，重新进行配合比设计。

如果试验中除 OAC 外，还要对 OAC_1 和 OAC_2 同时进行相应的试验检测，则要通过试验结果综合判断在何种沥青用量条件下，沥青混合料具有更好的性能表现，或能更好地满足特定路用要求，以此决定最终的最佳沥青用量。

8.2.6 沥青混合料配合比设计算例

使用马歇尔法设计某高速公路路面上面层用沥青混合料的配合组成。

1. 设计概况

道路等级：高速公路。

气候条件：本工程地处半干区的 2－2 区。

路面类型：三层式沥青混凝土路面的上面层，结构层厚度为 3 cm。

材料技术性能如下。

(1)沥青。根据气候分区，本工程地处于半干区的 2－2 区，按规范选择沥青标号为 90 号。经检验，质量符合我国道路石油沥青技术要求，其主要技术指标见表 8-20。

表 8-20 沥青质量检测结果(A 级)

项目			单位	技术要求	试验结果
针入度(25 ℃，100 g，5 s)			0.1 mm	80～100	83
延度(5 cm/min)	15 ℃		cm	≥100	>100
	10 ℃		cm	≥30	>30
软化点			℃	≥44	44.7
溶解度			%	≥99.5	99.5
闪点			℃	≥245	342
密度			g/cm^3	实测	1.003
蜡含量			%	≤2.2	0.64
TFOT	质量损失		%	≤0.8	+0.11
	针入度比		%	≥57	79.5
	延度	15 ℃	cm	≥20	>80
		10 ℃	cm	≥8	>10

(2)矿质材料。粗骨料采用某采石场的石灰石，材料筛分结果见表 8-21，技术检测结果列于表 8-22 中，各项指标均符合规范要求，可以使用。

设计要求：①用图解法确定各种矿质骨料的用量比例；②用马歇尔试验确定最佳沥青用量。

表 8-21 矿质材料筛析结果

原材料	筛孔尺寸/mm									
	16.0	13.2	9.5	4.75	2.36	1.18	0.6	0.3	0.15	0.075
	通过百分率/%									
碎石	100	95	26	0	0	0	0	0	0	0
石屑	100	100	100	80	40	17	0	0	0	0
砂	100	100	100	100	94	90	76	38	17	0
矿粉	100	100	100	100	100	100	100	100	100	83

表 8-22 粗骨料质量规格

指标	单位	规范要求	碎石规格	
			9.5～13.2	4.75～9.5
压碎值	%	≤26	15.0	
洛杉矶磨耗值	%	≤28	19.2	
磨光值	—	≥40	46	
视密度	g/cm^3	≥2.60	2.720	2.712
吸水率	%	≤2.0	0.85	
针片状含量	%	≤15	5.7	—
含泥量	%	≤1	接近 0	
坚硬性	%	≤12	石质良好，经判断可以不做	

细骨料采用某地河砂，技术检测结果见表 8-23，符合规范要求，可以使用。

表 8-23 砂的质量指标

指标	规范要求	试验结果
细度模数	粗砂：3.7～3.1 中砂：3.0～2.3	2.8
表观密度/($g \cdot cm^{-3}$)	≥2.50	2.622 7
砂当量	≥60	64
外观	—	洁净、坚硬、无杂质
<0.075 mm 含量/%	≤3	0.15
坚固性/%	≥12	石质良好，经判断可以不做

填料采用石灰石磨制，技术检测结果见表 8-24，符合规范要求，可以使用。

表 8-24 石粉质量指标

指标	规范要求	
岩石品种及产地	石灰石	石灰石粉
表观密度/($g \cdot cm^{-3}$)	≥2.50	2.014
亲水系数	≤1	<1.0
含水率/%	≤1	0.15

2. 分析

(1)矿质混合料级配组成的确定。

1)确定沥青混合料类型。由原始资料可知，沥青混合料用于高速公路三层式沥青混凝土路面上面层，故参照表 8-19 可知，沥青混合料类型可选用 AC－13、AC－16、AC－20，又知该沥青路面面层厚度为 3 cm，因此，确定沥青混合料类型为 AC－13 沥青混凝土混合料。

2)确定矿质混合料级配范围。参照表 8-18 的要求，细粒式 AC－13 Ⅰ型沥青混凝土混合料的矿质混合料级配范围见表 8-25。

表 8-25　矿质混合料要求级配范围

级配类型	筛孔尺寸/mm									
	16.0	13.2	9.5	4.75	2.36	1.18	0.6	0.3	0.15	0.075
细粒式沥青混凝土(AC－13 Ⅰ)	100	95～100	70～88	48～68	36～53	24～41	18～30	12～22	8～15	4～8

3)测出骨料和沥青的各项指标，以及矿质骨料的筛分结果，见原始资料。用图解法求出矿质骨料的比例关系，如图 8-8 所示，并进行调整，使合成级配尽量接近要求级配范围中值。经调整后的矿料合成级配见表 8-26，绘制合成级配曲线，如图 8-9 所示。

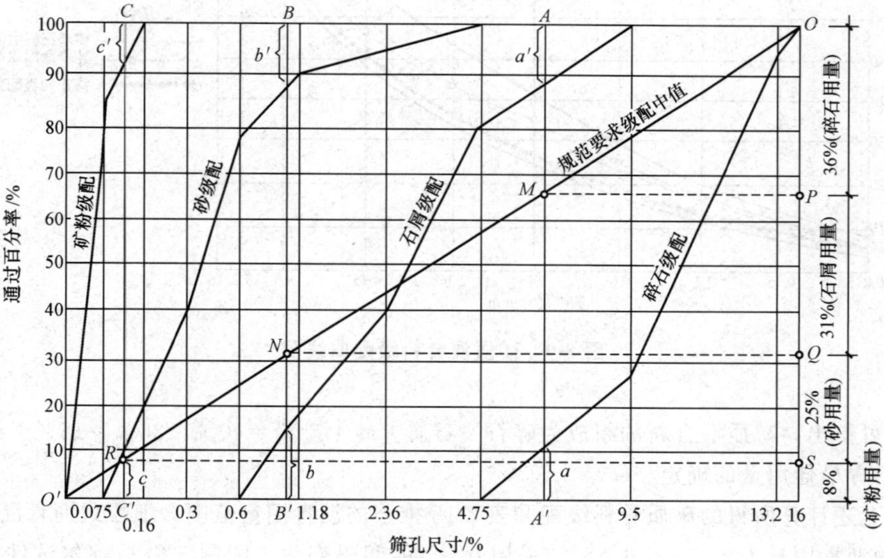

图 8-8　矿质混合料配合比计算图

表 8-26　矿质混合料合成级配计算表

设计混合料配合比/%	通过下列筛孔(mm)的质量/%									
	16.0	13.2	9.5	4.75	2.36	1.18	0.6	0.3	0.15	0.075
碎石 36% (41%)	36 (41)	33.8 (38.5)	9.4 (10.7)	0 (0)	0 (0)	0 (0)	0 (0)	0 (0)	0 (0)	0 (0)
石屑 31% (36%)	31 (36)	31 (36)	31 (36)	24.8 (28.8)	12.4 (14.4)	4.3 (6.1)	0 (0)	0 (0)	0 (0)	0 (0)

续表

设计混合料配合比/%	通过下列筛孔(mm)的质量/%									
	16.0	13.2	9.5	4.75	2.36	1.18	0.6	0.3	0.15	0.075
砂 25% (15%)	25 (15)	25 (15)	25 (15)	25 (15)	23.5 (14.1)	23.0 (13.5)	19.0 (11.4)	9.5 (5.7)	4.3 (2.6)	0 (0)
矿粉 8% (8%)	8 (8)	8 (8)	8 (8)	8 (8)	8 (8)	8 (8)	8 (8)	8 (8)	8 (8)	6.6 (6.6)
合成级配	100 (100)	97.8 (97.5)	73.4 (69.7)	57.8 (51.8)	43.9 (36.5)	35.3 (27.6)	27.0 (19.4)	17.5 (13.7)	12.3 (10.6)	6.6 (6.6)
要求级配	100	95～100	70～88	48～68	36～53	24～41	18～30	12～22	8～16	4～8
级配中值	100	97.5	79.0	58.0	44.5	32.5	24.0	17.0	12.0	6.0

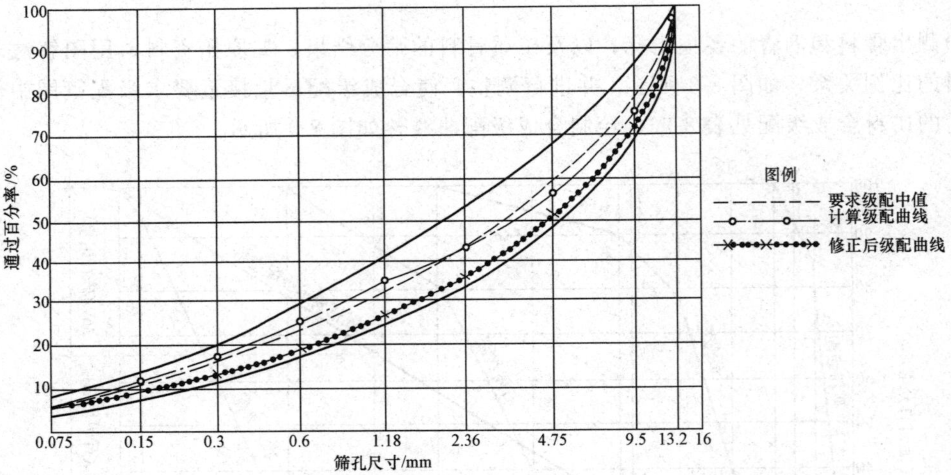

图 8-9　矿质混合料级配曲线图

由此可得出，矿质混合料的组成为碎石：石屑：砂：矿粉＝40%：36%：15%：8%。

(2)沥青最佳用量的确定。

1)按上述计算所得的矿质骨料级配和表 8-18 推荐的沥青用量范围，细粒式沥青混凝土(AC－13Ⅰ)的沥青用量为 4.5%～6.5%，采用 0.5%的间隔变化，配制 5 组马歇尔试件，试件拌制温度为 140 ℃，试件成型温度为 130 ℃，击实次数为两面各夯打 75 次。成型试件经 24 h 后，测定其各项指标，试验结果见表 8-27，沥青用量和它们之间的关系曲线如图 8-10 所示。

表 8-27　沥青混合料马歇尔试验数据统计表

组数编号	沥青用量 /%	实测密度 /(g·cm^{-3})	空隙率 /%	饱和度 /%	稳定度 /kN	流值 (0.1 mm)
1	4.5	2.472	7.5	53.3	10.4	28.8
2	5.0	2.512	5.5	63.6	11.9	29.3
3	5.5	2.531	4.1	72.6	12.4	30.7
4	6.0	2.542	3.4	77.6	10.9	33.2
5	6.5	2.532	2.6	83.4	9.0	36.2

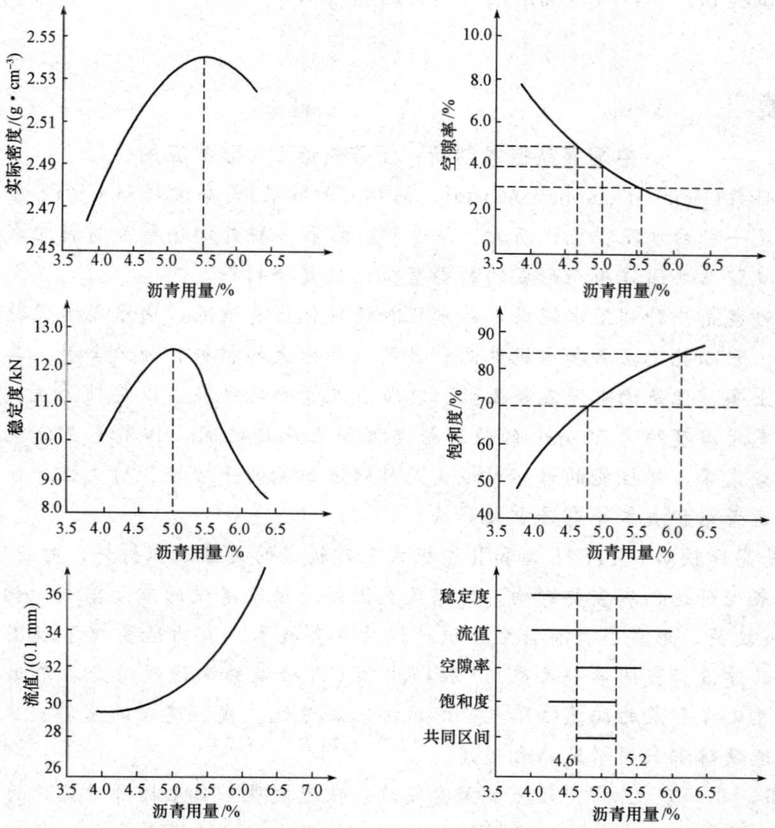

图 8-10　马歇尔试验各项指标与沥青用量的关系图

2)从图 8-10 中可以得出，$a_1=5.5\%$，$a_2=5.0\%$，$a_3=5.0\%$，$a_4=4.7\%$，则：

$$OAC_1=\frac{a_1+a_2+a_3+a_4}{4}=\frac{5.5\%+5.0\%+5.0\%+4.7\%}{4}=5.05\%$$

根据沥青混合料马歇尔试验技术指标(表 8-7)确定各关系曲线上沥青用量范围，取其共同部分可得：

$$OAC_{\min}=4.6\% \qquad OAC_{\max}=5.2\%$$

$$OAC_2=\frac{OAC_{\min}+OAC_{\max}}{2}=\frac{4.6\%+5.2\%}{2}=4.9\%$$

因为气候条件属于温和地区，且是车辆渠化交通的高速公路，预计有可能出现车辙，则 OAC 的取值在 OAC_2 与 $OAC_{\min}$ 的范围内决定，故根据经验取 $OAC=4.8\%$。

3)按最佳沥青用量 4.8%制作马歇尔试件，进行浸水马歇尔试验，试验结果见表 8-28。由表 8-28 可知，残留稳定度大于 75%，符合规定要求。

表 8-28　浸水马歇尔试验数据统计表

沥青用量 /%	密度 /($g\cdot cm^{-3}$)	空隙率 /%	饱和度 /%	马歇尔稳定度 /kN	浸水马歇尔稳定度/kN	残留稳定度 /%
4.8	2.537	3.7	74.9	12.4	9.8	79

4)按最佳沥青用量 4.8%制作车辙试件，测定其动稳定度，其结果大于 800 次/mm，符合规定要求。

通过以上试验和计算，可以确定最佳沥青用量为4.8%。

扩展阅读

中国高铁技术创新：无砟轨道CA砂浆应用

水泥沥青砂浆(Cement Asphalt Mortar，简称CA砂浆)是高速铁路CRTS型板式无砟轨道的核心技术，是一种由水泥、乳化沥青、细骨料、水和多种外加剂等原材料组成，经水泥水化硬化与沥青破乳胶结共同作用而形成的新型有机无机复合材料。

水泥沥青砂浆是一种利用水泥吸水后水化加速乳化沥青破乳，由水泥水化物和沥青裹砂形成的立体网络。它以乳化沥青和水泥这两种性质差异很大的材料作为结合料，其刚度和强度比普通沥青混凝土高，但是比水泥混凝土低。其特点在于刚柔并济，以柔性为主，兼具刚性。水泥沥青砂浆填充于厚度约为50 mm的轨道板与混凝土底座之间，作用是支撑轨道板、缓冲高速列车荷载与减震等，其性能的好坏对板式无砟轨道结构的平顺性、耐久性和列车运行的舒适性与安全性及运营维护成本等有着重大影响。

CA砂浆是高速铁路CRTS Ⅰ型和Ⅱ型板式无砟轨道的关键工程材料，对轨道结构动力学、耐久性及列车乘坐舒适性有重要影响。为满足我国高速铁路建设的重大需求，相关单位开展了CA砂浆的科技攻关，形成了具有自主知识产权的成套技术，有力地支撑了我国数万公里板式无砟轨道结构的建设。我国第一条应用CRTSⅠ型CA砂浆的高速铁路是在哈大线上，第一条应用CRTS Ⅱ型CA砂浆的高速铁路是京津城际客运专线。我国建设的京沪、武广、郑西、沪宁、宁杭等高速铁路都采用水泥沥青砂浆。

“滴水穿石，非一日之功”。经历了探索突破、快速发展、自主提升时期，目前我国高铁正在进入高质量发展时期。多年来，我国铁路始终坚持独立自主、开放合作，坚定不移走自主创新之路，推进核心技术攻关和产业化应用，在工程建设、动车组、通信信号、牵引供电、安全保障、经营管理等领域实现重要突破，研制和推广了大量自主化新装备并取得复兴号动车组等一批重大科技创新成果，形成了包括工程建设标准、产品技术标准、运营技术标准在内的高速铁路标准体系。我国高铁在技术上总体达到世界先进水平，部分领域为世界领先。

我国铁路作为落后的追赶者，单方面从发达国家引进先进技术与管理制度已成历史。

如今我国铁路已经进入世界前列，拥有世界三分之二的高铁里程和速度最快的高速列车；有些技术领域实现“领跑”，有的做到“并跑”；市场竞争力不断增强，多家企业进入世界五百强，其中，中国中车公司销售额远超世界同类企业，以至于客观促成世界著名的阿尔斯通公司与庞巴迪公司轨道交通业务的合并，以应对来自中国的竞争。面对正在发生变化的世界铁路格局，作为铁路大国，我国就是要在变局中做到“守正创新”，换句话说，就是要把握好“变”与“不变”的关系。所谓“不变”，就是要坚持“对外开放，自立自强”；所谓“变”，就是要进一步开拓进取，敢于探索，加强原始创新，走别人没有走过的路，敢闯“无人区”，担负起世界高铁领跑者的责任，不但要为我国铁路发展而且也为世界铁路发展作出重要贡献。

工程案例分析

【案例8-1】

沥青混凝土路面的拥包

概况：某沥青混凝土路面表面处用层铺法施工，即用沥青和矿料铺厚度不大于3 cm的薄面层，施工中铺沥青不够均匀。使用一段时间后，出现不少拥包。

分析： 由于铺沥青不均，致使局部沥青量过大，沥青混合料中有较多"自由沥青"，成为混合料中的润滑剂，推拥成油包、波浪，影响行车舒适性和安全性。由于路面不平坦，还增加了车辆的冲击力，加剧路面的破坏。

【案例 8-2】

多针片状的粗骨料对沥青混合料的影响

概况： 南方某高速公路某段在铺沥青混合料时，粗骨料针片状含量较高(约 17%)。在满足马歇尔技术指标条件下沥青用量增加约 10%。实际使用后，沥青路面的强度和抗渗能力相对较差。

分析： 沥青混合料是由矿料骨架和沥青构成的，具有空间网络结构。矿料针片状含量过高，针片状矿料相互搭架形成较多空洞，虽可增加沥青用量略加弥补，但过分增加沥青用量不仅在经济上不合算，而且还影响了沥青混合料的强度及性能。

【案例 8-3】

沥青混凝土路面裂缝

概况： 东北地区某二级公路为沥青混凝土路面，使用 3 年后沥青路面出现一些裂缝，裂缝大多是横向的，且几乎为等距离间距，在冬天裂缝尤其明显。这条路平时很少有重型车辆、负载过大的车辆经过，而且路面没有明显塌陷。况且因强度不足而引起的裂缝大多是网裂和龟裂，而此裂缝大多横向，有少许龟裂。由此可知，不是路面强度不足、负载过大所致。

分析： 从裂缝的形状来看，沥青老化低温引起的裂缝大多为横向，且裂缝几乎为等距离间距。这与该路面破损情况吻合。该路已修筑多年，沥青老化后变硬、变脆，延伸性下降，低温稳定性变差，容易产生裂缝、松散。在冬天，气温下降，沥青混合料受基层的约束而不能收缩，产生了应力，应力超过沥青混合料的极限抗拉强度，路面便产生开裂。因此冬天裂缝尤为明显。

【案例 8-4】

沥青路面的水损害

概况： 近年来，随着我国公路运输中交通量、车辆荷载的日益增大及大量的高速公路建成通车，路面早期损坏出现了一些新的变化，其突出特点是损坏期提前，通常在路面建成通车后一年左右即发生不同于传统病害的泛浆、泛油和松散等损坏，这些情况在潮湿多雨的南方地区更为突出。一些道路工作者把这种新型的损坏现象定义为初期损坏，并认为水损害是形成沥青路面初期损坏的重要因素。

分析： 水损害是沥青路面的主要病害之一。主要原因是沥青路面在水或冻融循环作用下，由于汽车车轮动态荷载的作用，进入路面空隙中的水不断产生动水压力或真空负压抽吸作用，水分逐渐渗入沥青与骨料的界面上，使沥青黏附性降低并逐渐丧失粘结力，沥青膜从石料表面剥离，沥青混合料掉粒、松散，继而形成沥青路面的坑槽、推挤变形等损坏现象。

思考与练习

一、填空题

1. 沥青按在自然界中获取的方式，可分为________和________两类。
2. 随沥青含量增加，沥青混合料稳定度将________。
3. 我国现行采用________、________和________等指标来表征沥青混合料的耐久性。
4. 沥青混合料的强度主要取决于________与________。

5. 石油沥青的三大技术指标是________、________、________，它们分别表示石油沥青的________、________和________。

二、选择题

1. 沥青混凝土和沥青碎石的区别在于(　　)不同。
   A. 剩余空隙率　B. 矿粉用量　C. 骨料最大粒径　D. 油石比
2. 当低温(　　)不足时，沥青混合料就会出现裂缝。
   A. 抗剪强度　B. 抗拉强度　C. 动稳定度　D. 残留稳定度
3. 建筑工程常用的是(　　)沥青。
   A. 煤油　B. 焦油　C. 石油　D. 页岩
4. 工程上使用的沥青应具有良好的(　　)，以防止沥青高温流淌或低温脆裂。
   A. 大气稳定性　B. 温度敏感性　C. 黏性　D. 塑性
5. 评价石油沥青塑性的指标是(　　)。
   A. 针入度　B. 延度　C. 软化点　D. 闪点
6. 石油沥青加热温度不应超过(　　)。
   A. 软化点　B. 闪点　C. 燃点　D. 沸点

三、名词解释

1. 煤焦油
2. 乳化沥青

四、简答题

1. 石油沥青的胶体结构分类有哪些？
2. 煤沥青与石油沥青相比，在技术性质上有哪些差异？
3. 沥青混合料的组成结构包括哪些？

思考与练习答案

第 9 章　防水材料

学习提示

防水材料是指能防止雨水、地下水等渗入建筑物或构筑物的非常重要的功能性材料，它对提高建筑构件的质量，保证建筑物发挥正常的工程效益起到重要的作用。

学习目标

知识目标

通过本章的学习，掌握防水卷材和防水涂料的分类、技术性质和用途；了解防水密封材料的品种和特点。

素养目标

通过介绍防水材料的发展现状与行业趋势，激发学生对行业的关注，增强其适应职业变化的能力，提高终身学习意识。

思维导图

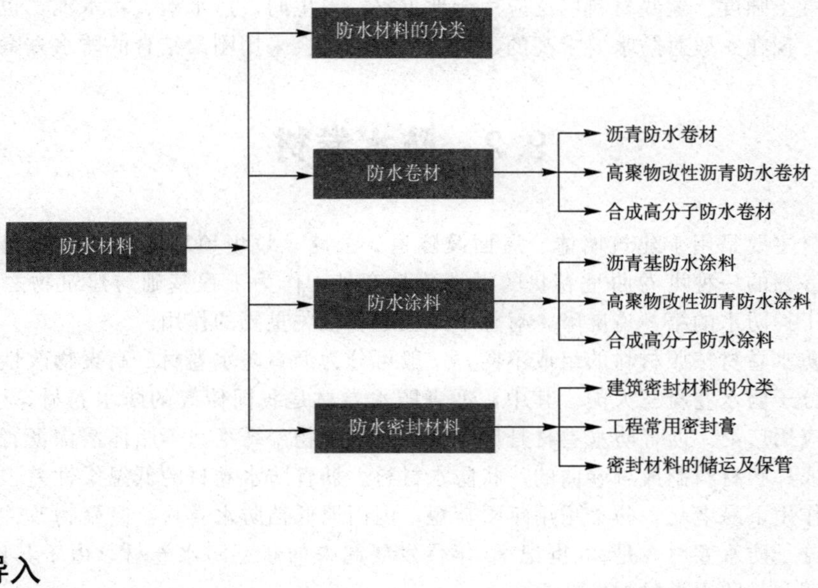

案例导入

某大型商业综合体项目包含一个地下三层的地下车库，总面积约为 50 000 m^2。由于地下水水位较高，且车库需要长期承受车辆荷载和地下水压力，防水工程成为该项目的关键环节。为确保车库的长期使用安全，项目团队采用了多种高性能防水材料和技术，确保地下车库的防水效果达到设计要求。

根据地下车库的特点和防水要求，项目团队选用SBS改性沥青防水卷材，其具有良好的耐高低温性能、抗拉强度和延伸率，适用于地下工程的防水层；自粘聚合物改性沥青防水卷材，具有自黏性，施工方便，能与混凝土结构紧密黏结，形成连续的防水层。

聚氨酯防水涂料，具有优异的弹性和耐水性，适用于复杂部位的防水处理，如阴阳角、管道根部等。水泥基渗透结晶型防水涂料，能够渗透到混凝土内部，形成结晶堵塞毛细孔，提高混凝土的自防水能力。

9.1 防水材料的分类

最初的防水材料是焦油沥青和石油沥青纸胎油毡，起源于欧洲，20世纪20年代传入我国。随着科技的进步，现代防水材料迅速发展，到20世纪70年代，各种高分子防水材料相继问世。我国防水材料逐步形成卷材、涂料、密封材料三大系列。

我国的新型建筑防水材料通常分为五大类，即防水卷材、防水涂料、密封材料、刚性防水材料及堵漏止水材料。

目前，防水材料主要分为两大类。

(1)柔性防水材料，如各种材料卷材、JS复合材料、聚氨酯防水材料、防水胶等乳液性的聚合物防水材料。这些材料主要是包裹住基面，不让水渗出和渗入，它们有一定的延伸率和抗拉能力。唯一的缺点是，这些材料有一定的防水年限，也就是防水寿命。这些材料广泛用于屋面、卫生间、伸缩缝、落水口、砖石等基面。

(2)刚性防水材料，具有高强度、防水寿命长久等优点，但延伸率小和抗拉能力弱，如水不漏、水泥基渗透结晶、渗透防水剂等。它们利用混凝土结构的多孔性透过毛细管现象，并利用亲水性以水为载体渗透到混凝土内部，发生化学反应，形成结晶体，堵住毛细孔达到防水效果，增加混凝土强度。这些材料广泛应用于地下室、卫生间、污水池、蓄水池，也可直接用于饮用水池等，现在一般对防水要求高的建筑物，设计上会采用刚柔结合的防水方案。

9.2 防水卷材

防水卷材主要是用于建筑墙体、屋面及隧道、公路、垃圾填埋场等处，起到抵御外界雨水、地下水渗漏的一种可卷曲呈卷状的柔性建材产品，作为工程基础与建筑物之间无渗漏连接，是整个工程防水的第一道屏障，对整个工程起着至关重要的作用。

常用的防水卷材按照材料的组成不同，一般可分为沥青防水卷材、高聚物改性沥青防水卷材和合成高分子防水卷材三大类。其中，沥青防水卷材是我国传统的防水卷材，生产历史久、成本较低、应用广泛。沥青防水卷材是用原纸、纤维织物、纤维毡等胎体浸涂沥青，表面撒布粉状、粒状或片状材料制成可卷曲的片状防水材料。沥青防水卷材的低温柔性差，温度敏感性大，在大气作用下易老化，防水耐用年限较短，因而属低档防水卷材。高聚物改性沥青防水卷材和合成高分子防水卷材，是20世纪80年代发展起来的新型防水卷材，由于其优异的性能，应用日益广泛，是防水卷材的发展方向。

9.2.1 沥青防水卷材

沥青防水卷材是指以各种石油沥青或煤焦油、煤沥青为防水基材，以原纸、织物、毯等为胎基，用不同矿物材料、粒料或合成高分子薄膜、金属膜作为隔离材料所制成的可卷曲片状防水材料。常用品种有石油沥青纸胎油毡、煤沥青纸胎油毡、玻纤毡胎沥青油毡、黄麻胎沥青油毡、铝箔胎沥青油毡等。

1. 石油沥青纸胎油毡

石油沥青纸胎油毡是用低软化点的石油沥青浸渍原纸，再用高软化点的石油沥青涂盖油纸的两面，并涂撒隔离材料制成的一种防水卷材。它是沥青防水卷材中最具代表性的一种防水卷材，简称油毡。根据《石油沥青纸胎油毡》(GB/T 326—2007)的规定，油毡按卷重和物理性能分为Ⅰ型、Ⅱ型、Ⅲ型，各种标号油毡的物理性能应符合表 9-1 的规定。石油沥青纸胎油毡的防水性能较差，耐久年限低，一般只能用作多层防水。其中，Ⅰ型、Ⅱ型油毡适用于辅助防水、保护隔离层、临时性建筑防水、建筑防潮及包装等，Ⅲ型油毡适用于屋面工程的多层防水。

表 9-1　石油沥青纸胎油毡的物理性能

项目			指标		
			Ⅰ型	Ⅱ型	Ⅲ型
每卷质量/kg		不小于	17.5	22.5	28.5
每单位面积浸涂材料总量/(g·m^{-2})		不小于	600	750	1 000
不透水性	压力/MPa	不小于	0.02	0.02	0.10
	保持时间/min	不小于	20	30	30
吸水率/%		不大于	3.0	2.0	1.0
耐热度			(85±2)℃，2 h 涂盖层应无滑动、流淌和集中性气泡		
拉力(纵向)/[N·(50 mm)$^{-1}$]		不小于	240	270	340
柔度			(18±2)℃，绕 ϕ20 mm 棒或弯板无裂纹		
注：本标准Ⅲ型产品物理性能要求为强制性的，其余为推荐性的					

2. 煤沥青纸胎油毡

煤沥青纸胎油毡是用低软化点的煤沥青浸渍原纸，然后用高软化点的煤沥青涂盖油纸两面，再涂以隔离材料所制成的一种纸胎防水卷材。按照原纸纸胎每平方米质量克数，煤沥青纸胎油毡可分为 200 号、270 号和 350 号三种。200 号煤沥青纸胎油毡适用于简易防水、建筑防潮和包装等，270 号和 350 号煤沥青纸胎油毡适用于建筑防水、建筑防潮和包装，与煤焦油聚乙烯涂料配套可用于屋面多层防水，350 号煤沥青纸胎油毡还可用于一般地下防水工程。煤沥青纸胎油毡的物理技术性能见表 9-2。

表 9-2　煤沥青纸胎油毡的物理技术性能

标号、等级 ＼ 指标名称			200 号	270 号		350 号	
			合格	一等	合格	一等	合格
单位面积浸涂材料总量/(g·cm^{-2})		不小于	450	560	510	660	600
不透水性	压力/MPa	不小于	0.05	0.05		0.10	
	保持时间/min	不小于	15	30	20	30	15
耐热度/℃			70±2	75±2	70±2	75±2	70±2
			受热 2 h 涂盖层无滑动和集中性气泡				
拉力[(25±2)℃]时纵向/N		不小于	250	330	300	380	350
柔度			18	16	18	16	18
			绕 ϕ20 mm 圆棒或弯板无裂纹				

3. 其他胎体材料油毡

为了克服纸胎的抗拉能力低、易腐烂、耐久性差的缺点，可以通过改进胎体材料，使沥青防水卷材的性能得到改善，并发展成玻璃布沥青油毡、玻纤维沥青油毡、黄麻织物沥青油毡、铝箔胎沥青油毡等一系列沥青防水卷材。它们的性能比纸胎油毡要好得多，即抗拉强度高、柔韧性好、吸水率小、延伸率大、抗裂性和耐久性均有很大提高，适用于对防水性、耐久性和防腐性要求较高的工程。

各种常用沥青防水卷材的特点及适用范围见表 9-3。

表 9-3　沥青卷材的特点及适用范围

卷材种类	特点	适用范围	施工工艺
石油沥青纸胎油毡	我国传统的防水材料，低温柔性差，耐久性差，易腐烂，但价格较低	三毡四油、二毡三油叠层铺设的屋面工程	热玛琋脂、冷玛琋脂粘贴施工
玻璃布胎沥青油毡	抗拉强度高，胎体不易腐烂，材料柔韧性好，耐久性比纸胎油毡提高一倍以上	多用作纸胎油毡的增强附加层和突出部位的防水层	热玛琋脂、冷玛琋脂粘贴施工
玻纤毡胎沥青油毡	具有良好的耐水性、耐腐蚀性和耐久性，柔韧性也优于纸胎沥青	常用作屋面或地下防水工程	热玛琋脂、冷玛琋脂粘贴施工
黄麻胎沥青油毡	抗拉强度高，耐水性好，但胎体材料易腐烂	常用作屋面增强附加层	热玛琋脂、冷玛琋脂粘贴施工
铝箔胎沥青油毡	有很高的阻隔蒸汽的渗透能力，防水功能好，但具有一定的抗拉强度	与带孔玻纤毡配合或单独使用，宜用于隔汽层	热玛琋脂粘贴施工

9.2.2　高聚物改性沥青防水卷材

石油沥青本身不能满足土木工程对它的性能要求，在低温柔韧性、高温稳定性、抗老化性、黏附能力、耐疲劳性和构件变形的适应性等方面都存在缺陷。因此，常用一些高聚物、矿物填料对石油沥青进行改性，如 SBS 改性沥青、APP 改性沥青、PVC 改性沥青、再生胶改性沥青、橡塑改性沥青和铝箔橡塑改性沥青等。高聚物改性沥青防水卷材是以合成高分子聚合物改性沥青为涂盖层，纤维织物或纤维毡为胎体，粉状、胶状、片状或薄膜材料为覆面材料制成的可卷曲片状防水卷材。在沥青中添加适当的高聚物改性剂，可以改善传统沥青防水卷材温度稳定性差、延伸率小的缺点，具有高温不流淌、低温不脆裂、拉伸强度高和延伸率较大等优异性能。

新型改性沥青防水卷材主要有弹性体 SBS 改性沥青防水卷材、APP 改性沥青防水卷材、改性沥青聚乙烯胎防水卷材和自粘聚合物改性沥青防水卷材等。

1. SBS 改性沥青防水卷材

SBS 改性沥青防水卷材是以聚酯毡、玻纤毡、玻纤增强聚酯毡为胎基，以苯乙烯-丁二烯-苯乙烯(SBS)热塑性弹性体做石油沥青改性剂，上面撒以细砂(S)、矿物粒料(M)或覆盖聚乙烯膜(PE)，下表面撒以细砂或覆盖聚乙烯膜所制成的防水卷材。它属于中、高档防水材料，是弹性体沥青防水卷材中有代表性的品种。该卷材中加入 10%～15% 的 SBS 热塑性弹性体(苯乙烯-丁二烯-苯乙烯嵌段共聚物)，兼有橡胶和塑性的双重特性。在常温下，具有熔融流动特性，是塑料、沥青等脆性材料的增韧剂，经过 SBS 这种热塑性弹性体材料改性后的沥青做防水卷材的浸渍涂盖层，从而提高了卷材的弹性和耐疲劳性，延长了卷材的使用寿命，增强了卷材的综合性能。

该类卷材使用聚酯毡(PY)、玻纤毡(G)和玻纤增强聚酯毡(PYG)三种胎基。按我国国家标准《弹性体改性沥青防水卷材》(GB 18242—2008)的规定，弹性体沥青防水卷材按材料性能可分为Ⅰ型和Ⅱ型。材料性能应符合表 9-4 的要求。

与普通沥青防水材料相比，SBS 改性沥青防水材料的低温柔韧性能、抗裂性能和黏结性能更好，施工操作方便灵活，适用于各种建筑物的屋面、地面、卫生间与地下防水，尤其适用于北方寒冷地区和结构易变形的建筑物的防水，其防水性能好，而且对环境无污染。目前 SBS 改性防水材料已成为建筑工程中低价可靠的防水材料，广泛应用于工程中。

表 9-4　SBS 改性沥青防水卷材的性能

序号	项目			指标				
				Ⅰ		Ⅱ		
				PY	G	PY	G	PYG
1	可溶物含量/$(g \cdot m^{-2})$	≥	3 mm	2 100				—
			4 mm	2 900				—
			5 mm	3 500				
			试验现象	—	胎基不燃	—	胎基不燃	—
2	耐热性		℃	90		105		
			≤mm	2				
			试验现象	无流淌、滴落				
3	低温柔性/℃			−20		−25		
				无裂缝				
4	不透水性/30 min			0.3 MPa	0.2 MPa	0.3 MPa		
5	拉力	最大峰拉力/$(N \cdot 50\ mm^{-1})$	≥	500	350	800	500	900
		次高峰拉力/$(N \cdot 50\ mm^{-1})$	≥	—	—	—	—	800
		试验现象		拉伸过程中，试件中部无沥青涂盖层开裂或与胎基分离现象				
6	延伸率	最大峰时延伸率/%	≥	30	—	40	—	—
		第二峰时延伸率/%	≥	—		—		15
7	浸水后质量增加/% ≤	PE、S		1.0				
		M		2.0				
8	热老化	拉力保持率/%	≥	90				
		延伸率保持率/%	≥	80				
		低温柔性/℃		−15		−20		
				无裂缝				
		尺寸变化率/%	≤	0.7	—	0.7	—	0.3
		质量损失/%	≤	1.0				
9	渗油性	张数	≤	2				
10	接缝剥离强度/$(N \cdot mm^{-1})$		≥	1.5				
11	钉杆撕裂强度[a]/N		≥	—				300

续表

序号	项目			指标				
				I		II		
				PY	G	PY	G	PYG
12	矿物粒料黏附性[b]/g		≤	2.0				
13	卷材下表面沥青涂盖层厚度[c]/mm		≥	1.0				
14	人工气候加速老化	外观		无滑动、流淌、滴落				
		拉力保持率/%	≥	80				
		低温柔性/℃		−15		−20		
				无裂缝				

a. 仅适用于单层机械固定施工方式卷材。
b. 仅适用于矿物粒料表面的卷材。
c. 仅适用于热熔施工的卷材

2. APP 改性沥青防水卷材

APP 改性沥青防水卷材是以聚酯毡、玻纤毡、玻纤增强聚酯毡作为胎基，以无规聚丙烯(APP)或聚烯烃类聚合物(APAO、APO)作为石油沥青改性剂，上面撒以细砂(S)、矿物粒料(M)或覆盖聚乙烯膜(PE)，下表面撒以细砂或覆盖聚乙烯膜所制成的防水卷材，是塑性体沥青防水卷材的一种。

该类卷材使用聚酯毡(PY)、玻纤毡(G)和玻纤增强聚酯毡(PYG)三种胎基。按我国国家标准《塑性体改性沥青防水卷材》(GB 18243—2008)的规定，塑性体沥青防水卷材按材料性能分为Ⅰ型和Ⅱ型。材料性能应符合表 9-5 的要求。

表 9-5　APP 改性沥青防水卷材的性能

序号	项目		指标				
			I		II		
			PY	G	PY	G	PYG
1	可溶物含量/$(g \cdot m^{-2})$ ≥	3 mm	2 100				—
		4 mm	2 900				—
		5 mm	3 500				
		试验现象	—	胎基不燃	—	胎基不燃	—
2	耐热性	℃	110		130		
		≤mm	2				
		试验现象	无流淌、滴落				
3	低温柔性/℃		−7		−15		
			无裂缝				
4	不透水性(30 min)/MPa		0.3	0.2	0.3		

续表

序号	项目		指标				
			Ⅰ		Ⅱ		
			PY	G	PY	G	PYG
5	拉力	最大峰拉力/[(N·50 mm)$^{-1}$]≥	500	350	800	500	900
		次高峰拉力/[(N·50 mm)$^{-1}$]≥	—	—	—	—	800
		试验现象	拉伸过程中，试件中部无沥青涂盖层开裂或与胎基分离现象				
6	延伸率	最大峰时延伸率/% ≥	25	—	40	—	—
		第二峰时延伸率/% ≥	—		—		15
7	浸水后质量增加/% ≤	PE、S	1.0				
		M	2.0				
8	热老化	拉力保持率/% ≥	90				
		延伸率保持率/% ≥	80				
		低温柔性/℃	−2		−10		
			无裂缝				
		尺寸变化率/% ≤	0.7	—	0.7	—	0.3
		质量损失/% ≤	1.0				
9	接缝剥离强度/(N·mm^{-1}) ≥		1.0				
10	钉杆撕裂强度[a]/N ≥		—				300
11	矿物粒料黏附性[b]/g ≤		2.0				
12	卷材下表面沥青涂盖层厚度[c]/mm ≥		1.0				
13	人工气候加速老化	外观	无滑动、流淌、滴落				
		拉力保持率/% ≥	80				
		低温柔性/℃	−2		−10		
			无裂缝				

a. 仅适用于单层机械固定施工方式卷材。

b. 仅适用于矿物粒料表面的卷材。

c. 仅适用于热熔施工的卷材

该卷材中加入的APP(无规聚丙烯)是生产聚丙烯的副产品，它在改性沥青中呈网状结构，与石油沥青有良好的互溶性，将沥青包在网中。APP分子结构为饱和态，所以有很好的稳定性，受高温、阳光照射后，分子结构不会重新排列，老化期长。一般情况下，改性沥青的老化期在20年以上。该卷材耐紫外线的能力较其他改性沥青防水卷材都强，适宜在有强烈阳光照射的炎热地区使用。APP改性沥青复合在具有良好物理性能的聚酯毡或玻纤毡上，制成的卷材具有良好的拉伸强度和伸长率。该卷材具有良好的憎水性和黏结性，既可冷粘施工，又可热熔施工，无污染，可在混凝土板、塑料板、木板、金属板等材料上施工。

总之，APP改性沥青防水卷材具有分子结构稳定、老化期长、良好的耐热性、拉伸强度高、伸长率大、施工简便、无污染等特点，主要用于屋面、地下或水中防水工程，尤其多用于有强烈阳光照射或炎热环境中的防水工程。

3. 其他改性沥青防水卷材

除SBS改性沥青防水卷材和APP改性沥青防水卷材外，高聚物改性沥青还有许多其他品种，它们因高聚物品种和胎体品种的不同而性能各异，在建筑防水工程中的适用范围也各不相同。

氧化沥青防水卷材是以氧化沥青或优质氧化沥青(催化氧化沥青或改性氧化沥青)作为浸涂材料，以无纺玻纤毡、加纺玻纤毡、黄麻布、铝箔或玻纤铝箔复合为胎体加工制造而成的。该卷材造价低，属于中、低档产品。优质氧化沥青油毡具有很好的低温柔韧性，适用于北方寒冷地区建筑物的防水。

丁苯橡胶改性沥青防水卷材是采用低软化点氧化石油沥青浸渍原纸，然后以催化剂和丁苯橡胶改性沥青加填涂料涂盖两面，并撒布粉料所制成的防水卷材。该类卷材适用于一般建筑物的防水、防潮，具有适应温度范围广的特点，在－15 ℃以上均可施工。

再生胶改性沥青防水卷材是由再生橡胶粉掺入适量的石油沥青和化学助剂进行高温高压处理后，再掺入一定量的填料经混炼、压延而制成的无胎体防水卷材。该卷材具有延伸率大、低温柔韧性好、耐腐蚀性强、耐水性及热稳定性好等特点，适用于一般建筑物的防水层，尤其适用于有保护层的屋面或基层沉降较大的建筑物变形缝处的防水层。

自黏性改性沥青防水卷材是以自黏性改性沥青为涂盖材料，以无纺玻纤毡、加纺玻纤毡、无纺聚酯布为胎体，在浸涂胎体后，下表面用隔离纸覆盖，上表面用具有自动保护功能的隔离材料覆面，使用时只需揭开隔离纸便可铺贴，稍加压力就能粘贴牢固。它具有良好的低温柔韧性和施工方便等特点，除一般工程外更适用于北方寒冷地区建筑物的防水。

常见高聚物改性沥青防水卷材的特点和适用范围见表9-6。

表 9-6　常见高聚物改性沥青防水卷材的特点和适用范围

卷材名称	特点	适用范围	施工工艺
SBS改性沥青防水卷材	耐高、低温性能有明显提高，卷材的弹性和耐疲劳性能明显改善	单层铺设的屋面防水工程或复合使用，适合于寒冷地区和结构变形频繁地区的建筑使用	冷施工铺贴或热熔铺贴
APP改性沥青防水卷材	具有良好的强度、延伸性、耐热性、耐紫外线照射及耐老化性能	单层铺设，适合于紫外线辐射强烈及炎热地区屋面使用	热熔法或冷粘法铺设
聚氯乙烯改性焦油防水卷材	有良好的耐热及耐低温性能，最低开卷温度为－18 ℃	有利于在冬季负温度下施工	可热作业，也可冷施工
再生胶改性沥青防水卷材	有一定的延伸性和防腐蚀能力，低温柔性较好，价格低	变形较大或档次较低的防水工程	热沥青粘贴
废橡胶粉改性沥青防水卷材	比普通石油沥青纸胎油毡的抗拉强度、低温柔性均有明显改善	叠层适用于一般屋面防水工程，宜在寒冷地区使用	热沥青粘贴

对于屋面防水工程，《屋面工程技术规范》(GB 50345—2012)规定，高聚物改性沥青防水卷材适用于防水等级为Ⅰ级(重要建筑和高层建筑，两道防水设防)、Ⅱ级(一般建筑，一道防水设防)的屋面防水工程。对于Ⅰ级屋面防水工程，高聚物改性沥青防水卷材中聚酯胎、玻纤胎和聚乙烯胎每层卷材防水层厚度不宜小于3 mm；对于Ⅱ级屋面防水工程，应有一道防水设防，高聚物改性沥青防水卷材厚度不宜小于4 mm；如复合使用，高聚物改性沥青防水卷材的厚度

不应小于 2 mm。

9.2.3　合成高分子防水卷材

合成高分子防水卷材也称高分子防水片材，是以合成橡胶、合成树脂或两者的共混体为基料，加入适当化学助剂和填充料等，经过塑炼或混炼、压延或挤出成型、硫化、定型等工序加工而成的无胎加筋或不加筋的弹性或塑性的片状可卷曲的一类防水材料。

合成高分子防水卷材在我国起步较晚，但发展迅速，在整个防水材料工业中处于发展、上升阶段，仅次于改性沥青防水卷材，其生产工艺、产品品种、生产技术设备、应用技术及应用领域等都在不断提高和发展完善之中。该卷材具有抗拉强度高、断裂伸长率大、抗撕裂强度高、耐热、耐低温性能好及耐腐蚀、耐老化、可冷施工等优良特性，属于高档新型防水卷材。

目前，我国开发的合成高分子防水卷材品种繁多，主要有橡胶型、塑料型、橡塑共混型三大系列，最具代表性的有合成橡胶型的三元乙丙(EPDM)橡胶防水卷材、聚氯乙烯(PVC)防水卷材和氯化聚乙烯－橡胶共混防水卷材。

1. 三元乙丙(EPDM)橡胶防水卷材

三元乙丙橡胶防水卷材是以三元乙丙橡胶或在三元乙丙橡胶中掺入适量的丁基橡胶为基本原料，加入硫化剂、软化剂、促进剂、补强剂等，经精确配料、塑炼、拉片、过滤或压延成型、硫化等工序加工而成的高弹性防水卷材。

三元乙丙橡胶防水卷材具有质量轻、使用温度范围宽(在一定范围内可以长期使用)、耐候性能优异、抗拉强度高、延伸率大、对基层伸缩或开裂的适应性强等特点，是一种高效防水材料。另外，它采用冷施工，操作简便，能改善工人的劳动条件。

该卷材适用于屋面、厨房及卫生间、楼房地下室、地下铁道、地下停车站的防水，桥梁、隧道工程防水，排灌渠道、水库、蓄水池、污水处理池等方面的防水、隔水等，以及适用于外露屋面、大跨度、振动大、年限要求长、防水质量要求高的工程。

三元乙丙橡胶防水卷材的物理力学性能见表 9-7。

表 9-7　三元乙丙橡胶防水卷材的物理力学性能

项目名称			一等品	合格品
拉伸强度/MPa		不小于	8.0	7.0
断裂伸长率/%		不小于	450	450
直角撕裂强度/$(N\cdot cm^{-2})$		不低于	280	245
脆性温度/℃		不低于	−45	−40
耐碱性[10% $Ca(OH)_2$，168 h]	抗拉强度变化/%		−20～20	—
	断裂伸长率变化/%		<20	—
加热伸长量		小于	延伸 2 mm，收缩 4 mm	—
不透水性/MPa(30 min)			0.3，合格	0.1，合格
臭氧老化(40 ℃，168 h，预拉伸 40%)			500 pphm，无裂纹	100 pphm，无裂缝
热空气老化(80 ℃，168 h)	抗拉强度变化率/%		−20～40	−20～50
	断裂伸长率变化率/%	不小于	−30	−30
	撕裂强度变化率/%		−40～40	−50～50

2. 聚氯乙烯(PVC)防水卷材

聚氯乙烯防水卷材是以聚氯乙烯树脂为主要原料，掺入适量的改性剂、增塑剂和填充料等添加剂，以挤出制片法或压延法制成的可卷曲片状防水材料。聚氯乙烯(PVC)防水卷材根据其基料的组成及特性可分为S型和P型。S型是以煤油与聚氯乙烯树脂溶料为基料的柔性卷材；P型是以增塑聚氯乙烯为基料的塑性卷材。在卷材的实际生产中，S型卷材的PVC树脂掺有较多的废旧塑料，因此S型卷材性能远低于P型卷材。聚氯乙烯防水卷材的物理力学性能见表9-8。

表9-8　聚氯乙烯防水卷材的物理力学性能

项目		P型			S型	
		优等品	一等品	合格品	一等品	合格品
拉伸强度/MPa	不小于	15.0	10.0	7.0	5.0	2.0
断裂伸长率/%	不小于	250	200	150	200	120
热处理尺寸变化率/%	不大于	2.0	2.0	3.0	5.0	7.0
低温弯折性		−20 ℃，无裂纹				
抗渗透性		不透水				
抗穿孔性		不透水				
剪切状态下的黏合性		$\sigma_{34}\geqslant 2.0$ N/mm或在接缝处断裂				

PVC树脂可以通过改变增塑剂的加入量，被制成软质和硬质PVC材料。一般来说，增塑剂加入量(以PVC_s量计)在40%以上，为软质制品(还与填料的加入量有关)。

软质PVC卷材的特点是防水性能好、低温柔性好、耐老化性能好(耐用年限25年以上)、拉伸强度高、断裂伸长率极大、原材料丰富、价格便宜。用热风焊铺贴施工方便，不污染环境。软质PVC卷材适用于我国南北方广大地区防水要求高、耐用年限长的工业与民用建筑的防水工程。它用于屋面防水时，可做成单层外露防水。其用于大型屋面板、空心板做防水层，也可做刚性层下的防水层或用于旧建筑物混凝土构件屋面的修缮，以及地下室或地下工程的防潮，水池、蓄水槽及污水处理池的防渗，有一定耐腐蚀性要求的地面工程的防渗。

3. 氯化聚乙烯－橡胶共混防水卷材

氯化聚乙烯－橡胶共混防水卷材是以高分子材料氯化聚乙烯与合成橡胶共混为基料，掺入各种适量化学助剂和填充料，经过混炼、压延或挤出等工序制成的防水卷材。

该卷材兼有塑料和橡胶的特点，它不但具有氯化聚乙烯所特有的高强度和优异的耐老化性能，而且具有橡胶类材料的高弹性、高伸长性及良好的低温柔韧性能。这种合成高分子聚合物的共混改性材料，在工业上被称为高分子“合金”，其综合防水性能得到提高。其主要特性有：耐老化性能优异，具有良好的黏结性能和阻燃性能，拉伸强度高，伸长率大，具有良好的高低温特性，稳定性好，使用寿命长，施工方便简单等。

氯化聚乙烯—橡胶共混防水卷材根据共混材料和物理力学性能的不同，可分为S型和N型两个品种：S型——以氯化聚乙烯与合成橡胶共混体制成的防水卷材；N型——以氯化聚乙烯与合成橡胶或再生橡胶共混体制成的防水卷材。

氯化聚乙烯－橡胶共混型防水卷材的物理力学性能指标见表9-9。

表9-9　氯化聚乙烯－橡胶共混型防水卷材的物理力学性能

序号	项目		指标	
			S型	N型
1	拉伸强度/MPa	≥	7.0	5.0
2	断裂伸长率/%	≥	400	250
3	直角形撕裂强度/$(kN\cdot m^{-1})$		24.5	20.0

续表

序号	项目			指标	
				S 型	N 型
4	不透水性(30 min)			0.3 MPa，不透水	0.2 MPa，不透水
5	热老化保持率[(80±2)℃，168 h]	拉伸强度/%	≥	80	
		断裂伸长率/%	≥	70	
6	脆性温度/℃		≤	−40	−20
7	臭氧老化(500 pphm，168 h，40 ℃，静态)			伸长率 40%，无裂纹	伸长率 20%，无裂纹
8	粘贴剥离强度/(kN·m^{-1})(卷材与卷材)		≥	2.0	
	浸水 168 h，保持率/%		≥	70	
9	热处理尺寸变化率/%		≤	+1	+2
				−2	−4

氯化聚乙烯－橡胶共混防水卷材最适宜用单层冷粘外露防水施工法做屋面的防水层，也适用于有保护层的屋面或楼地面、地下、游泳池、隧道、涵洞等中、高档建筑防水工程。

合成高分子防水卷材除以上三种典型品种外，还有再生胶、三元丁橡胶、氯化聚乙烯、氯磺化聚乙烯、三元乙丙橡胶－聚乙烯共混等防水卷材。它们因所用的基材不同而性能差异较大，使用时应根据其性能特点合理选择。

《屋面工程技术规范》(GB 50345—2012)规定，合成高分子防水卷材适用于防水等级为Ⅰ级和Ⅱ级的屋面防水工程。在Ⅰ级屋面防水工程中，合成高分子防水卷材每层卷材防水层厚度不宜小于 1.2 mm；在Ⅱ级屋面防水工程中，一道防水设防，合成高分子防水卷材防水层厚度不宜小于 1.5 mm。

9.3　防水涂料

防水涂料又称涂膜防水材料，一般是由沥青、合成高分子聚合物、合成高分子聚合物与沥青、合成高分子聚合物与水泥或以无机复合材料等为主要成膜物质，掺入适量的颜料、助剂、溶剂等加工制成的溶剂型、水乳型或反应型的，在常温下无固定形状的黏稠状液态或粉末状的可液化固态，经涂布能在结构物表面结成连续、无缝、坚韧的防水膜，能满足工程不同部位防水、抗渗要求的一类材料的总称。

防水涂料按其状态与形成，大致可分为乳液型、溶剂型、反应型三大类型，各类型的性能特点见表 9-10，按成膜物质的主要成分可分为沥青基防水涂料、高聚物改性沥青防水涂料、合成高分子防水涂料三大类，如图 9-1 所示。

表 9-10　各类型防水涂料的性能特点

种类	成膜特点	施工特点	存储及注意事项
乳液型	通过水分蒸发，高分子材料经过固体微粒靠近、接触、变形等过程而成膜，涂层干燥较慢，一次成膜的致密性较溶剂型涂料低	施工安全，操作简单，不污染环境，可在较为潮湿的找平层上施工，一般不宜在 5 ℃以下的气温下施工，生产成本较低	存储期一般不宜超过半年，产品无毒，不燃，生产及存储使用均比较安全

续表

种类	成膜特点	施工特点	存储及注意事项
溶剂型	通过溶剂的挥发，经过高分子材料的分子链接触、搭接等过程而成膜，涂层干燥快，结膜较薄而致密	溶剂苯有毒，对环境有污染，人体易受侵害，施工时应具备良好的通风环境，以保证人身安全	涂料存储的稳定性较好，应密封存放，产品易燃、易爆、有毒，生产、运输、存储和施工时均应注意安全，注意防火
反应型	通过液态的高分子预聚物与固化剂等辅料发生化学反应而成膜，可以此形成致密、较厚的涂膜，几乎无收缩	施工时，需在现场按规定配方进行准确配料，搅拌应均匀，方可保证施工质量，价格较高	双组分涂料每组分需分别桶装，密封存放，产品有异味，生产、运输、存储和施工时均应注意防火

防水涂料要满足建筑防水工程的要求，以下指标必须满足相应要求。

(1)固体含量。固体含量是指防水涂料中所含固体的比例。由于涂料涂刷后涂料中的固体成分形成涂膜，因此，固体含量多少与成膜厚度及涂膜质量密切相关。

(2)耐热度。耐热度是指防水涂料成膜后的防水薄膜在高温下不发生软化变形、不流淌的性能。它反映防水涂膜的耐高温性能。

(3)柔性。柔性是指防水涂料成膜后的膜层在低温下保持柔韧的性能。它反映防水涂料在低温下的施工和使用性能。

(4)不透水性。不透水性是指防水涂膜在一定水压(静水压或动水压)和一定时间内不出现渗漏的性能。它是防水涂料满足防水功能要求的主要质量指标。

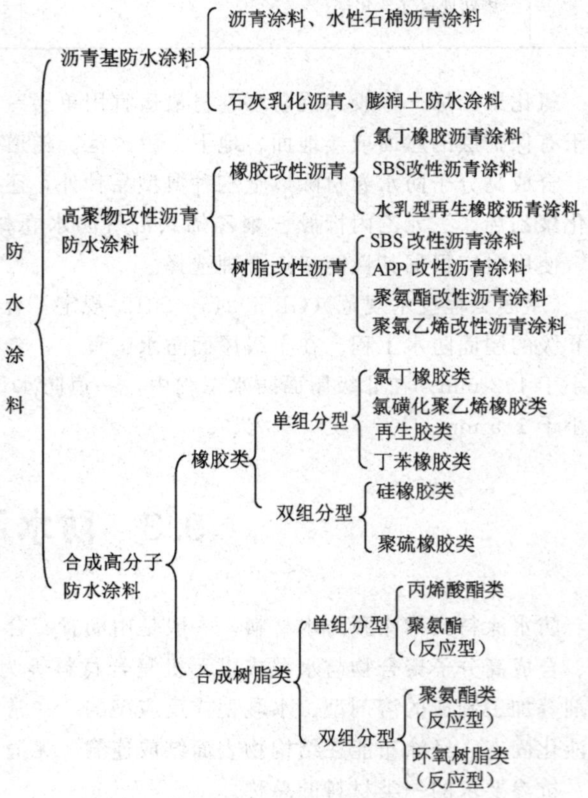

图 9-1　防水涂料分类

(5)延伸性。延伸性是指防水涂膜适应基层变形的能力。防水涂料成膜后必须具有一定的延伸性，以适应由于温差、干湿等因素造成的基层变形，保证防水效果。

防水涂料的使用应考虑建筑物的特点、环境条件和使用条件等因素，结合防水涂料特点和性能指标进行选择。

9.3.1　沥青基防水涂料

沥青基防水涂料的成膜物质是石油沥青，一般分为溶剂型和水乳型两种。溶剂型沥青涂料是将石油沥青直接溶解于汽油等有机溶剂后制得的溶液。沥青溶液施工后所形成的涂膜很薄，一般不单独做防水涂料使用，只用作沥青类油毡施工时的基层处理剂。水乳型沥青防水涂料是将石油沥青分散于水中所形成的水分散体。目前，常用的沥青基防水涂料有水乳无机矿物厚质沥青涂料、水性石棉沥青防水涂料、石灰乳化沥青涂料、水性铝粉屋面反光涂料、溶剂型屋面反光隔热涂料、膨润土－石棉乳化沥青防水涂料、阳离子乳化高蜡石油沥青防水涂料等。

1. 石灰乳化沥青

石灰乳化沥青是以石油沥青为基料，以石灰膏(氢氧化钙)为分散剂，以石棉绒为填充料，经加工而成的一种沥青浆膏(冷沥青悬浮液)。石灰乳化沥青生产工艺简单，一般在现场施工时配制。该涂料材料来源丰富，生产工艺简单，成本较低，在使用中都做成厚涂层，有较好的耐候性。其缺点是涂层的延伸率较低，抗裂性较差，容易因基层变形而开裂，从而导致漏水、渗水。另外，在温度较低时易发脆，单位面积的耗用量也较大。一般结合嵌缝油膏、胶泥等密封材料用于工业厂房的屋面防水。

2. 水性石棉沥青防水涂料

水性石棉沥青防水涂料是以石油沥青为基料，以碎石棉纤维为分散剂，在机械搅拌作用下制成的一种水溶性厚质防水涂料。该涂料无毒、无污染，水性冷施工，可在潮湿和无积水的基层上施工。由于涂料中含有石棉纤维，因此涂料的稳定性、耐水性、耐裂性和耐候性较一般的乳化沥青好，且能形成较厚的涂膜，防水效果好，原材料便宜。其缺点是施工温度要求高，一般要求在 10 ℃以上，气温过高则易粘脚，影响操作。施工时配以胎体增强材料，可用于工业和民用建筑钢筋混凝土屋面防水，地下室、卫生间的防水及层间楼板层的防水和旧屋面的维修等。

3. 膨润土沥青乳液

膨润土沥青乳液是以油质石油沥青为基料，以膨润土为分散剂，经机械搅拌而成的一种水乳型厚质沥青防水涂料。该涂料可涂在潮湿的基层上形成厚质涂膜，耐久性好。涂层与基层的粘结力强，耐热度高，耐 90～120 ℃，适用于各种沥青基防水层的维修，也可用作保护层或复杂屋面、保温面层上独立的防水层。

9.3.2　高聚物改性沥青防水涂料

沥青防水涂料通过适当的高聚物改性可以显著提高其柔韧性、弹性、流动性、气密性、耐化学腐蚀性和耐疲劳性等。高聚物改性沥青防水涂料一般是用再生橡胶、合成橡胶或 SBS 等对沥青进行改性而制成的水乳型或溶剂型防水涂料。

1. 氯丁橡胶改性沥青防水涂料

氯丁橡胶改性沥青防水涂料是以氯丁橡胶和沥青为基料，经加工而成的一种防水涂料，其品种可分为溶剂型和水乳型两种。

(1)溶剂型氯丁橡胶沥青防水涂料又称氯丁橡胶沥青防水材料，是氯丁橡胶和石油沥青溶解于甲苯或二甲苯中而形成的一种混合胶体溶液，其主要成膜物质是氯丁橡胶和石油沥青。该涂料是我国新型防水材料中出现较早的一个品种，20 世纪 60 年代就开始在工程上大面积使用。但是，由于溶剂型氯丁橡胶沥青防水涂料中含有甲苯等有机溶剂，具有易燃、有毒、施工不便等特点，故产量已越来越小。

(2)水乳型氯丁橡胶沥青防水涂料又称氯丁胶乳沥青防水涂料，是以阳离子型氯丁胶乳与阳离子型沥青乳液混合构成，氯丁橡胶及石油沥青的微粒借助于阳离子型表面活性剂的作用，稳定分散在水中而形成的一种乳状液。该种防水涂料兼有橡胶和沥青的双重特性，与溶剂型同类涂料相比，两者都以氯丁橡胶和石油沥青为主要成膜物质，故性能相似。但水乳型氯丁橡胶沥青防水涂料以水代替有机溶剂，不但成本降低，而且具有无毒、不燃、不爆、施工中无环境污染等优点，主要产品属阳离子水乳型。

2. 水乳型再生橡胶改性沥青防水涂料

水乳型再生橡胶改性沥青防水涂料是由阴离子型再生乳胶和阴离子型沥青乳胶混合均匀构成，再生橡胶和石油沥青的微粒借助于阴离子表面活性剂的作用，稳定分散在水中而形成的乳状液。

该涂料以水为分散剂，具有无毒、无味、不燃的优点，可在常温下冷施工作业，并可在稍潮湿无积水的表面上施工，涂膜有一定的柔韧性和耐久性，材料来源广，价格低。它属于薄型涂料，一次涂刷涂膜较薄，需多次涂刷才能达到规定厚度。该涂料一般要加衬玻璃纤维布或合成纤维加筋毡构成防水层，施工时再配以嵌缝密封膏，以获得较好的防水效果。该涂料适用于工业和民用建筑混凝土基层屋面防水，以沥青珍珠岩为保护层的保温屋面防水，地下混凝土建筑防潮及旧油毡屋面翻修和刚性自防水屋面的维修等。

3. SBS 改性沥青防水涂料

SBS 改性沥青防水涂料是以沥青、橡胶、合成树脂、SBS 及表面活性剂等高分子材料组成的一种水乳型弹性沥青防水涂料。该涂料的优点是低温柔韧性好、抗裂性强、黏结性能优良、耐老化性能好，与玻纤布等增强胎体复合，能用于任何复杂的基层，防水性能好，可冷施工作业，是较为理想的中档防水涂料。SBS 改性沥青防水涂料适用于复杂基层的防水、防潮施工，如卫生间、地下室、厨房、水池等，特别适合于寒冷地区的防水施工。

9.3.3 合成高分子防水涂料

合成高分子防水涂料是以合成橡胶或合成树脂为主要成膜物质，加入其他辅料而配制成的单组分或多组分防水涂料。合成高分子防水涂料的品种很多，常见的有硅酮、氯丁橡胶、聚氯乙烯、聚氨酯、丙烯酸酯、丁基橡胶、氯磺化聚乙烯和偏二氯乙烯等防水涂料。

1. 聚氨酯涂膜防水涂料

聚氨酯涂膜防水材料又称聚氨酯防水涂料，是由异氰酸酯基的聚氨酯预聚体和含有多羟基或氨基的固化剂及其他助剂的混合物按一定比例混合所形成的一种反应型涂膜防水涂料。该涂料具有优异的耐油、耐磨、耐臭氧、耐海水侵蚀性能及一定的耐碱性能，柔软且富有弹性，对基层伸缩和开裂的适应性强，黏结性能好，并且由于固化前是一种无定型的黏稠物质，对于形状复杂的屋面、管道纵横部位、阴阳角、管道根部及端部收头都容易施工，因此它是目前世界上最常用和最有发展前途的高分子防水材料。其缺点是原材料为较昂贵的化工材料，成本和售价较高；不易维修，完全固化前变形能力比较差，施工中易受损伤，并且有一定的可燃性和毒性，施工时需注意安全。

聚氨酯涂膜防水涂料广泛应用于屋面、地下工程、卫生间、游泳池等的防水，也可用于室内隔水层及接缝密封，还可用作金属管道、防腐地坪、防腐池的防腐处理等。

2. 水性丙烯酸酯防水涂料

水性丙烯酸酯防水涂料是以纯丙烯酸共聚物、改性丙烯酸或纯丙烯酸酯乳液为主要成分，加入适量填料、助剂及颜料等配制而成，属于合成树脂类单组分防水涂料。

该类防水涂料的最大优点是具有优良的耐候性、耐热性和耐紫外线性，在－30～80 ℃的条件下性能基本无变化，延伸性能好，可达 250%，能适应基层一定幅度的开裂变形；一般为白色，也可通过着色使之具有各种色彩，兼具防水、装饰和隔热效果；以水作为分散介质，无毒、无味、不燃，安全可靠；可在常温下进行冷施工作业，也可在稍潮湿而无积水的表面上施工，操作简单，维修方便，不污染环境。

3. 硅橡胶防水涂料

硅橡胶防水涂料是以硅橡胶胶乳及其他乳液的复合物为主要基料，掺入各种助剂配制而成的乳液型防水涂料。它通常分为 1 号和 2 号，1 号涂布于底层和面层；2 号涂布于中间加强层。

该类涂料兼有涂膜防水和渗透防水材料两者的优良特性，具有良好的防水性、抗渗透性、成膜性、弹性、黏结性、延伸性和耐高低温特性，适应基层变形的能力强。可渗入基底，与基底牢固黏结，成膜速度快；可在潮湿基层上施工，可刷涂、喷涂或滚涂；要求基层有较好的平整度；固体含量较低，一次涂刷层较薄；气温低于 5 ℃时不宜施工等。硅橡胶防水涂料适用于各类工程，尤其是屋面、地下工程的防水、防潮、防渗和维修。

4. 聚氯乙烯防水涂料

聚氯乙烯防水涂料是以聚氯乙烯和煤焦油为基料，加入适量的防老化剂、增塑剂、稳定剂及乳化剂，以水为分散介质所制成的水乳型防水涂料。施工时，一般要铺设玻纤布、聚酯无纺布等对胎体进行增强处理。

该类防水涂料弹塑性好，耐寒、耐化学腐蚀、耐老化和成品稳定性好，可在潮湿的基层上冷施工，防水层的总造价低。聚氯乙烯防水涂料可用于各种一般工程的防水、防渗及金属管道的防腐工程。

9.4 防水密封材料

建筑密封材料是能承受位移并具有高气密性及水密性而嵌入建筑接缝中的定形(密封条、压条)和不定形(密封膏和密封胶)两种材料。嵌入建筑接缝中，可以防尘、防水、隔气，具有良好的黏附性、耐老化性和温度适应性，能长期承受被黏附物体的振动、收缩而不破坏。

9.4.1 建筑密封材料的分类

按原材料及性能，不定形密封材料可分为塑性密封膏、弹塑性密封膏和弹性密封膏。

(1)塑性密封膏。塑性密封膏是以改性沥青和煤焦油为主要原料制成的。其价格低，具有一定的弹塑性和耐久性，但弹性差，延伸性差，使用年限在 10 年以下。

(2)弹塑性密封膏。弹塑性密封膏是以聚氯乙烯胶泥及各种塑料油膏为主要原料制成的。其弹性较低，塑性较大，延伸和粘结力较好，使用年限在 10 年以上。

(3)弹性密封膏。弹性密封膏是以聚硫橡胶、有机硅橡胶、氯丁橡胶、聚氨酯和丙烯酸萘为主要原料制成。其性能好，使用年限在 20 年以上。

9.4.2 工程常用密封膏

1. 沥青嵌缝油膏

沥青嵌缝油膏是以石油沥青为基料，加入改性材料、稀释剂及填充料混合制成的密封膏。改性材料有废橡胶粉和硫化鱼油；稀释剂有松焦油、松节重油和机油；填充料有石棉绒和滑石粉等。

沥青嵌缝油膏主要作为屋面、墙面、沟和槽的防水嵌缝材料。

建筑防水沥青嵌缝油膏的技术性能应符合现行行业标准《建筑防水沥青嵌缝油膏》(JC/T 207—2011)的要求，见表9-11。

表9-11　建筑防水沥青嵌缝油膏的技术性能要求

序号	项目			技术指标	
				702	801
1	密度/(g·cm^{-3})			规定值±0.1	
2	施工度/mm		≤	22.0	20.0
3	耐热性	温度/℃		70	80
		下垂值/mm	≤	4.0	
4	低温柔性	温度/℃		−20	−10
		黏结状况		无裂纹和剥离现象	
5	拉伸黏结性		≥	125	
6	浸水后拉伸黏结性		≥	125	
7	渗出性	渗出幅度/mm	≤	5	
		渗出张数/张	≤	4	
8	挥发性/%		≤	2.8	

使用沥青油膏嵌缝时，缝内应洁净干燥，先涂刷冷底子油一道，待其干燥后即嵌填注油膏。油膏表面可加石油沥青、油毡、砂浆、塑料为覆盖层。

2. 聚氯乙烯建筑防水接缝材料

聚氯乙烯建筑防水接缝材料是以聚氯乙烯树脂为基料，加以适量的改性材料及其他添加剂配制而成，简称PVC接缝材料。其按施工工艺可分为热塑型(通常指PVC胶泥)和热熔型(通常指塑料油膏)两类。聚氯乙烯建筑防水接缝材料具有良好的弹性、延伸性及耐老化性，与混凝土基面有较好的黏结性，能适应屋面震动、沉降、伸缩等引起的变形要求，适用于建筑物和构筑物各种防水接缝。其技术性能应满足《聚氯乙烯建筑防水接缝材料》(JC/T 798—1997)的要求。

3. 聚氨酯建筑密封胶

聚氨酯建筑密封胶是以含异氰酸酯基(—NCO)的聚氨酯预聚体为基料和含有多羟基(—OH)的固化剂掺入补强剂、增黏剂等组成的一种双组分反应型弹性密封材料。这种密封胶能够在常温下固化，并有着优异的弹性性能、耐热耐寒性能和耐久性，与混凝土、木材、金属、塑料等多种材料有着很好的黏结力，广泛用于各种装配式建筑的屋面板、楼地板、阳台、窗框及卫生间等部位的接缝密封及各种施工缝的密封、混凝土裂缝的修补等。其技术性能应符合《聚氨酯建筑密封胶》(JC/T 482—2022)的要求。

4. 聚硫建筑密封胶

聚硫建筑密封胶是由液态聚硫橡胶为主剂，配以增黏树脂、硫化剂、促进剂、补强剂等制成的密封胶。在常温下形成的弹性密封材料，其性能应符合《聚硫建筑密封胶》(JC/T 483—2022)的要求。这种密封材料能形成类似于橡胶的高弹性密封口，能承受持续和明显的循环位移，使用温度范围宽，在－40～90 ℃的温度范围内能保持它的各项性能指标，与金属及非金属材质均具有良好的黏结力。其适用于混凝土墙板、屋面板、楼板等部位的接缝密封，以及游泳池、储水槽及上下水管道等工程的伸缩缝、沉降缝的防水密封，特别适用于金属幕墙、金属门窗四周的防水、防尘密封。因固化剂中常含铅成分，所以在使用时应避免直接接触皮肤。

5. 硅酮建筑密封胶

硅酮建筑密封胶是以聚硅氧烷为主剂，加入硫化剂、硫化促进剂、填料和颜料等组成的高分子非定形密封材料。

《硅酮和改性硅酮建筑密封胶》(GB/T 14683—2017)规定，硅酮建筑密封胶按组分可分为单组分(Ⅰ)和多组分(Ⅱ)两个类型；按用途可分为 F 类(建筑接缝用)、Gn 类(普通装饰装修镶嵌玻璃用，不适用于中空玻璃)和 Gw 类(建筑幕墙非结构性装配用，不适用中空玻璃)；按位移能力可分为 50、35、25、20 四个级别；按拉伸模量可分为高模量(HM)和低模量(LM)两个次级别。

硅酮建筑密封胶具有优异的耐热与耐寒性、较好的耐候性、良好的疏水性能等优点。硅酮建筑密封胶主要用于建筑物的结构型密封部位，如建筑幕墙、门窗，以及建筑物的非结构型密封部位，如预制混凝土墙板、水泥板、大理石板、花岗石的外墙板缝、混凝土与金属框架的粘接及卫生间和高速公路等接缝的防水密封等。

9.4.3 密封材料的储运及保管

密封材料的储运、保管应遵守规定，应避开火源、热源，避免日晒、雨淋，防止碰撞，保持包装完好无损；外包装应贴有明显的标记，标明产品的名称、生产厂家、生产日期和使用有效期；应分类储放在通风、阴凉的室内，环境温度不应超过 50 ℃。

工程案例分析

【案例 9-1】

夏季中午铺设沥青防水卷材

概况：某住宅楼于 8 月份开始施工，铺贴沥青防水卷材全是白天施工，之后卷材出现鼓化、渗漏。

分析：夏季中午天气炎热，屋顶受太阳辐射，温度较高。此时铺贴沥青防水卷材，基层中的水汽会蒸发，集中于铺贴的卷材内表面，并会使卷材鼓泡。此外，高温时沥青防水卷材会软化、膨胀，当温度降低后卷材会产生收缩，导致断裂。还需指出的是，沥青中还含有对人体有害的挥发物，在强烈阳光照射下，会使操作工人得皮炎等疾病。故铺贴沥青防水卷材应尽量避开炎热时间段。

【案例 9-2】

同一防水材料在不同场合有不同效果

概况：某石砌水池因砂缝不饱满，后以一种水泥基粉状刚性防水涂料整体涂覆，效果良好，长时间不渗透。但同样使用此防水涂料用于因基础下陷不均而开裂的地下室防水，效果却不佳。

分析： 此类刚性防水涂料，其涂膜是刚性的。在涂料固化前对混凝土或水泥砂浆等多孔材料有一定的渗透性，起堵塞水分通道的作用。但刚性防水层并不能有效地适应基础不均匀下陷，在基础开裂的同时也会随之开裂。故在第一种情况下有好的防水效果，而对于第二种情况基层变动则效果不佳。

【案例 9-3】

橡塑共混卷材质量分析

概况： 上海某厂房屋面工程于冬季分包给两个防水材料厂的工程队施工，并分别采用两种不同品牌的橡塑共混防水卷材及不同施工工法(满贴法与条贴法)施工。经过两个夏季后发现，凡采用 A 厂的卷材均出现众多裂缝及漏水，且现场可见其卷材表面已有众多纹理；而 B 厂卷材则未出现开裂。

分析： (1)自然老化性能。经一年半自然老化后，A 厂卷材断裂伸长率不合格，拉伸强度虽合格，但纵横向相差值较大；而 B 厂卷材不仅上述指标合格，且纵横向相差值不大。A 厂卷材表面已有众多纹理和裂缝，可见其均匀性不足，且已过早老化。

(2)其他性能分析。A 厂卷材的其他方面性能也差于 B 厂卷材。如 A 厂卷材加热前后尺寸变化值是 B 厂卷材的 3 倍；剪切试验也证实 A 厂卷材质量较差。

还需说明的是，除卷材的质量问题外，粘贴方法也有一定的影响。当基层含水分较多，且采用单层卷材施工时，宜采用条贴法或点贴法铺贴卷材。满贴法因卷材与基层黏结很牢固，卷材的伸长率无法适应基层开裂的要求，所以卷材的裂缝亦难以避免。

思考与练习

一、填空题

1. 防水涂料按其状态与形成，大致可分为________、________、________三大类型。
2. 沥青基防水涂料的成膜物质是石油沥青，一般分为________和________两种。
3. 按原材料及性能，不定形密封材料可分为________、________和________。

二、选择题

1. 采用 SBS 热塑性弹性体材料改性沥青作防水卷材浸渍涂盖层，可提高卷材的(　　)。
   A. 弹性和耐疲劳性　　B. 拉伸强度
   C. 抗紫外线能力　　D. 耐水性
2. 关于高聚物改性沥青防水卷材的特性，下列说法错误的是(　　)。
   A. 具有良好的弹性，温度稳定性好　　B. 延伸率高
   C. 既可以冷贴施工，又可热熔铺贴　　D. 拉伸强度高
3. 下列材料中不属于改性沥青防水卷材的是(　　)。
   A. SBS 防水卷材　　B. APP 防水卷材
   C. SBR 防水卷材　　D. PVC 防水卷材
4. 合成高分子防水卷材的基材不包括(　　)。
   A. 合成橡胶　　B. 合成树脂
   C. 合成橡胶与合成树脂的共混体　　D. 石油沥青

5. 防水涂料按照(　　)可分为溶剂型、水乳型和反应型三种。

A. 组成材料　　B. 液态类型

C. 固体含量　　D. 防水性能

三、名词解释

1. 防水材料
2. 合成高分子防水卷材
3. 沥青嵌缝油膏

四、简答题

1. 我国的新型建筑防水材料通常分为哪五大类？
2. 新型改性沥青防水卷材主要有哪些？
3. 简述密封材料的储运及保管。

建筑防水材料的类别及特点

疏水建筑材料的研发：给建筑穿上"雨衣"

思考与练习答案

第 10 章　木　　材

学习提示

木材是人类最早使用的土木工程材料之一，目前在仿古建筑和一般建筑工程中仍然被广泛使用。木材的构造决定了木材的物理力学性质。木材经过加工和处理可以生产各种木质制品。采取措施防腐、防虫和防火，对木材的合理使用具有十分重要的意义。

学习目标

知识目标

通过本章的学习，掌握木材的主要性质及影响因素；了解木材的分类、构造与缺陷；掌握土木工程中常用木材及木质材料制品，木材的防腐与防火处理。

素养目标

通过讲解木材的节约使用、合理使用和综合利用，培育学生如匠人般持之以恒的耐心，践行精工细作的工程精神。

思维导图

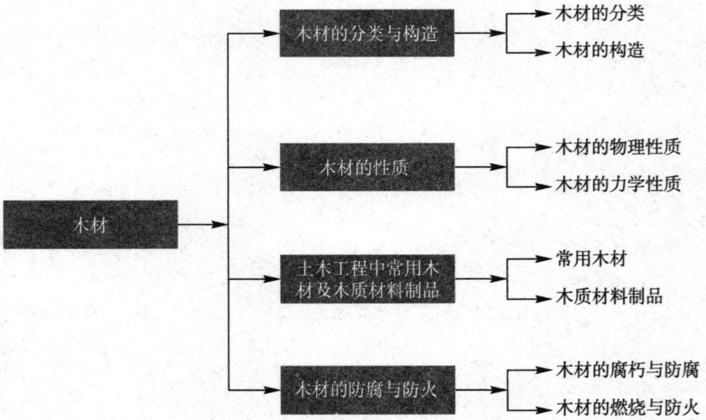

案例导入

中国馆“东方之冠”具有明显的中国特色，它融合了多种中国元素，并用现代手法加以整合、提炼和构成，国家馆的造型还借鉴了夏商周时期鼎器文化的概念。鼎有四足，起支撑作用。作为国家盛典中的标志性建筑，我们发现它背后蕴含着中国传统建筑的灵魂——榫卯结构。光有斗拱的造型还不够，还要传达出力量感和权威感，这就需要用四组巨柱(像巨型的四脚鼎）将中国馆架空升起，呈现出挺拔奔放的气势，同时又使这个庞大建筑摆脱了压抑感。通过巨柱与斗拱的巧妙结合，将力合理分布，同时向前倾斜的倒梯形结构，是现代建筑向力学的又一挑战。

10.1　木材的分类与构造

10.1.1　木材的分类

可生产木材的树种很多，根据树叶的外观形状，树木可分为针叶树木和阔叶树木两大类。树木的分类和特点见表 10-1。

表 10-1　树木的分类和特点

种类	特点	用途	树种
针叶树	树叶细长，呈针状，多为常绿树；纹理顺直，木质较软，强度较高，表观密度小；耐腐蚀性较强，胀缩变形小	建筑工程中主要使用的树种，多用作承重构件、门窗等	松树、杉树、柏树等
阔叶树	树叶宽大，叶脉呈网状，大多为落叶树；木质较硬，加工较难；表观密度大，胀缩变形大	常用作内部装饰、次要的承重构件和胶合板等	榆树、桦树、水曲柳等

10.1.2　木材的构造

木材的构造决定其性质，针叶树和阔叶树的构造略有不同，故其性质也有差异。了解木材的构造可从宏观和微观两个方面进行。

1. 宏观构造

木材是由无数不同形态、不同大小、不同排列方式的细胞所组成。木材的宏观构造是指在肉眼或放大镜下所能看到的构造，它与木材的颜色、气味、光泽、纹理等构成区别于其他材料的显著特征。为便于了解木材的构造，人们将树木切成三个不同的切面，如图 10-1 所示。

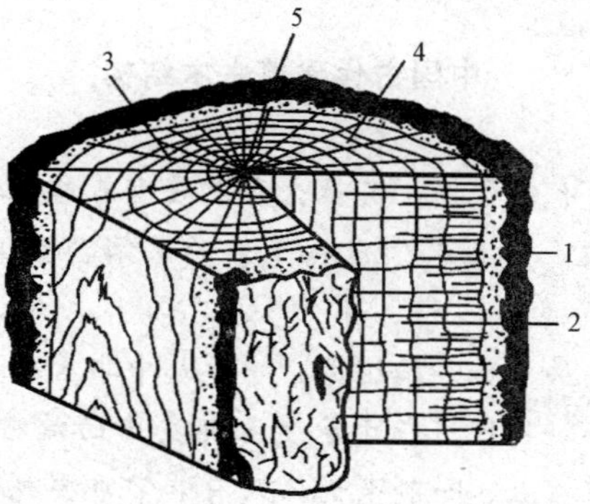

图 10-1　木材的三个切面

1—树皮；2—木质部；3—年轮；4—髓线；5—髓心

横切面——垂直于树轴的切面；

径切面——通过树轴的切面；

弦切面——和树轴平行且与年轮相切的切面。

在宏观方面，树木可分为树皮、木质部和髓心三个部分。而木材主要使用木质部。从木材的横切面上看，有许多树种的木材，靠近树皮的部分材色较浅，水分较多，称为边材。在髓心周围部分，材色较深，水分较少，称为心材。

2. 微观构造

木材的微观构造是指借助光学显微镜观察到的结构。各种木材的微观构造是各种各样的。

在显微镜下，可以看到木材是由无数管状细胞紧密结合而成的。细胞横断面呈四角略圆的正方形。每个细胞分为细胞壁和细胞腔两个部分，细胞壁由若干层纤维组成。细胞之间纵向连接比横向连接牢固，造成细胞纵向强度高，横向强度低。细胞之间有极小的空隙，能吸附水和渗透水分。针叶树微观构造简单而规则，它主要由管胞和髓线组成，针叶材的木射线一般较细且在肉眼下不可见。一般针叶材的年轮界限明显，早、晚材区别明显。在显微镜下所看到的木材组织，称为木材的微观构造(图 10-2)。

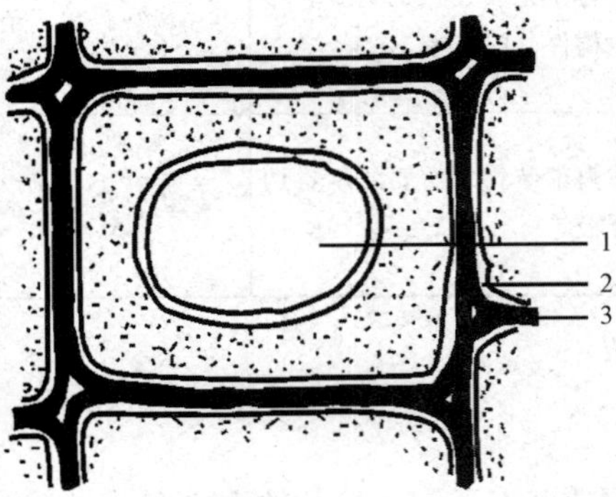

细胞壁的结构

1—细胞腔；2—初生层；3—细胞间层

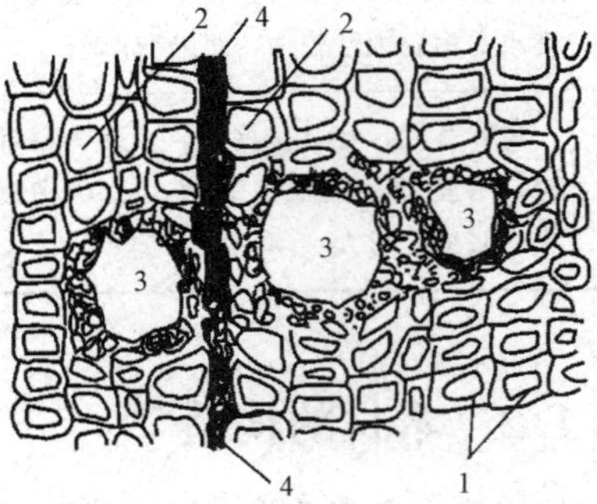

显微镜下松木的横切片示意图

1—细胞壁；2—细胞腔；
3—树脂流出孔；4—木髓线

图 10-2　木材的微观构造

扩展阅读

中国古代建筑之木结构

1. 斗拱式木结构

斗拱是中国古代建筑上特有的构件，其产生和发展有着悠久的历史。从两千多年前战国时代采桑猎壶上的建筑花纹图案，以及汉代保存下来的墓阙、壁画上，都可以看到早期斗拱的形象。

斗拱是由方形的斗、升、拱、翘、昂组成。斗拱是中华古代建筑中特有的形制，是较大建筑物的柱与屋顶间的过渡部分。其作用在于承受上部支出的屋檐，将其重量直接集中到柱上，或间接地先纳至额枋上再转到柱上。一般来说，只有非常重要或带纪念性的建筑物，才有斗拱的安置。在美学和结构上它也拥有一种独特的风格，无论从艺术或技术的角度来看，斗拱都足以象征和代表中华古典的建筑精神和气质。

2. 穿斗式木结构

穿斗式木结构在汉代已经相当成熟，流传到现代，为中国的南方许多省所普遍采用。穿斗式木结构就是沿着房屋的进深方向立柱，但柱的间距较密，柱直接承受檩的重量，不设架空的抬梁，而数层“穿”贯通各柱，组成一组组的构架。也就是用较小的柱与数根木拼合地“穿”，造成纵向整堵墙的构架，建造时先在地面上拼装成整榀屋架。然后，竖立起来。同时，密列的立柱也便于安装壁板和筑夹泥墙。穿斗式木结构具有用料经济、施工简易、维修方便的特点，多用于古代建筑中的传统民居和较小的建筑物。

3. 抬梁式木结构

抬梁式木结构在春秋时代就已经初步完善了，经过历代不断地提高，产生了一套完整的比例和做法。其具体做法就是沿着房屋的进深方向在石础上立柱，立柱上架梁。然后，再在梁上重叠数层瓜柱和梁，自上而下，逐层缩短，逐层加高，至最上层梁上立脊瓜柱，构成一组木构架，形成坡屋顶的斜面。在平行的两组木构架之间，用横向的枋联络柱的上端，并在各层梁头和脊瓜柱上安置若干与梁构成直角的檩。两组木构架所形成的空间，就叫做“间”。这样，由于檩上排列的椽子除承载屋顶重量外，还通过联系构架，使得整个屋顶的重量依次由椽子传递到檩，再由檩传递到脊瓜柱和梁，最后通过柱传递到石基础。因此，木构架可以建造三角、正方、五角、六角、八角、圆形、扇面、万字、田字及其他特殊平面的建筑，建造多层的楼阁与塔等。

10.2　木材的性质

10.2.1　木材的物理性质

1. 木材的密度

木材的实质密度是指构成木材细胞壁物质的密度，为1.50～1.56 g/cm³，各材种之间相差不大，实际计算和使用中常取1.53 g/cm³。

(1)基本密度。基本密度因绝干材质量和生材(或浸渍材)体积较为稳定，测定的结果准确，所以适合做木材性质比较用。在木材干燥、防腐工业中，基本密度也具有实用性。

(2)气干密度。气干密度是气干材质量与气干材体积之比，通常以含水率在8%～20%时的木材密度称为气干密度。木材气干密度是我国进行木材性质比较和生产使用的基本依据。

木材密度的大小受多种因素的影响，其主要影响因素为木材含水率的大小、细胞壁的厚薄、年轮的宽窄、纤维比率的高低、抽提物含量的多少、树干部位和树龄、立地条件和营林措施等。中国林科院木材工业研究所根据木材气干密度(含水率为15%时)，将木材分为五级(单位：g/cm³)，分别为很小：≤0.350；小：0.351～0.550；中：0.551～0.750；大：0.751～0.950；很大：>0.950。

2. 木材的含水率

木材的含水率是指木材中所含水的质量占干燥木材质量的百分数。木材中的水分按其与木材结合形式和存在的位置，可分为自由水、吸附水和化学结合水。

自由水是存在于木材细胞腔和细胞间隙中的水，影响着木材的表观密度、抗腐蚀性、干燥性和燃烧性；吸附水是被吸附在细胞壁内纤维之间的水。吸附水的变化影响着木材强度和木材胀缩变形性能；化学结合水即为木材中的化合水，它在常温下不变化，故其对木材的性质无影响。

当木材中无自由水，而细胞壁内吸附水达到饱和时，这时的木材含水率称为纤维饱和点。木材的纤维饱和点因树种而有差异，为25%～35%，通常取其平均值，约30%。当含水率大于纤维饱和点时，水分对木材性质的影响很小。当含水率自纤维饱和点降低时，木材的物理和力学性质随之发生变化。纤维饱和点是木材性质发生变化的转折点。木材在大气中能吸收或蒸发水分，与周围空气的相对湿度和温度相适应而达到恒定的含水率，称为平衡含水率(图10-3)。木材的平衡含水率随地区、季节及气候等因素而变化，为10%～18%。

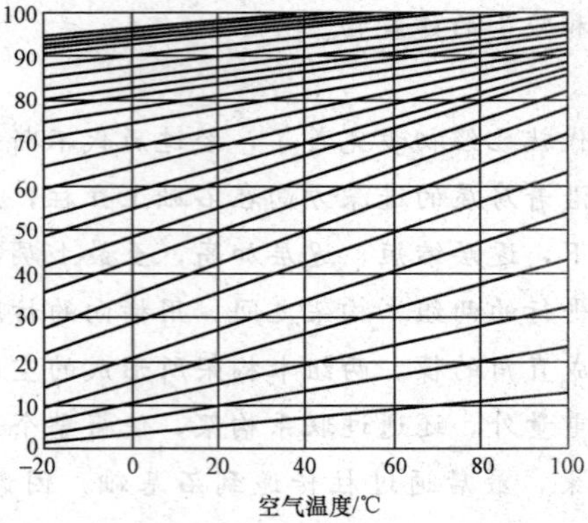

图10-3　木材的平衡含水率

3. 木材的湿胀和干缩

木材具有很显著的湿胀、干缩性能。当木材的含水率在纤维饱和点以下时，随着含水率的增大，木材体积产生膨胀。当木材的含水率在纤维饱和点以上，只有自由水增减变化时，木材的体积不发生变化。纤维饱和点是木材的一种特定的含水率状态。其含水率数值因为树种、温度及测定方法的不同而有差异，通常以30%作为各个树种含水率的平均值。当含水率低于纤维饱和点时，含水率越大，强度越低，超过时不再有这种规律。

木材含水率与其胀缩变形的关系如图10-4所示，从图中可以看出，木材的纤维饱和点是木材发生湿胀、干缩变形的转折点。

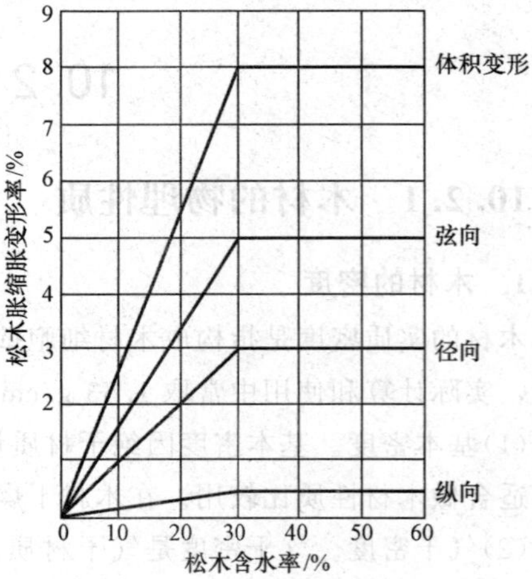

图10-4　含水率对松木胀缩变形的影响

由于木材为非匀质材料，其胀缩变形各向不同，其中以弦向最大，径向次之，纵向(即顺纤维方向)最小。当木材干燥时，弦向干缩为6%～12%，径向干缩为3%～6%，纵向仅为0.1%～0.35%。木材弦向胀缩变形最大，是受管胞横向排列的髓线与周围连接较差所致。板材距髓心越远，由于其横向更接近于典型的弦向，因而干燥时收缩越大，致使板材产生背向髓心的反翘变形。木材的湿胀干缩变形还因树种不同而有差异。一般来说，表观密度大、夏材含量多的木材，胀缩变形就较大。

湿胀干缩将影响木材的使用，湿胀会造成木材凸起，干缩会导致木结构连接松动。如长期湿胀干缩交替作用，会使木材产生翘曲开裂。为了避免这种情况的发生，潮湿的木材在加工或使用之前应预先进行干燥处理，使木材内的含水率与将来使用的环境湿度相适应。因此木材应预先干燥至平衡含水率后才能加工使用。

10.2.2 木材的力学性质

1. 木材的强度

在建筑结构中，木材常用的强度有抗拉强度、抗压强度、抗弯强度和抗剪强度。由于木材的构造各不相同，各向强度也有差异，因此木材的强度有顺纹强度和横纹强度之分。木材顺纹强度比其横纹强度要大得多，在工程上均应充分利用木材的顺纹强度。理论上，木材顺纹抗拉强度最大，其次是抗弯强度和顺纹抗压强度，但实际上，木材强度以顺纹抗压强度最大。这是由于木材是经数十年自然生长而成的建筑材料，其间或多或少会受到环境不利因素影响而造成一些缺陷，如木节、斜纹、夹皮、虫蛀、腐朽等，而这些缺陷对木材的抗拉强度影响极大，从而造成实际抗拉强度低于抗压强度。

当顺纹抗压强度为 1 时，木材理论上各强度大小关系见表 10-2。

表 10-2 木材理论上各强度大小关系

抗压强度		抗拉强度		抗弯强度	抗剪强度	
顺纹	横纹	顺纹	横纹		顺纹	横纹切断
1	1/10～1/3	2～3	1/20～1/3	3/2～2	1/7～1/3	1/2～1

木材的各种物理及力学性质检验按《无疵小试样木材物理力学性质试验方法》(GB/T 1927)进行试样采集和测定。试验时，木材在各向上受不同外力时的破坏情况各不相同，其中顺纹受压破坏是因为细胞壁失去稳定所致，而非纤维断裂。横纹受压是因木材受力压紧后产生显著变形而造成的破坏。顺纹抗拉破坏通常是因非纤维断裂而后拉断所致。木材受弯时其上部为顺纹受压，下部为顺纹抗拉，水平面内则有剪力，破坏时首先是受压区达到强度极限，产生大量变形，但这时构件仍能继续承载，当受拉区也达到强度极限时，则纤维及纤维间的连接产生断裂，导致最终破坏。

当木材受剪切作用时，根据作用力方向与木材纤维方向的异同，可分为顺纹剪切、横纹剪切和横纹切断三种。顺纹剪切破坏是受纤维间连接撕裂产生纵向位移和受横纹拉力作用所致；横纹剪切破坏完全是剪切面中纤维的横向连接被撕裂的结果；横纹切断破坏则是木材纤维被切断，这时强度较大，一般为顺纹剪切的 4～5 倍。

2. 木材强度的主要影响因素

(1)含水率。木材含水率的大小直接影响着木材的强度。当含水率由全干状态逐渐增加到纤维饱和点时，强度随之降低。这是细胞壁内纤维吸水软化、松弛及纤维间连接减弱所致。在纤维饱和点以下，随含水率降低，吸附水减少，细胞壁趋于紧密，其强度逐步增加。当含水率超过纤维饱和点后，所增加的则是自由水，对强度不再产生影响。含水率变化对各种强度的影响是不同的，对抗弯强度和顺纹抗压强度的影响最大，对顺纹抗拉强度影响小，而对顺纹抗剪强度几乎没有影响，如图 10-5 所示。

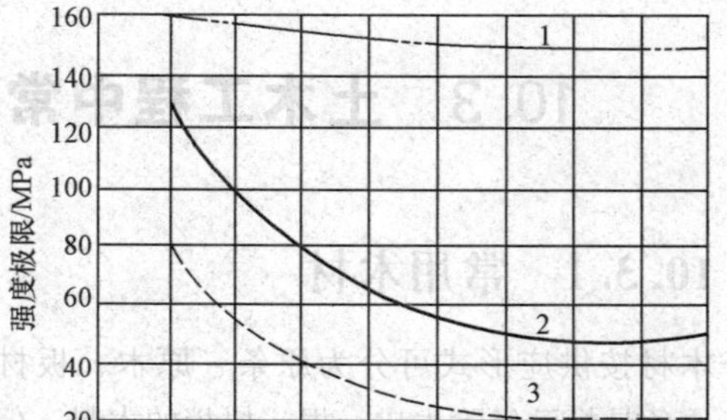

图 10-5 含水率对木材强度的影响

1—顺纹抗拉；2—抗弯；3—顺纹抗压；4—顺纹抗剪

为了进行比较，国家标准规定木材强度以含水率为12%时的强度为标准值，其他含水率时的强度，应按下式换算：

$$\sigma_{12}=\sigma_{w}[1+\alpha(W-12)] \tag{10-1}$$

式中 σ_{12}——含水率为12%时的木材强度；

σ_{w}——含水率为W时的木材强度；

W——试验时的木材含水率；

α——含水率校正系数，随外力作用方式不同而异，当木材含水率在9%～15%范围内时，α的取值如下：顺纹抗压：$\alpha=0.05$；顺纹抗拉：$\alpha=0.015$，针叶树取$\alpha=0$；顺纹抗剪：$\alpha=0.03$；抗弯：$\alpha=0.04$；横纹抗压：$\alpha=0.045$。

(2)负荷时间。木材抵抗荷载作用的能力与荷载的持续时间长短有关。木材在长期荷载作用下不发生破坏的最大强度，称为持久强度。木材的持久强度比其极限强度小得多，一般为极限强度的50%～60%。木材在外力作用下产生等速蠕滑，经过长时间会产生大量连续变形，从而导致木材的破坏。

木结构的构筑物一般都处于某种负荷的长期作用下，因此在设计木结构时，应充分考虑负荷时间对木材强度的影响。

(3)温度。木材的强度随着环境温度的升高而降低。一般当温度由25 ℃升到50 ℃时，针叶树种的木材抗拉强度降低10%～15%，其抗压强度降低20%～24%。当木材长期处于60～100 ℃时，木材中的水分和所含挥发物会蒸发，从而导致木材呈暗褐色，强度明显下降，变形增大。当温度超过140 ℃时，木材中的纤维素发生热裂解，色逐渐变黑，强度显著下降。因此，长期处于高温环境下的构筑物，不宜采用木结构。

(4)疵病。疵病是指木材的缺陷。木材在生长、采伐、保存过程中，在其内部和外部产生包括木节、斜纹、腐朽和虫害等缺陷，统称为疵病。一般木材或多或少都存在一些疵病，致使木材的物理力学性质受到影响。

木节分为活节、死节、松软节、腐朽节等几种。木节使木材顺纹抗拉强度显著降低，对顺纹抗压强度影响较小。在木材受横纹抗压和剪切时，木节反而增加其强度。在木节中，活节对木材的性能影响比较小。

斜纹木材是指木纤维与树轴形成一定夹角的木材。斜纹显著降低了木材的顺纹抗拉强度，对抗弯强度的影响次之，对顺纹抗压强度影响较小。裂纹、腐朽、虫害等疵病，会不同程度地造成木材构造的不连续性或破坏其组织，因此严重影响木材的力学性质，有时甚至能使木材完全失去使用价值。

10.3 土木工程中常用木材及木质材料制品

10.3.1 常用木材

木材按供应形式可分为原条、原木、板材和方材。

原条是指已经除去皮、根、树梢的木料，但尚未按一定尺寸加工成规定木料。原木是原条按一定尺寸加工而成的规定直径和长度的木料，可直接在建筑中做木桩、搁栅、楼梯和木柱等。板材和方材是原木经锯解加工而成的木材，宽度为厚度的3倍和3倍以上的木材称为板材，宽度不足厚度的3倍的木材称为方材。木材按用途可分为结构材料、装饰材料、隔热材料、电绝缘材料。

木材在土木工程中可被用作屋架、桁架、梁、柱、桩、门窗、地板、脚手架、混凝土模板及其他一些装饰、装修等。

10.3.2 木质材料制品

我国木材资源有限，工程中供不应求，因此，对木材进行节约使用、合理使用和综合利用显得十分重要。将木材及加工过程中的边角、碎料、刨花、木屑、锯末、植物纤维材料等经过再加工处理，制成各种人造板材，可有效提高木材的利用率。

1. 人造板

人造板的种类很多，建筑工程中常用的有薄木贴面板、胶合板、纤维板、刨花板、细木工板等。

人造板是利用木材或含有一定量纤维的其他植物做原料，采用一般物理和化学的方法加工而成的。这类板材与天然木板相比，板面宽，表面平整光洁，没有节子、虫眼和各向异性等缺点，不开裂、不翘曲，经加工处理还具有防水、防火、防腐、防酸等性能。

(1)薄木贴面板。薄木贴面板是一种高级装饰材料，它是将珍贵树种(如柚木、水曲柳、柳桉等)的木材经过一定的加工处理，制成厚度为0.1～1 mm之间的薄木切片，再采用先进的胶黏工艺和胶粘剂，黏贴在基板上制成的。

薄木贴面板花纹美丽动人，材色悦目，真实感和立体感强，具有自然美的特点。采用树根瘤制作的薄木贴面板，具有鸟眼花纹的特色，装饰效果更佳。薄木贴面板主要用作高档建筑的室内墙、门及橱柜等家具的饰面，这种饰面材料在日本采用得较为普遍。

装饰工程中常用的薄木贴面板品种有水曲柳板、枫木板、柚木板和北欧雀眼板等。薄木贴面板的拼装图案如图10-6所示。

(2)胶合板。胶合板是将椴、桦、松、水曲柳及部分进口原木，沿年轮旋切成大张薄片，再将各片按纤维方向互相垂直叠放，用胶粘剂加热压制成的板材，通常以奇数层组合，并以层数命名，最高层数可达15层。常见的有三合板、五合板和七合板等。图10-7是胶合板构造的示意图。胶合板多数为平板，也可经一次或几次弯曲处理制成曲形胶合板。

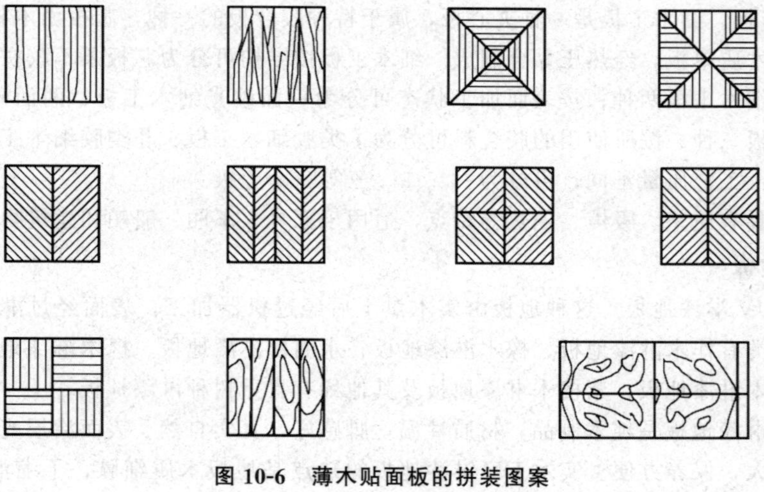

图10-6 薄木贴面板的拼装图案

胶合板克服了木材的天然缺陷和局限，大大提高了木材的利用率，其主要特点：消除了天然疵点、变形、开裂等缺点，各向异性小，材质均匀，强度较高；纹理美观的优质材做面板，普通材做芯板，增加了装饰木材的出材率；因其厚度小、幅面宽大，产品规格化，使用起来很方便。胶合板常用作门面、隔断、吊顶、墙裙等室内高级装修。

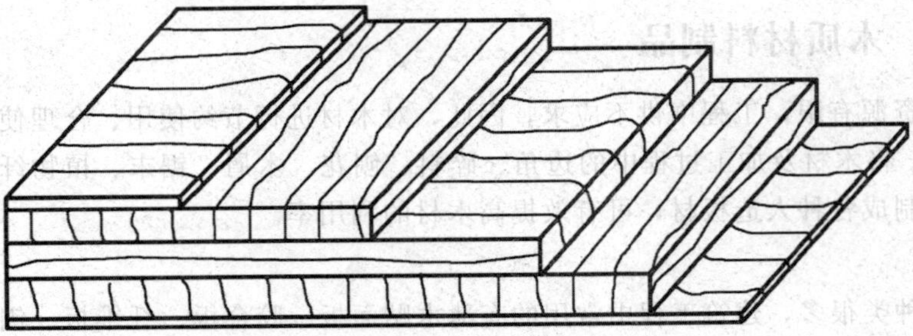

图 10-7 胶合板构造示意图

(3)纤维板。纤维板是用木材废料(如板皮、刨花、树枝等)，经破碎、浸泡、研磨成木浆，再经热压成型、干燥处理等工序制成的板材。为了提高纤维板的耐燃性和耐腐性，可在浆料里施加或在湿板坯表面喷涂耐火剂或防腐剂。纤维板材质均匀，完全避免了节子、腐朽、虫眼等缺陷，且胀缩性小、不翘曲、不开裂，各向强度一致，抗弯强度高，耐磨，绝热性好。

表观密度大于 800 kg/m³ 的硬质纤维板，强度高，在建筑工程中应用最广。它可代替木板使用，主要用作室内壁板、门板、地板、家具等。通常在板表面施以仿木纹油漆处理，可达到较好的装饰效果。中密度纤维板的表观密度为 400～800 kg/m³，它是家具制造和室内装修的优良材料，若制成带有一定孔型的盲孔板，板表面再施以白色涂料，就兼具吸声和装饰作用，多用作宾馆等室内顶棚材料。软质纤维板表观密度小于 400 kg/m³，可作为吸声或绝热材料使用。

(4)刨花板、木丝板和木屑板。刨花板、木丝板和木屑板是利用刨花碎片、木丝、木屑等短小废料经干燥、拌和胶料，经热压成型而制得的板材。所用胶结材料有动植物胶、合成树脂、水泥、石膏和菱苦土等。若使用无机胶结材料，则可大大提高板材的耐火性。表观密度小、强度低的板材主要作为绝热和吸声材料，表面喷以彩色涂料后，可以用于天花板；表观密度大、强度较高的板材可粘贴装饰单板或胶合板做饰面层，用做隔墙等。

(5)细木工板。细木工板是一种夹心板，属于特种胶合板的一种，芯板用木板条拼接而成，两个表面胶贴木质单板，经热压黏合制成。细木工板按结构可分为芯板条不胶拼的细木工板和芯板条胶拼的细木工板两种；按表面加工状态可分为一面砂光细木工板、两面砂光细木工板、不砂光细木工板三种；按所使用的胶合料可分为Ⅰ类胶细木工板、Ⅱ类胶细木工板两种；按面板的材质和加工工艺质量不同，可分为一、二、三等三个等级。

细木工板具有质坚、吸声、隔热等特点，适用于家具、车厢、船舶和建筑物内装修等。

2. 木质地板

(1)实木 UV 淋漆地板。这种地板由实木烘干后经过机器加工，表面经过淋漆固化处理而成。常见的种类有柞木淋漆地板、橡木淋漆地板、水曲柳淋漆地板、枫木淋漆地板、樱桃木淋漆地板、花梨木淋漆地板、紫檀木淋漆地板及其他稀有贵重树种淋漆地板。

实木 UV 淋漆地板是纯木制品，材质性温，脚感好，真实自然。表面涂层光洁均匀，尺寸多，选择余地大，保养方便。实木 UV 淋漆地板的缺点是地板木质细腻，干缩湿胀现象明显，安装比较麻烦，价格较高。

(2)实木复合地板。实木复合地板由木材切刨成薄片，几层或多层纵横交错，组合黏结而成。基层经过防虫防霉处理，基层上加贴多种厚度为 1～5 mm 不等的木材单皮，经淋漆涂布作业，均匀地将涂料涂布于表层及上榫口后的成品木地板上。

实木复合地板基层稳定干燥，不助燃，防虫，不反翘变形，铺装容易，材质性温，脚感舒适，耐磨性好，表面涂布层光洁均匀，保养方便。缺点是表面材质偏软。

(3)强化木地板。强化木地板一般由表面层、装饰层、基材层及平衡层组成。表面层常用高效抗磨的三氧化二铝作为保护层，具有耐磨、阻燃、防腐、防静电和抵抗日常化学药品的性能；装饰层具有丰富的木材纹理色泽，给予强化木地板以实木地板的视觉效果；基材层一般是高密度的木质纤维板，确保地板具有一定的刚度、韧性、尺寸稳定性；采用三聚氰胺的平衡层具有防止水分及潮湿空气从地下渗入地板、保持地板形状稳定的作用。

强化木地板花色品种多，质地硬，不易变形，防火，耐磨，维护简单，施工容易。缺点是材料性冷，脚感偏硬。

10.4　木材的防腐与防火

10.4.1　木材的腐朽与防腐

1. 木材的腐朽

木材的腐朽是真菌和少量细菌在木材中寄生引起的。真菌和细菌在木材中繁殖生存必须同时具备以下四个条件。

(1)木材湿度：通常木材含水率超过 20%，真菌就能生长。一般来说，木材含水率在 20%以下真菌生长很困难，而空气湿度过高能使木材的含水率增加到 25%～30%，就有受真菌危害的可能。

(2)空气：一般需要木材内含有容积为 5%～15%的空气量，真菌就能生长。木材长期浸泡在水中，会因缺乏空气而免受木腐菌的侵害。

(3)温度：真菌能够生长的温度范围为 2～35 ℃。当温度在 5～25 ℃时大部分真菌能旺盛地生长蔓延，所以在一年的大部分时间中，真菌在木结构内部能生长蔓延。

(4)养料：木材的主要成分是纤维素、木质素、戊糖和少量其他有机物质，这些都是真菌的养料。同时木材内还容纳相当分量的水和空气，更适合于真菌的生长。不同树种的木材，由于它们的物理和化学性质不同，特别是它们的内含物的性质不同，因此其抵抗真菌破坏的能力也不一样，有的木材很耐腐，有的则很容易腐朽。另外，破坏性真菌所需的养分是构成细胞壁的木质素或纤维素。

2. 木材的防腐

木材防腐的基本方法有两种：一种是创造木材不适于真菌寄生和繁殖的条件；另一种是把木材变成有毒的物质，使其不能作为真菌的养料。

(1)破坏真菌生存的条件。使木材保持很高的含水率，这样木材由于缺乏空气而破坏了真菌生存所需的条件，从而达到防腐的目的，如湿存保管法和水存保管法。或者将木材进行干燥，使其含水率降至 20%以下。在存储和使用木材时要注意通风和排湿，对木材构件表面应刷以油漆，使木材隔绝空气和水汽。

(2)注入化学防腐剂。将化学防腐剂注入木材内，把木材变成对真菌有毒害作用的物质，使真菌无法生存。这是木材的化学防腐法。注入防腐剂的方法很多，通常有表面涂刷法、表面喷涂法、浸渍法、冷热槽浸透法、压力渗透法等，其中以冷热槽浸透法和压力渗透法效果最好。

常用防腐剂的种类如下。

1)水溶性防腐剂。能溶于水，应用方便，主要用于房屋内部，如氟化钠、氯化锌、硫酸铜、硼铬合剂、硼酚合剂等。

2)油溶性防腐剂。能溶于油、不溶于水，可用于室外，药效持久，如林丹五氨酸合剂。

3)防腐油。不溶于水，药效持久，但有臭味，呈暗色，主要用于室外和地下(枕木、坑木、拉木等)，如煤焦油等。

3. 木材的防虫

木材除受真菌侵蚀而腐朽外，在贮运和使用中，还经常会受到昆虫的危害。各种昆虫危害造成的木材缺陷称为虫眼。它们是昆虫在木材内部蛀蚀形成的坑道，破坏木材结构，使木材丧失原有的性质和使用价值。浅的虫眼或小的虫眼对木材强度无影响，大而深的虫眼或深而密集的小虫眼，均会破坏木材的完整性，并降低木材强度，同时是引起边材变色及边材真菌腐朽的重要原因。

影响木材害虫寄生的因素有以下几种。

(1)含水率：木材害虫对木材含水率敏感，不同的含水率可能会遭受不同的虫害。根据受虫害木材含水率的不同，木材害虫可分三类：侵害衰弱立木的，是蛀干害虫；树木采伐后，以纤维饱和点为界限，通常把蛀入含水率高的原木中生产的害虫叫作湿原木害虫；蛀入含水率低的干燥木材内生产的害虫叫作干材害虫。常见的蛀干害虫和湿原木害虫有天牛、象鼻虫、小蠹虫和树蜂等。干材害虫有白蚁、扁蠹等。

(2)温度：一般以 44 ℃为高温临界点，44～66 ℃为害虫致死高温区，可短时间内造成害虫死亡。8 ℃为害虫发育起点温度。−10～−40 ℃为害虫低温致死区，因组织结冰而死亡。

(3)光：昆虫辨别不同波长光的能力与人的视觉不同，一般 400～770 nm 为人类可见光波；而昆虫偏于短光波，290～700 nm 是昆虫的可见光波长。试验证明，许多害虫对紫外线最敏感，即对这些光波感觉最明亮。用黑光灯诱杀害虫就是根据这个原理设计的。

(4)营养物质：作为蛋白质来源的氮素是害虫幼虫不可缺少的营养物质，那些以含氮量少，并已丧失生活细胞的木质部为食的木材害虫，与以营养价值大的韧皮部为食的昆虫不同，它们必须摄取大量食物。

虫害防治方法有以下几点。

(1)生态防治，根据害虫的生活特性，把需要保护的木材及其制品尽量避开害虫密集区，避开其生存、活动的最佳区域，从建筑上改善透光、通风和防潮条件，以创造出不利于害虫的环境条件。

(2)生物防治，就是保护害虫的天敌。

(3)物理防治，用灯光诱捕分飞的虫蛾或用水封杀。

(4)化学防治，用化学药物杀灭害虫，是当前木材防治虫害的主要方法。

10.4.2 木材的燃烧与防火

1. 木材的燃烧

木材受热，在温度 100 ℃以下时，只蒸发水分，不发生分解。继续加热，温度为 100～200 ℃时，木材开始分解，但分解速度很慢，分解出的主要是水蒸气和二氧化碳，同时还有少量的一氧化碳和有机酸气体，因此，在 200 ℃以下对木材加热，是一个吸热过程，不会发生燃烧。

在没有空气的条件下，木材加热超过 200 ℃时，即开始分解，最初比较缓慢，随着温度的升高，分解加速，当温度为 260～330 ℃时，木材分解到达最高峰。木材急剧分解时，放出可燃气体，如一氧化碳、甲烷、甲醇及高燃点的焦油成分等，而剩余物为木炭。木材在温度为 400～450 ℃时完全炭化。木材在急剧分解的同时放出大量的反应热，故此过程属于放热反应过程。

木材受热分解时，放出的可燃气体和剩余物，若与氧气或氧化剂相遇，则发生氧化反应，放出热和光的化学反应称为燃烧。木炭与氧气发生的反应称为煅烧。燃烧发生的热进一步使周围的木材受热分解，连续放出可燃气体，使燃烧范围扩展。在木材受热分解而急速放出可燃气体时，氧气在木材表面碳化层的扩散受到阻碍，因而气相燃烧通常是在离木材表面一定距离处进行的。由于木炭层传热性低，故木材表面形成碳化层后，木炭层下面的木材与其外面气体燃烧产生的热起隔离作用，延缓内层的木材达到热解温度，可燃气体也因而不急速放出，这就导致燃烧缓慢，也使木材碳化速度减慢，若离开明火作用，就有可能逐步停止燃烧。这就是常见的大截面木构件虽没有采取防火处理却相当耐火的原因。

木材是由纤维素、半纤维素和木素组成的高分子材料，是可燃性建筑材料。木材燃烧经过以下四个阶段。

(1)升温阶段。在热源的作用下，通过热辐射、空气对流、热传导或直接接触热源，使木材的温度开始升高。升温速度取决于热量供给速度、温度梯度，木材的比热、密度及含水率等。

(2)热分解阶段。当木材被加热到 175 ℃左右，木材的化学键开始断裂，随着温度增高，木材的热解反应加快。在缺少空气的条件下，木材被加热到 100～200 ℃，产生不燃物，如二氧化碳，微量的甲酸、乙酸和水蒸气。在 200 ℃以上，碳水化合物分解，产生焦油和可燃性挥发气体；随着温度继续升高，木材热解加剧。

(3)着火阶段。由于可燃气体的大量生成，在氧及氧化剂存在的条件下开始着火。木材自身燃烧，产生较多的热量，促使木材的温度进一步提高，木材由表及里逐渐分解，可燃性气体生成速度加快，木材产生激烈的有焰燃烧。

(4)无焰燃烧阶段。木材激烈燃烧后，形成固体残渣，在木材表面形成保护层，阻碍热量向木材内部传导，使木材热分解减弱，燃烧速度减慢。热分解全部结束后，有焰燃烧停止，形成的碳化物经过长时间的无焰燃烧后完全灰化。

综上所述，燃烧应具备以下条件：有焰燃烧：可燃物、氧气、热量供给及热解连锁反应；无焰燃烧：可燃物、热量供给和氧气。如果破坏其中的一个条件，燃烧状态将会改变或停止。

2. 木材的防火

木材是可燃性建筑材料。木材的防火处理也称阻燃处理，旨在提高木材的耐火性，使之不易燃烧；或者当木材着火后，火焰不致沿材料表面很快蔓延；或者当火焰移开后，木材表面上的火焰可以立即熄灭。

对木材及其制品的防火保护有浸渍、添加阻燃剂和覆盖三种方法。

(1)浸渍。浸渍按工艺可分为常压浸渍、热浸渍和加压浸渍三种。

1)常压浸渍。在常压室温条件下，将木材浸渍在黏度较低的含有阻燃剂的溶液中，使阻燃剂溶液渗入木材表面的组织，经干燥使水分蒸发，阻燃剂留在木材的浅表面层内。这种方法由于浸入的阻燃剂不多，阻燃效果受到一定的局限，但其方法简单，适用于对阻燃效果要求不高，木材密度不大的薄板材。

2)热浸渍。在常压下将木材放入热的阻燃剂溶液中浸渍，直至药液冷却。因为木材受热，内部气体膨胀而释放出来，等到阻燃剂冷却后，木材内部孔隙就可以吸收更多的阻燃剂溶液，然后进行干燥，将阻燃剂留在木材孔隙内。

3)加压浸渍。先将木材放在高压容器中，抽真空到 7.9～8.6 kPa，并保持 15 min～1 h；再注入含有阻燃剂的浸渍液并加压到 1.20 MPa，在 65 ℃的温度下保持 7 h，解除压力后，排除阻燃剂药液，为避免木材取出时继续滴液，可再次抽真空数分钟；最后放入烘窑进行干燥。加压浸渍适用于阻燃要求高的木材。浸渍效果好坏与木材密度关系很大。密度大的木材，如柞木、落叶松，由于其内部孔隙少，浸渍液很难渗入内部；而密度小的木材，如毛白杨、椇木，由于其内部孔隙多，浸渍液比较容易渗入内部。

(2)添加阻燃剂。在生产纤维板、胶合板、刨花板、木屑板的过程中可添加适量的阻燃剂。添加的阻燃剂与胶粘剂及其他添加剂能很好地相溶。

(3)覆盖。覆盖就是在需要进行阻燃处理的木材表面覆盖防火材料。这种防火涂料除要求具有好的阻燃剂外，还要求具有较好的着色性、透明度、附着力、防水、防腐蚀等普通涂料所具有的性能。

扩展阅读

木材防腐处理技巧概览

对于木材的防腐处理，以下是一些关键的步骤和小技巧。

1. 真空/高压浸渍技术

真空/高压浸渍技术是防腐处理的重中之重。通过真空和高压技术，防腐剂能够深入木材内部，实现物理渗透。同时，防腐剂中的有效成分会与木材中的淀粉、纤维素及糖分发生化学反应，从而破坏那些导致木材腐烂的细菌及虫类的生存环境，提升木材的防腐性能。

2. 高温定性处理

在高温条件下，防腐剂能更均匀地渗透到木材内部，并继续与木材成分发生化学反应。这一步骤进一步巩固了防腐效果，确保了木材在长时间的使用过程中能够保持稳定的防腐性能。

3. 自然风干适应环境

为了使木材更好地适应户外环境的变化，自然风干是必不可少的步骤。在实际使用地进行风干，可以让木材的细胞结构在渐变过程中得到最大程度的固定，从而避免在使用过程中出现不必要的变形或开裂。

4. 施工与维护注意事项

浸渍木由于含有较高的水分，因此在使用前需要放置风干一段时间。在储存过程中，仓库应保持通风，以促进木材的干燥。此外，对浸渍木材的任何再加工都应在出厂后至少 72 h 后进行，以确保木材的稳定性。

5. 加工与安装建议

在加工和安装浸渍木时，建议尽可能使用现有尺寸的木材，以减少加工过程中的损耗。连接时，建议使用热镀锌的钉子或螺丝，并预先钻孔以避免开裂。同时，选择的胶水也应具备防水性能，以确保连接的牢固性和稳定性。

工程案例分析

【案例 10-1】

天安门顶梁柱质量分析

概况：天安门城楼建于明朝，清朝重修，经历数次战乱，屡遭炮火袭击，天安门依然巍然屹立。20 世纪 70 年代初重修，从国外购买了上等良木更换顶梁柱，一年后柱根便糟朽，不得不再次大修。

分析：其原因是这些木材拖上船后从非洲运回，饱浸海水，上岸后工期紧迫，不顾木材含水率高，在潮湿的木材上涂漆，水分难以挥发，这些潮湿的木材最易受到真菌的腐蚀，从而导致柱根糟朽。

思考与练习

一、填空题

1. 可生产木材的树种很多，根据树叶的外观形状，树木可分为________和________两大类。

2. 木材中的水分按其与木材结合形式和存在的位置，可分为________、________和________。

3. 木材按供应形式可分为________、________、________和________。

4. 木质材料制品包括改性________、________和________。

二、选择题

1. 木材的强度与(　　)因素有关。

A. 密度　　B. 含水率

C. 温度　　D. 所有以上因素

2. 木材的抗腐蚀性主要受(　　)微生物影响。

A. 细菌　　B. 真菌　　C. 病毒　　D. 原生动物

3. 木材的耐候性是指木材对(　　)环境因素的抵抗能力。

A. 温度变化　　B. 湿度变化　　C. 日光照射　　D. 所有以上因素

4. 木材的硬度与(　　)因素有关。

A. 密度　　B. 含水率　　C. 温度　　D. 所有以上因素

三、名词解释

1. 木材的含水率

2. 木材的实质密度

四、简答题

1. 在建筑结构中木材常用的强度有哪些?

2. 木材强度的主要影响因素有哪些?

3. 木材防腐的基本方法有哪些?

4. 影响木材害虫寄生的因素有哪几种?

5. 木材燃烧经过哪四个阶段?

6. 对木材及其制品的防火保护方法有哪些?

思考与练习答案

第 11 章　高分子建筑材料

学习提示

土木工程中常用的高分子建筑材料主要是建筑塑料、建筑胶粘剂和建筑涂料。高分子建筑材料具有许多优良特性，同时也存在一些缺点。本章重点是土木工程中高分子建筑材料的主要制品和应用。

学习目标

知识目标

通过本章的学习，熟悉高分子材料的性能特点及主要高分子材料的品种，土木工程中高分子材料的主要制品及应用；了解高分子化合物的基本知识，建筑塑料、建筑涂料和胶粘剂的组成与特性。

素养目标

通过对新型吸声、隔热及保温材料的性能分析，以及对不同装饰材料的选用与应用知识的拓展，培养学生的自主学习能力和创新思维，提升其运用新材料、新技术表达建筑美的实践能力。

思维导图

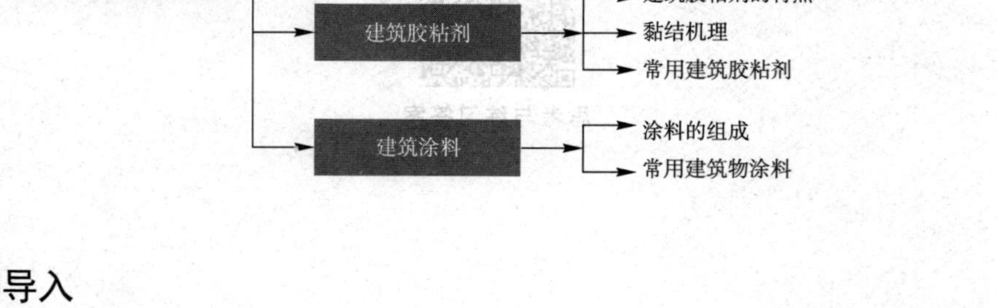

案例导入

某一住宅小区建设项目，共有 12 栋住宅楼、1 所幼儿园及地下车库。其中住宅楼有 28 层、32 层、36 层不等，幼儿园为 3 层楼，地下车库是 2 层，工程总建筑面积约 271 000 m^2，结构类型为现浇钢筋混凝土剪力墙结构和框架结构。基础类型：地下车库是独立基础＋防水底板。

有 6 栋楼为筏型基础十人工挖孔灌注桩地基处理，其余的为筏型基础。建筑模板是混凝土结构工程施工的重要工具，模板技术直接影响工程建设的质量、造价和效益，建筑模板技术是建筑工程施工技术的一个重要内容。

本工程所采用的聚氨酯塑料模板和强塑 PP 塑料模板是继木模板、全钢组合模板、竹木胶合板模板、全钢大模板之后又一新型换代产品。本工程使用聚氨酯塑料模板，每平方米摊销 2.66 元，强塑 PP 塑料模板每平方米摊销 1.26 元，是胶合板模板和竹胶板模板费用的 20%～50%。使用塑料模板的优点很多，最主要的优势是节约成本，综合来说，塑料模板的成本是最低的。本工程 2 栋楼试点使用的塑料模板，经过与常用模板对比，在保证混凝土质量的前提下节约了成本，显示出较好的经济效果。

11.1　高分子材料基本知识

通常把分子量大于 10^4 的物质称为高分子化合物。高分子化合物按存在的方式，可分为天然高分子、半天然高分子、合成高分子；按主骨架，可分为有机高分子和无机高分子；按高分子主链结构，可分为碳链高分子、杂链高分子和元素有机高分子；按应用功能，可分为通用高分子、功能高分子、仿生高分子、医用高分子、生物高分子等。

11.1.1　高分子化合物的结构与性质

1. 分子链的形状与性质

高分子化合物的分子几何结构形状有三种，分别为线型、支链型和体型。

(1)线型高分子化合物的大分子链节排列成线状主链，如图 11-1(a)所示，大多数呈卷曲状。由于线状大分子间以分子力结合，所以高分子化合物具有良好的弹性、塑性、柔顺性，但强度较低、硬度小，耐热性、耐腐蚀性较差。线型结构的合成树脂受热软化、遇冷硬化，固化后再加热又可软化，此过程可反复进行，故称为热塑性树脂。

(2)支链型(支化型)高分子化合物的分子在主链上带有比主链短的支链，如图 11-1(b)所示。分子排列较松散，分子间作用力较弱，其密度、熔点及强度都低于线型高分子化合物。

(3)体型(网状型)高分子化合物分子由线型或支链型高分子化合物的分子以化学键交联形成，呈空间网状结构，如图 11-1(c)所示。由于化学键结合力强且交联成一个巨型分子，所以高分子化合物具有较高的强度与弹性模量，但塑性小，较硬、较粗、较脆，耐热性、耐腐蚀性较好。体型结构的合成树脂仅在第一次加热时软化，固化后遇热不再发生软化，故称为热固性树脂。

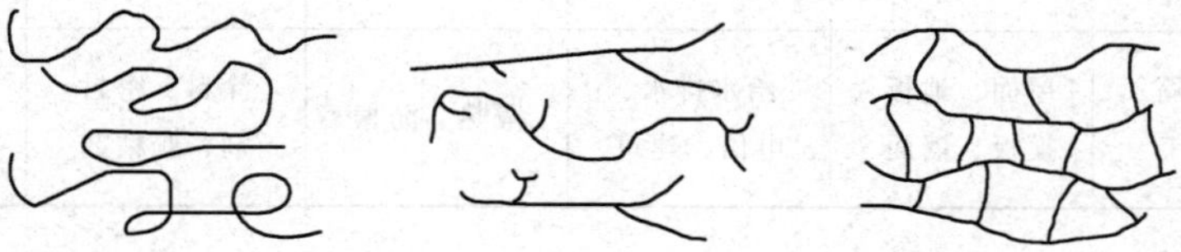

(a)　(b)　(c)

图 11-1　高分子化合物大分子链的形状

(a)线型；(b)支链型；(c)体型

2. 聚集态结构与物理状态

聚集态结构是指高分子化合物内部大分子之间的几何排列与堆砌方式。固态高分子化合物中，按分子在空间排列的规则程度，并存着晶态与非晶态两种聚集状态。注意，这里的晶态不等同于无机材料中的晶体。由于长链高分子难免弯曲，所以在晶态高分子化合物中也总有非晶区存在，并且大分子链可以同时跨越几个晶区和非晶区。晶区所占的百分比称为结晶度。一般结晶度越高，高分子化合物的密度、弹性模量、强度、硬度、耐热性、折光系数等越高，而冲击韧性、黏附力、塑性、溶解度等越小。

高分子化合物的形态随着温度的变化而异，表现出的物理状态一般有三种，如图 11-2 所示。

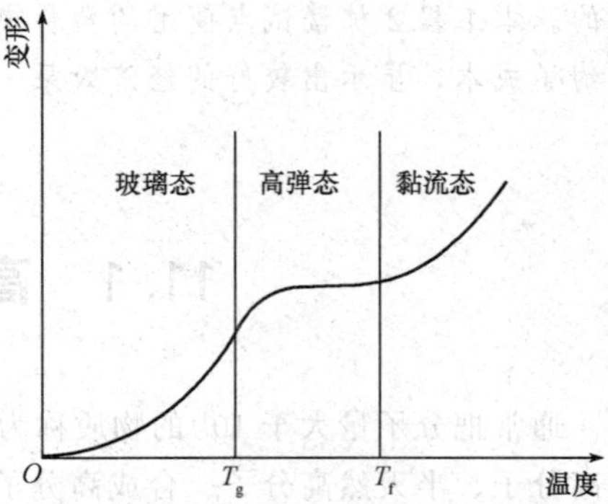

图 11-2 非晶态线型高分子化合物变形与温度的关系

(1)玻璃态。当温度低于某一数值时，分子链作用力很大，分子链与链段都不能运动，此时高分子化合物呈非晶态的固体，称为玻璃态。高分子化合物转变为玻璃态的温度称为玻璃化温度 T_g。当继续降温至高分子化合物表现出不能拉伸或弯曲的脆性时，此时的温度称为脆化温度，简称脆点。

(2)高弹态。当温度超过玻璃化温度 T_g 时，由于分子链段可以发生旋转，使高分子化合物在外力作用下能产生大的变形，且外力卸除后又会缓慢地恢复原状，因此高分子化合物的这种运动状态称为高弹态。

(3)黏流态。继续升温，当温度达到流动温度 T_f 后，高分子化合物变为极黏的液体，这种状态称为黏流态。此时，分子链和链段都可以发生运动。在受力时，分子间相互滑动产生形变，外力卸去后，形变不能恢复。

高分子化合物使用目的不同，对各个转变温度的要求也不同。通常，玻璃化温度 T_g 低于室温的称为橡胶，玻璃化温度 T_g 高于室温的称为塑料。玻璃化温度是塑料的最高使用温度，但却是橡胶的最低使用温度。

11.1.2 高分子建筑材料的分类、应用及特性

高分子建筑材料是以高分子化合物为基本材料，加入一定的添加剂、填料，在一定温度、压力等条件下形成的有机建筑材料。高分子建筑材料和制品的种类繁多，应用广泛。高分子建筑材料制品的一般分类和应用见表 11-1。

表 11-1 高分子建筑材料制品的一般分类和应用

种类	薄膜、织物	板材	管材	泡沫塑料	溶液、乳液品	模制品
应用	防渗、隔离、土工	屋面、地板、模板、墙面	给水排水、电信、建筑	隔热、防振	涂料、密封剂、胶粘剂	管件、卫生洁具、建筑五金、卫生间

1. 密度小、比强度高

高分子材料的密度一般为 0.9～2.2 g/cm³，泡沫塑料的密度可以低到 0.1 g/cm³ 以下，由于高分子材料自重小，对高层建筑有利。虽然高分子材料的绝对强度不高，但比强度(强度与密度的比值)超过钢和铝。金属与塑料强度的比较见表 11-2。

表11-2　金属与塑料强度的比较

材　料	密度 /(g·cm^{-3})	拉伸强度 /MPa	比强度 (拉伸强度/密度)	弹性模量 /MPa	比刚度 (弹性模量/密度)
高强度合金钢	7.85	1 280	163	205 800	26 216
铝合金	2.8	410～450	146～161	70 560	25 200
尼龙	1.14	441～800	387～702	4 508	3 954
酚醛木质层压板	1.4	350	250	—	—
玻纤/环氧复合材料	—	—	640	—	24 000
定向聚偏-氧乙烯	1.7	700	412	—	—

高分子建筑材料有很好的抵抗酸、碱、盐侵蚀的能力，是特别适合化学工业的建筑用材。高分子建材的吸水率和透气性很低，对环境水的渗透有很好的防潮、防水功能。

2. 减振、隔热和吸声功能好

高分子建筑材料密度小(如泡沫塑料)，可以减少振动、降低噪声。高分子建筑材料的导热性很低，一般导热系数为0.024～0.81 W/(m·K)，是良好的隔热保温材料。其保温隔热性能优于木质和金属制品。

3. 可加工性好

高分子建筑材料成型温度、压力容易控制，适合不同规模的机械化生产。其可塑性强，可制成各种形状的产品。高分子材料生产能耗小(为钢材的1/5～1/2，铝材的1/10～1/3)，原材料来源广，因而材料成本低。

4. 电绝缘性高

高分子建筑材料介电损耗小，是较好的绝缘材料，广泛用于电线电缆、控制开关、电气设备等。

5. 装饰效果好

高分子建筑材料成型加工方便、工序简单，可以通过电镀、烫金、印刷和压花等方法，制备出各种质感和颜色的产品，具有灵活、丰富的装饰性。

6. 高分子材料的缺点

高分子的热膨胀系数大、弹性模量低、易老化、易燃，燃烧时会产生有毒烟雾。这些都是高分子材料的缺点。通过对基材和添加剂的改性，高分子材料性能将不断得到改善。

扩展阅读

高分子材料的老化

高分子材料在加工、存储及使用过程中，会因多种因素的作用导致其性能与使用价值逐渐衰退，这一过程被称为老化。老化主要分为化学老化和物理老化两大类。

化学老化是一种分子结构发生变化的不可逆化学反应。它可能表现为塑料的脆化、橡胶的龟裂或纤维的变黄等。化学老化进一步细分为降解和交联两种类型。降解是指高分子材料在紫外线、热或机械力等因素的影响下，分子链发生断裂，导致材料分子量下降，质地变软发黏，抗拉强度和模量也随之降低；而交联则是高分子碳—氢键断裂后，产生的高分子自由基相互结合，形成网状结构，使材料变硬变脆，伸长率下降。

与化学老化不同，物理老化不涉及分子结构的改变，而是由于物理作用导致的可逆性变化。例如，某些高分子材料在受潮后绝缘性能会下降，但经过干燥处理后又能恢复。

高分子材料的老化现象在多个方面都有所体现。外观上，可能出现污渍、斑点、银纹、裂缝、喷霜、粉化及光泽和颜色的改变。物理性能方面，溶解性、溶胀性、流变性及耐寒、耐热、透气、透光、透水等性能都会发生变化。力学性能方面，抗拉、抗弯、抗压和抗冲强度及伸长率等也会受到影响。此外，电性能如绝缘电阻、介电损耗和击穿电压等也会发生变化。

导致高分子材料老化的因素既有外部的，也有内部的。外部因素包括化学氧化、水分解作用，以及物理的热、光、电和机械力作用，还有生物的微生物、昆虫和海洋生物作用等。内部因素则与高分子材料本身的化学结构和物理状态有关。例如，支链高分子相比直链高分子更容易老化，因为支链会降低高分子的键能，从而减弱其抗老化性能。

为了延缓高分子材料的老化过程，人们在抗老化剂(如抗氧剂、紫外光稳定剂和热稳定剂等)及加工工艺等方面进行了大量研究，旨在提高材料的抗老化性能。这些努力的效果需要通过一系列的人工加速老化试验(如耐候试验)来验证。因此，在高分子材料的产品标准中，往往会包含光、臭氧和热老化等性能指标。

11.2 建筑塑料

塑料是以天然或合成高聚物为基本成分，配以一定量的辅助剂，如填料、增塑剂、稳定剂、着色剂等，经加工塑化成型。它在常温下保持形状不变。在建筑塑料中，一般按塑料的热变形行为分为热塑性塑料和热固性塑料，其中热塑性塑料在建筑高分子材料中占80%以上。

11.2.1 热塑性塑料

热塑性塑料是以热塑性树脂为基本成分的塑料，一般具有链状的线型或支链结构。它在变热软化的状态下能受压进行模塑加工，冷却至软化点以下能保持模具形状。其密度小，耐磨，润滑性好，着色力强，但耐热性差、易变形、易老化。常用的热塑性塑料有聚氯乙烯、聚乙烯、聚丙烯、聚苯乙烯等。

(1)聚乙烯(PE)。其目前在高分子材料中使用量最大，主要被制备成板材、管材、薄膜和容器，广泛用于工业、农业和日常生活中。按合成时压力、温度的不同，聚乙烯可分为高压法聚乙烯和低压法聚乙烯。高压法聚乙烯是以高纯度(>99.8%)乙烯单体为原料，在160～270 ℃、150～300 MPa高压下，用高压釜法或管立法进行生产。其结构上含有较多的支链，密度、结晶度较低(55%～65%)，质柔透明，伸长率、冲击强度和低温韧性较好，也称为低密度聚乙烯。低压聚乙烯是在60～90 ℃、0.1～1.5 MPa低压下制得的。其大分子上支链少、结晶度高(80%～90%)、密度高、质地坚韧、机械强度好，也称为高密度聚乙烯。超高分子量聚乙烯(分子量>150万)由于大分子间的缠绕程度高，其抗冲击强度和抗拉伸强度成倍增加，具有高耐磨性、自润滑性等优点，使用温度在100 ℃以上。

高密度聚乙烯建筑塑料制品有给水排水管、燃气管、大口径双型波纹管、绝缘材料、防水防潮薄膜、卫生洁具、中空制品、钙塑泡沫装饰板等。

(2)聚氯乙烯(PVC)。目前，PVC的年产量仅次于PE。PVC的单体为氯乙烯，它由乙炔和氯化氢制得。其优点是转化率高，设备简单；缺点是耗电高、成本高。

聚氯乙烯是多组分塑料，加入30%～50%增塑剂时形成软质PVC制品，若加入了稳定剂和外润滑剂则形成硬质PVC。硬质PVC力学强度较大，有良好的耐老化和抗腐蚀性能，但使用温度较低。软质PVC质地柔软，它的性能决定加入增塑剂的品种、数量及其他助剂的情况。

改性的氯化聚氯乙烯(CPVC)，其性能与PVC相近，但耐热性、耐老化、耐腐蚀性有所提高。另外，氯乙烯还分别能与乙烯、丙烯、丁二烯、醋酸乙烯进行共聚改性；特别是引入了醋酸乙烯，使 PVC 塑性加大，改善了其加工性能，并减少了增塑剂的用量。

软质 PVC 可挤压或注射成板片、型材、薄膜、管道、地板砖、壁纸等，还可以将 PVC 树脂磨细成粉悬浮在液态增塑剂中，制成低黏度的增塑溶胶，喷塑或涂于金属构件、建筑物面作为防腐、防渗材料。软质 PVC 制成的密封带，其抗腐蚀能力优于金属止水带。

硬质 PVC 力学强度高，是建筑上常用的塑料建材，它适合制作排水管道、外墙覆面板、天窗、建筑配件等。塑料管道密度小、耐腐蚀、不生锈、不结垢、安装维修简便。

(3)聚苯乙烯(PS)。聚苯乙烯分为通用级、抗冲级、耐热级等。聚苯乙烯由于苯环的空间位阻，大分子链段的内旋转和柔顺性受到影响，基团相互作用小，故耐热性差、质硬而脆、耐磨性差。由于 PS 具有透明、价低、刚性大、电绝缘性好、印刷性能好、加工性好等优点，因此在建筑中适用于生产管材、薄板、卫生洁具及与门窗配套的小五金等。

为了克服 PS 脆性大、耐热性差的缺点，人们开发了一系列改性 PS，其中主要有 APS、MBS、AAS、ACS、AS 等。例如，ABS 是由丙烯腈、丁二烯、苯乙烯三种单体组成的热塑性塑料，质硬、刚度大、冲击强度高、耐磨性好、电绝缘性高、有一定的化学稳定性，使用温度为－40～100 ℃，应用广泛。AAS 的耐候性比 ABS 高 8～10 倍，因高抗冲聚苯乙烯(HIPS)中加入了合成橡胶，所以其抗冲击强度、抗拉伸强度都有很大提高。

(4)聚丙烯(PP)。PP 是目前发展速度最快的塑料品种，其产量居世界第四位，主要用于生产管道、容器、建筑零件、耐腐蚀板、薄膜、纤维等。它是丙烯单体在催化剂($TiCl_3$)作用下聚合，经干燥后处理，制成不同结构的 PP 粉末。

添加防老化剂，能够改善 PP 的耐热、耐老化性、耐疲劳性能，提高 PP 的模量和强度；采用共聚和共混的技术，能改善聚丙烯的低温脆性；加入韧性高的聚酰胺或橡胶，可以提高 PP 的低温抗冲击强度。

(5)聚甲基丙烯酸甲酯(PMMA)。PMMA 由甲基丙烯酸甲酯本体聚合而成，透光率为 90%～92%，俗称有机玻璃。高透明度的无定形热塑性 PMMA，透光率比无机玻璃还高，抗冲击强度是无机玻璃的 8～10 倍，紫外线透过率约为 73%，使用温度为－40～80 ℃。

有机玻璃中加入颜料、染料、稳定剂等，能够制成光洁漂亮的制品，用作装饰材料；用定向拉伸改性 PMMA，其抗冲击强度可提高 1.5 倍左右；用玻纤增强 PMMA，可浇筑卫生洁具等。有机玻璃有良好的耐老化性，在热带气候下长期暴晒，其透明度和色泽变化很小，可制作采光天窗、护墙板和广告牌。将 PMMA 水乳液浸渍或涂刷在木材、水泥制品等多孔材料上，可以形成耐水的保护膜。若用甲基丙烯酸甲酯与甲基丙烯酸、甲基丙烯酸丙烯等交联共聚，可以提高 PMMA 产品的耐热性和表面硬度。

(6)聚碳酸酯(PC)。分子主链中含有的线型高聚物为 PC，根据 R 基的不同，可分为脂肪族 PC、脂环族 PC、芳香族 PC。目前，工程塑料中应用最多的是双酚 A 型 PC，它具有高冲击韧性、良好的机械强度、优异的尺寸稳定性等。

聚碳酸酯无毒、无味、无色透明(或淡黄透明)，其透光率达 90%，密度为 1.2～1.25 g/cm^3，折射率为 1.58(25 ℃时)，比有机玻璃高；其机械强度，特别是抗冲击强度是目前工程塑料中最高的品种之一；模量高，又具有优良的抗蠕变性，是一种硬而韧的材料；耐热性能好，热变形温度为 130～140 ℃，脆化温度为－100 ℃，能在－60～110 ℃条件下应用；本身极性小，吸水性低，因此在低温下具有良好的电绝缘性；耐酸、盐水溶液、油、醇，但不耐碱、脂、芳香烃，易溶于卤代烃；不易燃，具有自熄性，可制作室外亭、廊、屋顶等采光装饰材料。

11.2.2　热固性塑料

热固性塑料是以热固性树脂作为基本成分的塑料，加工成型后为不溶不熔状态，一般具有网状体形结构，受热后不再软化，强热会分解破坏。热固性塑料的耐热性、刚性、稳定性较好。常用的热固性塑料有酚醛树脂塑料、环氧树脂塑料、聚氨酯树脂塑料、聚酯树脂塑料、脲醛树脂塑料、有机硅树脂塑料和玻璃纤维增强塑料等。

(1)酚醛树脂(PF)塑料。酚醛树脂是酚类化合物和醛类化合物经缩聚反应制备的热固性塑料。热固性PF和热塑性PF能够相互转化，热固性PF在酸性介质中用苯酚处理后，可转变为热塑性PF；热塑性PF用甲醛处理后，能转变成热固性PF。当苯酚和甲醛以1∶(0.8～0.9)的量，在酸性条件下反应时，由于醛量不足，得到的是线型PF；当提供多量的甲醛时，线型PF发生固化生成体型树脂。

PF机械强度高、性能稳定、坚硬、耐腐、耐热、耐燃、耐湿、耐大多数化学溶剂，电绝缘性良好，制品尺寸稳定，价格低。PF加入木粉制得的PF塑料通常称为“电木”；将各种片状填料(棉布、玻璃布、石棉布、纸等)浸以热固性PF，可多次叠加热压成各种层压板和玻璃纤维增强塑料；还能制作PF保温隔热材料、胶粘剂和聚合物混凝土等。PF应用于装饰、护墙板、隔热层、电气元件等。

酚醛中的羟基一般难以参加化学反应而容易吸水，造成固化制品电性能、耐碱性和力学性能下降。引入与PF相容性好的成分分隔和包围羟基，从而达到改变固化速度、降低吸水率的目的。例如，聚乙烯醇缩醛改性PF，可以提高树脂对玻璃纤维的粘结力、改善PF的脆性、提高力学强度、降低固化速率、有利于低压成型。它成为工业上应用最多的产品。又如，环氧树脂改性PF，能使复合材料具有环氧树脂黏结性好、酚醛树脂良好耐热性的优点；同时又改进了环氧树脂耐热性差的弱点。

(2)环氧树脂(EP)塑料。EP是大分子主链上含有多个环氧基团的合成树脂，称为环氧树脂。环氧树脂的种类很多，主要有以下两类：

1)缩水甘油基型EP。它包括双酚A型EP、缩水甘油酯EP、环氧化酚醛、氨基EP等。

2)环氧化烯烃。如环氧化聚丁二烯等。但90%以上是由双酚A和环氧氯丙烷缩聚而成，所得到的EP为线型，属热塑性。它能溶于酮类、脂类、芳烃等溶剂，在未加固化剂时可以长期存储。由于链中含有脂肪类烃基和环氧基，环氧化烯烃可以与许多物质发生反应，固化反应就是利用这些官能团而生成体型结构。

环氧树脂结构中含有环氧基、烃基、醚键等极性基团，因此对金属、玻璃、陶瓷、木材、织物、混凝土、玻璃钢等多种材料都有很强的粘结力，有“万能胶”之称。它是当前应用最广泛的胶种之一。EP固化后粘结力大、坚韧、收缩性小、耐水、耐化学腐蚀、电性能优良、易于改性、使用温度范围广、毒性低，但脆性大、耐热性差。EP主要用作胶粘剂、玻璃纤维增强塑料、人造大理石、人造玛瑙等。

(3)聚氨酯(PU)树脂塑料。大分子链上含有NH－CO链的高聚物，称为聚氨基甲酸酯，简称聚氨酯。由二异氰酸酯与二元醇可制得线型结构的PU，而由二元或多元异氰酸酯与多元醇则制得体型结构的PU；若用含游离烃基的低分子量聚醚或聚酯与二异氰酸酯反应则制得聚醚型或聚酯型PU。

线型PU一般是高熔点结晶聚合物，体型PU的分子结构较复杂。工业上线型PU多用于热塑性弹性体和合成纤维，体型PU广泛用于泡沫塑料、涂料、胶粘剂和橡胶制品等。聚氨酯橡胶具有特别好的耐磨性、撕裂强度、耐臭氧、耐紫外线和耐油的特性。PU大量用于装饰、防渗漏、隔离、保温等，并广泛用于油田、冷冻、化工、水利等。

(4)聚酯树脂(UP)塑料。大分子主链上含有酯结构的一类高聚物称为UP，它是由多元酸和多元醇制成的不饱和树脂。当酸为不饱和二元酸时，则生成不饱和聚酯；若用二元酸和二元酯缩聚则生成热塑性UP；当用多元醇时则可生成体型树脂。国内外用作复合材料基体的不饱和聚酯，基本上是邻苯型、间苯型、双酚A型、乙烯基酯型、卤代型。

UP由于分子间没有氢键和酯形成的链，其柔顺性很高，拉伸、压缩量大，熔点低。例如，聚辛二酸乙二醇酯的熔点为63～65 ℃；而在主链上引入苯环，则大大加强了链的刚性，如聚对苯二甲酸乙二醇(涤纶)的熔点可达到256 ℃。若用双酚A与对苯二甲酸或间苯甲酸缩聚，可制得聚芳酯(PAR)。PAR具有很好的机械强度、电绝缘性能、尺寸稳定性和自润滑性，其耐水、耐稀酸、耐稀碱、耐热性好。例如，聚对羟基苯甲酸酯，其可以长期在310 ℃温度下使用。在玻璃钢制造中不饱和聚酯的用量占 80%左右，其相对密度为 1.7～1.9，仅为结构钢材的 20%～25%，为铝合金的 30%～50%，但其强度高于铝合金，接近钢材。

在建筑工程上，UP 主要用来制作玻璃纤维增强塑料、装饰板、涂料、管道等。

(5)脲醛树脂(UF)塑料。UF 是氨基树脂的主要品种之一，由尿素与甲醛缩聚反应而成。UF 质坚硬、耐刮痕、无色透明、耐电弧、耐燃自熄、耐油、耐霉菌、无毒、着色性好，黏结强度高、价格低、表面光洁如玉，有“点玉”之称。UF 可制成色泽鲜艳、外观美丽的装饰品、绝缘材料、建筑小五金。UF 经发泡可制成泡沫塑料，是良好的保温、隔声材料；用玻璃丝、布、纸制成的脲醛层压板，可制作贴面板、建筑装饰板材等，它是木材工业应用最普遍的热固性胶粘剂。

UF 塑料制品经热处理后，表面硬度能得到进一步提高，但抗冲击强度和抗拉强度会下降。若用三聚氰胺代替部分脲或以硫脲与脲和甲醛共缩聚，能很好地克服 UF 耐水性差的弱点，并能提高 UF 的耐热性和强度。UF 中含有的甲醛是公认的建筑物中潜在致癌物，可通过改变尿素与甲醛的摩尔比降低胶粘剂中的游离甲醛；也可通过控制反应过程中的 pH 值和温度，调整 UF 和树脂结构来控制羟甲醛含量，减少树脂中的亚甲醛醚键，从而制备出环保型的脲醛树脂。

(6)有机硅树脂塑料。有机硅即有机硅氧烷，它的主链由硅氧键构成，侧基为有机基团。聚有机硅氧烷含有无机主链和有机侧链(如甲基、乙基、乙烯基、丙基和苯基等)，它既有一般天然无机物(如石英、石棉)的耐热性，又具有有机聚合物的韧性、弹性和可塑性。有机硅树脂的 Si—O 键有较高的键能(452 kJ/mol)，所以它的耐高温性能较好，可在 200～250 ℃长期使用；聚有机硅分子对称性好，硅氧链极性不大，其耐寒性好，如有机硅油的凝固点为－80～－50 ℃，硅橡胶在－60 ℃仍保持弹性；聚有机硅不溶于水，吸水性很低，表现出很好的憎水性；聚有机硅分子有对称性和非极性侧基，使它具有很高的电绝缘性；用有机硅树脂和玻璃纤维复合的材料，可耐 10%～30%硫酸、10%盐酸、10%～15%氢氧化钠，醇类、脂肪烃、油类对其影响不大。但在浓酸和某些溶剂(四氯化碳、丙酮和甲苯等)中易溶蚀。聚有机硅固化后力学性能不高，若在主链上引入亚苯基，则可提高其刚性、强度和使用温度。有机硅树脂还具有优良的耐候性，可制成耐候、保色、保温涂料。有机硅涂料在很大范围内黏度变化很小，具有良好的流动性，这给涂料的施工带来很大的方便。有机硅树脂的水溶液可作为混凝土表面的防水涂料，增加混凝土的抗水、抗渗和抗冻能力。

有机硅聚合物可分为液态(硅油)、半固态(硅脂)、弹性体(硅橡胶)和树脂状流体(硅树脂)多种形态。

(7)玻璃纤维增强(GRP)塑料。玻璃纤维增强塑料又称为玻璃钢。玻璃钢是以不饱和聚酯树脂、环氧树脂、酚醛树脂等为基体，以玻璃纤维及其制品(玻璃布、带和毡等)为增强体制成的复合材料。由于基体的材料不同，玻璃钢有很多种类。

玻璃钢的力学性能主要决定于玻璃纤维。聚合物将玻璃纤维黏结成整体，使力在纤维间传递荷载，并使荷载均衡。玻璃钢的拉伸、压缩、剪切、耐热性能与基体材料的性能、玻璃纤维在玻璃钢中的分布状态密切相关。

玻璃钢具有成型性好、制作工艺简单、密度小、强度高、透光性好、耐化学腐蚀性强、具有基材和加强材的双重特性、价格低，主要用作装饰材料、屋面及围护材料、防水材料、采光材料、排水管等。

玻璃钢的成型方法主要有手糊法、模压法、喷射法和缠绕法。

扩展阅读

聚四氟乙烯(PTFE)在 5G 领域中的应用

氟聚物是化学工业发展到较高水平后的产物。聚四氟乙烯(PTFE)随着各种新应用场景的发展成为产量最大、消费增长最快的氟聚物品种。从需求端来看，随着全球5G市场的兴起，PTFE消费将在高频覆铜板、射频线缆、基站天线滤波器等领域迎来大幅增长；而特斯拉基于干电极技术的超高镍正极材料锂电技术的推出，不仅带来锂电行业的技术变革，而且还将带来PTFE胶粘剂的巨大需求增量。此前制约中国材料行业进步的障碍主要在于先进材料的应用场景主要在发达国家。随着中国在5G领域和锂电池领域迈向全球领先水平，中国企业在先进材料的开发应用上也拓宽了市场空间。而同时与这两条主线密切相关的就是“塑料之王”——PTFE。

全球行业竞争格局稳定，国内占据半数产能。全球PTFE行业经过多年发展和数次兼并重组之后，目前行业竞争格局稳定，海外产能集中在美国杜邦，法国阿科玛，日本大金、旭硝子、吴羽化学等企业手中。而20多年来随着国内氟化工技术的突破，以及丰富的萤石资源和终端市场的优势，PTFE产能逐渐从海外向中国转移。2019年，国内PTFE产能约为14万吨，在全球产能中占40%以上。我国大数据、物联网及AI技术的发展，对通信技术的要求越来越高，第五代移动通信技术(5G)的开发和普及已经变得越来越紧迫。5G通信技术具有高稳定性、低延时等优点，与4G基站不同，5G技术发展的关键技术是高频传输技术。5G基站天线、功放、射频等领域都需要采用更高频率和更高传输速度的电子机材，随着天线频段增多、频率提高，5G基站对于高频高速覆铜板的需求也大幅度增加。2020年，我国移动电话5G基站数量达到71.8万个。随着5G技术的推广应用及自动驾驶、智慧城市等新型领域的快速发展，PTFE高频覆铜板的市场需求将呈现爆发式增长。

11.3 建筑胶粘剂

建筑技术和建筑工业化水平的不断提高，现代建筑的设计标准化、施工机械化、构件预制化、建筑材料密度小、高强、隔声和保温等功能的结合，使胶粘剂成为现代建筑材料的重要组成部分。

凡能在两个物体表面之间形成薄膜层，并将两个或两个以上同质或不同质的物体黏结在一起的材料称为胶粘剂。黏结是通过物理或化学作用实现的，形成的薄膜在被粘材料之间起到应力传递的作用。胶粘剂已成为新型建筑材料的一种，广泛应用于施工、装饰、密封和结构黏结等领域。

11.3.1 建筑胶粘剂的特点

工程实践证明，建筑胶粘剂是实用的、可靠的，它逐步取代传统的焊接、栓接、嵌接等连接方法，在建筑工程中发挥着重要的作用。

1. 胶粘剂的优点

(1)胶粘剂均匀地涂覆在黏结面上，使应力分布均匀；耐疲劳性要比铆接、栓接高几倍到几十倍，没有因焊缝而产生的电化学腐蚀和脆性破坏。

(2)胶粘剂能有效地应用于不同种类的金属和非金属之间的黏结，并适用于不同尺寸、薄型、微小、复杂物件的连接。

(3)黏结材料对空气、水等环境介质有良好的密封性。黏结表面平滑，对于流线型工艺有独特的意义，能满足防水堵漏、防腐、绝缘、保温和隔声的要求。

(4)黏结工艺可极大地提高工作效率和节约材料。据统计，采用1 t胶粘剂可节约5 t金属材料，节约5 000～10 000个人工。黏结工艺比较简单，对操作者的熟练程度要求不高。

(5)黏结一般可在室温或中温下进行，节约能源，并且不影响材质强度。

(6)选用功能性胶粘剂，可赋予黏结缝以绝缘性、导电性、导磁性、快速固结等性能。

2. 胶粘剂的缺点

(1)胶粘剂的70%以上是高聚物，其耐老化、耐环境侵蚀性差。

(2)胶粘剂主要通过分子的作用来连接被粘物体，其黏结强度有限。

(3)胶粘剂耐温范围不高，非结构胶使用温度为－60～100 ℃；结构胶使用温度为－253～315 ℃；无机胶粘剂虽可达到 700～800 ℃，但它们的综合性能较差。

(4)黏结质量无损检测迄今还没有可靠的方法。

11.3.2　黏结机理

粘结力的大小主要由内聚力和黏附力决定。内聚力是胶粘剂本身分子之间的作用力；黏附力是胶粘剂与被粘物之间的作用力。两物体黏结的牢固程度不取决于内聚力和黏附力之和，而是取决于两者之中最小的一个。

1. 机械结合理论

任何被粘物的表面经放大后，都有很多缝隙和凹凸不平的地方，固化后的胶粘剂像很多销钉一样嵌入微孔中，形成机械啮合力，将两个被粘物牢固地结合在一起。

2. 吸附理论

胶粘剂和被粘物体接触时，由于扩散和吸附的作用形成范德华力。理论计算表明，当两个平面距离为 1 mm 时，其之间的吸附力为 9.8～10.98 MPa，距离为 0.3～0.4 mm 时可达到 98 MPa左右。这个强度完全可达到结构物胶粘剂所要求的强度。

3. 扩散理论

扩散理论认为，胶粘剂在被粘物之间是通过大分子链或链段的热运动进行扩散，最终导致界面上发生互溶，胶粘剂和被粘物之间界面消失而形成整体。

4. 化学键理论

由于胶粘剂和被粘物之间发生化学反应，形成化学键。化学键力包括离子键力、共价键力，它们存在于原子(或离子)之间，也称为主价力。高聚物键能之间主价键力为320～720 kJ。

5. 静电理论

胶粘剂和被粘物之间存在双电层，黏结是由双电层的静电引力作用而产生。黏结中静电引力不起主导作用，只有当双电层中的电荷密度达到 10^{21} e/cm^3 时，静电引力才能对胶接强度产生明显的影响。

以上理论往往是针对不同胶粘剂而言的，实际上粘结力是综合的结果。对不同的黏结对象，使用不同的胶粘剂，这五种黏附力的贡献则不同。

11.3.3　常用建筑胶粘剂

常用建筑胶粘剂主要可分为热塑性树脂胶粘剂和热固性树脂胶粘剂。其性能及应用见表11-3。

表 11-3　常用建筑胶粘剂的性能及应用

种类		特性	主要用途
热塑性树脂胶粘剂	聚乙烯缩醛胶粘剂	黏结强度高、抗老化、成本低、施工方便	黏结塑料壁纸、瓷砖、墙布等，加入水泥砂浆中改善砂浆性能，也可配制成地面涂料
	聚醋酸乙烯酯胶粘剂	黏附力好，水中溶解度高，常温固化快，稳定性好，成本低，耐水性、耐热性差	黏结各种非金属材料、玻璃、陶瓷、塑料、纤维织物、木材等
	聚乙烯醇胶粘剂	水溶性聚合物，耐热、耐水性差	适合黏结木材、纸张、织物等，与热固性胶粘剂并用

续表

种类		特性	主要用途
热固性树脂胶粘剂	环氧树脂胶粘剂	万能胶，固化速度快，黏结强度高，耐热、耐水、耐冷热冲击性能好，使用方便	黏结混凝土、砖石、玻璃、木材、皮革、橡胶、金属等，多种材料的自身黏结与相互黏结适用于各种材料的快速黏结、固定和修补
	酚醛树脂胶粘剂	黏附性、柔韧性好，耐疲劳	黏结各种金属、塑料和其他金属材料
	聚氨酯胶粘剂	较强粘结力，良好的耐低温性与耐冲击性，耐热性差，自身强度低	适用于胶接软质材料和热膨胀系数相差较大的两种材料

1. 聚乙烯醇及缩醛胶粘剂

聚乙烯醇及缩醛价格低、原料来源广，单组分胶液使用方便，可黏结柔软材料，无毒、不易燃、合成工艺简单、固体含量高；其缺点是本身强度低，抗热性、抗蠕变性差，多用于建筑中墙板、瓷砖、纤维布和壁纸黏结，作为大白粉浆、石灰浆和多种腻子的胶粘剂，外墙涂料、水泥地面涂料，用于基础及外墙饰面、墙体处理等。

2. 聚醋酸乙烯酯胶粘剂

聚醋酸乙烯酯及其共聚物在热塑性高分子胶粘剂中占有很重要的地位。它操作安全、无毒、无火灾和爆炸危险，无环境污染、无腐蚀性；产品常温下干燥快，起始强度高；聚合物微粒较大，在多孔材料(如木材)黏结中，不易产生渗析、缺胶及透胶现象；胶液为单组分，使用方便；固化后的胶层无色透明、有韧性，不会污染被粘物表面。聚醋酸乙烯胶粘剂的缺点如下。

(1)耐湿性差，对温水的抵抗性极差。

(2)耐热性差，软化点低(45～90 ℃)。

(3)低温性能差，乳液在冬季可能冻结。产品多用于胶接纤维素材料(如木材、纸制品等)，广泛应用于建筑、木工、包装等领域。

3. 环氧树脂胶粘剂

环氧树脂胶粘剂是一种性能优良、缺点较多、应用较早的建筑胶粘剂。环氧树脂分子中含有较多的极性基团，具有很强的粘结力；胶层固化后收缩率小(一般为2%～3%)，尺寸稳定；电绝缘性优异，使用温度范围大(－60～150 ℃)；掺和性能好，易于改性；使用方便、工艺简单。环氧胶粘剂的缺点：未改性的环氧树脂固化物质脆、剥离强度低；其稀释剂、固化剂对人体和环境有一定的危害性。

影响环氧树脂胶粘剂黏结性能的主要因素：一是环氧树脂本身；二是固化剂。为了改变环氧树脂的缺点，可加入不同黏度的树脂，提高环氧胶的抗剥离强度、抗冲击强度；加入一些高分子化合物提高环氧胶的耐热性。固化剂的种类和加入量对环氧树脂固化物性影响很大。固化剂一般有有机胺类、酸酐类、咪唑类、双氰胺类等。

环氧树脂胶粘剂广泛用于建筑构件的预制、室内外装修、公路桥梁维修、防渗工程封堵、军事设施加固补强和水利工程的抗磨补损等。

4. 聚氨酯胶粘剂

聚氨酯胶粘剂含有极性强、化学活性大的基团，对多孔、表面光洁的材料具有优良的粘结力；配方可调性强，胶层从柔性到刚性都能调制出适应不同材料黏结的需要；工艺简便，可加热和室温固化，加聚反应固化中没有副产品释出；有优异的耐低温性(－253 ℃下能使用)、耐水、耐油、耐溶剂、耐化学品、耐臭氧、耐磨和防霉菌等性能。聚氨酯的缺点是耐热性差，且具有一定的毒性。

聚氨酯胶粘剂可分为以下四类。

(1)多异氰酸酯类。多异氰酸酯类是最早最简单的一种。目前的芳香族异氰酸酯，采用了价格低的甲苯和苯为原料，是发展很快的产品。

(2)一组分封闭型。一组分封闭型采用化合物将端异氰酸酯基暂时封闭起来，防止水或其他活性物质的作用。

(3)端异氰酸酯基聚氨酯预聚体型。端异氰酸酯基聚氨酯预聚体型属于结构型，其特点是起始黏结强度大。

(4)聚氨酯热熔胶。聚氨酯热熔胶具有较高的极性和反应活性，对多种材料有优异的黏结性。

聚氨酯胶粘剂广泛用于建筑地基、墙根、屋顶、地板等的黏结密封、嵌填；还可用于夹层材料和保护层之间的黏结等。

5. 丙烯酸酯胶粘剂

丙烯酸酯胶粘剂的类型很多，性能各异。它黏度低、室温固化、使用方便；耐热、耐油、耐老化、耐候、耐酸碱、耐溶剂性好；能黏结多种材料，胶层无色透明；毒性低，残胶容易清洗。

丙烯酸酯胶粘剂主要有 α—氰基丙烯酸酯胶粘剂、第二代丙烯酸胶粘剂、厌氧胶等。

(1)α—氰基丙烯酸酯胶粘剂以 α—氰基丙烯酸酯单体为主要成分，R 可为甲基(501 胶)、乙基(502 胶)、正丙基(503 胶)、正丁基(504 胶)等。α—氰基丙烯酸酯反应快，所以胶层脆性大，常用邻苯二甲酸二丁酯和磷酸三苯酯提高膜的韧性。几乎所有的材料都可用 α—氰基丙烯酸酯胶粘剂黏结。

(2)第二代丙烯酸酯胶粘剂由丙烯酸酯类单体与聚酯反应物、甲基丙烯酸、弹性体、韧性树脂等组成。其强度高、耐久性好、固化速度快、使用方便，广泛用于应急修补、装配定位、堵漏等。

(3)厌氧胶是一种新型密封胶粘剂，存储时与空气接触不会固化，一旦隔绝空气会很快聚合固化。它用于黏结、密封、紧固、防松等场合。

6. 氯丁橡胶胶粘剂

氯丁橡胶胶粘剂是合成橡胶胶粘剂中产量最大、用途最广的品种。它黏结强度高、强度形成速度快，对多种材料都有较好的黏结性，属于室温固化型。其耐久、耐光、耐候、耐油、耐水、耐酸碱、耐溶剂、防燃性能好；胶层柔韧、弹性好、耐冲击性好；价格低、使用方便。

氯丁橡胶胶粘剂的缺点是耐热、耐寒性差；存储稳定性不好，易分层、凝胶和沉淀；有毒性。

11.4　建筑涂料

涂料是指涂敷在物体表面，能形成牢固附着的连续薄膜材料。它对物体起到保护、装饰或某些特殊的作用。植物油和天然树脂是人们最早应用的涂料。随着高分子材料的发展，合成聚合物改性涂料逐渐成为涂料工业的主流产品。

11.4.1　涂料的组成

涂料主要由成膜材料、颜料、分散介质和辅助材料四种成分组成。

1. 成膜材料

成膜材料是涂料的最主要成分，也称为基料。其作用是将涂料中其他组分粘合成一个整体，附着在被涂物体表面，干燥固化后形成均匀连续的保护膜。成膜材料可分为以下两类。

(1)转化型或反应型。转化型或反应型在成膜过程中伴随着化学反应，一般形成网状交联结构，成膜物相当于热固型聚合物。

(2)非转换型或挥发型。非转换型或挥发型成膜过程仅仅是溶剂的挥发，成膜物是热塑性聚合物。

2. 颜料

颜料是一种微细的粉末，它均匀地分散在涂料的介质中，构成涂膜的一个组成部分。颜料能使涂膜呈现颜色并起遮盖作用，能增加涂膜强度、附着力，改变流变性、耐候性，赋予涂膜特殊功能和降低成本。颜料按功能可分为着色颜料和体质颜料。

(1)着色颜料。着色颜料使涂料具有色彩和遮盖力。

(2)体质颜料。体质颜料可以增加涂膜厚度、加强涂膜体质。

颜料按成分可分为无机颜料、有机颜料、功能颜料和惰性颜料。

没有颜料的涂料称为清漆；有颜料的涂料称为色漆或瓷漆。

3. 分散介质

分散介质的作用是使成膜物质分散，形成黏稠液体，以适应施工工艺的要求。分散介质有水或有机溶剂，主要是有机溶剂。溶剂按来源可分为植物系、煤焦系、石油系、合成系溶剂。对一些水溶性涂料，水是低价的溶剂。

4. 辅助材料

辅助材料是指能帮助成膜物质形成一定性能的涂膜，对涂料的施工性、存储性和功能性有明显的作用，也称为助剂。辅助材料的种类有很多，作用各异，如催干剂、增塑剂、增稠剂、稀释剂和防霉剂等。

11.4.2 常用建筑物涂料

近年来，建筑涂料向高科技、高质量、多功能、绿色环保型、低毒型方向发展。外墙涂料开发的重点向适应高层外墙装饰性、耐候性、耐污染性、保色性高、低毒、水乳型方向发展。内墙涂料以适应健康、环保、安全的绿色涂料为发展方向，重点开发水性类、抗菌型乳胶类。防火、防腐、防碳化、保温也是内墙多功能涂料的研究方向。防水涂料向富有弹性、耐酸碱、隔声、密封、抗龟裂、水性型方向发展。功能涂料将在隔热保温、防晒、防蚊蝇、防霉菌等方向迅速发展。地面涂料有以下几种。

(1)专门用于水磨石、水泥和混凝土地面的CO涂料。其防水、防油、防溶剂物质渗入能力强，起到密封孔隙、隔绝腐蚀的作用。

(2)用于大理石、花岗石、密封水磨石地面的SO涂料。该涂料流平性好、亮度高、保滑性好、柔和舒适、装饰效果晶莹高雅。

(3)木质专用AQ涂料。其光泽自然大方、耐磨损、抗划伤、没有拼缝、施工简单，适用于体育馆、宴会厅、舞台和家庭等木质地面。

(4)抗静电专用ST涂料。其用于机房、厂房、微电子工作间、实验室、医院等静电对电子元件有干扰的场所，各种材质都能涂敷，抗静电效果时间长。

常用建筑物涂料见表11-4。

表 11-4　常用建筑物涂料

种类		主要成分	性能	应用
外墙涂料	过氯乙烯外墙涂料	过氯乙烯树脂、改性酚醛树脂、DOP 等	涂膜平滑、柔韧、有弹性、不透水、表面干燥快、色彩丰富，耐候性、耐腐蚀性好	适用于砖墙、混凝土、石膏板、抹灰墙面等装饰
	氧化橡胶外墙涂料	氧化橡胶、瓷土、溶剂等	耐水、耐酸碱、耐候性好，对混凝土、钢铁附着力高，维修性能好	适用于水泥、混凝土外墙、抹灰墙面
	丙烯酸酯外墙涂料	丙烯酸酯、碳酸钙等	耐水性、耐候性、耐高低温性良好，装饰效果好、色彩丰富，可调性好	适用于各种外墙饰面
	立体多彩涂料	合成树脂、乳胶漆、腻子等	立体花型图案多样，装饰豪华高雅，耐水、耐油、耐候、耐冲洗，对基层适应性强	适用于休闲娱乐场所、宾馆等各种外墙饰面
	多功能陶瓷涂料	聚硅氧烷化合物、丙烯酸树脂	耐候性、加工性、耐污性、耐划伤性优异	适用于高档高层外墙饰面等
	纳米材料改性外墙涂料	纳米材料、乳胶漆等	不沾水、油，抗老化、抗紫外线、不色裂、不脱皮，耐冷热、不燃、自洁、耐霉菌、超过传统涂料标准 3 倍以上	适用于各种高档内外墙饰面
内墙涂料	聚乙烯醇水玻璃涂料	聚乙烯醇树脂、水玻璃、轻质碳酸钙等	无毒、无味、耐燃，干燥快，施工方便、涂膜光滑、配色性强、价低、不耐水擦洗	普遍适用于一般公用建筑的内墙装饰
	醋酸乙烯-丙烯酸酯内墙涂料(乳胶)	醋酸乙烯-丙烯酸酯、钛白粉等	耐水、耐候、耐酸碱性好，附着力强，干燥快，易施工，有光泽	适用于要求较高的内墙装饰建筑物
	苯-丙乳胶涂料	苯乙烯、丙烯酸丁酯、甲基丙烯酸甲酯等	耐水、耐候、耐碱、耐擦洗性好，外观细腻，色彩鲜艳，加入不同填料，可表现出丰富的质感	适用于高级建筑物的内墙装饰
	环保壁纸型内墙涂料	天然贝壳无机粉末、有机胶粘剂等	色彩、图案丰富，不褪色、不起皮，经久耐用，无毒、无害，施工简便，无接缝	适用于中高档装饰
地面涂料	过氯乙烯地面涂料	过氯乙烯、丙烯酸酯、601 等	耐水、耐磨、耐化学腐蚀、耐老化性好，色彩丰富，附着力强，涂膜硬度高，施工方便，重涂性好	适用于各种室内装饰
	环氧树脂地面涂料(804 地板涂料)	环氧树脂、固化剂、溶剂	耐水、耐油、耐化学溶剂，涂层坚硬、耐磨、有光泽、装饰性好、粘结力强、成膜性好、耐久性好	适用于各种公共建筑地面、室内地面装饰
	聚氨酯弹性地面涂料	多异氰酸酯、多羟基化合物、填料等	耐水、耐候、耐高低温、耐磨、耐油、耐酸碱性能优良，有弹性、抗伸缩疲劳，色彩丰富，重涂性好	适用于高档住宅室内地面装饰，化工车间地面装饰

工程案例分析

【案例 11-1】

美国米高梅旅馆火灾

概况： 美国米高梅旅馆大楼共26层，设备豪华，装饰精致。1980年“戴丽”餐厅发生火灾，使用水枪扑救未能成功。因餐厅内有大量塑料、纸制品和装饰品，火势迅速蔓延，且塑料制品、胶合板等在燃烧时放出有毒烟气。着火后，旅馆内空调系统没有关闭，烟气通过空调管道扩散，在短时间内整个旅馆大楼充满烟雾。火灾造成巨大损失，死亡84人，受伤679人。

分析： 大量使用易燃的塑料、木质、纸质制品是造成火灾的主要原因之一。它们不仅燃烧速度快，而且产生大量有毒气体。故在工程应用中需注意塑料制品等的可燃性及其燃烧气体的毒性，尽量使用通过改进配方制成的自熄和难燃甚至不燃产品。

【案例 11-2】

某住宅楼装修甲醛超标

概况： 某住宅楼购买了一批由脲醛树脂做胶粘剂的胶合板进行室内装修，装修后经检测，室内甲醛含量严重超标。

分析： 胶合板通常是由脲醛树脂作为胶粘剂，在热压的条件下使树脂固化，制成胶合板。脲醛树脂属于热固型胶粘剂，是由尿素和甲醛反应而成的。但是一些胶合板生产企业为了追求产量和效益，在生产脲醛树脂时甲醛用量偏多，或胶合板生产时热压时间过短，或热压温度过低造成胶合板残余甲醛含量过高，导致使用过程中胶合板中不断有甲醛释放出来，污染环境。

思考与练习

一、填空题

1. 通常把分子量________的物质称为高分子化合物。

2. 高分子化合物按存在的方式，可分为________、________、________。

3. 高分子化合物的形态随着温度的变化而异，表现出的物理状态一般有________、________、________。

4. 在建筑塑料中，一般按塑料的热变形行为分为________和________，其中热塑性塑料在建筑高分子材料中占80%以上。

5. 热塑性塑料是以热塑性树脂为基本成分的塑料，一般具有________或________。

6. 凡能在两个物体表面之间形成薄膜层，并将两个或两个以上同质或不同质的物体黏结在一起的材料称为________。

7. ________是胶粘剂本身分子之间的作用力；________是胶粘剂与被粘物之间的作用力。

二、选择题

1. 以下物质属于天然高分子材料的是(　　)。

A. 聚乙烯　　B. 聚氯乙烯　　C. 橡胶　　D. 聚苯乙烯

2. 高分子材料的合成过程中，(　　)反应是形成高分子的关键步骤。

A. 加成　　B. 缩聚　　C. 氧化　　D. 还原

3. 高分子材料在加工过程中，以下方法可以改善其加工性能的是(　　)。

A. 添加增塑剂　　B. 添加稳定剂　　C. 添加抗氧剂　　D. 添加润滑剂

4. 以下高分子材料具有良好的透明性的是(　　)。

A. 聚乙烯　　B. 聚氯乙烯　　C. 聚丙烯　　D. 聚碳酸酯

5. 具有较好耐热性的高分子材料是(　　)。

A. 聚乙烯　　B. 聚氯乙烯　　C. 酰亚胺　　D. 聚苯乙烯

三、名词解释

1. 高分子化合物

2. 热固性塑料

四、简答题

1. 高分子化合物的分子几何结构形状有哪三种?

2. 建筑胶粘剂的优点和缺点有哪些?

3. 常用建筑胶粘剂主要分为哪些? 其性能及应用有哪些?

4. 建筑涂料主要由哪些成分组成?

5. 常用建筑物外墙、内墙、地面涂料有哪些?

思考与练习答案

第 12 章　建筑功能材料

学习提示

绝热材料和吸声材料是土木工程中的建筑功能材料。理解绝热材料和吸声材料的作用原理是正确选择这类材料的基础。在土木工程中，建筑物内外起装饰作用的材料称为建筑装饰材料。常用建筑装饰材料包括装饰石材、玻璃、陶瓷、塑料、金属材料、木材和竹材、涂料等。本章重点是绝热材料和吸声材料的性能特点、应用，建筑装饰材料选择的基本要求和常用建筑装饰材料的性能特点、应用。

学习目标

知识目标

通过本章的学习，掌握绝热材料和吸声材料的作用原理；了解绝热材料和吸声材料的主要类型及性能特点；了解装饰材料的基本要求，掌握装饰材料的主要类型和性能特点及应用。

素养目标

通过对高分子由大量单体通过共价键紧密连接而成这一知识点的学习，引导学生理解集体合作在工程实践与社会发展中的重要性。

思维导图

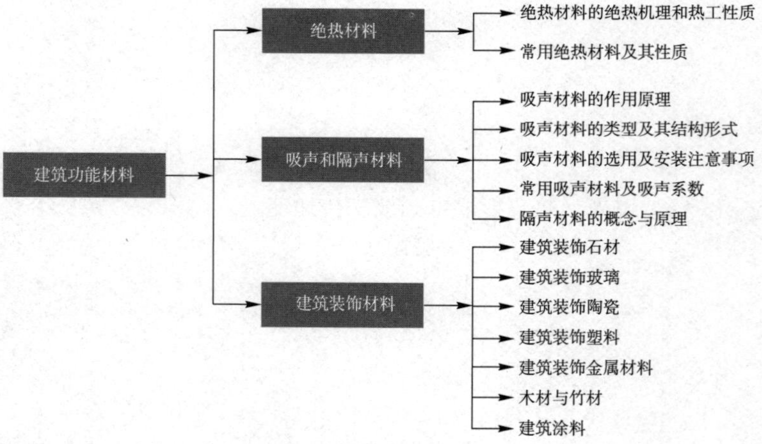

案例导入

上海市静安区胶州路一栋28层高的住宅楼遭遇了一场严重的火灾。火灾爆发后，上海市的公安、消防、卫生和应急办公室等部门迅速响应，动员了25个消防中队的超过百辆消防车参与灭火行动。截至当天傍晚 6 时 30 分，经过约 4 小时的奋战，现场的大火基本得到控制。据媒体报道，火灾现场附近的《施工告示牌》显示，该住宅楼正在进行外墙节能改造工程，包括屋面粉刷、外墙保温、更换铝合金窗户、室内走道和楼梯间的乳胶漆粉刷及大堂装修。这表明施工涉及多个工种和层面，是一项复杂的立体工程。

近年来，节能减排已成为我国政府工作的重点之一，建筑节能作为其中的重要组成部分。据统计，使用高效的节能材料每吨可节约 3 t 标准煤，并减少 1 t 二氧化碳、粉尘和二氧化硫的排放。在我国的建筑设计和施工中，超过 90% 的项目采用挤塑聚苯乙烯泡沫塑料(XPS)、模塑聚苯乙烯泡沫塑料(EPS)和硬质聚氨酯泡沫塑料(PU)等有机绝热材料作为外墙保温材料。这些材料因其成本低(通常每平方米 50～80 元)、保温性能优异且施工便利而受到青睐。

然而，有机保温材料存在一个致命的缺陷，即易燃性。EPS 和 XPS 极易着火并熔化，而 PU 材料虽可自熄，但在高温下也难以控制。更严重的是，PU 泡沫材料燃烧时会产生大量有毒烟雾，吸入几口即可致命。即使添加了阻燃剂，一旦遭遇大火高温，阻燃剂自身也会燃烧，释放出 PU 的毒性。据分析，超过 90% 的人员伤亡是 PU 材料燃烧时释放的大量有毒气体所致。

12.1　绝热材料

绝热材料是用于减少结构物与环境热交换的一类功能材料，对于保证建筑物在使用功能和室内热环境质量的前提下降低能源消耗起着关键作用，为实现建筑物本身的保温节能具有重要意义。目前，建筑节能已作为一项重要工作在开展，住建部也相继出台和修订了建筑节能的一系列法规和标准，如《民用建筑节能管理规定》《严寒和寒冷地区居住建筑节能设计标准》(GJ 26—2018)、《夏热冬冷地区居住建筑节能设计标准》(JGJ 134—2010)、《公共建筑节能设计标准》(DB11/T 687—2024)等，这都将对我国建筑节能事业产生积极而深远的影响。合理选择使用保温绝热材料，对提高建筑物的使用功能，保证正常的生产和生活十分重要。

12.1.1　绝热材料的绝热机理和热工性质

材料的绝热机理和热工性质材料传递热量有导热、对流和热辐射 3 种方式。导热是由于物体各部分直接接触的物质质点作热运动而引起的热能传递过程。对流是较高温度的液体或气体遇热膨胀密度减小后上升，冷的液体或气体补充过来造成分子的循环流动，使热量从高温处通过分子的相对位移传向低温处。热辐射靠电磁波来传递能量。在实际传热过程中，往往同时存在着 2 种或 3 种方式。

土木工程中，一般把导热系数值小于 0.23 W/(m・K)的材料称为绝热材料。材料的导热系数受本身物质构成、孔隙率、材料所处环境的温湿度及热流方向的影响。通常情况下，可通过改变材料孔隙率、孔隙特征，改变材料环境温湿度，改变材料与热流的相对方向，改变材料接受热流的大小等方法来达到保温隔热的目的。在实际使用中，绝热材料的温度稳定性要高于实际使用温度。由于绝热材料抗压强度一般都很低，常将其与承重材料复合使用。同时，也由于大多数绝热材料有一定的吸水、吸湿性，在实际应用中需在其表层加防水层或隔气层。

常见的绝热材料有多孔型、纤维型和热反射型 3 种。

(1)多孔型。多孔型绝热材料的绝热作用机理如图 12-1 所示。当物体两侧存在温差时，热量 Q 从高温面向低温面传递。在未遇到气孔之前，传递过程为固相中物体质点间的导热。在遇到气孔后，一条路线仍然通过固相传递，但其传递速度因传热方向发生变化，总的传热路线大大增加，从而使传递速度减慢；另一条路线则要通过气孔内气体进行传热，而常温下对流和辐射传热在总的传热中所占比例很小，故传热以气孔中气体的导热为主，但由于空气的导热系数仅为 0.029 W/(m·K)，远小于固体的导热系数，故热量通过气孔传递的阻力较大，从而传热速度大大减缓。这就是含有大量气孔的材料能起保温绝热作用的原因。

(2)纤维型。纤维型绝热材料的绝热机理与多孔材料的情况基本相似，如图 12-2 所示。热量传递过程中，因纤维方向与热流方向相对垂直，使得传热速度减缓并有效地阻止空气的对流，从而起到保温绝热的作用。纤维型绝热材料使用时，应注意使传热方向和纤维方向垂直，以保证正常的绝热效果。

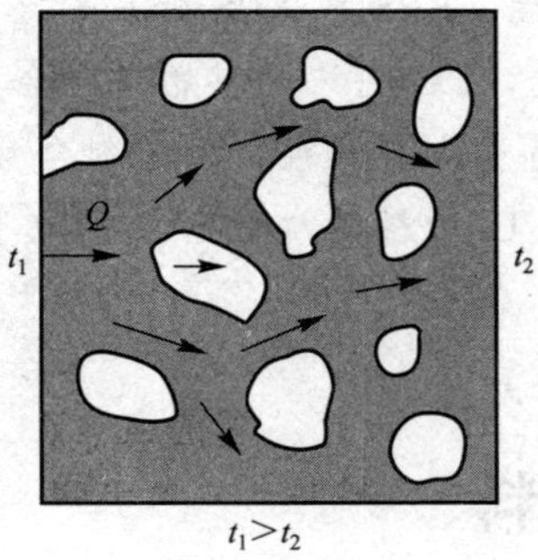

图 12-1　多孔型绝热材料绝热机理示意

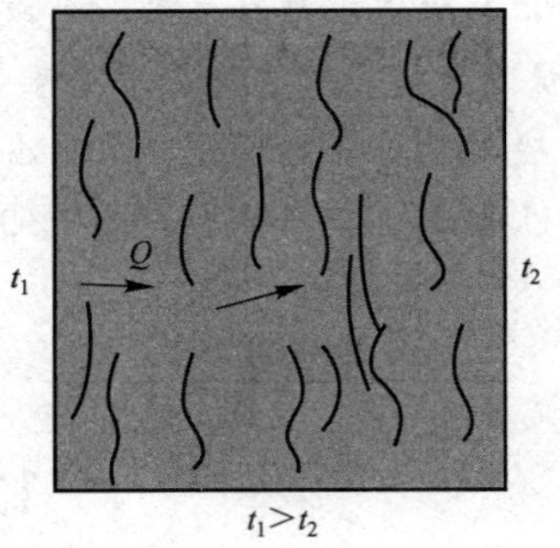

图 12-2　纤维型绝热材料绝热机理示意

(3)热反射型。由于一般土木工程材料都不能穿透热射线，故外来的热辐射能量投射到材料上时，能量被分成两部分：一部分能量被反射掉，另一部分能量被材料吸收。根据能量守恒定律，反射率大的材料，吸收热辐射的能力就弱；反之，如果吸收能力越强，则其反射率就越小。热反射型绝热材料就是利用材料对热辐射的反射作用(如铝箔的反射率为 0.95)，在需要绝热的部位表面贴上这种材料，而将绝大部分外来热辐射(如太阳光)反射掉，以达到绝热的效果。

12.1.2　常用绝热材料及其性质

建筑上常用的绝热材料按照其化学组成可分为无机绝热材料和有机绝热材料两大类。

(一)常用无机绝热材料

无机绝热材料主要由矿物质原料制成，不易腐朽生虫，不会燃烧，有的还能耐高温，多为纤维或松散颗粒制成的毡、板、管套等制品，或通过发泡工艺制成的多孔散粒料及制品。

1. 纤维状绝热材料

(1)矿棉及其制品。矿棉一般包括矿渣棉和岩石棉。由熔融矿渣(高炉硬矿渣、铜矿渣等)经喷吹制成的纤维材料称为矿渣棉；由熔融的岩石(白云石、花岗石、玄武岩等)经喷吹制成的纤维材料称为岩棉。将矿棉与有机胶结剂胶结制成板、筒、毡等形状的制品，其堆积密度为 45～150 kg/m^3，导热系数为 0.049～0.044 W/(m·K)，广泛用于住宅建筑和热工设备、管道等的保温隔热。

(2)玻璃棉及制品。玻璃棉是由短玻璃纤维通过有机胶结剂相互纵横交错在一起构成的多孔结构材料，其堆积密度为 45～150 kg/m^3，导热系数为 0.035～0.041 W/(m·K)，多制成板或管套，用于房屋建筑的墙体保温及管道保温。

2. 松散颗粒类绝热材料

松散颗粒类绝热材料及制品有由天然蛭石经煅烧、膨胀而得的多孔状膨胀蛭石粒料；由天然玻璃质火山喷出岩经煅烧、膨胀而得的蜂窝泡沫状膨胀珍珠岩；可直接用于夹层中，用水泥、水玻璃、磷酸盐或沥青胶结成各种制品。

(1)膨胀蛭石及其制品。蛭石是一种复杂的铝硅酸盐矿物，由云母类矿物经风化而成，具有层状结构。将天然蛭石经破碎、预热后快速通过煅烧带可使蛭石膨胀 20～30 倍，煅烧后的膨胀蛭石表观密度可降至 87～900 kg/m^3，导热系数为 0.046～0.07 W/(m·K)，最高使用 1 000～1 100 ℃。

膨胀蛭石除可直接用于填充材料外，还可与水泥、水玻璃等胶凝材料配制成膨胀蛭石制品，浇制成板，用于墙、楼板和屋面板等构件的绝热。其水泥制品通常用 10%～15%体积的水泥，85%～90%的膨胀蛭石，用适量水拌和、成型、养护而成。

(2)膨胀珍珠岩及其制品。膨胀珍珠岩由天然珍珠岩煅烧而成，呈蜂窝泡沫状的白色或灰白色颗粒，是一种高效能的绝热材料。其堆积密度为 40～500 kg/m^3，导热系数为 0.047～0.07 W/(m·K)，最高使用温度为 800 ℃，最低使用温度为－200 ℃。膨胀珍珠岩除可用作填充材料外，还可与水泥、水玻璃、磷酸盐、沥青等经拌和、成型、养护后，制成具有一定形状的板、块、管壳等膨胀珍珠岩绝热制品。

3. 多孔类制品

多孔类制品包括：用水泥、水和松香泡沫剂，或用粉煤灰、石灰、石膏和泡沫剂，经搅拌、成型、养护而成的泡沫混凝土；用硅质材料(粉煤灰或磨细砂等)加石灰，掺入发气剂(铝粉)经蒸压或蒸养而成的加气混凝土；用碎玻璃掺发泡剂，经熔化和膨胀而成的泡沫玻璃；用硅藻土，加少量石棉、水玻璃，经成型、蒸压、烘干而成的微孔硅酸钙。

(1)微孔硅酸钙制品。微孔硅酸钙制品是以硅藻土和石灰为主要原料，加入纤维增强材料及水等经搅拌、成型、蒸压处理和干燥等工序而制成。其孔隙率大，孔径极小，堆积密度为 250 kg/m^3，导热系数约为 0.04 W/(m·K)，可用于围护结构及管道保温。

(2)泡沫玻璃。泡沫玻璃是采用碎玻璃加入发泡剂(石灰石或碳化钙)，经配料、粉磨、混合，焙烧后形成的含有大量封闭而独立气泡(直径为 0.1～5 mm)的制品。其表观密度为 150～600 kg/m^3，导热系数为 0.058～0.128 W/(m·K)，绝热性能好，抗压强度和抗冻性高，耐久性优良，且易于进行锯切、钻孔等机械加工。

(3)多孔混凝土。多孔混凝土是指具有大量分布均匀的封闭气孔的轻质混凝土，主要有泡沫混凝土和加气混凝土。泡沫混凝土是一种将水泥、水和发泡剂拌和后经硬化而成的多孔混凝土，其堆积密度为 300～500 kg/m^3，导热系数为 0.082～0.186 W/(m·K)。加气混凝土是用硅质材料(粉煤灰或磨细砂等)加石灰，掺入发气剂(铝粉)经蒸压或蒸养而成，其堆积密度为 400～700 kg/m^3，导热系数为 0.093～0.164 W/(m·K)。上述两种混凝土的抗压强度不大于 0.4 MPa，最高使用温度不大于 600 ℃，适用于建筑物围护结构的保温隔热。

(二)常用有机绝热材料

有机绝热材料是以有机材料(树脂、木材等)为原料经加工制成。有机绝热材料由于吸湿性大、易腐蚀、不耐久、不耐高温，因此只能在低温下用于保温隔热。

1. 树脂类制品

(1)轻质钙塑板。在树脂中加入大量的碳酸钙、亚硫酸钙等钙盐填充料和必要的添加剂，加工制成的复合材料称为钙塑材料。此类材料按不同的工艺制成板材就是轻质钙塑板，这种板材具有温度变形小、尺寸稳定、难燃，便于锯、刨、钉等加工特点。其表观密度为 100～

150 kg/m^3，抗压强度为 0.1～0.3 MPa，导热系数约为 0.047 W/(m·K)，在建筑中广泛地用作天花板、吸声板及墙面装饰，具有装饰、吸声和绝热等综合建筑功能。

(2)泡沫塑料。泡沫塑料是在合成树脂中加发泡剂等辅助材料，经加热发泡而制成的一种具有轻质、保温隔热、吸声及抗震性能的材料，可用于屋面、墙面保温，冷库隔热及制成夹心复合板。常用的树脂有聚苯乙烯、聚氯乙烯、聚氨酯和脲醛等。

2. 木材类制品

(1)软木板。软木也称为栓木。软木板是用栓皮、栎树皮或黄菠萝树皮为原料，经破碎后与皮胶溶液拌和，再加压成型，在 80 ℃的干燥室中干燥一昼夜而制成。其规格一般为 1 000 mm×500 mm×50 mm，由于软木中含有大量的微孔，因此其具有表观密度小(小于 260 kg/m^3)、导热系数低[λ<0·058 W/(m·K)]、抗渗和防腐性能高等特点。由软木加工制成的碳化软木板，常用于冷藏库的低温保冷。

(2)蜂窝板。蜂窝板是以较薄的面板贴在蜂窝状芯材的两侧制成。芯材通常是用铝片、牛皮纸、玻纤布等制成，面板是用牛皮纸、玻纤布、胶合板、纤维板、石膏板等制成。蜂窝板的特点是质轻、强度高、导热系数小。根据所用材料的不同，蜂窝板可分为结构用板材和非结构用板材两类。当其芯材采用泡沫塑料等材料时，其绝热效果最佳。

(三)绝热材料的选用及基本要求

选用绝热材料时，应满足以下基本要求：导热系数不宜大于 0.23 W/(m·K)，表观密度不宜大于 600 kg/m^3，抗压强度则应大于 0.3 MPa。由于绝热材料的强度一般都很低，因此除能单独承重的少数材料外，在围护结构中，经常把绝热材料层与承重结构材料层复合使用。例如建筑外墙的保温层通常做在内侧，以免受大气的侵蚀，但应选用不易破碎的材料，如软木板、木丝板等；如果外墙为砖砌空斗墙或混凝土空心制品，则保温材料可填充在墙体的空隙内，此时可采用散粒材料，如矿渣、膨胀珍珠岩等。屋顶保温层则以放在屋面板上为宜，这样可以防止钢筋混凝土屋面板由于冬夏温差引起裂缝，但保温层上必须加做效果良好的防水层。总之，在选用绝热材料时，应结合建筑物的用途、围护结构的构造、施工难易、材料来源和经济核算等综合考虑。对于一些特殊建筑物，还必须考虑绝热材料的使用温度条件、不燃性、化学稳定性及耐久性等。

扩展阅读

新型高性能绝热材料——泡沫玻璃

泡沫玻璃是采用石英砂矿粉或碎玻璃粉经烧制发泡生成的堆积密度小、独立闭孔的发泡体。由于它是无机材料的闭孔泡沫玻璃，因此导热系数小，绝热功能稳定；不吸水，水蒸气渗透率小；耐高低温性能和耐久性优良；强度高，质量轻，变形小；不燃烧，不腐蚀；可切割成型，便于施工；可制成彩色材料，具有美化环境功能；可用聚合物水泥砂浆与基层牢固粘接。

建筑节能是国家一项极其重要的政策，是利国利民、造福子孙后代的系统工程。加强建筑物的保温隔热对于改善人的工作和居住环境条件、节约能源所起的作用既直接又实际。在我国建筑保温隔热工程中，绝热材料吸水率高、耐久性差一直是两大难题，它大大地降低了材料的保温性能，影响保温隔热的效果，增加空调系统的能量消耗。而且吸水后，保温层变成蓄水层，会使防水层起鼓破坏，造成渗漏，在雨后很长一段时间内仍旧漏水。在外墙构造中，出于保温隔热的需要，需将墙体加厚以满足使用功能要求。由于目前尚无绝热材料能取代原来的红砖作为墙体材料，只能采用外贴绝热材料进行保温隔热，因此需要质量轻、保温性能好、耐老化、不吸水、易黏结的材料。泡沫玻璃是最理想的绝热材料，其无论用于屋面或外墙都是一种优良的绝热材料。

12.2 吸声和隔声材料

12.2.1 吸声材料的作用原理

声音源于物体的振动，产生振动的物体称为声源。声源发声后迫使邻近的空气跟着振动而形成声波，并在空气介质中向四周传播。声音在传播过程中，一部分由于声能随着距离的增大而扩散，另一部分则因空气分子的吸收而减弱。当声波遇到材料表面时，入射声能的一部分从材料表面反射，另一部分则被材料吸收。被吸收声能(E)和入射声能(E_0)之比，称为吸声系数α，即

$$\alpha=\frac{E}{E_0}\times 100\%$$

假如入射声能的60%被吸收，40%被反射，则该材料的吸声系数α等于0.6。当入射声能100%被吸收而无反射时，吸声系数等于1。当门窗开启时，吸声系数相当于1。一般材料的吸声系数为0～1。

材料的吸声性能除与材料本身性质、厚度及材料表面状况(有无空气层及空气层的厚度)有关外，还与声波的入射角及频率有关。因此，吸声系数用声音从各个方向入射的平均值表示，并应指出是对哪一频率的吸收。一般来说，材料内部开放连通的气孔越多，吸声性能越好。同一材料，对于高、中、低不同频率的吸声系数不同。为了全面反映材料的吸声性能，规定取125 Hz、250 Hz、500 Hz、1 000 Hz、2 000 Hz、4 000 Hz频率的吸声系数来表示材料的吸声特性。例如，材料对某一频率的吸声系数为α，材料的面积为A，则其吸声总量等于αA(吸声单位)。任何材料对声音都能吸收，只是吸收程度有很大的不同。通常对上述6个频率的平均吸声系数大于0.2的材料，认为是吸声材料。

吸声机理是声波进入材料内部互相贯通的孔隙，受到空气分子及孔壁的摩擦和黏滞阻力，以及使细小纤维做机械振动，从而使声能转化为热能。吸声材料大多为疏松多孔的材料，如矿渣棉、毯子等。多孔性吸声材料的吸声系数，一般从低频到高频逐渐增大，故对高频和中频的吸声效果较好。

12.2.2 吸声材料的类型及其结构形式

1. 多孔性吸声结构

多孔性吸声材料是比较常用的一种吸声材料，它具有良好的中、高频吸声性能。多孔性吸声材料具有大量的内外连通微孔，通气性良好。当声波入射到材料表面时，声波很快地顺着微孔进入材料内部，引起孔隙内的空气振动，由于摩擦、空气黏滞阻力和材料内部的热传导作用，使相当一部分声能转化为热能而被吸收。

多孔性吸声材料的吸声性能与材料的表观密度和内部构造有关。在建筑装修中，吸声材料的厚度、材料背后空气层以及材料孔隙特征等，对吸声性能均有较大影响。

(1)材料表观密度和构造的影响。多孔材料表观密度增加，意味着微孔减小，能使低频吸声效果有所提高，但高频吸声性能却有所下降。材料孔隙率高、孔隙细小，吸声性能较好；孔隙过大，效果较差。但过多的封闭微孔，对吸声并不一定有利。

(2)材料厚度的影响。多孔材料的低频吸声系数，一般随着厚度的增加而提高，但厚度对

高频吸声影响不显著。材料的厚度增加到一定程度后，吸声效果的变化就不明显。所以，为提高材料吸声效果而无限制地增加厚度是不适宜的。

(3)背后空气层的影响。大部分吸声材料都是固定在龙骨上，安装在距离墙面 5～15 mm 处。材料背后空气层的作用相当于增加了材料的厚度，吸声效果一般随着空气层厚度增加而提高。当材料背后空气层厚度等于 1/4 波长的奇数倍时，可获得最大的吸声系数。根据这个原理，调整材料背后空气层厚度，可以提高其吸声效果。

(4)材料孔隙特征的影响。吸声材料的表面空洞和开口连通空隙越多，吸声效果越好。当材料吸湿或表面喷涂油漆、空隙充水或堵塞时，会大大降低吸声材料的吸声效果。

2. 薄板振动吸声结构

薄板振动吸声结构的特点是具有低频吸声特性，同时还有助于声波的扩散。建筑中常用胶合板、薄木板、硬质纤维板、石膏板、石棉水泥板或金属板等，将它们固定在墙或顶棚的龙骨上，并在背后留有空气层，即成薄板振动吸声结构。

薄板振动结构是在声波作用下发生振动，当薄板振动时由于板内部和龙骨之间出现摩擦损耗，使声能转变为机械振动而起吸声作用。由于低频声波比高频声波容易激起薄板振动，所以薄板振动吸声结构具有低频声波吸声特性。建筑中常用的薄板振动吸声结构的共振频率为 80～300 Hz，在此共振频率附近的吸声系数最大，为 0.2～0.5，而在其他共振频率附近的吸声系数较低。

3. 共振吸声结构

共振吸声结构具有密闭的空腔和较小的开口，很像一个瓶子。当瓶腔内的空气受到外力激荡，会按一定的频率振动，这就是共振吸声器。每个独立的共振吸声器都有一个共振频率，在其共振频率附近，由于颈部空气分子在声波的作用下像活塞一样进行往复运动，因摩擦而消耗声能。若在腔口蒙一层细布或疏松的棉絮，可以增加和提高共振频率范围的吸声量。为了获得较宽频率带的吸声性能，人们常采用组合共振吸声结构或穿孔板组合共振吸声结构。

4. 穿孔板组合共振吸声结构

穿孔板组合共振吸声结构具有适合中频的吸声特性。这种吸声结构与单独的共振吸声器相似，可看作由多个单独共振吸声器并联而成。穿孔板厚度、穿孔率、孔径、孔距、背后空气层厚度及是否填充多孔吸声材料等，都直接影响吸声结构的吸声性能。这种吸声结构由穿孔的胶合板、硬质纤维板、石膏板、石棉水泥板、铝合板、薄钢板等固定在龙骨上，并在背后设置空气层而构成。这种吸声材料在建筑中使用比较普遍。

5. 柔性吸声结构

柔性吸声结构是具有密闭气孔和一定弹性的材料，如聚氯乙烯泡沫塑料。这种吸声结构表面仍为多孔材料，但因其有密闭气孔，声波引起的空气振动不是直接传递至材料内部，只能相应地产生振动，在振动过程中由于克服材料内部的摩擦而消耗声能，引起声波衰减。这种材料的吸声特性是在一定的频率范围内出现一个或多个吸声频率。

6. 悬挂空间吸声结构

悬挂空间吸声结构是悬挂于空间的吸声体，由于声波与吸声材料的两个或两个以上的表面接触，增加了有效的吸声面积，产生边缘效应，再加上声波的衍射作用，大大提高了吸声效果。在实际应用中，可根据不同的使用地点和要求，设计成各种形式的悬挂空间吸声结构。空间吸声体有平板形、球形、椭圆形和棱锥形等多种形式。

7. 帘幕吸声结构

帘幕吸声结构是用具有通气性能的纺织品，安装在离墙面或窗洞一定距离处，背后设置空气层。这种吸声体对中、高频都有一定的吸声效果。帘幕的吸声效果还与所用材料种类有关。帘幕吸声体安装、拆卸方便，兼具装饰作用，应用价值高。

12.2.3 吸声材料的选用及安装注意事项

在室内采用吸声材料可以抑制噪声，保持良好的音质(声音清晰且不失真)，故在教室、礼堂和剧院等室内应当采用吸声材料。吸声材料的选用和安装必须注意以下几点。

(1)要使吸声材料充分发挥作用，应将其安装在最容易接触声波和反射次数最多的表面上，而不应将它集中在顶棚或某一面的墙壁上，并应比较均匀地分布在室内各表面上。

(2)吸声材料强度一般较低，应设置在护壁线以上，以避免碰撞破损。

(3)多孔吸声材料往往易于吸湿，安装时应考虑到湿胀干缩的影响。

(4)选用的吸声材料应不易虫蛀、腐朽，且不易燃烧。

(5)应尽可能选用吸声系数较高的材料，以便节约材料用量，降低成本。

(6)安装吸声材料时应注意，勿使材料的表面细孔被油漆的漆膜堵塞而降低其吸声效果。

虽然有些吸声材料的名称与绝热材料相同，都属于多孔性材料，但在材料的孔隙特征上有着完全不同的要求。绝热材料要求具有封闭的互不连通的气孔，这种气孔越多其绝热性能越好；而吸声材料则要求具有开放的互相连通的气孔，这种气孔越多其吸声性能越好。至于如何使名称相同的材料具有不同的孔隙特征，主要取决于原料组分中的某些差别和生产工艺中的热工制度、加压大小等。例如，泡沫玻璃采用焦炭、磷化硅、石墨为发泡剂时，就能制得封闭的互不连通的气孔。又如，泡沫塑料在生产过程中采取不同的加热、加压制度时，可获得孔隙特征不同的制品。

除采用多孔吸声材料吸声外，还可将材料制作成不同的吸声结构，以达到更好的吸声效果。常用的吸声结构形式有薄板共振吸声结构和穿孔板吸声结构。

薄板共振吸声结构是采用薄板钉牢在靠墙的木龙骨上，薄板与板后的空气层构成的吸声结构。在声波的交变压力作用下，薄板振动。当声频正好为振动系统的共振频率时，其振动最强烈，吸声效果最显著。此种结构主要吸收低频率的声音。在表 12-1 中，序号 11、13、14 即为胶合板结构。

穿孔板吸声结构是用穿孔的胶合板、纤维板、金属板或石膏板等为结构主体，与板后的墙面之间的空气层(空气层中有时可填充多孔材料)构成的吸声结构。该结构的吸声频带较宽，对中频的吸声能力最强，表 12-1 中序号 15、16、17 即为穿孔胶合板结构。

12.2.4 常用吸声材料及吸声系数

常用吸声材料及吸声系数见表 12-1。

表 12-1　常用吸声材料及吸声系数

序号	名称	厚度/cm	表观密度/（kg·m^{-3}）	各频率下的吸声系数						装置情况
				125 Hz	250 Hz	500 Hz	1 000 Hz	2 000 Hz	4 000 Hz	
1	石膏砂浆（掺有水泥、玻璃纤维）	2.2	—	0.24	0.12	0.09	0.30	0.32	0.83	粉刷在墙上
2	石膏砂浆（掺有水泥、石棉纤维）	1.3	—	0.25	0.78	0.97	0.81	0.82	0.85	喷射在钢丝板上，表面滚平，后有 15 cm 空气层
3	水泥膨胀珍珠岩板	2	350	0.16	0.46	0.64	0.48	0.56	0.56	贴实
4	矿渣棉	3.13 8.0	210 240	0.10 0.35	0.21 0.65	0.60 0.65	0.95 0.75	0.85 0.88	0.72 0.92	贴实
5	沥青矿渣棉毡	6.0	200	0.19	0.51	0.67	0.70	0.85	0.86	贴实
6	玻璃棉、超细玻璃棉	5.0 5.0 5.0 15.0	80 130 20 20	0.06 0.10 0.10 0.50	0.08 0.12 0.35 0.85	0.18 0.31 0.85 0.85	0.44 0.76 0.85 0.85	0.72 0.85 0.86 0.86	0.82 0.99 0.86 0.80	贴实
7	酚醛玻璃纤维板（去除表面硬皮层）	8.0	100	0.25	0.55	0.80	0.92	0.98	0.95	贴实
8	泡沫玻璃	4.0	1 260	0.11	0.32	0.52	0.44	0.52	0.33	贴实
9	脲醛泡沫塑料	5.0	20	0.22	0.29	0.40	0.68	0.95	0.94	贴实
10	软木板	2.5	260	0.05	0.11	0.25	0.63	0.70	0.70	贴实
11	*木丝板	3.0	—	0.10	0.36	0.62	0.53	0.71	0.90	钉在木龙骨上，后留 10 cm 空气层
12	穿孔纤维板（穿孔率为 5%，孔径 5 mm）	1.6	—	0.13	0.38	0.72	0.89	0.82	0.66	钉在木龙骨上，后留 5 cm 空气层
13	*胶合板（三夹板）	0.3	—	0.21	0.73	0.21	0.19	0.08	0.12	钉在木龙骨上，后留 5 cm 空气层

续表

序号	名称	厚度 /cm	表观密度 /（kg·m^{-3}）	各频率下的吸声系数						装置情况
				125 Hz	250 Hz	500 Hz	1 000 Hz	2 000 Hz	4 000 Hz	
14	*胶合板（三夹板）	0.3	—	0.60	0.38	0.18	0.05	0.05	0.08	钉在木龙骨上，后留 10 cm 空气层
15	*穿孔胶合板（五夹板）（孔径 5 mm，孔心距 25 mm）	0.5	—	0.01	0.25	0.55	0.30	0.16	0.19	钉在木龙骨上，后留 5 cm 空气层
16	*穿孔胶合板（五夹板）（孔径 5 mm，孔心距 25 mm）	0.5	—	0.23	0.69	0.86	0.47	0.26	0.27	钉在木龙骨上，后留 5 cm 空气层，但在空气层内填充矿物棉
17	*穿孔胶合板（五夹板）（孔径 5 mm，孔心距 25 mm）	0.5	—	0.20	0.95	0.61	0.32	0.23	0.55	钉在木龙骨上，后留 5 cm 空气层，填充矿物棉
18	工业毛毡	3	370	0.10	0.28	0.55	0.60	0.60	0.59	张贴在墙上
19	地毯	厚	—	0.20	—	0.30	—	0.50	—	铺于木格栅楼板上
20	帷幕	厚	—	0.10	—	0.50	—	0.60	—	有折叠，靠墙装置

注：1. 表中名称前有 * 者表示是有混响室法测得的结果；无 * 者是用驻波管法测得的结果，混响室法测得的数据比驻波管法约大 0.20。

2. 穿孔板吸声结构在穿孔率为 0.5%～5%，板厚为 1.5～10 mm，孔径为 2～15 mm，后面留腔深度为 100～250 mm 时，可获得较好效果

12.2.5 隔声材料的概念与原理

能减弱或隔断声波传递的材料称为隔声材料。必须指出，吸声性能好的材料，不能简单地把它们作为隔声材料来使用。

人们要隔绝的声音，按传播途径分，有空气声(通过空气传播的声音)和固体声(通过固体的撞击或振动传播的声音)两种，两者隔声的原理不同。

对空气声的隔绝，主要是依据声学中的“质量定律”，即材料的表观密度越大，越不易受声波作用而产生振动，其声波通过材料传递的速度迅速减弱，其隔声效果越好。所以，应选用表观密度大的材料(如钢筋混凝土、实心砖等)作为隔绝空气声的材料。

对固体声隔绝的最有效措施是隔断其声波的连续传递。即在产生和传递固体声的结构(如梁、框架、楼板与隔墙及它们的交接处等)层中加入具有一定弹性的衬垫材料，如软木、橡胶、毛毡、地毯或设置空气隔离层等，以阻止或减弱固体声的继续传播。

由上述可知，材料的隔声原理与材料的吸声原理是不同的，因此吸声效果好的多孔材料其隔声效果不一定好。

12.3 建筑装饰材料

在土木工程中，把黏结、涂刷或铺设在建筑物内外表面的、主要起装饰作用的材料，称为装饰材料。装饰材料除起到装饰作用，满足人们的精神需要外，还起着保护建筑物主体结构、提高建筑物耐久性及改善建筑物保温隔热、吸声隔声、采光、防火等使用功能的作用。

12.3.1 建筑装饰石材

建筑装饰石材可分为天然石材和人造石材两种。自古以来，国内外在建筑工程中广泛采用各种天然石材作为装饰材料，随着科学技术的发展，人造石材作为一种新型的饰面材料，也得到了很大的发展。

1. 天然石材

天然石材是指从天然岩体中开采出来的毛料，或经过加工成为板状或块状的饰面材料。建筑装饰用饰面材料主要有花岗石板和大理石板两大类。

(1)花岗石板。花岗石是一种火成岩，属于硬石材。花岗石的化学成分随产地不同而有所区别，其主要矿物成分是长石、石英，并含有少量云母和暗色矿物。花岗石常呈现出一种整体均粒状结构，正是这种结构使花岗石具有独特的装饰效果。其耐磨性和耐久性优于大理石，既适用于室外装饰，也适用于室内装饰。

花岗石板根据加工程度不同分为粗面板材(如剁斧板、机刨板等)、细面板材和镜面板材三种。其中，粗面板材表面平整、粗糙，具有较规则的加工条纹，主要用于建筑外墙面、柱面、台阶、勒脚、街边石和城市雕塑等部位，能产生近看粗犷、远看细腻的装饰效果；而镜面板材是经过锯解后，再经研磨、抛光而成，产品色彩鲜明、光泽动人、形象倒映，极富装饰性，主要用于室内外墙面、柱面、地面等。有些花岗石含有微量放射性元素，对这类花岗石应避免使用于室内。

(2)大理石板。天然大理石是石灰岩与白云岩在高温、高压作用下矿物重新结晶变质而成。纯大理石为白色，称为汉白玉。若在变质过程中混入了氧化铁、石墨、氧化亚铁、铜、镍等其他物质，就会出现各种不同的色彩、花纹和斑点，这些斑斓的色彩和石材本身的质地使其成为古今中外的高级建筑装饰材料。

大理石天然生成的致密结构和色彩、花纹、斑块，经过锯切、磨光后，板材光洁细腻，如脂如玉，纹理自然，花色品种可达上百种。白色大理石洁白如玉，晶莹纯净，是大理石中的名贵品种。云灰大理石和彩花大理石在漫长的形成过程中，由于大自然的“鬼斧神工”，使其具有令人遐想万千的花纹和图案，如有的像乱云飞渡，有的则像青云直上，还有的表现为“微波荡漾”“湖光山色”“水天相连”“花鸟虫鱼”“珍禽异兽”“群山叠翠”“骏马奔腾”等，装饰效果美不胜收。大理石装饰板材主要用于宾馆、展厅、博物馆、办公楼、会议大厦等高级建筑物的墙面、地面、柱面及服务台面、窗台、踢脚线、楼梯、踏步及园林建筑的山石等处，也可加工成工艺品和壁画。

大理石的主要成分为碱性物质——碳酸钙($CaCO_3$)，化学稳定性不如花岗石，不耐酸，空气和雨水中所含的酸性物质和盐类对大理石有腐蚀作用，故大理石不宜用于建筑物外墙和其他露天部位。

目前在我国市场上经常可见的国际名牌石材产品有挪威红、印度红、南非红、意大利紫罗红、土耳其紫罗红、美利坚红、莎利士红、蓝宝石、白水晶、卡门红、黑金沙、美国红紫晶、玫瑰花岗等，多产于印度、美国、南非、意大利、挪威、土耳其和西班牙等国家。

大理石装饰板材的性能指标应符合《天然大理石建筑板材》(GB/T 19766—2016)的规定。

2. 人造石材

人造石材是采用无机或有机胶凝材料作为胶粘剂，以天然砂、碎石、石粉等为粗、细填充料，经成型、固化、表面处理而成的一种人造材料。常见的有人造大理石和人造花岗石，其色彩和花纹均可根据要求设计制作，如仿大理石、仿花岗石等，还可以制作成弧形、曲面等天然石材难以加工的复杂形状。

人造石材的优点：具有天然石材的质感，色泽鲜艳、花色繁多、装饰性好，密度小、强度高，耐腐蚀、耐污染，可锯切、钻孔，施工方便；适用于墙面、门套或柱面装饰，也可作为台面及各种卫生洁具，还可加工成浮雕、工艺品等。与天然石材相比，人造石材是一种较经济的饰面材料。除以上优点外，人造石材还存在一些缺点，如有的品种表面耐刻划能力较差、某些板材在使用中会发生翘曲变形等。随着人们对人造石材制作工艺、原料配比的不断改进、完善，这些缺点可得到一定程度的克服。

按照生产材料和制造工艺的不同，人造石材可分为以下几类。

(1)水泥型人造石材。水泥型人造石材是以各种水泥为胶凝材料，以天然石英砂为细骨料，以碎大理石、碎花岗石等为粗骨料，经配料、搅拌混合、浇筑成型、养护、磨光和抛光而制成的。在该类人造石材中，以铝酸盐水泥作为胶凝材料的性能最为优良。因为铝酸盐水泥水化后生成的产物中含有氢氧化铝胶体，它与光滑的模板表面相接触，形成氢氧化铝凝胶层。氢氧化铝凝胶体在凝结硬化过程中，形成致密结构，因而表面光亮，呈半透明状，同时花纹耐久、抗风化、耐火性、耐冻性和防火性等性能优良。这种人造石材成本低，但耐酸腐蚀能力较差，若养护不好，则容易产生龟裂，表面易返碱，不宜用于卫生洁具和外墙装饰。

(2)树脂型人造石材。树脂型人造石材多以不饱和树脂为胶凝材料，配以天然大理石、花岗石、石英砂或氢氧化铝等无机粉状、粒状填料，经配料、搅拌和浇筑成型，在固化剂、催化剂作用下发生固化，再经脱模、抛光等工序制成。树脂型人造石材的优点是光泽度高、质地高雅、强度硬度较高、耐水、耐污染和花色可设计性强；缺点是填料级配若不合理，产品易出现翘曲变形。

(3)复合型人造石材。复合型人造石材具备了上述两类的特点，是采用无机和有机两类胶凝材料制成的。先用无机胶凝材料(各类水泥或石膏)将填料黏结成型，再将所成的坯体浸渍于有机单体中(苯乙烯、甲基丙烯酸甲酯、醋酸乙烯和丙烯腈等)，使其在一定的条件下聚合而成。

(4)烧结型人造饰面石材。烧结型人造饰面石材是将斜长石、石英、高岭土等按比例混合，制备坯料，用半干压法成型，经窑炉 1 000 ℃左右的高温焙烧而成。该种人造石材因采用高温焙烧，所以能耗大，造价较高，实际应用较少。

12.3.2 建筑装饰玻璃

1. 玻璃的组成

玻璃是以石英砂、纯碱、长石、石灰石等为主要原料，经 1 550～1 600 ℃高温熔融、成型、冷却、固化后得到的透明非晶态无机物。普通玻璃的化学组成主要是 SiO_2、Na_2O、K_2O、CaO 及少量 Al_2O_3、MgO 等，若在玻璃中加入某些金属氧化物、化合物，可制成各种特殊性能的玻璃。

2. 玻璃的物理、化学、力学、工艺性能

(1)玻璃的密度。普通玻璃的密度为 2.45～2.55 g/cm^3。玻璃的密度与其化学组成有关，故变化很大，且随温度升高而降低。

(2)玻璃的光学性质。玻璃具有优良的光学性质，既能通过光线，还能反射光线和吸收光线。厚度大的玻璃和重叠多层的玻璃是不易透光的。当光线射入玻璃时表现有透射、反射和吸收的性质。光线能透过玻璃的性质称为透射；光线被玻璃阻挡，按一定角度折回称为反射；光线通过玻璃后，一部分损失掉，称为吸收。利用玻璃的这些特殊光学性质，人们研制出一些具有特殊功能的新型玻璃，如吸热玻璃、热反射玻璃、光致变色玻璃等。玻璃对光线的吸收能力随着化学组成和颜色而异。无色玻璃可透过各种颜色的光线，但吸收红外线和紫外线。各种颜色的玻璃能透过同色光线而吸收其他颜色的光线。

(3)玻璃的热工性质。玻璃是热的不良导体。导热性能与玻璃的化学组成有关，导热系数一般为 0.75～0.92 W/(m·K)，大约为铜的 1/400。但随温度升高导热系数增大，尤其在 700 ℃以上时更为显著。导热系数大小还受玻璃颜色和化学组成影响，密度对导热系数也有影响。

当玻璃温度急变时，玻璃不同厚度处温度不同，由于膨胀量不同而产生内应力，当内应力超过玻璃极限强度时，就会造成玻璃碎裂。玻璃抵抗温度变化而不破坏的性质称为热稳定性，玻璃抗急热的破坏能力比抗急冷破坏的能力强。这是因为受急热时玻璃表面产生压应力，受急冷时玻璃表面产生的是拉应力，而玻璃的抗压强度远高于抗拉强度。玻璃中常含有游离的 SiO_2，有残余的膨胀性质，会影响制品的热稳定性。因此，需要用热处理方法加以消除，以提高制品的热稳定性。

(4)玻璃的化学稳定性。玻璃具有较高的化学稳定性，通常能抵抗除氢氟酸以外的酸、碱、盐侵蚀，但长期受到侵蚀性介质的腐蚀，也能导致其变质和破坏。例如，玻璃的风化、玻璃发霉等都会导致玻璃外观的破坏和透光能力的降低。

(5)玻璃的力学性质。玻璃的力学性质与其化学组成、制品形状、表面形状和加工方法等有关。凡含有未熔夹杂物、节瘤或具有微细裂纹的制品，都会造成应力集中，从而降低玻璃的机械强度。

玻璃的抗压强度极限随其化学组成而变，相差极大(600～1 600 MPa)。荷载的时间长短对抗压强度影响很小，但受高温的影响较大。玻璃承受荷载后，表面可能出现极细微的裂纹，并随着荷载的次数加多及使用期加长而增多和增大，最后导致制品破碎。因此，制品长期使用后，需用氢氟酸处理其表面，消灭细微裂纹，恢复其强度。

抗拉强度是决定玻璃品质的主要指标，通常为抗压强度的 1/15～1/14，为 40～120 MPa。普通玻璃的弹性模量为 60 000～75 000 MPa，接近于铝，为钢的 1/3。

玻璃的抗弯强度决定于其抗拉强度，并且随着荷载时间的延长和制品宽度的增大而减小。玻璃的硬度随其化学成分和加工方法的不同而不同，其莫氏硬度一般为 4～7。

(6)玻璃的工艺性质。玻璃的表面加工可分为冷加工、热加工和表面处理三大类。

在常温下，通过机械方法来改变玻璃制品的外形和表面形态的过程，称为冷加工。冷加工的基本方法有研磨抛光、切割、喷砂、钻孔和切削。建筑玻璃常进行热加工处理，目的是改善其性能及外观质量。热加工原理主要是利用玻璃黏度随温度改变的特性，以及其表面张力与导热系数的特点来进行的。各种类型的热加工，都需要把玻璃加热到一定温度。由于玻璃的黏度随温度升高而减小，同时玻璃导热系数较小，所以能采用局部加热的方法，在需要加热的地方使其局部达到变形、软化甚至熔化流动的状态，再进行切割、钻孔和焊接等加工。利用玻璃表面张力大且具有使表面自发平整的特性，可在火焰中对玻璃进行抛光和烧口处理。

玻璃的表面处理主要分为化学刻蚀、化学抛光和表面金属涂层三类。化学刻蚀是用氢氟酸溶掉玻璃表层的硅氧，根据残留盐类溶解度的不同，而得到有光泽的表面或无光泽表面的过程。化学抛光的原理与化学刻蚀一样，是利用氢氟酸破坏玻璃表面原有的硅氧膜而生成一层新的硅氧膜，提高玻璃的光洁度与透光率。表面金属涂层是在玻璃表面镀上一层金属薄膜，广泛用于加工制造热反射玻璃、护目玻璃、膜层导电玻璃、保温瓶胆、玻璃器皿和装饰品等。

3. 玻璃的分类

玻璃的品种很多，分类方法各异，通常按照化学组成进行分类。

(1)钠玻璃：主要由 SiO_2、Na_2O、CaO 组成，又名普通玻璃或钠玻璃。

(2)钾玻璃：以 K_2O 替代钠玻璃中部分 Na_2O，并提高 SiO_2 的含量，又名硬玻璃。

(3)铝镁玻璃：降低钠玻璃中碱金属和碱土金属物的含量，引入 MgO，并以 Al_2O_3 代替部分 SiO_2 制成的一类玻璃。

(4)铅玻璃：又称铅钾玻璃或重玻璃、晶质玻璃。是由 PbO、K_2O 及少量的 SiO_2 所组成。

(5)硼硅玻璃：又称耐热玻璃。由 B_2O_2、SiO_2 及少量 MgO 所组成。

(6)石英玻璃：由 SiO_2 组成。

4. 玻璃的表面加工及装饰

成型后的玻璃制品大多需要进行表面加工，以得到符合要求的制品，加工可以改善玻璃的外观和表面性质，还可以进行装饰。

5. 建筑玻璃的主要品种

(1)平板玻璃。平板玻璃是建筑玻璃中用量最大的一种。平板玻璃是将熔融的玻璃液经引拉、悬浮等方法而得到的制品。通常按厚度分类，主要有 2、3、5、6(mm)等厚度的制品，其中以 3 mm 厚的玻璃使用量最大。习惯上将窗用玻璃、磨光玻璃、磨砂玻璃、压花玻璃、有色玻璃均归入平板玻璃之列。

窗用平板玻璃既透光又透视，透光率可达 85%左右，能隔声，略有保温性，具有一定机械强度，但性脆，且紫外线透过率较低。

平板玻璃按外观质量分为特选品、一级品和二级品三等，成品装箱运输，产量以标准箱计，厚度为 2 mm 的平板玻璃，每 10 m^2 为一标准箱。

(2)中空玻璃。中空玻璃是由两片或多片平板玻璃构成，用边框隔开，四周边缘部分用胶接、焊接或熔接的办法密封，中间充入干燥空气或其他惰性气体。玻璃采用平板原片，有浮法透明玻璃、彩色玻璃、镜面反射玻璃、夹丝玻璃、钢化玻璃等。由于玻璃与玻璃间留有一空腔，因此具有良好的保温、隔热、隔声等性能。如中间空气层是厚度为 10 mm 的中空玻璃，则其导热系数为 0.10 W/(m·K)，而普通玻璃的导热系数为 0.756 W/(m·K)，如在玻璃之间充以各种能漫射光线的材料或电介质等，则可获得更好的声控、光控、隔热等效果。

中空玻璃主要用于采暖、空调、防治噪声、防结露等建筑上，如宾馆、饭店、办公楼、学校、医院等。

(3)钢化玻璃。钢化玻璃又称强化玻璃，是将玻璃加热到玻璃软化温度，经迅速冷却或用化学方法钢化处理所得玻璃制品，它具有良好的机械性能和耐热抗震性能。

玻璃经钢化处理后，其机械力学性能等大大提高。钢化玻璃在破碎时，先出现网状裂纹，破碎后棱角碎块不尖锐，不伤人，故被称为安全玻璃。但是钢化玻璃不能切割、磨削，边角不能碰击，使用时只能选择现有尺寸规格的成品，或提出具体设计图纸加工定做。

钢化玻璃有普通钢化玻璃、钢化吸热玻璃、磨光钢化玻璃等品种。

(4)夹丝玻璃。夹丝玻璃也称防碎玻璃或钢丝玻璃。它是将普通平板玻璃加热到红热软化状态，再将经预热处理的铁丝网压入玻璃中间而制成的。与普通玻璃相比，夹丝玻璃不仅增加了强度，而且由于铁丝网的骨架作用，在玻璃遭受冲击或温度剧变时，破而不缺，裂而不散，避免棱角的小块飞出伤人。当火灾蔓延，夹丝玻璃受热炸裂时，仍能保持完整，起到隔绝火焰的作用。故又称防火玻璃。

(5)夹层玻璃。夹层玻璃是透明的塑料层将 2～8 层平板玻璃胶结而成的。具有较高的强度，受到破坏时产生辐射状或同心圆形裂纹，碎片不易脱落，且不影响透明度，不产生折光现象。常用的有赛璐珞塑料夹层玻璃和乙烯醇缩丁醛树脂夹层玻璃两种。其玻璃原片可用于普通平板玻璃、磨光玻璃、浮法玻璃、钢化玻璃及吸热玻璃等。

(6)压花玻璃。压花玻璃又称花玻璃或滚花玻璃，是将熔融的玻璃液在冷却中通过带图案花纹的辊压而成的制品。在压花玻璃有花纹的一面，用气溶胶法对表面进行喷涂处理，玻璃可呈浅黄色、浅蓝色等。经过喷涂处理的压花玻璃，可提高强度 50%～70%。压花玻璃有一般压花玻璃、真空镀膜压花玻璃、彩色膜压花玻璃等。

(7)磨光玻璃。磨光玻璃又称镜面玻璃，是用平板玻璃经过抛光后制得的玻璃。分单面磨光和双面磨光玻璃两种。其具有表面平整光滑且有光泽，物像透过玻璃不变形，透光率大于 84%等特点。磨光玻璃的厚度一般为 5～6 mm。

经机械研磨和抛光的磨光玻璃，虽质量较好，但既费工又不经济，自从浮法工艺出现之后，作为一般建筑和汽车工业用的磨光玻璃用量已逐渐减少。

(8)毛玻璃。通常是指经过研磨、喷砂或氢氟酸溶蚀等加工，使表面均匀粗糙的平板玻璃。毛玻璃有磨砂玻璃、喷砂玻璃及酸蚀玻璃等。

由于毛玻璃表面粗糙、使光线产生漫射，透光不透视，室内光线不刺眼，一般用于建筑物的卫生间、浴室、办公室等门窗及隔断，也有用作黑板等。

(9)热反射玻璃。热反射玻璃又称镀膜玻璃或镜面玻璃，其既具有较高的热反射能力，又保持了平板玻璃良好的透光性能。

热反射玻璃是在玻璃表面喷涂金、银、铜、铝、铬、镍、铁等金属及金属氧化物或粘贴有机薄膜或以某种金属或离子置换玻璃中原有的离子而制成的。

该玻璃的热反射率可达 40%，可起绝热作用。热反射玻璃多用于门、窗、橱窗上，近年来广泛用作高层建筑的幕墙玻璃。

(10)吸热玻璃。吸热玻璃是既能吸收大量红外线辐射，又能保持良好光透过率的平板玻璃。吸热玻璃的生产是在普通玻璃中加入有着色作用的氧化物，如 Fe_2O_3 等，使玻璃带色并具有较高的吸热性能，或在玻璃表面喷涂 SnO 等薄膜。这种玻璃与相同厚度的普通玻璃相比，其热阻挡率可提高2.5倍。

(11)异形玻璃。异形玻璃是用硅酸盐玻璃制成的大型长条形构件。异形玻璃一般采用压延法、浇注法和辊压法生产。异形玻璃的品种主要有槽形、箱形、肋形、三角形等品种。异形玻璃有无色和彩色的，配筋和不配筋的，表面带花纹和不带花纹的，夹丝和不夹丝的等。

(12)光致变色玻璃。在玻璃中加入卤化银，或在玻璃与有机夹层中加入钼和钨的感光化合物，就能获得光致变色玻璃。光致变色玻璃受太阳光或其他光线照射，颜色随着光线的增强而逐渐变暗。当照射停止时又恢复原来的颜色。

(13)釉面玻璃。釉面玻璃是一种饰面玻璃，即在玻璃表面涂敷一层彩色易熔性色釉，在熔炉中加热至釉料熔融，使釉层与玻璃牢固地结合在一起，经退火或钢化等不同热处理方法制成的产品。玻璃基片可用普通平板玻璃、压延玻璃、磨光玻璃或玻璃砖。

(14)水晶玻璃。水晶玻璃也称石英玻璃，它是采用玻璃在耐火材料模具中制成的一种装饰材料。水晶玻璃是以 SiO_2 和其他一些添加剂为主要原料，经配料后烧熔、结晶而制成。

水晶玻璃的外表层是光滑的，并带有各种形式的细丝网状或仿天然石料的不重复的点缀花纹，具有良好的装饰效果，机械强度高，化学稳定性和耐大气腐蚀性较好。水晶饰面玻璃的反面较粗糙，与水泥黏结性好，便于施工。

(15)泡沫玻璃。用玻璃粉和发泡剂配成的混合料经煅烧而得到的多孔材料称为泡沫玻璃。气孔在泡沫玻璃中占总体积的80%～95%，而玻璃只占总体积的5%～20%。根据所用发泡剂的化学成分差异，在泡沫玻璃气孔中气体有二氧化碳、一氧化碳、硫化氢、氧气、氮气等，其气孔尺寸为0.1～5 mm，且绝大多数气孔是孤立的。泡沫玻璃的表观密度为150～600 kg/m^3，导热系数为0.058～0.128 W/(m·K)，抗压强度为0.8～15 MPa，最高使用温度为300～400 ℃(采用普通玻璃)、800～1 000 ℃(采用无碱玻璃)，泡沫玻璃不透气，不透水，抗冻，防火，可锯、钉、钻，属于高级泡沫材料。泡沫玻璃可用于砌筑墙体，也可用于冷藏设备的保温，或用作漂浮、过滤材料。

(16)玻璃砖。玻璃砖又称特厚玻璃，玻璃砖有空心砖和实心砖两种。实心玻璃是采用机械压制方法制成的。空心玻璃砖是采用箱式模具压制而成的。空心砖又可分为单孔和双孔两种。

(17)玻璃锦砖。玻璃锦砖又称玻璃马赛克，是以玻璃为基料并含有未熔解的微小晶体(主要是石英)的乳浊制品，是一种小规格的彩色饰面玻璃。其一面光滑，另一面带有槽纹，以便于与砂浆黏结。

(18)玻璃幕墙。玻璃幕墙是以铝合金型材为边框，玻璃为内外复面，其中填充绝热材料的复合墙体。目前，玻璃幕墙所采用的玻璃已由浮法玻璃、钢化玻璃等较为单一的品种，发展到吸热玻璃、热反射玻璃、中空玻璃、夹层玻璃、釉面钢化玻璃、丝网印花钢化玻璃及真空镀膜玻璃等。

(19)镭射玻璃。镭射玻璃又称全息玻璃或镭射全息玻璃，是一种夹层玻璃。它是应用镭射全息膜技术，在玻璃或透明有机涤纶薄膜上涂敷一层感光层，利用激光在上刻划出很多的几何光栅或全息光栅，在同一块玻璃上形成上百种图案的装饰玻璃。在光源的照射下，产生物理衍射的七彩光。对同一感光点或感光面，随光源入射角或观察角的变化，会感受到光谱分光的颜色变化，使被装饰物显得华贵、高雅，给人以美妙、神奇的感觉。

扩展阅读

自动调节玻璃

自动调节玻璃是一种能够根据外界环境条件(如光线强度、温度等)或用户需求自动调节透明度、颜色或隔热性能的高科技玻璃产品。其原理如下。

(1)电致变色技术：通过施加不同的电压，使玻璃中的离子发生迁移，从而改变光学性能。例如，在阳光强烈时，玻璃会自动变暗，减少室内光照强度和热量吸收；而在光线不足时，玻璃则恢复透明。

(2)光致变色技术：依靠光线强度自动调节玻璃颜色和透光率。当光线强度变化时，玻璃会根据吸收的特定波长光线调整自身颜色。

(3)热致变色技术：根据温度变化调节透光率。当温度升高时，玻璃变得不透明，阻挡热量进入室内；当温度降低时，玻璃恢复透明。

(4)液晶技术(PDLC/SPD)：利用液晶或悬浮粒子装置实现玻璃透明度的快速切换。例如，PDLC技术可以在毫秒级时间内实现透明与不透明的切换。

自动调节玻璃可通过自动调节透光率和隔热性能来降低空调与照明能耗，并可根据需要快速切换至不透明状态。其能够智能响应环境变化，实时调节光线与温度，从而创造舒适的室内环境。随着技术的不断进步，自动调节玻璃将更加智能化和多功能化，未来有望在更多领域得到广泛应用。

12.3.3 建筑装饰陶瓷

凡以黏土、长石和石英为基本原料，经配料、制坯、干燥和焙烧而制得的成品，统称为陶瓷制品。用于建筑工程的陶瓷制品称为建筑陶瓷，主要包括釉面砖、外墙面砖、地面砖、陶瓷锦砖、玻璃制品、卫生陶瓷等。

1. 建筑陶瓷砖的分类

根据《建筑卫生陶瓷术语和分类》(GB/T 9195—2023)的定义，陶瓷砖(也称为陶瓷饰面砖)是由黏土或其他无机非金属原料，经成型、烧结等工艺处理，用于装饰与保护建筑物、构筑物墙面及地面的板状或块状陶瓷制品。

(1)按用途分类。

1)内墙砖：吸水率小于21%的施釉精陶制品，用于内墙装饰。主要特征是釉面光泽度高，装饰手法丰富，外观质量和尺寸精度都比较高。内墙砖按颜色可分为单色(含白色)、花色(各类装饰手法)和图案砖，按形状可分为正方形、长方形和异形砖。异型砖用于屋顶、底、角、边和沟等处。

2)外墙砖：吸水率小于10%的陶瓷砖，用于外墙装饰。根据室外气温不同，选择不同吸水率的砖铺贴，寒冷地区应选用吸水率小于3%的砖。外墙砖的釉面多为半无光(哑光)或大光，吸水率小的砖不施釉。陶瓷外墙砖的主要品种为彩色釉面砖。此外，也有无釉砖、毛面砖和锦砖等，墙面下部也可采用质地厚重的劈离砖。

3)地砖：用于地面铺贴的陶瓷砖。主要特征是工作面硬度大、耐磨、胎体较厚、力学强度高及耐污染性好，陶瓷地砖的品种有各类瓷质砖(施釉、不施釉、抛光、渗花砖等)、彩色釉面地砖、红地砖、锦砖、广场砖和阶梯砖等，质地厚重、耐磨性好。

(2)按材质分类。

1)瓷质砖。吸水率不超过0.5%，有一定透光性，断面细腻呈贝壳状。

2)半瓷质砖。吸水率为0.5%～10%，包括炻瓷质砖、细炻砖和炻质砖。它不透光，但力学强度高，热稳定性好，耐化学腐蚀性好，断面呈石状。

3)陶质砖。吸水率为10%～21%，坯体烧结程度低，力学强度较低，断面粗糙。

(3)按成型方法分类。

1)干压法(粉末法)。将含水量小于6%的粉料，经冲压机将模具内的粉料压成砖坯的砖。

2)可塑法。将含水量为20%左右的泥料，经过挤压、辊压等方式制成砖坯的砖。

3)注浆法。将泥料削成浆料，注入石膏模型经脱水成型制成的砖。注浆法多用于制造异型产品。

在进行产品性能检测时，通常按材质和成型方法来选定检测标准。如在检测瓷质砖时，应选用干压法成型、吸水率小于 0.5%的瓷质砖标准进行检测。

2. 建筑常用陶瓷砖

建筑常用陶瓷砖包括陶质砖、炻质砖、瓷质砖、陶瓷马赛克和其他各种陶瓷砖。《陶瓷砖》(GB/T 4100—2015)和《陶瓷砖试验方法》(GB/T 3810)两大系列标准对陶瓷砖的性能和试验方法作出了全面规定。

(1)釉面内墙砖。釉面内墙砖又称瓷砖，其主要用于建筑物内墙饰面。釉面内墙砖色泽柔和典雅，常用的有白色、彩色、浮雕、图案、斑点等。其装饰效果主要取决于颜色图案和质感。釉面内墙砖具有强度高、防潮、抗冻、耐酸碱、抗急冷急热、易清洗等优良性能。釉面内墙砖主要用作建筑物内部墙面(如厨房、卫生间、浴室、墙裙等部位)的装饰与保护，其效果是既清洁卫生，又美观耐用。

需要注意的是，釉面内墙砖吸水率大(20%左右)，并且对抗冻性、耐磨性和抗化学腐蚀性不做要求，因此不宜做外墙装饰材料和地面材料使用。

(2)墙地砖。墙地砖是墙砖和地砖的总称。由于目前其发展趋向为产品作为墙、地两用，故称为墙地砖，实际上包括建筑物外墙装饰贴面用砖和室内外地面装饰铺贴用砖。

墙地砖是以品质均匀，耐火度较高的黏土作为原料，经压制成型，在高温下烧制而成，其表面可上釉或不上釉，而且具有表面光平或粗糙等不同的质感与色彩。其背面为了与基材有良好的黏结，常常具有凹凸不平的沟槽等。墙地砖品种规格繁多，尺寸各异，以满足不同的使用环境条件的需要。

(3)陶瓷锦砖。陶瓷锦砖俗称马赛克，是以优质瓷土烧制成的小块(边长<40 mm)瓷砖，具有多种颜色和形状，可拼成织锦似的图案。其具有单块面积大、厚度薄、强度高、平整度好、耐化学腐蚀、施工方便等特点，主要用作公共建筑物的内外墙、地面、廊厅、立柱等的饰面。为获得良好的装饰效果，成联时常将大小、形状、颜色不同的小瓷片拼成一定图案，具有独特的艺术效果。

(4)琉璃制品。琉璃制品是以难熔土为原料，经配料、成型、干燥、素烧，表面涂以琉璃釉后，再经烧制而成的制品。一般是施铅釉烧成并用于建筑及艺术装饰的带色陶瓷。

(5)陶瓷壁画。陶瓷壁画是以陶瓷面砖、陶板等为基础，经艺术加工而成的现代化建筑装饰。这种壁画既可镶嵌在高层建筑的外墙面上，也可粘贴在候机室、会客室等内墙面上。

12.3.4　建筑装饰塑料

1. 塑料壁纸

塑料壁纸是以纸为基层、以聚氯乙烯塑料为面层，经压延或涂布，以及印刷、轧花或发泡而成。聚氯乙烯塑料壁纸是目前应用最为广泛的壁纸。

通过印花、压花等工艺，塑料壁纸可模仿大理石、木材、砖墙、织物等天然材料，其花纹图案非常逼真、装饰效果好，具有一定的伸缩性和耐裂强度。根据需要可将其加工成具有难燃、隔热、吸声、防霉性，且不易结露，对酸碱有较强的抵抗能力，不怕水洗，不易受机械损伤的产品。塑料壁纸的湿纸状态强度较好，易于粘贴，使用寿命长，易维修保养和清洁，广泛适用于室内墙面、顶棚和柱面的裱糊装饰。工程中的塑料壁纸需满足《聚氯乙烯壁纸》(QB/T 3805—1999)规定的产品的规格和性能。

2. 塑料地板

塑料地板是以高分子合成树脂为主要材料，加入其他辅助材料，经一定的制作工艺制成的预制块状、卷材状或现场铺涂整体状的地面面层材料。

塑料地板有许多优良性能：塑料地板通过印花、压花等制作工艺，表面可呈现丰富绚丽的图案，不但可仿木材、石材等天然材料，而且可任意拼装组合成变化多端的几何图案，使室内空间变得活泼，富于现代气息。塑料地板通过调整材料的配方和采用不同的制作工艺，可得到适应不同需要、满足各种功能要求的产品。塑料地板单位面积的质量在所有铺地材料中是最轻的，可大大减小楼面荷载。其坚韧耐磨性完全能满足室内铺地材料的要求。PVC 地面卷材地板经 12 万人次的通行，磨损深度不超过 0.2 mm，优于普通水泥砂浆地面。塑料地板可做成加厚型或发泡型，弹性好，脚感舒适，有一定保温吸声作用，且导热系数适宜，冬季不易产生冰冷感。塑料地板施工为干作业，可直接粘贴，施工、维修和保养方便。

塑料地板按其外形可分为块材地板和卷材地板；按其组成和结构特点可分为单色地板、透底花纹地板、印花压花地板；按其材质的软硬程度可分为硬质地板、半硬质地板和软质地板，目前采用的多为半硬质地板和硬质地板；按所采用的树脂类型可分为聚氯乙烯(PVC)地板、聚丙烯地板和聚乙烯-醋酸乙烯酯地板等，国内普遍采用的是 PVC 塑料地板。为使塑料地板更好地满足其使用功能，惯用的主要性能指标有尺寸稳定性、翘曲性、耐凹陷性、耐磨性、自熄性和耐烟头烫性能等。其性能指标需符合《半硬质聚氯乙烯块状地板》(GB/T 4085—2015)和《聚氯乙烯卷材地板 第 1 部分：非同质聚氯乙烯卷材地板》(GB/T 11982.1—2015)的规定。

3. 塑料地毯

塑料地毯作为地面装饰材料，给人以温暖、舒适及华丽的感觉。其的优点：具有绝热保温作用，可降低空调费用；有吸声性能，可使住所更加宁静；还具有缓冲作用，可防止滑倒，使步履平安。塑料地毯原料来源丰富，成本较低，是普遍采用的地面装饰材料。

塑料地毯按其加工方法的不同可分为簇绒地毯、针扎地毯、印染地毯和人造草皮四种。其中簇绒地毯是目前使用最为普遍的一种塑料地毯。

4. 塑料装饰板材

塑料装饰板材是指以树脂为浸渍材料或以树脂为基材，采用一定的生产工艺制成的具有装饰功能的普通或异形断面的板材。

塑料装饰板材按原材料的不同可分为塑料金属复合板、硬质 PVC 板、三聚氰胺层压板、玻璃钢板、聚碳酸酯采光板、有机玻璃装饰板等类型；按结构和断面形式可分为平板、波形板、实体异形断面板、中空异形断面板、格子板、夹芯板等类型。

塑料装饰板材具有密度小、装饰性强、生产工艺简单、施工简便、易于保养、适于与其他材料复合等特点。塑料装饰板主要用作护墙板、屋面板和平顶板。

5. 塑钢门窗

塑钢门窗是以聚氯乙烯(PVC)树脂为主要原料，加上一定比例的稳定剂、改性剂、填充剂、紫外线吸收剂等助剂，经挤出加工成型材，然后通过切割、焊接的方式制成门窗框、扇，配装上橡塑密封条、五金配件等附件而成。为增加型材的刚性，在型材空腔内添加钢衬，所以称为塑钢门窗。目前，塑钢门窗已形成规模巨大、技术成熟、标准完善、社会协作周密、高度发展的生产领域，被誉为继木、钢、铝之后的新一代建筑门窗。

塑钢门窗的型材为多腔式结构，具有良好的隔热性能。其传热系数特小，仅为钢材的 1/357、铝材的 1/1 250，气密性、水密性、抗风压、隔声性和耐候性都较好。塑钢门窗不自燃、不助燃、能自熄、防火性能好、安全可靠，这些性能更扩大了塑钢窗的使用范围。

塑钢门窗与普通钢、铝窗相比可节约能耗30%～50%，社会经济效益显著，近年来应用广泛。

12.3.5　建筑装饰金属材料

金属材料是指由一种或两种以上的金属元素或金属与某些非金属元素组成的合金总称。金属材料一般分为黑色金属和有色金属两大类。

(一)铝及铝合金

1. 铝与铝合金

目前，世界各工业发达国家，在建筑装饰工程中，大量采用铝合金门窗、铝合金柜台、货架及铝合金装饰板、铝合金吊顶等。

铝元素在地壳中占8.13%，仅次于氧和硅。铝属于有色金属中的轻金属。其化学性质很活泼，它与氧的亲和力很强，暴露在空气中，表面易生成一层Al_2O_3薄膜，能保护下面金属不再受腐蚀，故在大气中耐腐蚀性较强，但这层Al_2O_3薄膜很薄，且呈多孔状，因此其耐腐蚀性是非常有限的。另外，铝的电极电位很低，如果与电极电位高的金属接触，并且有电介质(如水汽等)存在时，形成微电池会很快受到侵蚀。

纯铝的强度极低，为提高铝的实用性，通常在Al中加入Mg、Cu、Zn、Si等元素组成合金，这样铝合金既保持了铝质轻的特点，又明显地提高了其机械性能。

2. 铝合金的表面处理

(1)阳极氧化处理：建筑用铝型材必须全部进行阳极氧化处理，一般用硫酸法。阳极氧化处理的主要目的是通过控制氧化条件及工艺参数，在铝型材表面形成比自然氧化膜厚得多的氧化膜层，并进行“封孔”处理，以达到提高表面硬度、耐磨性、耐蚀性等目的。光滑、致密的膜层也为进一步着色创造了条件。

(2)表面着色处理：经中和水洗或阳极氧化后的铝型材，可以进行表面着色处理。着色方法有自然着色法、电解着色法、化学浸渍着色法等。其中最常用的是自然着色法和电解着色法。

经过表面着色生成的氧化膜，由于是多孔质层，必须进行处理，以提高氧化膜的耐蚀、防污染等性能，像这样一类处理方法统称为封孔处理。目前，建筑铝型材常用的封孔方法有水合封孔和有机涂层封孔等。

3. 铝合金门窗

铝合金门窗与普通木门窗、钢门窗相比，具有质量轻、用材省、密封性能好、色调美观、耐腐蚀和维修方便的特点，广泛用于各类建筑中。

4. 铝合金装饰板

(1)铝合金花纹板。铝合金花纹板是采用防锈铝合金等坯料，用特制的花纹轧辊制成的板材。其具有花纹美观大方，筋高适中，不易磨损，防滑性能好，板材平整，裁剪尺寸精确，便于安装等优点。

另外，铝合金浅花纹板也是优良的建筑装饰材料之一。花纹精巧别致，色泽美观大方，除具有普通铝板共有的优点以外，刚度提高了20%，抗污垢、抗划痕、抗擦伤能力等均有所提高，是我国特有的建筑装饰产品。

(2)铝合金波纹板。铝合金波纹板自重轻，色彩丰富多样，既有一定的装饰效果，又有很强的反射阳光的能力，十分经久耐用。

(3)铝合金穿孔板。铝合金穿孔板采用多种铝合金平板经机械穿孔而成。其特点是轻质、防腐、防水、防震，且具有良好的消声效果，是建筑上比较理想的消声材料。

另外，还有铝合金压型板、铝合金吊顶龙骨、铝箔等。

(二)建筑装饰用钢材制品

1. 彩色涂层钢板

为提高普通钢板的装饰性能及防腐蚀性，近年来发展了各种彩色涂层钢板。钢板的涂层大致可分为有机涂层、无机涂层和复合涂层三类，以有机涂层钢板发展最快。有机涂层可以制成各种不同的色彩和花纹，故常称为彩色涂层钢板。常用的有机涂层为聚氯乙烯、环氧树脂等。涂层与钢板的结合方法有薄膜层压法和涂料涂覆法两种。

2. 彩色压型钢板

彩色压型钢板是以镀锌网板为基材，经成型机轧制，并敷以各种耐腐蚀涂层与彩漆而成的轻型围护结构材料。其具有轻质、抗震性好、耐久性强、色彩鲜艳等特点。其适用于工业与民用及公共建筑的屋盖、墙板等。

3. 轻钢龙骨

轻钢龙骨是以镀锌钢带或薄板由特制轧机以多道工序轧制而成。其具有强度大、适用性强、耐火性好、安装简易等优点，可装配各种类型的石膏板、钙塑板、吸声板等。轻钢龙骨被广泛应用于高级民用建筑工程等。

4. 不锈钢包柱

不锈钢包柱是近年来流行的一种建筑装饰工艺，其应用主要基于不锈钢材料的优异特性：金属质感强烈且光泽度好，能够长期保持装饰效果而不易锈蚀；通过特殊处理可实现镜面效果；同时兼具高强度和高硬度的特点。因此，这种工艺被广泛应用于大型商场、餐厅和星级酒店等重要区域的入口及门厅装饰。

(三)新型金属材料

1. 钛金属板

钛具有银灰光泽，是一种过渡金属。它的密度小、强度大、硬度大、熔点高、抗腐蚀性很强，可以和多种金属形成合金。由钛合金制作成的板材称为钛金属板。钛金属板具有表面光泽度高、强度高、热膨胀系数低、耐腐蚀性卓越、对环境无污染、使用寿命长、机械和加工性能优秀等特征。钛金属板具有极佳的金属质感，对钛金属表面进行深加工，可以得到色彩与质感极为丰富的表面特征。钛金属板所表现出的颜色完全由其表面氧化膜的厚度所决定。随着钛金属表面的氧化覆膜厚度的增加，钛金属所表现出的颜色大致是浅黄色→金黄色→钴蓝→草绿色→淡红→深紫。钛金属的多项性能在建筑材料领域独具优势，是其他材料不可比拟的。

2. 钛锌金属板

钛锌金属板是由钛锌合金经过辊轧成片、条或板状的板材。钛锌合金是将钛与铜加入锌制成的合金。采用钛锌金属板的屋面和幕墙系统具有结构性防水和通风透气的特性，其连接方式安全可靠，通过咬合、搭接和折叠即可完成，无需使用胶粘剂。该系统具有高耐久性(寿命可达 80～100 年)、高可塑性、自愈合、易维护、防紫外线和不褪色的特点，并与铝、不锈钢和镀锌钢板等多种材料兼容。

12.3.6　木材与竹材

1. 木材

装饰用木材的树种包括杉木、红松、水曲柳、柞木、栎木、色木、楠木和黄杨木等。凡木纹美丽的均可做室内装饰之用，木纹细致、材质耐磨的可供铺设拼花地板。

木材花纹是天然生成的图案，人们对其有一种自然的爱好。这有多方面的原因，其中有几点是非常重要的：第一，木纹是由一些大体平行但又不相交的纹理构成的图案，给人以流畅、自然、轻松、自如的感觉。第二，木纹图案由于受生长量、年代、气候和立地条件等因素的影响，在不同部位有不同的变化，这种有“涨落”周期式变化的图案，给人以多变、起伏、运动、富有生命力的感觉。木纹图案充分体现了造型规律中变化与统一的规律，统一中有变化、变化中求统一。第三，木材对辐射线有独特的吸收和反射特征，木材吸收紫外线可减轻其对人体的危害，使木材具有独特的光泽。第四，木材的组成成分、界面构造、导热性能使其具有调节温度、湿度，散发芳香，吸声，调光等作用。总之，装饰木材有较好的视觉、触觉、嗅觉特性，可以增加人们心理的温暖感、稳定感和舒畅感。木纹图案用于装饰室内环境，经久不衰，百看不厌，其原因就在于此。

常见的木装饰制品有木地板、木装饰线条、木花格。木地板又可分为条木地板、拼花木地板、复合木地板。

(1)条木地板是使用最普遍的木质地板。普通条木地板(单层)的板材常选用松、杉等软木树材，硬条木地板多选用水曲柳、柞木、枫木、柚木和榆木等硬质木材。条木地板材质要求耐磨不易磨蚀，不易变形开裂。条木地板宽度一般不大于 120 mm，板厚为 20～30 mm。条木地板自重小，弹性好，脚感舒适，其导热性小，冬暖夏凉，易清洁。

(2)拼木地板是一种高级的室内地面装修材料，分单层和双层两种，两者面层均为拼花硬木板层，双层者下层为毛板层。面层拼花板材多选用水曲柳、柞木、核桃木、栎木、榆木、槐木、柳桉等质地优良、不易腐朽开裂的硬质木材。拼花板材的尺寸一般为长 250～300 mm，宽 40～60 mm，厚 20～25 mm，木条均带有企口。双层拼木地板的固定方法：将面层小板条用暗钉钉在毛板上；单层拼木地板是采用适宜的胶粘剂，将硬木面板条直接粘贴在混凝土地面上。拼木地板款式多样，可根据设计要求铺成多种图案，经抛光、油漆、打蜡后木纹清晰美观，漆膜丰满光亮，与家具色调、质感协调，给人以自然、高雅的感受。

(3)复合地板是近年来在国内市场流行的一种新型、高档铺地材料，尤其是以美国、德国、瑞典、奥地利的复合地板在国内市场占有较大比例。复合地板是由防潮底层、高密度纤维板中间层、装饰层和保护层经高温压合而成，故也称强化复合地板。复合地板既有原木地板的天然质感，又有大理石、地砖坚硬耐磨的特点，是两者优点的结合，且安装方便，容易清洁，无需上漆打蜡，弄脏后可用湿抹布擦洗干净，且有良好的阻燃性能。

木装饰线条简称木线。木线种类繁多，主要有楼梯扶手线、压边线、墙腰线、顶棚角线、弯线、挂镜线、门窗镶边线和家具装饰线等。各类木线立体造型各异，每类木线又有多种断面形状，如有平线、半圆线、麻花线、半圆饰、齿型饰、浮饰、黏附饰、钳齿饰、十字花饰、梅花饰、叶形饰及雕饰等多样。装饰装修采用木线装饰，可增加高雅、古朴和自然亲切之感。

2. 竹材

竹材可用于某些特色装修。竹地板采用天然原竹，经锯片、干燥、四面修平、上胶、油压拼板、开槽、砂光、涂漆等工艺，同时经过防霉、防蛀和防水处理而制得。竹地板表面光洁、耐磨，花纹与色泽自然，不变形、防水、脚感舒适、易于维护和清扫，适用于饭店、住宅和办公室的地面装饰。

12.3.7 建筑涂料

建筑涂料是液体、糊状或粉末状的一类产品，当其施涂到底材上时，能形成具有保护、装饰和(或)其他特殊功能的涂层。因早期的涂料大多以植物油为主要原料，故有油漆之称。现在合成树脂已大部分或全部取代了植物油，20 世纪 60 年代正式定名为涂料。

1. 建筑涂料的组成

各种建筑涂料的原材料组成差别很大，一般由主要成膜物质(基料)、次要成膜物质(颜填料)、溶剂(稀释剂)和助剂四大基本组分组成。

(1)主要成膜物质：也称基料、胶粘剂，是涂膜的主要成分，也是决定涂料性能的关键组成。主要成膜物质有树脂和油料两类，其作用是将涂料中其他组分黏结在一起，并能牢固地附着于基层表面，形成连续均匀的保护膜。

(2)次要成膜物质：是涂料中的各种颜填料，是构成涂膜的组分之一。其作用是使涂膜着色并赋予涂膜遮盖力，增加涂膜质感，改善涂膜性能，增加涂膜品种，降低涂料成本等。

(3)溶剂(稀释剂)：是溶解、分散、乳化成膜物质的液体。涂料所用溶剂有两大类：一类是有机溶剂，如烃类(煤油、汽油、苯、甲苯、二甲苯等)、醇类、醚类、酮类和酯类溶剂等；另一类是水。

在涂饰施工中，溶剂使涂料具有一定的稠度、黏性和流动性，还可以增强成膜物质向基层渗透的能力，改善黏结性能；在涂膜的形成过程中，溶剂中少部分被基层吸收，大部分逸入大气中，不保留在涂膜内。

(4)助剂：如催干剂、增塑剂、固化剂、消泡剂和抗氧化剂等。助剂的种类有很多，加入量很少，一般不能成膜，但对基料形成涂膜的过程与涂膜的最后性能起着相当重要的作用。

2. 建筑涂料的特点

建筑涂料的优点是自重轻、色彩鲜明、质感丰富、施工简便、便于维护更新、附着力强、品种多样、价低质好等；缺点是耐水性、耐洗刷性、耐污性差等。

3. 建筑涂料的分类

建筑涂料按主要成膜物质的化学成分可分为有机涂料、无机涂料和复合涂料三大类。

(1)有机涂料：有较好的延伸性，形成的涂膜有一定的柔性，主要有溶剂型涂料和水性涂料两种类型。有机涂料可用于建筑物的内外墙。

1)溶剂型涂料：是以合成树脂为主要成膜物质，有机溶剂为稀释剂(溶剂)，加入适量的颜填料及助剂，经研磨而成的涂料。形成的涂膜细腻光洁而坚韧，有较好的硬度和光泽，其耐水性、耐洗刷性、耐候性、耐酸碱性均较好，涂料成膜温度可以低至－5 ℃，使用范围广。溶剂型涂料的主要缺点是挥发的有机溶剂具有一定的刺激性和毒性，容易对人体和环境造成伤害，不符合环境友好型的化工产品发展趋势。

2)水性涂料：是以水为溶剂或分散介质的涂料，包括水溶性涂料和乳液型涂料。由于以水为溶剂或分散介质，环境友好，无毒、不燃。

①水溶性涂料的主要成膜物质是水溶性树脂，可直接溶于水中，与水形成单相的溶液。它的耐水性、耐洗刷性差，耐候性不强，一般只用作内墙涂料。

②乳液型涂料又称乳胶漆，是将合成树脂以 0.1～0.5 μm 的极细微粒分散于水中形成乳液，以乳液为主要成膜物质并加入适量的颜填料和助剂配制而成。乳胶漆施工方便，形成的涂膜有一定的透气性，涂布时不需要基层很干燥(基层含水率不得大于 10%)，耐水性、耐候性、耐擦洗性较好，可作为内墙、外墙建筑涂料。但乳胶漆施工时温度不能太低，一般应在 5 ℃以上。

(2)无机涂料：是以无机材料(如水玻璃、水泥等)为胶粘剂基料，加入固化剂、颜填料及分散剂等搅拌混合而成。大致可分为水泥系、碱金属硅酸盐系、胶态氧化硅系等几个大类。无机涂料价格低、无毒、不燃，具有良好的遮盖能力，耐水性、耐碱性、保色性和耐候性特别优异；凝固快，与基面黏结力强，对基层材料的处理要求不高，可在较低温度下施工。

(3)复合涂料：是一种结合多种材料技术和添加剂的涂料产品，满足单一涂料的多功能性和特殊性能要求。

4. 内墙涂料

内墙涂料也可用作顶棚涂料，它的主要功能是装饰及保护内墙墙面及顶棚。为了获得良好的装饰效果和使用性能，内墙涂料应具备无毒无污染的环保特性，色彩丰富细腻且协调统一；同时具有优异的耐碱性和耐水性，不易粉化；还应具备良好的透气性和吸湿排湿功能，并保持涂刷便捷和重涂性好的施工优势。

常用的内墙涂料以合成树脂乳液内墙涂料(乳胶漆)为主。合成树脂乳液内墙涂料是以合成树脂乳液为基料，与颜料、体质颜料及各种助剂配制而成的，施涂后能形成表面平整的薄质涂层的内墙涂料，包括底漆和面漆，是最常用的内墙涂料之一。主要品种有苯丙乳液、丙烯酸酯乳液、硅－丙乳液、醋－丙乳液等配置的涂料。

5. 外墙涂料

外墙涂料应具有耐水性、耐洗刷性、耐沾污性、耐候性、保色性好等特点。此外，外墙涂料还应施工及维修容易，价格适中。

目前应用较广泛的外墙涂料有合成树脂乳液外墙涂料、弹性建筑涂料、合成树脂乳液砂壁状建筑涂料、溶剂型外墙涂料、氟碳外墙涂料(水性氟树脂涂料、交联型氟树脂涂料)、外墙无机建筑涂料及建筑用反射隔热涂料等。

扩展阅读

建筑装饰材料的选择原则

建筑装饰材料种类众多，品种、性能各异，用途及价格也不尽相同，所以装饰材料的选择显得尤为重要。

选择装饰材料重在合理搭配，充分运用材料的装饰性，以体现地方特色、民族传统、个人风格和现代新材料、新技术的魅力。因此，选择装饰材料时一般应该考虑以下五个方面的原则。

1. 装饰材料的装饰性原则

装饰材料的选择搭配首先必须满足装饰美化的要求，并要符合人们的审美情趣，即要考虑材料的装饰性。装饰性是指材料的外观特性给人的感觉。一般包括材料的颜色、光泽、透明性、表面组织、形状和尺寸五个方面。

(1)材料的颜色。颜色是对装饰材料效果最为突出、最明显的反应，是构成建筑物外观乃至影响周围环境的主要因素。选择材料颜色时，应考虑空间的性质、使用空间的人、地方特色和民族风格等方面。

(2)材料的光泽。材料的光泽度反映了材料的表面质感。光泽度大的材料，其质感光滑、细腻，光泽度小的材料感觉粗糙。

(3)材料的透明性。材料的透明性是指光线透过物体表面时所表现出的光学特征。能透过光线的物体为透明体，如普通平板玻璃；能透光但不能透视的物体为半透明体，如磨砂玻璃；不透光也不透视的物体为不透明体，如陶瓷材料。合理选用具有不同透明性的材料，可以产生意想不到的效果。如利用磨砂玻璃或压花玻璃做隔断或发光顶棚，既有采光和透光的作用，又可以遮挡视线和灯具。

(4)材料的表面组织。材料的表面组织是指材料表面呈现出的质感。材料的表面组织呈现细致或粗糙、平整或凹凸、密实或疏松等质感效果，给人以不同的心理感受。例如，光滑细致的表面组织使人感觉细腻精美；粗糙不平的表面给人带来粗犷豪放的感觉。

(5)材料的形状和尺寸。材料的形状和尺寸给人带来空间尺寸的大小和使用上是否舒适的感觉。在进行装饰设计时，要根据人体尺寸及空间尺度合理选定材料的形状和尺寸。

总之，优美的装饰艺术效果，不在于多种材料的堆积，而是要在体察装饰材料内在构造和美学的基础上，精于选材，合理配置。

2. 装饰材料的功能性原则

根据建筑物和各个房间的不同使用性质来选定装饰材料，以充分发挥装饰材料所具有的特殊功能。例如，用于浴室和卫生间等部位的装饰材料应防水、易清洁；厨房的装饰材料则要求易擦洗、耐脏、防火，所以不宜选用纸制或布制的材料、同时材料的表面也不宜有凹凸不平的花纹；卧室地面可以使用木地板或地毯等具有保温隔声效果的材料；公共场所应该使用耐磨性很好的天然石材或陶瓷地砖。

3. 装饰材料的经济性原则

从经济角度考虑装饰材料的选择，应有一个总体的概念。既要考虑到一次性投资的多少，也要考虑到日后的维修费用，还要考虑装饰材料今后的发展趋势，以保证整体上的经济合理性。在建筑装饰工程中，一味追求高档材料，不但会使工程造价较高，而且会因材料过多过杂，难以形成一定的艺术风格。通过对装饰材料的合理组合和搭配，就可以获得既美观又经济实惠的效果。

4. 装饰材料的耐久性原则

装饰材料处于建筑物的最外层，在使用过程中要承受各种环境因素的侵蚀作用，为保证装饰层的使用效果，装饰材料必须具备一定的耐久性。

选择装饰材料时，应根据材料使用部位和环境条件的不同，提出相应的耐久性要求，以达到满意的使用效果。

5. 装饰材料的绿色性原则

调查表明，人的一生有80%～90%的时间是在室内活动，所以室内空气的质量与人体健康息息相关。一些装饰材料中含有大量的挥发性有机化合物(Volatile Organic Compound，VOC)，对人体健康造成极大的威胁。VOC包括甲醛、苯甲苯、二甲苯和芳烃类化合物，普遍存在于装饰材料中。医学研究表明，长期生活、工作在含有VOC气体的环境中，在感官、感情、认知功能等诸多方面都有不同程度的损害。国家有关部门非常重视装饰材料对室内空气质量的影响，在2002年以后，相继出台了国家与地方标准对一些装饰材料有害物质的限量加以规定，如《室内空气质量标准》(GB/T 18883—2022)全面规定了室内空气的物理性、化学性、生物性、放射性4类共19个指标的限量，为室内空气的评价提供了科学依据。

工程案例分析

【案例12-1】

绝热材料的应用

概况：某冰库原采用水玻璃胶结膨胀蛭石而成的膨胀蛭石板做绝热材料，经过一段时间后，隔热效果逐渐变差。后以聚苯乙烯泡沫作为墙体隔热夹心板，在内墙喷涂聚氨酯泡沫层作为绝热材料，取得了良好的效果。

分析：水玻璃胶结膨胀蛭石板用于冰库易受潮，受潮后其绝热性能下降，而聚苯乙烯泡沫隔热夹心板和聚氨酯泡沫层均不易受潮，且有较好的低温性能，故用于冰库可取得了良好的效果。

【案例 12-2】

吸声材料工程应用

概况：广州地铁坑口车站为地面站，一层为站台，二层为站厅。站厅顶部为纵向水平设置的半圆形拱顶，长 84 m，拱跨 27.5 m，离地高度最高点为 10 m，最低点为 4.2 m，为钢筋混凝土结构. 在未做声学处理前，该厅严重的声缺陷是低频声的多次回声现象。发一次信号枪，枪声就像轰隆的雷声，经久不息。声学工程完成以后声环境大大改善，经电声广播试验后，主观听声效果达到听清是分散式小功率扬声器播音。总之，声学材料需根据其所用的结构、环境选用。

分析：该声学工程采用了以下几种吸声材料：

(1)阻燃轻质吸声材料。阻燃轻质吸声材料是由天然植物纤维素，如碎纸、废棉絮等经防火和防尘处理，其吸声保温性能接近玻璃棉。现场喷粘或成品铺装而成。

(2)矿棉吸声板。矿棉吸声板是以矿渣棉为主要原料，加入适量胶粘剂、防尘剂和憎水剂，经加压成型、烘干、固化、切割、贴面等工序而成，具有保温、吸声、抗震、不燃等特性。

(3)穿孔铝合金板和穿孔 FC 板。经钻孔处理后的材料，因增加了材料暴露在声波中的面积，即增加了有效吸声表面积，同时使声波易进入材料深处，因此提高了材料的吸声性能，在穿孔板后面贴附玻璃棉更增强了吸声效果。

【案例 12-3】

腐蚀造成大理石外墙饰面破坏

概况：某装饰工程采用大理石装饰外墙，使用不久就出现无光泽、颜色暗淡、表面色斑现象。

分析：由于该装饰工程没有考虑室外使用条件，错误地采用了天然大理石。大理石的抗风化性较差，主要化学成分为碱性物质，当受到酸雨及空气中酸性氧化物(如 CO_2、SO_3 等)遇水形成的酸类侵蚀时，材料表面会失去光泽，出现孔斑现象。该工程应考虑选用结构致密的天然花岗石石材。

思考与练习

一、填空题

1. 材料的绝热机理和热工性质材料传递热量有________、________和________3 种方式。
2. 常见的保温绝热材料有 3 种类型，即________、________和________。
3. 声音源于物体的振动，产生振动的物体称为________。
4. 建筑装饰用石材可分为________和________两种。
5. 玻璃的表面加工可分为________、________和________三大类。
6. 陶瓷制品按其致密程度(吸水率大小)可分为________、________和________三类。
7. 金属材料一般分为________和________两大类。
8. 各种涂料的原材料组成差别很大，一般由________、________、________和________四大基本组分组成。

二、选择题

1. 关于绝热、吸声材料形态，下列说法不正确的是(　　)。

A. 矿物纤维的形态呈纤维状　　B. 硅藻木的形态呈微孔状

C. 泡沫黏土的形态呈层状　　D. 蜂窝叠层板的形态呈层状

2. 下列材料中，导热系数最小的是(　　)。

A. 膨胀珍珠岩　　B. 泡沫混凝土

C. 浮石　　D. 炉渣答案

3. 用于吸声的材料，要求其具有(　　)孔隙，其吸声的效果最好。

A. 大孔　　B. 内部连通而表面封死

C. 封闭小孔　　D. 内外连通的细孔

4. (　　)不是陶瓷胚体的主要原料。

A. 可塑性原料　　B. 瘠性原料　　C. 熔剂原料　　D. 辅助原料

5. 玻璃冷加工的基本方法不包括(　　)。

A. 研磨抛光　　B. 焊接　　C. 喷砂　　D. 切割

6. 装饰材料的组成包括(　　)。

A. 化学组成、矿物组成和相组成　　B. 分子组成、原子组成

C. 物理组成、化学组成　　D. 晶体、玻璃态

7. 按使用工具不同，石材加工可分为(　　)。

A. 形状加工、粗加工　　B. 锯切加工、凿切加工

C. 表面加工、精加工　　D. 研磨、火焰烧毛

8. 关于玻璃砖，下列说法不正确的是(　　)。

A. 使用时不能切割

B. 可以作为承重墙

C. 透光不透视、化学稳定性好、装饰性好

D. 保温绝热、不结露、防水、不燃、耐磨

三、名词解释

1. 金属材料
2. 中空玻璃
3. 冰花玻璃
4. 涂料

四、简答题

1. 简述常用保温绝热材料及其性质。
2. 吸声材料的选用和安装必须注意哪些事项?
3. 建筑玻璃的主要品种有哪些?

思考与练习答案

第 13 章　新型建筑材料及其发展趋势

学习提示

随着技术的不断进步，新型建筑材料不断涌现，纳米材料及技术在土木工程中得以应用。与传统建筑材料相比，建筑智能材料有着突出的性能及特点。

学习目标

知识目标

通过本章的学习，熟悉建筑纳米材料、建筑智能材料的特点及性能；了解新型建筑材料的发展趋势。

素养目标

通过介绍新材料研发对国家发展的影响，激发学生的创新精神，培养其精益求精、追求卓越的工匠精神。

思维导图

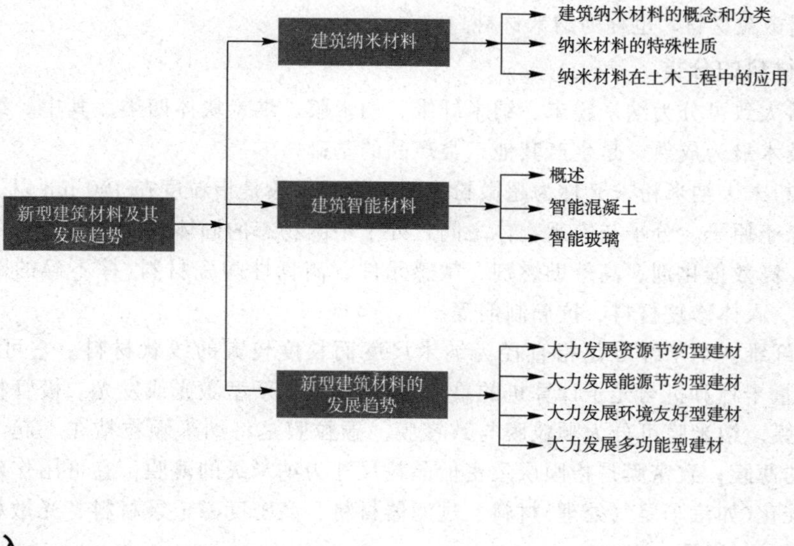

案例导入

重庆内环红槽房大桥是连接杨公桥立交和高滩岩立交的重要通道，该桥自投入运营以来，桥面逐渐破损，抗滑性能不足，影响行车安全。为切实改善桥面通行状况，市设施中心于 9 月 10 日起，正式开始占道对桥面和桥台进行整治。本次维修整治工程将对原桥面铺装层采用自感知混凝土，全称“本征自感知混凝土”，是一种可以感知和监测自身状态的混凝土材料。它利用嵌入其中的纳米和微型传感器，来检测和测量混凝土中的应变、温度、湿度等物理参数，从而实现对混凝土结构的实时监测和预警，也因此被称作“智能水泥”。

这种材料不仅具有传统混凝土的强度和耐久性，而且还具备自感知功能。通过混凝土的电阻变化，实时监测桥上车辆的质量分布，帮助识别超载车辆。通过分析电阻变化的频率和模式，可以估算车辆的速度。长期监测混凝土的电阻变化，可以评估桥梁的结构健康状况，及时发现潜在损伤。

13.1 建筑纳米材料

13.1.1 建筑纳米材料的概念和分类

1. 建筑纳米材料的概念

当物质达到纳米尺度以后，处在1～100 nm这个范围空间，物质的性能就会发生突变，呈现特殊性能。这种既不同于原来组成的原子、分子，也不同于宏观物质的特殊性能构成的材料，即纳米材料。

以往人们只注意原子、分子或宇宙空间，常常忽略这个中间领域，而这个领域实际上大量存在于自然界，只是以前没有认识到这个尺度范围的性能。最先真正认识到它的性能并引用纳米概念的是日本科学家，他们在20世纪70年代用蒸发法制备超微离子，并通过研究它的性能发现：一个导电、导热的铜、银导体做成纳米尺度以后，它就失去原来的性质，表现出既不导电也不导热的性质。人们就正式把这类材料命名为纳米材料。

纳米材料是指在三维空间中至少有一维处于纳米尺度范围(1～100 nm)或由它们作为基本单元构成的材料，这相当于10～100个原子紧密排列在一起的尺度。因此，颗粒尺寸在1～100 nm的微粒称为超微粒材料，也称为纳米材料。

2. 纳米材料的分类

纳米材料大致可分为纳米粉末、纳米纤维、纳米膜、纳米块体四类。其中，纳米粉末开发时间最长、技术最为成熟，是生产其他三类产品的基础。

(1)纳米粉末。纳米粉末又称为超微粉或超细粉，一般是指粒度在100 nm以下的粉末或颗粒，是一种介于原子、分子与宏观物体之间，处于中间物态的固体颗粒材料。它可用于高密度磁记录材料、高效催化剂、高效助燃剂、敏感元件、高韧性陶瓷材料(摔不碎的陶瓷，用于陶瓷发动机等)、人体修复材料、抗癌制剂等。

(2)纳米纤维。纳米纤维是指直径为纳米尺度而长度较大的线状材料。它可用于微导线、微光纤(未来量子计算机与光子计算机的重要元件)材料；新型激光或发光二极管材料等。

(3)纳米膜。纳米膜可分为颗粒膜与致密膜。颗粒膜是将纳米颗粒粘在一起，中间有极为细小的间隙的薄膜；致密膜是指膜层致密但晶粒尺寸为纳米级的薄膜。它可用作建筑玻璃表面材料、气体催化(如汽车尾气处理)材料、过滤器材料、高密度磁记录材料、光敏材料、平面显示器材料、超导材料等。

(4)纳米块体。纳米块体是将纳米粉末高压成型或控制金属液体结晶而得到的纳米晶粒材料。它主要用于超高强度材料、智能金属材料等。

13.1.2　纳米材料的特殊性质

与传统晶体材料相比，纳米材料具有高强度、高扩散性、高塑性、低密度、低弹性模量、高电阻、高比热容、高线膨胀系数、低热导率、强软磁性能等特点。这些特殊性能使纳米材料可广泛地用于高力学性能环境、光热吸收、非线性光学、磁记录、特殊导体、分子筛、超导复合材料、催化剂、热交换材料、敏感元件、烧结助剂、润滑剂等领域。

1. 特殊的力学性质

高韧、高硬、高强是结构材料开发应用的经典主题。陶瓷材料在通常情况下呈脆性，然而由纳米超微颗粒压制成的纳米陶瓷材料却具有良好的韧性。因为纳米材料具有大的界面，界面的原子排列是相当混乱的，原子在外力变形的条件下很容易迁移，因此表现出良好的韧性与一定的延展性，使陶瓷材料具有新奇的力学性质，如目前一些展销会上推出的所谓“摔不碎的陶瓷碗”。

美国学者报道，氟化钙纳米材料在室温下可以大幅度弯曲而不断裂。研究表明，人的牙齿之所以具有很高的强度，是因为它是由磷酸钙等纳米材料构成的。纳米晶粒金属要比传统的粗晶粒金属硬 3～5 倍。至于金属-陶瓷等复合纳米材料则可在更大的范围内改变材料的力学性质，其应用前景十分广泛。应用纳米技术制成超细或纳米晶粒材料时，其韧性、强度、硬度大幅度提高，使用纳米技术制成的陶瓷、纤维，广泛地应用于航空、航天、航海、石油钻探等恶劣环境中。

2. 特殊的光学性质

纳米粒子的粒径远小于光波波长，与入射光有交互作用，光透性可以通过控制粒径和气孔率而加以精确控制。因此，高分子复合纳米材料对可见光具有良好的透射率，对可见光的吸收系数比传统粗晶材料低得多。这主要体现在以下两个方面。

(1)宽频带强吸收，对光的强吸收。当尺寸减小到纳米级时，各种金属纳米微粒几乎都呈黑色，它们对可见光的反射率极低。这就是纳米材料的强吸收率、低反射率。尺寸越小，颜色越黑。金属超微颗粒对光的反射率很低，通常可低于 1%，大约几微米的厚度就能完全消光。例如，当黄金(Au)被细分到小于光波波长的尺寸时，即失去了原有的光泽而呈黑色。银白色的铂(Pt)变成铂黑，金属铬变成铬黑。纳米氮化硅、碳化硅及三氧化二铝对红外线有一个宽频带强吸收谱，利用这个特性可以作为高效率的光热、光电等转换材料，可以高效率地将太阳能转变为热能、电能。此外，这种特性又有可能应用于红外敏感元件、红外隐身技术等。

(2)纳米微粒分散物系等的光学性质和发光效应。纳米微粒分散于介质中形成分散物系(溶胶)。其中，纳米微粒称为胶体(或分散相)。由于在溶胶中胶体的高分散性和不均匀性，分散物系具有特殊的光学特性，如丁达尔效应——即让一束聚集的光线通过分散物系，在入射光的垂直方向上可以看到一个发光的圆锥体。另外，当纳米微粒的尺寸小到一定值时，可在一定波长的光激发下发光。

3. 特殊的热学性质

纳米材料的比热容和线膨胀系数都大于同类粗晶材料和非晶体材料的值，这是由于界面原子排列较为混乱、原子密度低、界面原子耦合作用变弱的结果。因此，在储热材料、纳米复合材料的机械耦合性能应用方面有其广泛前景。

固体物质在其形态为粗晶粒尺寸时(大尺寸时)，其熔点是固定的，超细微化后，其熔点显著降低，当颗粒小于 10 nm 时尤为显著。例如，金的常规熔点为 1 064 ℃，当颗粒尺寸减小到 10 nm 尺寸时，则降为 1 037 ℃，2 nm 尺寸时的熔点仅为 327 ℃左右；银的常规熔点为 670 ℃，而超微银颗粒的熔点可低于 100 ℃。

因此，超细银粉制成的导电浆料可以进行低温烧结，此时元件的基片不必采用耐高温的陶瓷材料，甚至可用塑料。采用超细银粉浆料，可使膜厚均匀，覆盖面积大，既省料又具高质量。超微颗粒熔点下降的性质对粉末冶金工业具有一定的吸引力。例如，在钨颗粒中附加 0.1%～0.5%质量比的超微镍颗粒后，可使烧结温度从 3 000 ℃降低到 1 200～1 300 ℃，以致可在较低的温度下烧制成大功率半导体管的基片。

4. 特殊的磁学性质

纳米材料特殊的磁学性质主要表现为超顺磁性、高矫顽力、低居里温度、高磁化率。小尺寸超微颗粒的磁性比大块材料强许多倍，超顺磁性、大块的纯铁矫顽力约为 80 A/m，而当颗粒尺寸减小到 20 nm 以下时，其矫顽力可增加 1 000 倍。如铁钴合金，把它做成 20～30 nm 大小，磁畴就变成单磁畴，磁性要比原来高 1 000 倍。这一特性主要用于制造微特电机。如果将来相关技术发展到一定程度的时候，用于制造磁悬浮器件，可以制造出速度更快、更稳定、更节约能源的高速列车。

13.1.3 纳米材料在土木工程中的应用

纳米技术可以广泛应用于新型建材，提高建材的性能或功能，并在抗菌材料和光触媒净化材料等环保保健型建材、防紫外材料、保温隔热材料、阻燃材料、高性能建筑结构材料、其他特种装饰材料等方面的应用全面展开。

1. 抗菌防霉材料

纳米级抗菌剂的抗菌性能优越，由于纳米尺寸效应，其抗菌效果显著高于常规尺度的抗菌剂，所以纳米无机抗菌剂的发展应用具有越来越大的优势。可以预计，抗菌防毒材料和建筑装饰材料的结合，在提高建筑健康水平方面有巨大的发展空间，具有显著的经济、社会效益。

最适用于建筑装饰材料用途的无机抗菌剂主要有银、铜、锌氧化物，或由这几种金属离子通过交换、吸附、包埋等方式负载在无机物上制成，如硅酸盐、陶瓷等载体，具有高的耐热性、长效抗菌性、无毒、无有机挥发物等特点。国内抗菌建材的开发速度很快，目前已推出的抗菌建材产品有抗菌管材、抗菌涂料、抗菌地板和瓷砖等。

2. 纳米漆、纳米材料

纳米材料在高分子领域(如高分子复合材料、涂料、胶粘剂、密封胶脂等)的应用中数树脂漆和涂料量大面广。

应用纳米材料的涂料可以达到其他涂料所不具备的光学性质。当纳米材料达到纳米级分散时，涂料透明，而且可以屏蔽紫外线。该涂料还可作为罩光漆使用，可在保光、保色和抗老化性能方面大大增强。

纳米材料的小体积效应使纳米 TiO_2 用于树脂漆时，从不同角度观察，漆具有不同的颜色。其已应用于汽车漆，在家具漆、建筑装饰漆方面也将得到推广使用。

纳米级的 TiO_2、ZnO、$CaCO_3$、SiO_2 及炭黑作为添加剂用于涂料，能够改善涂料的流变性，提高涂料的附着力、涂膜硬度、防霉抗菌和抗老化性能，降低涂料的粗糙度。

3. 纳米 $CaCO_3$ 复合 PVC 材料

全世界聚氯乙烯(PVC)的年产量和用量排列在塑料各大品种的首位。特别是在建筑装饰材料中塑钢门窗异型材和室内装修的仿木材料，如楼梯扶手、墙围等占据绝对优势。为了提高 PVC 的韧性、刚性和强度，利用纳米 $CaCO_3$ 应用研究获得兼具高强度、高韧性、高刚性的 PVC 型材，而且价位低的纳米 $CaCO_3$ 在实现性能提高的同时，还可适当降低价格。

4. 其他功能型建筑纳米材料

(1)阻燃高分子材料。高分子建材的使用越来越普及，但是由此带来的阻燃问题也越来越严重。纳米复合高分子材料不仅可提高所对应的高分子材料的力学性能，还具有使燃点升高、阻燃等作用。

(2)保温结构材料。保温结构材料采用纳米技术可以在粉煤灰材料中形成纳米微孔，得到增强、多孔的保温材料。

(3)自洁陶瓷。纳米材料应用于陶瓷，可大大降低陶瓷烧结温度、降低陶瓷的表面粗糙度、制作自洁性陶瓷、提高陶瓷的韧性。

13.2　建筑智能材料

智能材料是 20 世纪 90 年代迅速发展起来的一类新型复合材料，是一种能感知外部刺激，能够判断并适当处理且本身可执行的新型功能材料。智能材料是继天然材料、合成高分子材料、人工设计材料之后的第四代材料，是现代高技术新材料发展的重要方向之一。它使传统意义下的功能材料和结构材料之间的界限逐渐消失，实现了结构功能化、功能多样化。科学家预言，智能材料的研制和大规模应用将导致材料科学发展的重大革命。

13.2.1　概述

根据清华大学杨静教授下的定义，所谓智能材料，是指具有自我诊断与预防破坏的功能，具有根据外界的作用情况进行自我调节的功能，在即将破坏时具有自我修复的功能以及可重复利用性。一般来说，智能材料有七大功能，即传感功能、反馈功能、信息识别与积累功能、响应功能、自诊断能力、自修复能力和自适应能力。

自我诊断功能与预告破坏的功能是指当材料的内部发生某种异常变化时，材料本身能够将信息传递给人类，如位移、变形、破坏程度、剩余寿命等，以便人们及时采取措施。这是智能材料最基本、最简单的功能。现在很多工程中都应用了智能材料。例如，三峡工程大坝、船闸等部位的混凝土内部预埋的仪器、设备等就能随时观测到坝体的位移、渗水等异常情况，并及时反馈到终端，确保大坝安全正常运行。

智能材料更加高级的功能是自我调节和自我修复功能。材料能根据外部荷载的大小、形状需求等，对自身的承载能力、变形性能等进行自我调整，符合外部作用的需要，这种性能称为自我调节功能。自我修复功能是指材料本身具有类似于自然生物的自我生长、新陈代谢的功能，对遭受破坏或伤害的部位能够进行自我修复。此外，智能材料还应具有可重复利用性，实现资源的循环使用，减少建筑垃圾，保护环境；同时，智能材料的性能要简单易控制。

13.2.2　智能混凝土

随着现代材料科学的不断进步，作为最主要的建筑材料之一的混凝土已逐渐向高强度、高性能、多功能和智能化方向发展，用它建造的混凝土结构也趋于大型化和复杂化。然而，混凝土结构在使用过程中由于受环境荷载作用、疲劳效应、腐蚀效应和材料老化等不利因素的影响，结构将不可避免地产生损伤积累、抗力衰减，甚至导致突发事故。

为了有效地避免突发事故的发生，延长结构的使用寿命，必须对此类结构进行实时的“健康”监测，并及时进行修复。现有的无损检测方法，如声波检测、X 射线及磁粉检测等，只能定性检测，而不能定量、数据化处理，更主要的是不能实现实时监测。另外，传统的混凝土结构的维修方式主要是在损伤部位进行外部的加固，而对损伤的原结构进行维修比较困难，尤其是对结构内部的损伤修复非常困难。而智能混凝土是在混凝土原有组分基础上复合智能型组分，使混凝土具有自感知和记忆、自适应、自修复特性的多功能材料。根据这些特性可以有效地预知混凝土材料内部的损伤，满足结构自我安全检测需要，防止混凝土结构的潜在脆性破坏，并能根据检测结果自动进行修复，显著提高混凝土结构的安全性和耐久性。

(1)损伤自诊断混凝土。自诊断混凝土具有压敏性和温敏性等自感应功能。普通的混凝土材料本身不具有自感应功能，但在混凝土基材中复合部分其他材料组分可使混凝土本身具备自感应功能。目前，常用的材料组分有聚合类、碳类、金属类和光纤。其中，最常用的是碳类、金属类和光纤。当前研究比较热门的损伤自诊断混凝土有以下两种。

1)碳纤维智能混凝土。碳纤维是一种高强度、高弹性且导电性能良好的材料。在水泥基材料中掺入适量碳纤维不仅可以显著提高强度和韧性，而且其物理性能，尤其是电学性能也有明显的改善，可以作为传感器并以电信号输出的形式反映自身受力状况和内部的损伤程度。同时，可对混凝土内部在拉、压、弯静荷载和动荷载等外因作用下的弹性变形与塑性变形及损伤开裂进行监测。

2)光纤传感智能混凝土。光纤传感智能混凝土即在混凝土结构的关键部位埋入纤维传感器或其阵列，探测混凝土在碳化及受载过程中内部应力、应变变化，并对由于外力、疲劳等产生的变形、裂纹及扩展等损伤进行实时监测。近年来，国内外进行了将光纤传感器用于钢筋混凝土结构和建筑检测这一领域的研究，开展了混凝土结构应力、应变及裂缝发生与发展等内部状态的光纤传感器技术的研究，包括在混凝土的硬化过程中进行监测和结构的长期监测。光纤在传感器中的应用，提供了对土建结构智能及其内部状态进行实时、在线无损检测的手段，有利于结构的安全检测和整体评价与维护。

(2)自调节智能混凝土。混凝土结构除正常负荷外，人们还希望它在受台风、地震等自然灾害期间，能够调整承载能力和减缓结构振动，达到自调节的目的。在混凝土中埋入形状记忆合金，利用形状记忆合金对温度的敏感性和不同温度下恢复相应形状的功能，在混凝土结构受到异常荷载干扰时，通过记忆合金形状的变化，使混凝土结构内部应力重分布并产生一定的预应力，从而提高混凝土结构的承载力。

(3)自修复智能混凝土。混凝土结构在使用过程中，大多数是带缝工作的。混凝土产生裂缝，不仅强度降低，而且空气中的 CO_2、酸雨和氯化物等极易通过裂缝侵入混凝土内部，使混凝土发生碳化，并腐蚀混凝土内的钢筋，这对地下结构物或储存危险品的处理设施尤为不利，一旦混凝土出现裂缝，要想检查和维修都很困难。自修复混凝土就是应这方面的需要而产生的。采用黏结材料和基材相复合的方法，可使材料在损伤破坏后，具有自行愈合和再生功能，恢复甚至提高材料的性能。

日本学者将内含胶粘剂的胶囊或空心玻璃纤维掺入混凝土材料，一旦混凝土在外力作用下发生开裂，部分胶囊或空心玻璃纤维破裂，胶粘液流出并进入裂缝，可使混凝土裂缝重新愈合。美国学者采用类似的方法，将在空心玻璃纤维中注入的缩醛高分子溶液作为胶粘剂埋入混凝土中使混凝土具有自愈合功能。

13.2.3 智能玻璃

(1)自清洁玻璃。自清洁玻璃作为一种强效吸收剂，能智能清除顽固污渍。它可像海绵一样膨胀，能够容纳比自身质量 8 倍的其他物质。自清洁玻璃可与汽油或其他持久性污染物相结合，但它不与水结合，因此它就像一个“智能”海绵，能够从被污染的水里吸出污染物。

(2)智能调光玻璃。智能调光玻璃是一种智能型高档玻璃，采用独特的液晶支柱，通电透明，断电磨砂，源于调光膜的“电光效应”，可通过电源电压的调节来控制实现玻璃在透明和不透明之间的转换。

1)安全性。采用夹层玻璃生产工艺，夹层中的胶片能将玻璃牢固黏结，可使调光玻璃在受到冲击破碎时，玻璃碎片黏结在胶片中，不会出现玻璃碎片飞溅伤人的情况。

2)环保特性。调光玻璃中的胶片及调光膜可以屏蔽 90%以上的红外线及 98%以上的紫外线。屏蔽红外线可减少热辐射及传递，屏蔽紫外线可保护室内的陈设不因紫外线辐射而出现褪色、老化等情况。

3)隔声特性。调光玻璃中间膜具有声音阻尼作用，可有效阻隔各类噪声。

(3)智能玻璃幕墙。与传统玻璃幕墙相比，智能玻璃幕墙没有冷脆现象，能经受冰雹的冲击，光污染问题也得到了很好的解决。因此，建筑物采用智能玻璃幕墙可以实现天窗的采光设计，并且不需要采光窗口上下的防护网，从而提高单位采光面积的透光系数，而折射率却被大大降低，从而避免了大面积的光污染，也增加了美观性。在采光效果方面，由于智能玻璃幕墙有毛玻璃的效果，当光线透过时，不宜出现眩光和光斑，所以有利于良好的采光。

13.3　新型建筑材料的发展趋势

目前，我国每年建成的房屋面积为 16～20 亿平方米，新建建筑中仍有 80%以上属于高能耗建筑。建筑的全过程不仅耗用了全球资源中 50%的能源、42%的水资源和 50%的原材料，而且导致了全球 50%的空气污染、42%的温室效应、50%的水污染、48%的固体废物和 50%的氟氯化物的排放。我国建筑市场规模巨大，是世界上最大的建筑市场。大规模建造房屋的目的是使人民安居乐业，但大量建造高能耗建筑，又会过多地消耗能源，同时严重污染环境，致使国家能源消耗和生态破坏的临界点提前到来。我国建筑单位面积采暖能耗高于气候条件相近的发达国家的 2～3 倍，甚至更高。面对建筑能耗持续快速增长的局面，如果我国的建筑节能工作仍维持目前这样的状况，到 2020 年建筑能耗将达到 10.89 亿吨标准煤，为 2000 年的 3 倍以上；如果全面推进建筑节能工作，则 2020 年建筑能耗可降到 7.54 亿吨标准煤，仅比 2000 年增长一倍。当前，节能已率先成为我国建设资源节约型社会、发展可持续能源的战略决策。大力发展节能建筑已经成为我国节能的重点之一。从总体上看，新型建筑材料的发展趋势将有以下几个方面。

13.3.1　大力发展资源节约型建材

研究资料显示，按目前的经济发展模式和消耗速度，我国 45 种主要矿产可供利用储量，到 2020 年，只有 9 种矿物资源可保证需求。实际上，对于处在矿业和窑业领域的建材制造业(如水泥、玻璃、陶瓷、砖瓦)，国内企业之间对原料资源的争夺战已经打响。目前，建材工业能源综合消耗比国外先进水平高 20%～50%。在建材工业的各主要产业中，水泥工业是第一能耗大户，其能源消耗约占建材耗能总量的 57.26%；墙体材料工业为第二耗能大户，其能源消耗约占建材耗能总量的 23.05%，两者之和约占建材耗能总量的 80%。节能降耗减排成为建材工业可持续发展的关键。发展资源节约型建材首先要通过建材企业对现有产品采取节省资源的措施，如降低单位产品原材料消耗、提高产品成品率等。其次要充分利用回收资源，目前我国工业废渣和生活垃圾年产量约为 320 亿吨，将其回收利用，替代原材料生产新型建材，不仅可减少环境污染和资源浪费，更重要的是可实现经济、环境的可持续发展。

13.3.2　大力发展能源节约型建材

目前，建筑能耗已占到我国总能耗的27.5%，建筑节能已成为我国节能的重点。现在我国多数建筑单位面积的热损失为发达国家的3倍左右，主要原因是外墙的保温性能太差，传热系数太大。在大部分高能耗建筑中，墙体和外窗的散热损失占建筑物热损失总量的85%左右。要实现建筑节能，必须提高外墙的保温性能、外窗的保温性和气密性。在欧美发达国家出现了一些新型保温墙体，如运用泡沫塑料做永久模板的现浇混凝土结构，生产特种孔型的混凝土砌块并在砌块的孔洞中插入泡沫塑料块的混凝土砌块结构等，丰富了建筑节能材料。我国应加强对此类材料的研究与开发，发展能源节约型建材就是要发展节能型新型材料，如低辐射镀膜玻璃、太阳能发电材料、高性能保温隔热材料等。

13.3.3　大力发展环境友好型建材

发展环境友好型建材就是要求建材产品不产生建筑垃圾，不污染生活环境，不影响人体健康。随着物质水平的提高、消费观念的更新，人们的环保意识在不断增强，对建筑材料的环保要求也在不断提高。环境污染严重，对人体健康危害大的建材产品已逐渐被市场淘汰，绿色环保型建材产品成为市场的销售热点。

在我国建材行业中能耗最大的水泥工业，要大力发展生态水泥。所谓生态水泥，就是广泛利用各种废弃物，包括各种工业废料、废渣及城市垃圾为原料制造的一种生态建材。这种水泥能够降低废弃物处理的负荷，既解决了废弃物造成的污染，又把生活垃圾和工业废弃物作为原材料，变成了有用的建设资源，从而降低了生产成本。

燃煤发电场的废弃物——粉煤灰，具有潜在的水硬性和轻质多孔的特点，可以作为多种建材的生产原料。开发粉煤灰建材，不仅可以解决能源和资源问题，同时也解决了这种工业废弃物造成的污染问题。今后在粉煤灰综合利用方面，需要重点开发研究的前沿技术课题有大掺量粉煤灰制品；各种免烧结、免蒸养自然养护工艺的粉煤灰砖制品和粉煤灰陶粒等。

近几年，我国在建筑垃圾开发利用方面投入了相当大的资金，不少地区将建筑垃圾作为一种再生资源，对固体废弃物加以筛分、破碎后制成建筑垃圾砖或用作路基垫层及地基垫层；对不可处理垃圾则可堆山造景加以利用。其中，建筑垃圾砖取代传统黏土实心砖作为砌体材料，净化了环境，节约了能源，保护了土地资源，是一种具有经济效益和社会效益的产品，从而使建筑业走上了一条良性循环的经济模式，成为建筑业可持续发展的动力。

13.3.4　大力发展多功能型建材

随着社会经济的发展，人们消费观念的转变，旧有的建材已远不能满足人们的需要，开发新型多功能材料成为人们追求的新目标。同时，还要重视研究与开发具有自主知识产权的新技术、新产品，包括制品加工新技术等，如将纳米技术与建筑材料结合，可开发出具有光催化性、抗菌、除臭、消毒等功能的生态建筑材料，从而改善人们的生活环境，提高人们的生活质量。

总之，节能环保型建材具有低物耗、低能耗、少污染、多功能、可循环再生利用等特征，集可持续发展、资源有效利用、环境保护、清洁生产等综合效益于一体，成为未来建筑材料发展的方向和趋势，符合人类的需求和时代发展的潮流。

思考与练习

一、填空题

1. 纳米材料大致可分为________、________、________、________四类。

2. 智能材料有七大功能，即________、________、________、________、________、________和________。

3. 纳米膜可分为________与________。

二、名词解释

1. 纳米材料

2. 纳米纤维

3. 纳米块体

三、简答题

1. 与传统晶体材料相比纳米材料具有哪些特点？

2. 简述纳米材料在土木工程中的应用。

3. 新型建筑材料的发展趋势体现在哪些方面？

新型绿色胶凝材料——地聚物

思考与练习答案

参 考 文 献

[1]李志国．建筑材料[M]．北京：中国建筑工业出版社，2022.
[2]徐有明．木材学[M]．2 版．北京：中国林业出版社，2019.
[3]贾润萍，徐小威．建筑功能材料[M]．上海：同济大学出版社，2023.
[4]伦云霞，李宗梅，龙娈珍．土木工程材料[M]．武汉：华中科技大学出版社，2021.
[5]孙家瑛，龙娈珍．土木工程材料[M]．西安：西北工业大学出版社，2020.
[6]陈德鹏，阎利．土木工程材料[M]．2 版．北京：清华大学出版社，2019.
[7]苏达根．土木工程材料[M]．4 版．北京：高等教育出版社，2019.
[8]毕万利．建筑材料[M]．4 版．北京：高等教育出版社，2021.